全国高等教育药学类规划教材

药物合成反应

第二版

张胜建　主编　　　骆成才　副主编

YAOWU HECHENG FANYING

化学工业出版社

·北京·

《药物合成反应》(第二版)着重突出"应用"的目的,用较多篇幅详细介绍了药物中间体合成的基本原理,包括亲电、亲核、自由基反应机理。按机理类型对与药物中间体及药物合成反应密切相关的单元反应进行分别介绍。对与药物中间体密切相关的一些典型的单元反应,如还原反应、氧化反应、重排反应、重氮化反应等进行分章介绍。最后简单介绍合成设计原理,并对典型的单元反应基本都附有实际产品的合成开发、生产案例,使用手机扫一扫二维码即可阅读,有利于学生的自主学习和个性化学习。在附录中附有官能团转化图,便于查阅和应用。另外,教材每一章都设有本章重点和习题。

　　《药物合成反应》(第二版)适用于高等学校尤其是应用型本科高校制药工程、药学、生物制药等专业的教学用书,也可供精细化学品尤其是药物中间体的科研人员和生产技术人员等参考。

图书在版编目 (CIP) 数据

药物合成反应/张胜建主编 . —2 版 . —北京:化学工业出版社,2017.5 (2022.2 重印)
全国高等教育药学类规划教材
ISBN 978-7-122-29244-5

Ⅰ.①药… Ⅱ.①张… Ⅲ.①药物化学-有机合成-化学反应-高等学校-教材　Ⅳ.①TQ460.31

中国版本图书馆 CIP 数据核字 (2017) 第 048120 号

责任编辑:杜进祥　何　丽　　　　　　　　文字编辑:向　东
责任校对:宋　玮　　　　　　　　　　　　装帧设计:王晓宇

出版发行:化学工业出版社 (北京市东城区青年湖南街 13 号　邮政编码 100011)
印　　装:北京七彩京通数码快印有限公司
787mm×1092mm　1/16　印张 17¼　字数 439 千字　2022 年 2 月北京第 2 版第 4 次印刷

购书咨询:010-64518888　　　　　　　　售后服务:010-64518899
网　　址:http://www.cip.com.cn
凡购买本书,如有缺损质量问题,本社销售中心负责调换。

定　　价:48.00 元　　　　　　　　　　　　　　　版权所有　违者必究

前　　言

基于应用型高等教学的发展和需要，编者于 2010 年编著出版了《药物合成反应》，至今已有 6 年多。在此期间相关领域取得了不少进展。同时，随着教学科技的发展，一些教学手段也发生了变化。另外，在教学过程中也发现了教材的一些问题。因此，有必要对第一版进行一些修订。

第二版仍保留第一版的特色，在教材内容的组织方面力求做到符合教学规律和认知特点，在突出主要概念的同时，更加贴近实用，增强了学生对所学知识的系统性、规律性的认识，即以药物合成的反应机理为核心，介绍常用药物合成单元反应机理、反应影响因素、副反应发生及控制和应用等。为开拓学生的视野、激发学习兴趣，使同学们能更好地提高分析问题和解决问题的能力，以达到高等学校应用型人才的培养要求，教材以较大篇幅对各种反应案例进行了分析讨论。

与第一版相比，第二版在下述几方面进行了修订：

（1）改进了部分内容的叙述方式，修订了第一版中的一些错误，删除了一些不大常用的内容，如软硬酸理论及其在药物合成反应理论中的应用等。

（2）根据教学的经验，同时由于部分学生考研需要，对习题中的分析提高题进行了较大修订，增加了一些理论性较强的题目，便于同学们能更好学习、掌握反应机理及其应用，提高其分析问题、解决问题的能力。

（3）根据近几年相关发展，在教材中增加了空气氧化等部分内容；并充分利用现代互联网技术，将案例详解及有关领域最新进展等内容进行了丰富，并放到化学工业出版社的网上，有助于同学们拓展视野，提高其分析问题、解决问题的能力。

本教材可按 48～64 学时安排教学，根据教学需要可增删有些内容。

本教材适用于作为应用型院校制药工程专业学生及相关专业技术人员的教材和参考书。

在本教材的修订过程中，唐剑波参与了部分工作，泰安医学院的林晓辉老师提出了很多宝贵的修改意见，在此表示真诚的感谢。

由于编者水平有限，教材中肯定存在各种不足之处，敬请不吝指教，以便下次改进，谢谢。

编者

2016 年 12 月

第一版前言

　　药物是人类防病、治病、保护健康必不可少的重要物质，也是一种特殊商品。凡具有预防、治疗、缓解、诊断疾病以及调节机体功能的化学物质均称为化学药物。按照来源，化学药物可分为天然药物和合成药物两大类。

　　合成药物是指采用化学合成手段，按全合成、半合成或者消旋体拆分等方法研制和生产的有机药物。而药物中间体一般是指那些专门用来生产有机药物的关键原料，如用来生产头孢菌素的关键中间体 7-APA（6-氨基青霉烷酸）、7-ACA（7-氨基头孢烷酸）、7-AD-CA（7-氨基去乙酰氧基头孢烷酸），各种头孢菌素侧链，以及用于喹诺酮类药品生产的哌嗪及其衍生物等，而不包括那些用于药物生产的基本化工原料，如乙醇、硫酸等。药物中间体与一般有机中间体的基本合成原理是一致的，但药物中间体由于其对合成要求的特殊性，其合成理论也有侧重点。药物合成反应包括了药物中间体和化学药物合成的有关原理。

　　本教材主要面向"应用型"本科制药工程专业的学生，着重突出"应用"的目的。希望通过本课程的学习，同学们可以较快地适应企业相关岗位，如产品开发、技术员等岗位的要求。为此，根据多年的教学经验，本教材按下述思路进行了教学内容的设计与编写：

　　1. 用较多篇幅来详细介绍、分析药物中间体合成的基本原理，包括亲电、亲核、自由基反应机理。这是进一步学习合成的基础，是关联所有内容的主线。

　　2. 按机理类型对与药物合成反应密切相关的一些相似的单元反应进行分别介绍。如饱和碳原子上的一系列亲核取代反应，羟基化、烷氧基化、氨解、卤化等，介绍它们的共同点与各自的特点；在介绍过程中结合实际的中间体，特别是药物中间体与机理结合，对进攻试剂、副反应、工艺条件等进行分析，以使同学们在学习过程中对这些反应的应用过程中的一些问题引起足够的重视；将同一机理的单元反应放到一起，便于同学们举一反三，更好地进行学习。

　　3. 对与药物合成反应密切相关的一些典型的单元反应，如还原反应、氧化反应、重排反应、重氮化反应等进行分章介绍。这些反应具有各自的特点，不能简单地根据机理进行分类。

　　4. 最后简单介绍合成设计原理，便于同学们综合应用合成基本原理来设计药物中间体及化学药物的合成工艺路线。

　　5. 附录中附有官能团转化图，便于查阅和应用。

　　6. 对每一典型的单元反应基本都附有实际产品的合成开发、生产案例。这些案例大部分来自于编者实际的科研生产经验和总结，也有一部分是来自于文献。其中介绍实际生产工艺开发过程中需要注意的各种问题，包括安全、环保、设备、加料顺序、热力学和动力学原理的应用、中控分析、原料配套、相关经济分析等。希望经过这些案例的学习，同学们能很快适应企业的相关岗位。

　　7. 为促进同学们更好地学习，教材在每一章后都附有习题。习题主要分三部分内容：一是基本概念与基础知识，主要是掌握有关反应的机理、常用进攻试剂、常见副反应的产生原理等；二是原理的简单应用分析，即给出简单的工艺进行分析，或完成有关反应式等；三是综合题，综合各方面知识，但以本章知识为重点，分析或设计药物中间体的合成工艺，要从原理、安全、环保、设备、成本等各方面进行综合评估，要求同学们自己查阅相关资料，以小组形式完成报告或进行答辩；并可进一步要求同学们根据情况选择一些典型药物中间体进行文献查阅，综合应用合成知识进行分析、总结，并设计实验，有条件地进行实验验证，以更好地适应应用性的要求。

书中标有星号"＊"的章节为选修内容。

要学好本课程，在学习过程中要做到：

1.掌握机理的分析方法和亲电、亲核、自由基等反应的基本原理和特点，机理是学好单元反应的基础；

2.掌握常见单元反应进攻试剂的特点、性质，以及常见催化剂的特点、性质，这对于熟练应用相关原理进行工艺设计非常重要；

3.学会用机理对一个反应可能发生的副反应及应当采用的工艺条件进行初步分析，这对提高产品开发及工艺设计能力非常有用；

4.综合应用各方面知识对中间体合成工艺进行实际应用可能的比较，以提高综合能力，完成综合题是同学们提高能力的非常关键的环节。

本教材除适用于应用型本科制药工程专业的教材，还可供有机中间体特别是药物中间体生产企业产品开发人员、技术人员等参考。

本书是编者多年教学和科研的总结。张胜建任主编，骆成才、雷引林参与了全书的编写与修改，张洪、张焕参与了部分内容的编写工作，在此表示感谢。

由于水平有限，且比较匆忙，本书肯定还有许多不妥之处，请批评指正。

编者
2010 年 2 月

目　　录

第1章 药物有机单元合成反应理论

本章重点

(1) 掌握电子效应、空间效应、溶剂效应的基本概念，并能基本判断上述效应对药物合成反应的影响机理，掌握对不同取代基团电子效应的判断；

(2) 掌握药物合成反应机理的基本类型和分类方法；

(3) 掌握反应的活性中间体碳正离子、碳负离子及碳自由基的基本结构、生成条件、反应性能，并能基本判断活性中间体结构与稳定性间的关系；

(4) 掌握亲核取代反应机理及其影响因素，了解 S_N1 与 S_N2 反应机理的特点；

(5) 掌握脂肪族化合物亲电取代反应机理及其影响因素，了解 S_E1、S_E2 与 S_Ei 反应的特点；

(6) 掌握芳香族化合物一元亲电取代反应机理及其影响因素，掌握芳香族化合物二元亲电取代反应定位规律及其影响因素，了解芳香族化合物多元亲电取代、稠环化合物亲电取代的特点；

(7) 掌握自由基反应机理、反应类型及其影响因素。

1.1 药物有机单元合成反应概论

原料通过化学反应得到生成物所经历的全部详细过程称作反应机理 (reaction mechanism)。其中包括键的断裂和生成、断键顺序、是否生成活性中间体、是否分步进行反应及如何进行以及每步反应的相对反应速率等。

确定反应机理常以大量实验材料为依据。实验事实愈充分，反应机理愈可靠。历史上常因发现新的实验事实而改变对原有反应机理的认识。

确定反应机理与认识有机化学反应内在联系及反应条件有着密切关系。许多表面上没有联系的化学反应通过机理的研究，可以发现其内在联系。亲核取代、消除、加成和重排等反应都可能涉及同一中间体——碳正离子，但有不同的反应途径，说明这些反应既有共同的内在联系，又有相异的反应途径。如亲核取代反应与消除反应为竞争性反应。

正确的反应机理不仅能说明现有的实验事实，而且有一定的预见性，可以为设计新的实验提供依据，根据反应机理可以选择出最佳反应条件从而得到较高的产率。许多反应机理的概貌现已了解清楚，如某一反应究竟为亲电反应、亲核反应或是自由基反应，而实际上许多反应过程的细节有不少是假设的，因此许多反应机理还不是十分确切。还有一些是因为反应的可变因素还未掌握，给确定反应机理带来一定的困难。

本章介绍的是已研究得较明确的亲核反应、亲电反应和自由基反应机理等。介绍这些之前，先介绍和回顾几个基本概念。

1.1.1 基本概念

1.1.1.1 电负性

鲍林在 1932 年引入电负性（electronegativity）的概念。所谓电负性是指元素的原子在分子中吸引电子的能力的相对大小，电负性大，原子在分子中吸引电子的能力强，反之就弱。鲍林是根据热化学的数据和分子的键能计算出电负性的数值。有机化合物中常见元素电负性为：C 2.55，H 2.20，F 3.98，Cl 3.16，Br 2.96，I 2.66，N 3.04，O 3.44，S 2.58，Si 1.90。

碳与电负性比自己大的原子如卤素相连时，就呈正电性，而另一原子就呈负电性。如碳与氟相连，正电性强，极性就较大，碳与氯相连正电性就较弱，极性也就较小。

1.1.1.2 偶极矩

当一个分子中电荷分布不均匀时，就会产生偶极矩。偶极矩的大小可代表电荷偏离程度的大小。如表 1-1 所示。

1.1.1.3 电子效应

电子效应是指原子或基团对反应中心的电子有效性的影响，包括诱导效应、共轭效应、超共轭效应。偶极矩可综合反映电子效应。

表 1-1　一元取代苯的偶极矩（在 20～25℃，苯中测定）

取代苯	偶极矩 /10^{-30}C·m	偶极矩方向	取代基的电子效应	取代苯	偶极矩 /10^{-30}C·m	偶极矩方向	取代基的电子效应
—OH	5.3			—Br	5.0		
—N(CH₃)₂	5.3	由取代基到苯环	给电子	—Cl	5.8		
—NH₂	5.0			—COOC₂H₅	6.3		
—OCH₃	4.0			—CHO	9.3	由苯环到取代基	吸电子
（苯）	0			—COCH₃	9.7		
—COOH	3.3	由苯环到取代基	吸电子	—CN	13.0		
—I	4.3			—NO₂	13.3		

（1）诱导效应　因分子中的原子或基团极性不同，σ 键电子沿着原子链向某一方向移动，引起诱导效应，诱导效应是指 σ 键电子云的偏移，是一种永久性的效应。诱导效应沿着 σ 键传递，但急剧减弱，相隔 3 个键后，诱导效应几乎消失。

$$\overset{\delta^-}{Cl} \longleftarrow \overset{\delta^+}{CH_2} \longleftarrow \overset{\delta\delta^+}{CH_2} \longleftarrow \overset{\delta\delta\delta^+}{CH_3}$$

诱导效应用 "I" 表示，在讨论其方向时，以氢为标准。电负性大于氢的原子或基团产生的诱导效应用 "－I" 表示，称为吸电子诱导效应；电负性小于氢的原子或基团产生的诱导效应用 "＋I" 表示，称为给电子诱导效应。而在有机化合物中常以碳为标准来讨论。如－I：—N⁺R₃，—NO₂，—SO₂R，—CN，—COOH，—Cl，—Br，—I，—OH，—NH₂，—OCH₃，—Ph，—COR，—COOR，…；＋I：R₃C—，R₂CH—，RCH₂—，CH₃—。

（2）共轭效应　因电子云密度的差异而引起的电子云通过共轭体系向某一方向传递的电子效应成为共轭效应。共轭效应是指 π 电子（或 p 电子）的位移，沿共轭链传递，贯穿整个共轭体系。

共轭体系为单双键交替出现的体系，共轭体系可分为 π-π 共轭、p-π 共轭和 p-p 共轭三种。

π-π 共轭：

$$CH_2\!=\!CH\!-\!CH\!=\!CH\!-\!CH\!=\!CH_2$$

p-π 共轭：

$$H_2C\!=\!CH\!-\!CH_2$$

p-p 共轭：

$$H_2\overset{+}{C}\!-\!\overset{..}{\overset{.}{C}l} \qquad \overset{+}{C}H_2\!-\!\overset{..}{C}l$$

共轭效应用"C"表示，吸电子共轭效应用"－C"表示，给电子共轭效应用"＋C"表示。

具有吸电子共轭效应的常见基团有：$-NO_2$，$-CN$，$-COOH$，$-COOR$，$-CONH_2$，$-CONHR$，$-CONR_2$，$-CHO$，$-COR$，…

如：

$$\underset{O^-}{\overset{O}{\diagdown}}\overset{+}{N}\!-\!\overset{\delta^-}{\underset{H}{C}}\!=\!\overset{\delta^+}{CH}\!-\!\overset{\delta^-}{\underset{H}{C}}\!=\!\overset{\delta^+}{CH}\!-\!\overset{\delta^-}{\underset{H}{C}}\!=\!\overset{\delta^+}{CH_2}$$

其特点是与双键 C 相连的是一个缺电子或带正电荷的原子。

具有给电子共轭效应的常见原子或基团有：$-O^-$，$-S^-$，$-NR_2$，$-NHR$，$-NH_2$，$-NHCOR$，$-OR$，$-OH$，$-OCOR$，$-SH$，$-Br$，$-I$，$-Cl$，$-F$，$-R$，…

如：

$$H_3C\!-\!\overset{..}{O}\!-\!\overset{\delta^+}{\underset{H}{C}}\!=\!\overset{\delta^-}{CH_2}$$

其特点是与双键 C 相连的是一个富余电子对的原子。

（3）超共轭效应　超共轭效应是指 C—H 键的 σ 键与 p 轨道或 π 键之间的电子云一定程度的交盖而产生的 σ 电子的位移的电子效应。超共轭效应是给电子的电子效应，与 p 轨道或 π 键相邻碳上的 C—H 键越多，超共轭效应越大。可分为 σ-π 超共轭和 σ-p 超共轭两种。

σ-π 超共轭：

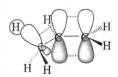

σ-p 超共轭：

电子效应强弱有如下顺序：$CH_3 > CH_2R > CHR_2 > CR_3$

1.1.1.4 空间效应

空间效应，也称立体效应，是指原子或基团处于它们范德华半径所不许可的范围之内时产生的一种排斥作用。排斥作用越大，分子或离子越不稳定。空间效应在有机化学中是一种作用十分普遍的效应，如对 $(CH_3)_3C^+$，正离子碳由于空间效应，就倾向于由 sp^3 杂化变成 sp^2 杂化，变成平面型构型，减少三个甲基之间的斥力。

1.1.1.5 溶剂效应

溶剂效应是指溶剂的性质对主反应速率、反应机理、反应平衡及立体化学产生的影响。

（1）溶剂的分类　溶剂的分类方法很多。有机溶剂一般是根据溶剂能否提供质子而形成氢键的性质把溶剂分为质子传递溶剂和非质子传递溶剂两大类，另外，还根据介电常数或偶极矩的不同将介电常数大于 $15 \sim 20$ 或偶极矩大于 $2.5D$（$1D = 3.34 \times 10^{-30} C \cdot m$）的溶剂列为极性溶剂，其他为非极性溶剂。各类常用溶剂的主要物理性质列于表1-2。

表1-2　各类常用溶剂的主要物理性质（按介电常数和结构排列）

溶剂类型		溶剂名称	介电常数 ε	偶极矩 μ/D	沸点 /℃	在水中溶解度（质量分数，20℃）/%	水在溶剂中溶解度（质量分数，20℃）/%
质子传递溶剂	极性	水	78.39	1.84	100	—	
		甲酸	58.5	1.82	100.56	混溶	
		甲醇	31.2	1.66	64.51	混溶	
		乙醇	25.7	1.68	78.32	混溶	
		正丁醇	17.1	1.68	117.7	7.8	20.0
		乙二醇	38.66	2.20	197.85	混溶	
		乙二醇单甲醚	16.93	—	124.6	混溶	
	非极性	乙酸	6.15	1.68	118.1	混溶	
		3-甲基-1-丁醇	14.7	1.82	130.8	2.4	9.7
		乙二醇单乙醚	(13.5)	2.08	135.6	混溶	
		乙二醇单丁醚	9.30	2.08	170.2	混溶	
非质子传递极溶剂		二甲基亚砜	48.9	4.3	189.0	混溶	
		环丁砜	43.3	4.81	287.3	混溶	
		乙腈	37.5	3.44	81.6	混溶	
		N,N-二甲基甲酰胺	36.71	3.86	153.0	混溶	
		硝基苯	34.82	4.21	210.9	0.19	0.24
		N-甲基吡咯烷酮	32.0	4.09	204	混溶	
		乙酐	20.70	2.82	140.0	混溶	
		丙酮	20.70	2.69	56.12	混溶	

续表

溶剂类型	溶剂名称	介电常数 ε	偶极矩 μ/D	沸点 /℃	在水中溶解度（质量分数，20℃)/%	水在溶剂中溶解度(质量分数，20℃)/%
非质子传递非极性溶剂	正己烷	1.89	0.08	68.7	0.014	0.011
	环己烷	2.055	—	80.7	<0.01	0.01
	苯	2.283	0	80.1	0.050	0.057
	甲苯	2.24	0.37	110.6	0.07	0.06
	氯苯	5.65	1.54	131.7	约 0.05	0.04
	邻二氯苯	6.83	2.27	180.5	0.0134	—
	二氯甲烷	9.1	1.14	39.75	1.603	0.238
	四氯化碳	2.238	0	76.75	0.08	0.008
	1,2-二氯乙烷	10.45	1.86	83.5	0.842	0.16
	三氯乙烯	3.409	0.9	87.2	0.107	0.022
	1,2-二氯丙烷	8.925	1.85	96.4	0.26	0.6
	二乙醚	4.197	1.12	34.6	6.896	1.264
	乙二醇二甲醚	5.50	1.79	85.2	混溶	—
	苯甲醚	4.33	1.20	153.75	不溶	—
	二苯醚	1.05	—	258.3	不溶	—
	二氧六环	2.209	0.45	101.3	混溶	—
	四氢呋喃	7.58	1.71	66	混溶	—
	乙酸乙酯	6.02	1.88	77.1	8.08	2.94
	吡啶	12.3	2.23	116.3	混溶	—
	二硫化碳	2.641	0.06	46.2	0.101	—

目前，离子液体作为一种绿色溶剂，由于它具有的难挥发性、难燃烧、溶解性强、适用温度范围广等传统溶剂所不具有的特点而成为研究的热点。

(2) 电子对受体溶剂和电子对给体溶剂　极性溶剂又可分为电子对受体（EPA）溶剂和电子对给体（EPD）溶剂两大类。

电子对受体具有一个缺电子部位或酸性部位。最重要的电子对受体基团是羟基、氨基、羧基或未取代的酰氨基，它们都是氢键给体。此类质子传递溶剂可以通过氢键使电子对给体性的溶质分子或负离子溶剂化。例如，水、醇、酚和羧酸等。

电子对给体具有一个富电子部位或碱性部位。最重要的电子对给体是水、醇、酚、醚、羧酸和二取代酰胺等化合物中的氧原子以及胺类和杂环化合物中的氮原子。上述氧原子和氮原子都具有未共用电子对，又是氢键受体。

原则上，大多数溶剂都是两性的。例如，水既具有电子对受体性质（形成氢键），又具有电子对给体性质（利用氧原子）。但是，许多溶剂只突出一种性质，亦称专一性溶剂化。例如，N,N-二甲基甲酰胺、二甲基亚砜、环丁砜、N-甲基吡咯烷酮以及乙腈和吡啶等溶剂对无机盐有一定的溶解度，并能使无机盐中的正离子 M^+ 溶剂化，具电子对给体性质；然而，负离子则因不易溶剂化而成为活泼的"裸"负离子。

因此，许多负离子的亲核取代反应都是在上述电子对给体溶剂中进行的。

(3) 溶剂极性对反应速率的影响　溶剂极性对反应速率的影响常用 Houghes-Ingold

规则解释。

　　Houghes-Ingold 用过渡态理论来处理溶剂对反应速率的影响。经常遇到的反应，由起始反应物之间相互作用所生成的过渡态大都是偶极型活化配合物，它们在电荷分布上与相应的起始反应物常常有明显的差别，并由此总结出以下三条规则：

　　① 对于从起始反应物变为活化配合物时电荷密度增加的反应，溶剂极性增加，有利于配合物的形成，使反应速率加快。

　　② 对于从起始反应物变为活化配合物时电荷密度减小的反应，溶剂极性增加，不利于配合物的形成，使反应速率减慢。

　　③ 对于从起始反应物变为活化配合物时电荷密度变化不大的反应，溶剂极性的改变对反应速率影响不大。

　　上述规则虽然有一定的局限性，但对于许多偶极型过渡态反应，例如亲电取代、亲核取代、β-消除、不饱和体系的亲电加成等，还是可以用上述规则预测其溶剂效应，并得到了许多实验数据的支持。

1.1.2　药物合成反应机理的基本类型

　　绝大多数有机药物及药物中间体以共价键结合，因此药物中间体合成反应的实质为旧共价键的断裂和新共价键的生成。根据不同的原则可分为不同的机理类型。

1.1.2.1　按键断裂的方式分类

　　可以将反应机理分为以下三种基本类型。

　　(1) 离子反应机理　断键后电子对留给一个断片，多数形成正或负离子中间体以进行反应，此种反应过程称离子反应机理（也称为极性反应机理或异裂机理）（ionic mechanism, polar mechanism, heterolytic mechanism）：

$$X:Y \longrightarrow X^+ + Y^-$$

　　(2) 自由基反应机理　断键后两断片各带一个电子形成自由基，通过自由基中间体而进行的反应机理称自由基机理（free-radical mechanism），或均裂机理（ho-molytic mechanism）：

$$X:Y \longrightarrow X\cdot + Y\cdot$$

　　(3) 协同反应机理（一步反应机理）　断键和成键同时进行，并没有离子或自由基等活性中间体形成，即电子（通常为 6 个电子，有时为 4 个或其他数目）在封闭的环中运动，通过环状过渡状态进行的反应机理称协同反应机理（concerted mechanism）。

1.1.2.2　按反应结果分类

　　药物有机单元合成反应的数目和范围多而广，但根据反应的结果分成主要的五类，每一类都可在不同的反应条件下按上述机理进行反应，现举例说明。

　　(1) 取代反应

　　① 亲电取代反应（electrophilic substitution reaction）

$$RX + Y^+ \longrightarrow RY + X^+$$

如芳烃的硝化、磺化、卤代、Friedel-Crafts 反应等。

　　② 亲核取代反应（nucleophilic substitution reaction）

$$RX + Y^- \longrightarrow RY + X^-$$

如：

$$C_2H_5Br + H_2O \longrightarrow C_2H_5OH + HBr$$

③ 自由基取代反应（free-radical substitution reaction），如烷烃的卤代、用 N-溴代丁二酰亚胺（NBS）溴化丙烯基型和苄基型化合物等。实例如：

$$\text{（苯环）}CH_3 + Cl_2 \xrightarrow{h\nu} \text{（苯环）}CH_2Cl + HCl$$

（2）加成反应

① 亲电加成反应（electrophilic addition reaction），如碳碳双键的加成等。通式为：

$$A{=}B + Y{:}W \longrightarrow \overset{W}{\underset{}{A}}{-}\overset{+}{B} + Y^- \longrightarrow \overset{Y\ W}{\underset{}{A}}{-}B$$

实例如：

$$H_2C{=}CH_2 + HBr \longrightarrow H_3C{-}\overset{+}{C}H_2 + Br^- \longrightarrow H_3C{-}CH_2Br$$

② 亲核加成反应（nucleophilic addition reaction），如羰基的加成。通式为：

$$A{=}B + Y{:}W \longrightarrow \overset{Y}{\underset{}{\bar{A}}}{-}B + W^+ \longrightarrow \overset{W\ Y}{\underset{}{A}}{-}B$$

实例如：

$$\text{>}C{=}O + H{-}CN \longrightarrow \text{>}C\overset{CN}{\underset{O^-}{}} + H^+ \longrightarrow \text{>}C\overset{CN}{\underset{OH}{}}$$

③ 自由基加成反应（free-radical addition reaction），如过氧化物存在下烯烃与溴化氢的加成。通式为：

$$A{=}B + Y\cdot \longrightarrow \overset{Y}{\underset{}{\dot{A}}}{-}B + W\cdot \longrightarrow \overset{W\ Y}{\underset{}{A}}{-}B$$

实例如：

$$(RCO)_2O_2 \longrightarrow 2RCOO\cdot \longrightarrow 2R\cdot + 2CO_2$$
$$R\cdot + HBr \longrightarrow RH + Br\cdot$$
$$CH_3CH{=}CH_2 + Br\cdot \longrightarrow CH_3\dot{C}H{-}CH_2Br$$
$$CH_3\dot{C}H{-}CH_2Br + HBr \longrightarrow CH_3CH_2CH_2Br + Br\cdot$$

④ 一步加成反应（环化加成反应）（cycloaddition reaction）。主要指两分子烯烃互相加成变成稳定的环状化合物，如 Diels-Alder 反应。

（3）β-消除反应

① 异裂消除反应（heterolytic elimination reaction），如醇脱水、卤烃脱卤化氢、Hofmann 消除反应等。通式为：

$$\overset{Y\ \ X}{\underset{}{A}}{-}B \longrightarrow A{=}B + Y^+ + X^-$$

实例如：

$$H_3C{-}\overset{CH_3}{\underset{CH_3}{C}}{-}OH + H^+ \longrightarrow H_3C{-}\overset{CH_3}{\underset{CH_3}{C}}{-}OH_2^+ \xrightarrow{-H_2O} H_3C{-}\overset{CH_3}{\underset{CH_3}{\overset{+}{C}}} \longrightarrow H_2C{=}C(CH_3)_2$$

② 一步消除反应（concerted elimination reaction），如酯的热裂。

通过自由基机理消除的反应很少。

（4）重排反应　重排反应（rearrangement reaction）通常指一个原子或基团从同分子中的一个原子转移到另一个原子的反应（分子内迁移的反应）。根据迁移的原子或基团在迁移时所带电子的多少分为以下四种类型。

① 带一对电子转移（亲核重排）（nucleophilic rearrangement reaction），如 Wagner-Meerwein 重排、Pinacolone 重排、Beckmann 重排、Hofmann 反应等。

$$\underset{A-B^+}{\overset{X}{|}} \longrightarrow \underset{A-B}{\overset{X}{\overset{+}{|}}}$$

如由 α-蒎烯合成樟脑时用 Wagner-Meerwein 重排：

α-蒎烯　　　异构化　　　　　　　　　　　　　　　　　　　　　　　樟脑

② 带一个电子转移（自由基重排）。如 $Cl_3CCH=CH_2$ 与溴在过氧化物存在下，生成 47% 的 $Cl_3CCHBr—CH_2Br$（正常加成产物）和 53% 的 $BrCCl_2CHClCH_2Br$（自由基重排产物）：

$$\underset{A-\dot{B}}{\overset{W}{|}} \longrightarrow \underset{\dot{A}-B}{\overset{W}{|}}$$

③ 不带电子转移（亲电重排）（electrophilic rearrangement reaction），如有些芳基重排属亲电重排。

$$\underset{A-\ddot{B}}{\overset{Y}{|}} \longrightarrow \underset{\ddot{A}-B}{\overset{Y}{|}}$$

如：

$$Ph_3CCH_2^- \longrightarrow Ph_2C^- —CH_2Ph \longrightarrow Ph_2HC—CH_2Ph$$

④ 一步重排反应（σ重排），如 Claisen 重排：

（5）氧化和还原　有些氧化还原反应按上面所述机理之一进行，有些则不是，比较复杂。

1.1.2.3　按参与控制反应速率步骤的分子或质点数分类

除上述分类外，反应机理还可按参与控制反应速率步骤的分子或质点数（即在该步参与形成活性络合物的分子或质点数）分为两类。

（1）单分子反应机理　反应常不是一步完成，而是分几步完成，每一步的反应速率也各有差别，其中最慢的一步决定总反应速率，此步称限速步骤。当此步的反应速率只与一种分子或质点的浓度有关（即形成活性中间体只涉及一个分子）时，即为单分子反应机理（unimolecular reaction）。如叔卤烷的亲核取代反应按下式进行。

$$R \overset{\frown}{-} X \longrightarrow R^+ + X^-$$
$$R^+ + Nu^- \longrightarrow R-Nu$$

总反应速率由 R^+ 形成一步决定，而形成 R^+ 只与 R—X 分子中共价键的断裂有关，故为单分子反应。

（2）双分子反应机理　反应的限速步骤是由两个分子或质点形成活性配合物时，则该反应属双分子反应机理（bimolecular reaction）。伯卤烷的亲核取代即属本反应。

$$R \overset{\frown}{-} X + Nu^- \xrightarrow{\text{快}} (Nu\text{---}R\text{------}X) \xrightarrow{\text{慢}} R-Nu + X^-$$

三分子以上的反应机理很少见，这里不讨论。

对某一反应机理，更多的是按上述分类原则综合表示。如单分子亲核取代反应（S_N1）、双分子亲核取代反应（S_N2）、单分子消除反应（E1）以及双分子消除反应（E2）等，还有结合底物类型的反应机理，如下面要分别介绍的脂肪族亲核取代反应、脂肪族亲电取代反应、芳香族亲电取代反应、芳香族亲核取代反应等。

1.1.3　进攻试剂的分类

有机化学反应中，共价键的断裂大多数在进攻试剂作用下进行，对自由基的反应来说，进攻试剂为含有未成对的单电子的自由基，或为容易产生自由基的化合物。而对离子型反应来说，进攻试剂为含有偶数电子的离子或极性分子，常称极性试剂。

根据试剂接受或供给电子对以形成共价键的情况分为亲电试剂和亲核试剂。

（1）亲电试剂　在反应过程中，从底物得到电子对而形成共价键的试剂称亲电试剂，亲电试剂反应中心的电子云密度较小或具有空轨道，在反应中将进攻底物分子中的高电子密度中心。常用的亲电试剂为：正离子，如 H^+、Cl^+、Br^+、NO_2^+、SO_3H^+、R^+ 等；或为可接受孤对电子对的分子，如 BF_3、$AlCl_3$、$FeCl_3$ 等；或为羰基碳原子，如：

$$RC\overset{O}{\underset{H}{\diagdown}} \; , \; RC\overset{O}{\underset{R}{\diagdown}}$$

（2）亲核试剂　在反应过程中，供给电子对与底物形成共价键的试剂称亲核试剂，亲核试剂的反应中心具有较大的电子云密度或孤对电子对，在反应过程中进攻底物低电子密度中心。常用的亲核试剂为：负离子，如 Cl^-、Br^-、I^-、OH^-、OR^-、SH^-、SR^-、CN^-、NH_2^- 等；或为具孤对电子对的分子，如 HOH、ROH、NH_3、NH_2R、NHR_2 等；或为烯烃双键和芳环，如 $-C\!\!=\!\!C-$、C_6H_6 等。

通常以进攻试剂作标准来区别某一反应为亲电或亲核反应。亲电试剂进攻底物所引起的反应称亲电反应；亲核试剂进攻底物所引起的反应称亲核反应。

在反应中相互作用的进攻试剂与底物有相对性，但一般按如下规定判定。

① 反应物中的有机物常称为底物，而无机物则称为进攻试剂。如叔胺和三氟化硼产

生加成反应，此反应既可看作亲核加成反应（1），又可看作亲电加成反应（2）。当规定无机物为进攻试剂时，则此反应应属亲电加成反应：

$$R-\overset{R}{\underset{R}{N}}: + B\overset{F}{\underset{F}{-F}} \longrightarrow R-\overset{R}{\underset{R}{N}}-\overset{F}{\underset{F}{B-F}}$$

② 如参加反应的物质均为有机物，则以提供产生新键碳原子的化合物为底物，另一化合物则为进攻试剂。酯化反应以羧酸为底物，醇为试剂；

$$R-C\overset{O}{\underset{OH}{\diagup}} + R'O-H \longrightarrow R-C\overset{O}{\underset{OR'}{\diagup}} + H_2O$$

③ 新生成的键为 C—C 键，则可任意指定试剂或底物，一般将复杂的形成产物结构主要部分的称为底物，反之称为进攻试剂。

1.1.4 影响反应机理的主要因素

反应实际按何种机理进行，主要决定于底物和进攻试剂的结构，但反应条件（包括溶剂、催化剂的性质以及温度等）也起着极其重要的作用。结构不同的化合物在相同的反应条件下可以按照不同的反应机理进行，同一化合物在不同的反应条件下也可按照不同的反应机理进行。因此应以辩证的观点来认识反应机理。现将影响反应机理的主要因素加以简述。

1.1.4.1 结构因素

底物和进攻试剂的化学结构不同都可影响反应机理。卤烷在相同反应条件下的水解反应速率随底物结构的改变而改变，反应分别主要按 S_N1 或 S_N2 机理进行（表 1-3）。

表 1-3　溴烷水解反应速率常数（80％乙醇、20％水，55℃）

底物	S_N1	S_N2	k_2/k_1
CH_3Br	0.349	2040	5845
CH_3CH_2Br	0.139	171	1230
$(CH_3)_2CHBr$	0.237	4.99	21
$(CH_3)_3CBr$	1010	很小	≈0

表 1-3 表明，溴甲烷和溴乙烷主要按 S_N2 机理进行，叔溴丁烷主要按 S_N1 机理进行，而 2-溴丙烷两种反应速率都不大。当改变反应条件时，有可能主要按 S_N1（稀碱液）或按 S_N2（浓碱液）机理进行。此种现象可从结构分析中得到解释。

S_N1 反应机理中形成碳正离子为限速步骤。有利于碳正离子稳定性的因素都能加速反应。碳正离子的稳定性决定于中心原子的正电荷的分散程度。随中心碳原子上甲基数目的增加，由于甲基的 +I 及超共轭效应而使正电荷得到更大的分散，从而碳正离子稳定性增加。且当卤烷形成碳正离子后键角由约 110°变成 120°，中心碳原子上的烷基的拥挤程度有所缓解，此种空间因素也为叔卤烷主要按 S_N1 机理进行的原因之一。

$$\overset{H_3C}{\underset{H_3C}{\diagdown}}\overset{}{\underset{}{\overset{+}{C}}}-CH_3 \qquad \overset{H_3C}{\underset{H_3C}{\diagdown}}\overset{}{\underset{}{\overset{+}{C}}}-H \qquad \overset{H}{\underset{H}{\diagdown}}\overset{}{\underset{}{\overset{+}{C}}}-H$$

S_N2 机理中两个反应分子形成过渡状态为限速步骤，一般电子效应对过渡状态形成的影响不明显，而空间效应则为主要影响因素。过渡状态的相对拥挤程度为：叔卤烷＞仲卤烷＞伯卤烷。所以伯卤烷易按 S_N2 机理进行，反应速率最快。

$$\begin{array}{c} R^1 \\ | \\ Y\text{----}C\text{----}X \\ R^2 \diagup \diagdown R^3 \end{array}$$

仲卤烷受电子效应和空间效应影响都居中等，两种反应机理都以相当比例存在，所以可改变反应条件来控制其主要反应机理。

进攻试剂的结构不同，其他条件不变，同一反应也可按不同的机理进行。烯烃和卤化氢加成反应时，在过氧化物存在下，只有溴化氢才按自由基机理加成。主要原因可由表1-4 说明。从表 1-4 可看出：对于 HF 和 HCl，步骤（1）和（3）均为吸热反应，不易自动进行，反应链不能传递。对于 HI，步骤（1）和（3）虽为放热反应，易于均裂成 I，但 I 对烯烃加成为一吸热过程，反应不易进行。此外，HI 是一个还原剂，能使过氧化物破坏，也会抑制自由基反应的发生。总的来说 HBr 加成的三步反应都较为有利，所以只有 HBr 加成才按自由基反应机理进行，生成反马氏规则的产物。

1.1.4.2　反应条件

在药物有机单元合成中，掌握反应条件和反应机理的关系，能创造某种期望产品的有利条件，使期望产品的产率得到提高。

表 1-4　烯烃与卤化氢自由基加成的热效应

反 应 机 理	反应热 $\Delta H/\text{kJ} \cdot \text{mol}^{-1}$			
	X= F	Cl	Br	I
(1)　R·（来自过氧化物）+ HX ⟶R—H + X·	−251	−63	0	+67
(2)　X· + RCH =CH$_2$ ⟶ $\overset{\cdot}{R}$CH—CH$_2$X	+276	+109	+54	−4
(3)　$\overset{\cdot}{R}$CH—CH$_2$X + HX ⟶ RCH$_2$CH$_2$X + X·	−251	−63	0	+67

（1）溶剂的影响　溶剂存在与否以及溶剂的性质对反应机理可产生明显的影响。

在气相（无溶剂）或在非极性溶剂中，常有利于共价键的均裂，多按自由基机理进行。如烷烃的气相卤化、硝化、氯磺化；烯烃与溴的气相溴代和 NBS 在非极性溶剂中溴代等均按自由基机理进行取代反应。

$$CH_3CH=CH_2 \xrightarrow[\substack{\text{过氧化物} \\ \text{NBS,CCl}_4}]{\substack{Br_2 \\ 200\sim300℃}} \begin{array}{c} H_2C-\underset{|}{C}=CH_2 + HBr \\ \underset{Br}{\overset{|}{}} \end{array}$$

在极性溶剂中则有利于共价键的异裂，多按离子反应机理进行。如在甲醇溶液中，烯烃与溴不发生取代而发生亲电加成反应。

$$CH_3CH=CH_2 + Br_2 \xrightarrow{\text{甲醇}} H_3C-\overset{H}{\underset{Br}{\overset{|}{C}}}-\underset{Br}{\overset{|}{C}}H_2$$

溶剂的极性大小对反应速率的影响，已由实验事实得出一个经验规律：如产物或过渡状态的极性强度比底物大时，极性溶剂能加速反应的进行；如产物或过渡状态的极性强度比底物小时，则溶剂的极性愈强，反应速率愈慢，不利于反应进行。

又如伯卤烷在碱的水溶液中主要发生 S_N2 反应，而在碱的无水乙醇中主要发生 E2 反应：

$$^-OH + CH_3CH_2I \xrightarrow[S_N2]{KOH,H_2O} \left[HO^{\delta-} \underset{H_3C}{\overset{H}{\cdots}} \underset{H}{\overset{}{C}} \cdots I^{\delta-} \right] \longrightarrow CH_3CH_2OH + I^-$$

$$\xrightarrow[E2]{KOH,C_2H_5OH} \left[HO \cdots H \underset{H}{\overset{H}{\cdots C}} \underset{H}{\overset{H}{\cdots C}} \cdots I^{\delta-} \right] \longrightarrow H_2O + H_2C=CH_2 + I^-$$

苄氯在水溶液中的水解按 S_N1 机理进行，而在丙酮中则按 S_N2 机理进行：

$$^-OH + C_6H_5CH_2Cl \xrightarrow[S_N1]{H_2O} [C_6H_5CH_2^+ + \overset{\cdots}{Cl}(H_2O)_n] \xrightarrow{^-OH} C_6H_5CH_2OH + \overset{\cdots}{Cl}(H_2O)_n$$

$$\xrightarrow[S_N2]{CH_3COCH_3} \left[HO^{\delta-} \underset{H}{\overset{C_6H_5}{\cdots C}} \cdots Cl^{\delta-} \right] \longrightarrow C_6H_5CH_2OH + Cl^-$$

许多离子的 S_N1 反应速率随溶剂的极性增加而加速，S_N2 反应速率则随溶剂极性增加而减慢。

(2) 反应温度的影响　许多有机化合物如烃类、醚类、醇类、醛类、酮类、胺类、酸类等，加热至 $800\sim1000℃$ 时，则分解为自由基，按自由基反应机理进行；但在较低温度时往往不按自由基机理而按离子反应机理进行。但某些化合物在 $200℃$ 以下，在溶液中也能热解而产生自由基反应。所以对某些反应来说，高温按自由基机理进行，低温则按离子机理进行。工业上氯化法合成甘油时，氯与丙烯在高温时反应生成 3-氯丙烯（Ⅰ），为自由基取代反应机理，但在低温下则生成 1,2-二氯丙烷（Ⅱ），为离子加成反应机理。

$$H_3CCH=CH_2 \xrightarrow[500\sim510℃]{Cl_2} \underset{(Ⅰ)}{\underset{Cl}{\overset{}{H_2C-}}CH=CH_2}$$

$$\xrightarrow[200℃]{Cl_2} \underset{(Ⅱ)}{\underset{Cl}{\overset{}{H_2C-}}\underset{Cl}{\overset{H}{\overset{}{C}}}-CH_3}$$

(3) 催化剂的影响　催化剂不仅影响反应速率，对反应机理也有很大影响。自由基反应除了在气相、高温条件下易发生外，也易于在可产生自由基的催化剂存在下发生。而离子反应则易被酸碱所催化。如：

$$C_2H_5OH \begin{cases} \xrightarrow[Cu]{200\sim250℃} CH_3CHO + H_2 \quad (自由基氧化反应) \\ \xrightarrow[Al_2O_3 \text{ 或 } ThO_2]{350\sim360℃} H_2C=CH_2 + H_2O \quad (自由基消除反应) \\ \xrightarrow[H_2SO_4]{140℃ \text{ 左右}} (C_2H_5)_2O + H_2O \quad (离子的反应) \end{cases}$$

不难看出，改变反应条件可使反应向着期望得到的产品方向进行。

1.1.5 活性中间体

活性中间体与中间体不同，一般不能从反应混合物中分离出来，但可用实验方法证明其存在。除一步反应外，常把反应中生成的主要活性中间体作为该反应机理的名称。如离子反应即反应过程中有离子生成的反应，自由基反应即反应过程中有自由基生成的反应。所以确定活性中间体为研究反应机理的重要环节。

在有机药物合成中常见的活性中间体有五种类型。氮烯为碳烯的类似物，其结构和性质都相似，也可看成为同一类型的活性中间体：

碳正离子①	自由基②	碳负离子③	碳烯④	氮烯⑤
carbocation	freeradicals	carbanion	carbenes	nitrene

1.1.5.1 碳正离子

(1) 碳正离子的结构与稳定性　碳正离子具三价，有两种可能结构，一为角锥体（Ⅰ），碳原子采取 sp^3 杂化；另一为平面三角形（Ⅱ），碳原子采取 sp^2 杂化。由拉曼光谱、红外光谱、核磁共振光谱等已证实碳正离子为平面构型。从空间效应和电性效应来看，平面构型较为稳定。在平面构型中与碳正离子中心连接的三个基团价键电子彼此相距更远，相互作用较小。在 sp^2 杂化轨道上的电子含 s 成分较多，比 sp^3 杂化轨道上的电子更靠近碳原子核，因而更稳定。

$$\overset{|}{\underset{|}{\text{C}}}{}^{+} \qquad \text{C}^{+}\!-$$

（Ⅰ）　　（Ⅱ）

碳正离子中心带有正电荷，结构的变化能使正电荷离域或分散时，可使碳正离子趋于稳定。

(2) 碳正离子的产生方法　通常碳正离子由下列两种方法产生。

① 直接裂解。如醇溶于浓硫酸中，当碳正离子的酸性比无机酸酸性小时，醇即可发生异裂而形成深色的碳正离子：

$$(\text{C}_6\text{H}_5)_3\text{C}-\text{OH} + 2\text{H}_2\text{SO}_4 \longrightarrow {}^{+}\text{C}(\text{C}_6\text{H}_5)_3 + \text{H}_3\text{O}^{+} + 2\text{HSO}_4^{-}$$

② 质子或其他带正电荷的原子团与不饱和体系加成，故其相邻碳原子带正电荷：

$$-\overset{|}{\text{C}}\!\!\overset{\frown}{=}\!\!\text{Z} + \text{H}^{+} \longrightarrow -\overset{|}{\underset{|}{\text{C}}}{}^{+}-\text{Z}-\text{H}$$

如 2-甲基丙烯在 HF-SbF_5 体系中形成丁基正离子溶液：

$$(\text{CH}_3)_2\text{C}{=}\text{CH}_2 + \text{H}^{+} \xrightarrow{\text{HF-SbF}_5} (\text{CH}_3)_3\text{C}^{+}$$

(3) 碳正离子的有关反应　碳正离子一般为寿命很短的活性中间体，一旦形成，立即发生各种类型反应而得到稳定产物，或重排成更稳定的碳正离子，再继续进行反应，以得到稳定产物。有关的反应如下。

① 与负离子或具有孤对电子对的分子反应（Lewis 酸碱反应），即单分子亲核取代反应（S_N1）：

$$\text{R}^{+} + \text{Y}^{-} \longrightarrow \text{R}-\text{Y}$$

$$\text{R}^{+} + :\text{Z}-\text{H} \longrightarrow \text{R}-\text{Z} + \text{H}^{+}$$

其中 $\text{Y}^{-} = \text{H}^{-}$、$\text{OH}^{-}$、$\text{X}^{-}$ 等，$:\text{Z}-\text{H} = \text{H}_2\overset{..}{\underset{..}{\text{O}}}$、$\text{R}\overset{..}{\underset{..}{\text{O}}}\text{H}$、$:\text{NH}_3$ 等。

② 失去质子或另一正离子形成双键化合物，即单分子消除反应（E1）。

③ 重排反应。碳正离子的邻位碳上的烷基、苯基或氢原子转移到正电荷中心，同时形成新的碳正离子，再继续反应而形成稳定化合物。如：

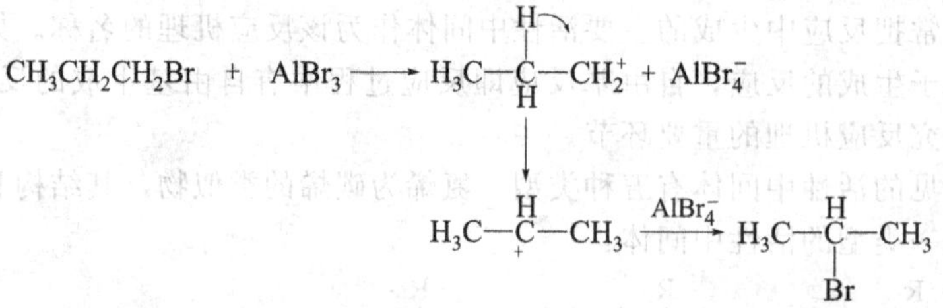

$$CH_3CH_2CH_2Br + AlBr_3 \longrightarrow H_3C-\overset{\overset{\displaystyle H}{|}}{\underset{|}{C}}-CH_2^+ + AlBr_4^-$$

$$H_3C-\overset{+}{C}-CH_3 \xrightarrow{AlBr_4^-} H_3C-\overset{\overset{\displaystyle H}{|}}{\underset{|}{C}}-CH_3$$
$$ Br$$

④ 加成反应。碳正离子可与双键加成，在双键碳上形成新的碳正离子：

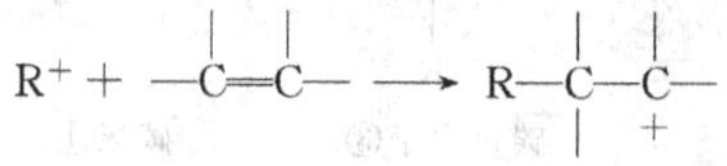

$$R^+ + \overset{|}{\underset{|}{C}}=\overset{|}{\underset{|}{C}} \longrightarrow R-\overset{|}{\underset{|}{C}}-\overset{|}{\underset{+}{C}}$$

新的碳正离子可以继续下一个双键加成，此即乙烯聚合反应机理之一。

1.1.5.2 碳负离子

(1) 碳负离子的结构与稳定性　碳负离子为中心碳原子具有一个负电荷的离子。中心碳原子除与三个原子或原子团相连接外，还具有孤对电子对。与碳正离子一样也有两种可能的几何构型：①平面构型（sp^2 杂化）（Ⅰ）；②角锥体构型（sp^3 杂化）（Ⅱ），以后者更为合理。

（Ⅰ）　　　　（Ⅱ）

在角锥体构型中，孤电子对与负电荷中心碳上的三个价键电子对彼此排斥力较平面构型为小。桥头碳原子形成平面构型远较形成四面体构型难，因而桥头碳原子不易形成碳正离子，但较易形成碳负离子。例如桥头卤化物很易形成有机金属化合物并与亲电试剂顺利进行反应，但很难电离成碳正离子而进行亲核取代。

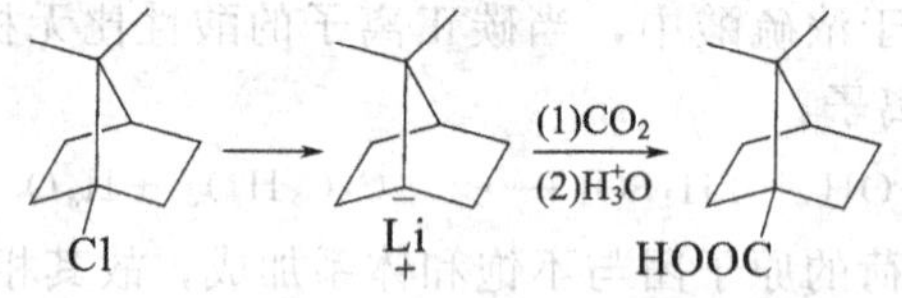

碳负离子与胺是等电子的，所以与胺一样呈转变很快的角锥体构型，在反应中使构型发生转化。具光学活性的有机金属化合物，在亲电取代反应中，根据不同结构和条件常发生构型的部分转化或不转化。

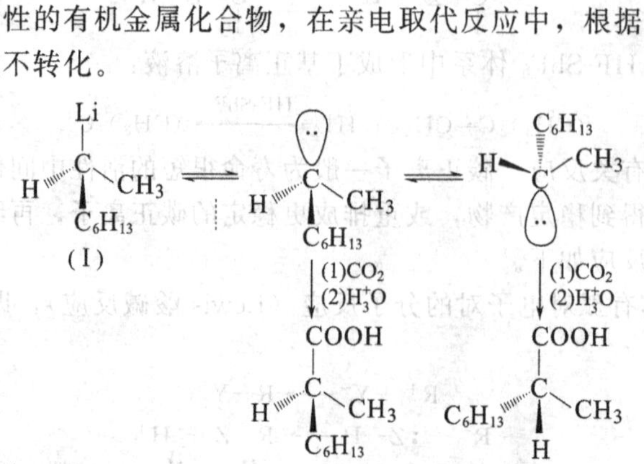

对映体

如化合物（Ⅰ）在 $-70℃$ 与 CO_2 反应，所得产物有 60% 保留构型（Ⅱ）、40% 发生构型转化（Ⅲ）。如温度升高在 $0℃$ 反应，则在与 CO_2 反应前两种构型已达平衡，故得消旋产物。

具共轭体系的碳负离子则为平面构型。中心碳原子采取 sp^2 杂化，孤电子对在 p 轨道上。简单的碳负离子不稳定，但也有一些碳负离子盐比较稳定，如能分出固体碳负离子盐。如 $EtN^+(C_6Cl_5)_3C^-$ 非常稳定，与水和醇均不反应。

如下反应所示，碳负离子（Ⅰ）为碱离子，其相对稳定性可以以其共轭酸（Ⅱ）的酸性强度来表示。共轭酸的酸性愈强则 R^- 的稳定性愈大：

$$RH \Longrightarrow R^- + H^+$$
$$(Ⅱ) \quad\quad (Ⅰ)$$

碳负离子的相对稳定性与化学结构和外界条件都有关。

孤电子对与相邻原子的 π 轨道共轭时，可使负电荷分散在整个共轭体系中，从而较稳定，因此烯丙基型和苄基型负离子较为稳定。

$$Y{=}C{-}C^- \longrightarrow \left[Y{=\!=\!=}C{=\!=\!=}C \right]^-$$

当碳负离子中心与电负性更大的不饱和基团连接或与更多的不饱和基团连接都会造成电荷更加分散，或离域程度更大，从而使碳负离子稳定性增强。当甲烷分子中的氢被电负性较强的 $—NO_2$、$—CN$ 置换时都会大大增加化合物的酸性和其共轭碱的稳定性：

	$CH_2(NO_2)_2$	CH_3NO_2	$CH_2(CN)_2$	CH_3CN	CH_4
pK_a	3.6	10.2	11.2	29	40

烷基的 $+I$ 效应使碳负离子中心负电荷增大，使碳负离子不稳定，随负碳中心烷基数目的增加稳定性递减。

极性溶剂对正、负离子均能起稳定作用。不同的溶剂对正负离子的稳定作用有选择性。如质子性极性溶剂（H_2O、ROH）对正、负离子均有稳定作用。碳正离子与 ROH 中孤电子对通过偶极相互作用而溶剂化：

$$R^+ \longleftarrow :O\!\!\begin{smallmatrix} H \\ R \end{smallmatrix}$$

而碳负离子则通过氢键而溶剂化：$R^- \to HOR$。非质子性极性溶剂如二甲基亚砜、DMF 等则只能使碳正离子溶剂化而稳定。碳负离子在这些溶剂中则较活泼。

（2）**碳负离子的产生方法**　与碳正离子相似，一般通过直接裂解和负离子与重键加成两种途径产生。

① 直接裂解。与碳连接的原子或原子团不带电子对而离去。离去基团通常为氢原子。

$$R{-}H \longrightarrow R^- + H^+$$

本反应为简单的酸碱反应，常需碱来脱除质子。亲质子能力较强的碱有 H^-、H_2N^- 等，也可用 C_2H_5Li 等脱去质子。含活性 α-H 的化合物在碱存在下都产生碳负离子，如：

$$\begin{matrix} COOEt \\ | \\ CH_2 \\ | \\ COOEt \end{matrix} \xrightarrow[EtOH]{EtONa} \left[\begin{matrix} COOEt \\ | \\ :CH \\ | \\ COOEt \end{matrix} \right]$$

离去基团也可以不是氢，如 α 有不饱和基团或 α,β-不饱和羧酸盐的脱羧反应中有碳负离子形成：

$$O=C-\overset{..}{\underset{|}{O}} \xrightarrow{\triangle} \left[\begin{array}{c}\overset{..}{C}H_2 \\ | \\ COOH\end{array}\right] + CO_2$$

$$\underset{\underset{\displaystyle COOH}{|}}{CH_2}$$

② 负离子和 C=C 双键（或三键）的加成。当双键和不饱和基团（如—CHO、—COR、—COOR、—CONH$_2$、—CN、—NO$_2$、—SOR、SO$_2$R 等）相连接时则可与亲核试剂发生亲核加成而产生碳负离子中间体：

$$-\overset{|}{C}=\overset{|}{C}-CHO + Y^- \longrightarrow -\overset{|}{\underset{Y}{C}}-\overset{|}{\overset{..}{C}}-CHO$$

（3）碳负离子的有关反应　与碳正离子一样，碳负离子为寿命很短的活性中间体，可以通过各种途径形成稳定产物。相关反应如下。

① 与质子、其他正离子或外层有空轨道的化合物相结合（单分子亲电取代反应——S$_E$1 反应），如：

$$R^- + Y^+ \longrightarrow R-Y$$

或发生双分子亲电取代反应——S$_E$2 反应：

$$R^- + \overset{|}{\underset{|}{C}}-X \longrightarrow R-\overset{|}{\underset{|}{C}} + X^-$$

如羧酸或其盐的脱羧反应：

$$PhC\equiv C-COO^- \longrightarrow PhC\equiv C^- \xrightarrow{H^+} PhC\equiv CH$$

$$\underset{\underset{\displaystyle O}{\parallel}}{CH_3CCH_2COOH} \xrightarrow{NaOH(aq)} \underset{\underset{\displaystyle O}{\parallel}}{CH_3CCH_2^-} + CO_2$$

$$\Big\downarrow H^+$$

$$\underset{\underset{\displaystyle O}{\parallel}}{CH_3CCH_3}$$

丙二酸酯或乙酰乙酸乙酯的烃化反应：

$$H_2C\overset{\displaystyle COOEt}{\underset{\displaystyle COOEt}{\diagdown}} \overset{-OEt}{\rightleftharpoons} -HC\overset{\displaystyle COOEt}{\underset{\displaystyle COOEt}{\diagdown}} + HOEt$$

$$-HC\overset{\displaystyle COOEt}{\underset{\displaystyle COOEt}{\diagdown}} + H_3C-X \longrightarrow H_3C\,HC\overset{\displaystyle COOEt}{\underset{\displaystyle COOEt}{\diagdown}} + X^-$$

② 碳负离子与—C=O 双键的加成，如：

$$R^- + \overset{|}{\underset{\underset{\displaystyle O}{\parallel}}{C}}- \longrightarrow R-\overset{|}{\underset{|}{C}}-O^-$$

如羟醛缩合反应过程中生成的碳负离子（Ⅰ）再与醛缩合。

$$CH_3CHO \xrightarrow{OH^-} {}^-CH_2CHO \xrightarrow{\overset{\displaystyle O^{\delta-}}{\underset{\delta+}{CH_3C-H}}} CH_3\underset{\underset{\displaystyle O^-}{|}}{CH}-CH_2CHO$$

（Ⅰ）

③ 重排反应。亲电重排较少，但仍存在本类反应。

1.1.5.3　自由基

自由基为含有一个或多个未成对电子的原子或原子团。烷基自由基的结构可能有两种：平面三角构型（Ⅰ）（sp^2 杂化），角锥体构型（Ⅱ）（sp^3 杂化）。

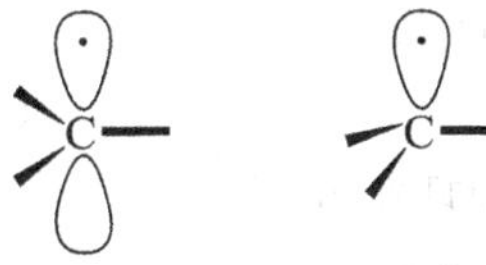

电子自旋共振（ESR）光谱证明烷基自由基和具有共轭体系的自由基为平面构型。手性碳化合物形成自由基后失去光学活性，也证明自由基具平面构型。在固体氩中存在 $CH_3 \cdot$ 的红外光谱也证明其为平面构型。

桥头自由基因空间关系为角锥体构型，不过角锥高度不是很大：

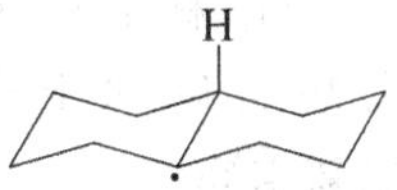

当自由基中心碳原子连接有电负性很大的基团时，也采取角锥体构型，如：

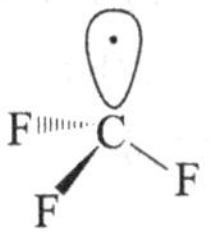

多数自由基很活泼，一般不能分离，但可通过各种光谱分析如电子自旋共振光谱（ESR）、核磁共振光谱（NMR）和化学诱导动态核极化作用（chemically induced dynamic nuclear polarization，CIDNP）等证明其存在。简单的自由基可以在气相中测定其存在。

自由基的相对稳定性可以用共价键的离解能或键能来衡量，离解能愈大，形成的自由基的稳定性愈小。

自由基的稳定性与结构有关，受到电子效应和空间效应的影响。烷基自由基的相对稳定性顺序和碳正离子一样为叔＞仲＞伯。σ-p 超共轭效应使缺电子的 p 轨道电子云平均化，甲基愈多，电子云平均化程度愈大，稳定性也愈大。

烯丙基型和苄基型自由基比烷基、乙烯基和苯基自由基稳定，稳定性顺序如下：

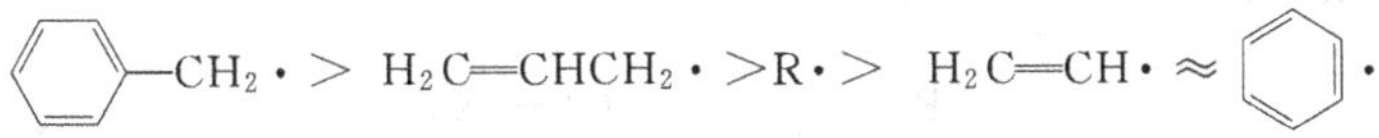

三苯甲基自由基稳定性更大，在室温可存在于溶液中，在苯溶液中与二聚体形成平衡混合物，三苯甲基自由基的浓度约为 2％。

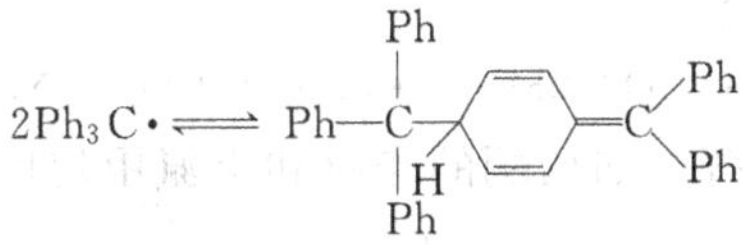

自由基存在的空间因素妨碍继续进行自由基反应时，也能使此种自由基较稳定。如下列两种自由基不发生二聚合反应，并能以固体形式存在。

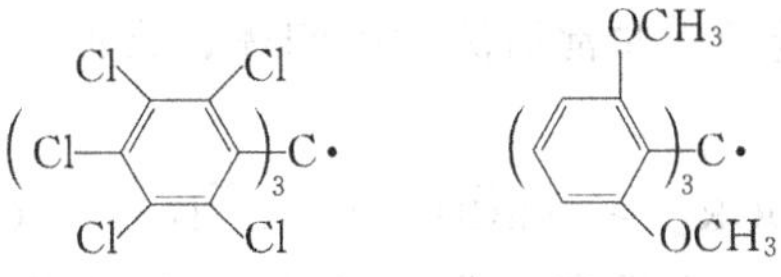

某些杂原子上的自由基也因空间位阻具较大的稳定性。如二苯基苦基肼基自由基（Ⅰ）为固体，可保存几年。化合物（Ⅱ）在发生反应时也不影响孤电子。

（Ⅰ）　　　　　　　　　　　　（Ⅱ）

自由基的产生与反应在 1.6 节中详细介绍。

1.1.5.4　碳烯

（1）碳烯的结构与稳定性　碳烯（carbenes）是只有两个原子或原子团与碳原子键合的活泼的二价碳中间体。最简单的碳烯为 $:CH_2$。其衍生物有 $:CHR$ 和 $:CR_2$（R＝烷基、芳基、酰基、卤素等）。其寿命都很短，多在 1s 以下，不易分离。在低温（如－196℃以下）用晶体截留法（entrapment in matrices）可以分离。

碳烯的命名现多用衍生物命名法：CH_2 称卡宾（carbene）（省去电子对的标注，下同），其衍生物或同系物则在取代基名后加上卡宾。如 $CH_3CH:$ 称甲基卡宾，$CH_3COCH:$ 称乙酰卡宾，$Cl_2C:$ 称二氯卡宾等。

碳烯的两个未成键电子根据实验证明有两种不同的排布，因而形成两种类型的卡宾：一为两个电子自旋方向相反而配对并分配在同一轨道上，光谱学上称为单线态（Ⅰ）（singlet）；另一为两个电子自旋方向相同不成对因而分配在两个轨道上，光谱学上称为三线态（triplet）（Ⅱ）。

$$H_2C \| \qquad\qquad H_2C |$$

（Ⅰ）　　　　　　　　（Ⅱ）

由 ESR 光谱测定，三线态卡宾为一种双自由基，为弯曲型，夹角为 136°。电子光谱证明单线态卡宾夹角为 103°。

（2）碳烯的产生方法　碳烯主要由 α-消除及活泼双键化合物裂解两种方法产生。α-消除时，经常产生碳烯：

$$R_2C\begin{smallmatrix}X\\Y\end{smallmatrix} \longrightarrow R_2C: + XY$$

如三卤醋酸根离子的 α-消除，产生二氟卡宾。

$$H_3C\overset{O}{-}C-O^- Na^+ \xrightarrow{\triangle} :CF_2 + CO_2 + Na^+F^-$$

活泼的含双键化合物的裂解，如烯酮的光解和重氮甲烷的分解均产生碳烯：

$$R_2C{=}C{=}O \xrightarrow{h\nu} R_2C: + CO$$

$$R_2C{=}N{=}\overset{..}{N}: \xrightarrow{h\nu 或 \triangle} :CR_2 + :N{\equiv}N:$$

（3）碳烯的有关反应　碳烯为非常活泼的中间体，常产生插入和加成反应。其活性顺序为：

$$:CH_2 > H\overset{..}{C}COOR > Ph\overset{..}{C}H > Br\overset{..}{C}H > Cl\overset{..}{C}H > ClC:$$

碳烯主要在 C—H 上发生插入反应，而不在 C—C 键中插入。所得产物为各种 C—H 键中插入 CH_2 的混合物，而且选择性很小。

$$\underset{\underset{H}{|}}{\overset{\overset{CH_3}{|}}{H_3C-C-CH_2CH_3}} + H_2C\overset{+}{=}\overset{-}{N}=N \xrightarrow[-N_2]{\text{光}} \underset{\underset{H}{|}}{\overset{\overset{CH_3}{|}}{H_3C-C-CH_2CH_2CH_3}}$$

$$\underset{\underset{H}{|}}{\overset{\overset{CH_3}{|}}{CH_3CH_2-C-CH_2CH_3}} + \underset{\underset{CH_3}{|}}{\overset{\overset{CH_3}{|}}{H_3C-C-CH-CH_3}} \overset{H}{} + \underset{\underset{CH_3}{|}}{\overset{\overset{CH_3}{|}}{H_3C-C-CH_2CH_3}}$$

如上例中重氮甲烷所形成的单线态卡宾对三种 C—H 键选择性顺序为：叔$_{C-H}$＞仲$_{C-H}$＞伯$_{C-H}$，其相对比例为 1.5：1.2：1.0，所以在合成上无应用价值。三线态卡宾选择性稍大，顺序为：叔$_{C-H}$＜仲$_{C-H}$＜伯$_{C-H}$，相对比例为 7：2：1。由于 Cl_2C：活泼性较低，故在 C—H 上插入反应选择性较高，对合成有用。

碳烯的中心碳原子只有六个电子，因此为缺电子的活性中间体，具亲电性，因此能与双键或叁键发生加成：

$$H_2C\overset{+}{=}\overset{-}{N}=N + H_3CC\equiv CCH_3 \xrightarrow{h\nu} \underset{\underset{H_2}{\overset{\diagup\backslash}{C}}}{H_3CC=CCH_3} + N_2$$

1.1.5.5　氮烯

氮烯（nitrene）R—N（R＝烷基、芳基、酰基、酯基等）为碳烯的含氮类似物，因此氮烯的结构、形成和反应都与碳烯类似。氮烯也为非常活泼的活性中间体，在一般条件下不易分离。烷基氮烯在低温（-269℃）可用晶体截留法分离。芳基氮烯较不活泼，可在-196℃被截留。

和碳烯一样，也存在单线态（Ⅰ）和三线态（Ⅱ）：

$$R-\overset{\cdot\cdot}{N}: \qquad\qquad R-\overset{\cdot\cdot}{\underset{\cdot}{N}}\cdot$$
$$\text{（Ⅰ）}\qquad\qquad\qquad\text{（Ⅱ）}$$

最简单的氮烯 H—N 和大多数氮烯的基态为三线态。

和碳烯一样，α-消除和叠氮化合物的光解或热解均能形成氮烯。如：

$$\underset{\underset{H}{|}}{R-N-OSO_2-Ar} \xrightarrow{\text{碱}B^-} R-\overset{\cdot\cdot}{N}: + {}^-OSO_2Ar + BH$$

$$\underset{\overset{\|}{O}}{R-C}-\overset{+}{N}=\overset{-}{N}=\overset{-}{N}{}^- \xrightarrow{\triangle} \underset{\overset{\|}{O}}{R-C}-\overset{\cdot\cdot}{N}: + N_2$$

NH：可由 NH_3、N_2H_4 或 HN_3 经光解而得：

$$NH_3 \xrightarrow{h\nu} :\overset{\cdot\cdot}{N}H + H_2$$

$$HN_3 \xrightarrow{h\nu} :\overset{\cdot\cdot}{N}H + N_2$$

氮烯可以插入烷烃的 C—H 键形成 C—N 键，活性顺序为：叔$_{C-H}$＞仲$_{C-H}$＞伯$_{C-H}$。插入反应因所得产物常为各异构体的混合物，故无制备价值。但在特殊例子中具合成意义，如 2-（2-甲基丁基）叠氮苯受热可得约 60％的 2-甲基-2-乙基吲哚满（2-methyl-2-ethylindoline）：

(60%)

氮烯也能与双键加成。如氮丙啶类（aziridines）的合成，即为本类反应的应用。

$$ArN_3 \xrightarrow[\text{或}\triangle]{h\nu} Ar\ddot{\underset{\cdot\cdot}{N}}$$

$$Ar\ddot{\underset{\cdot\cdot}{N}} + \overset{|}{\underset{|}{C}}=\overset{|}{\underset{|}{C}} \longrightarrow$$

氮烯另一主要反应为二聚成偶氮化合物。芳基氮烯有时具有足够的稳定性，用以合成混合偶氮化合物：

1.2 亲核取代反应

亲核取代反应机理可分为两类：双分子亲核取代反应（bimolecularnucleophilic substitution reaction，S_N2）机理和单分子亲核取代反应（uni-molecular nucleophilic substitution，S_N1）机理。溶剂化离子对单分子亲核取代反应（solvolyzed ion-pair nucleophilic substitution reaction）的机理则为介于极限机理之间的过渡性单分子反应机理。

1.2.1 亲核取代反应机理

1.2.1.1 单分子亲核取代反应机理

单分子亲核取代反应（S_N1）机理为离子反应机理，即底物在适当条件下先异裂为离子，形成的碳正离子（carbonium ion，carbocation，carbenium）与亲核试剂迅速反应得到产物：

$$R-X \xrightarrow[\text{慢}]{k_1} R^+ + X^- \tag{1}$$

$$R^+ + Y:^- \xrightarrow[\text{快}]{k_2} RY \tag{2}$$

反应第一步为限速步骤。底物的解离通常由溶剂协助完成。键的断裂所需能量绝大部分可由 R^+ 和 X^- 的溶剂化能得到补偿，因而所需能量较低。S_N1 反应进程能量变化如图 1-1 所示。

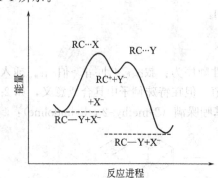

图 1-1　S_N1 反应进程能量变化

单分子亲核取代反应过程中的解离速度取决于解离后所生成的碳正离子的稳定性。解离过程经过中间过渡态 $R^{\delta+}\cdots X^{\delta-}$。反应第二步也经过中间过渡态。但前者所需的活化能大，所以碳正离子形成的过程为限速步骤。

碳正离子稳定性高，中间过渡态稳定性也高。如中间过渡态形成的活化能降低，或底物基态能量升高均有利于碳正离子的形成。可据此分析来自于化学结构因素和溶剂因素的影响，如前所述。

底物的电荷状况与溶剂的极性也有相当关系。

介电常数高的溶剂降低中性底物过渡态的解离能，使反应速率增大。如为正离子的底物，则介电常数低的溶剂一般使过渡态的电荷分散增强，有利于反应。

由式（1）可知 S_N1 的反应速率与底物浓度成正比，与亲核试剂的浓度和性质无关。反应速率常符合一级反应动力公式，可以认作本反应为单分子反应的一种证据。

$$反应速率 = -\frac{d[RX]}{dt} = -\frac{d[Y^-]}{dt} = k_1[RX]$$

在典型 S_N1 反应中，形成碳正离子的过程为 S_N1 反应的限速步骤。碳正离子是平面结构并处于 sp^2 杂化状态。反应中，亲核试剂以均等的机会从平面的两侧进攻，得到构型保持与转型的两种产物，就光学活性而论，应为外消旋混合物。

1.2.1.2　双分子亲核取代反应机理

双分子亲核取代反应（S_N2）在反应中亲核试剂从离去基团相反的一面向底物进攻，并与中心碳原子相互作用，在逐渐形成新键的同时，离去基团被逐渐推出中心碳原子，使原有键断裂，从而生成具有高能量的过渡络合物（transition state complex）。过渡态进行分解，离去基团带着一对电子离开中心碳原子并生成产物。

其位能曲线如图 1-2 所示。过渡态的形成为限速阶段。因此，反应速率与底物和亲核试剂的浓度都有关，整个反应速率方程符合双分子反应公式：

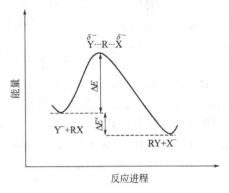

图 1-2　S_N2 反应进程能量变化曲线

$$RX + Y^- \longrightarrow RY + X^-$$

$$反应速率 = \frac{d[RX]}{dt} = \frac{d[Y^-]}{dt} = k[RX][Y^-]$$

在反应过程中，旧键断裂和新键形成系同时、连续地进行。反应的过渡态如图 1-3 所示。

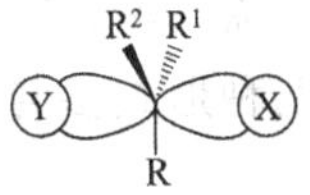

中心碳原子以 sp^2 杂化轨道和未发生共价键变迁的原子或原子基团（R、R^1 和 R^2）相连接，以 2p 轨道与亲核试剂和离去基团的电子对轨道成键，并形成部分离子化的化学键。

图 1-3　S_N2 反应过渡态示意图

取代基 R、R^1 和 R^2 位于三角形平面的顶点，彼此间键角为 $120°$。亲核试剂 Y 和离去基团 X 位于平面两侧通过中心碳原子的垂直线上，此种空间排列的转化有利于过渡态的形成。

空间排列转化形成过渡态时，底物与亲核试剂的空间结构有显著的影响，离去基团小的底物和空间体积小的亲核试剂均有利于过渡态的形成。中心碳原子上取代烃基愈多，反应速率愈慢。但离去基团吸电子性能的影响不如 S_N1 反应中的影响大。

S_N2 的过渡态随底物和亲核试剂所带电荷不同而有差异，大致为三种类型：

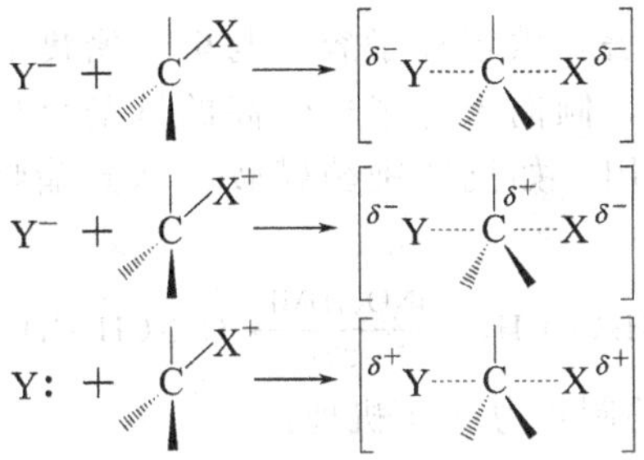

由上可见，过渡态的电荷分布较为分散，因此增加溶剂的介电常数将使基态较过渡态稳定，引起活化能的增加，反应速率降低。

S_N2 为协同反应，具有立体专一性，理论上构型发生反转。但实际上一般仍有消旋化发生，这说明 S_N2 为一种极限形式。

1.2.1.3　溶剂化离子对单分子亲核取代反应机理

S_N1 和 S_N2 为饱和碳原子上亲核取代反应机理的极限状况，介于这两种形式之间的机理为溶剂化离子对单分子亲核取代反应机理。

底物 R—X 先行离子化，生成紧密连接的离子对 R^+X^-，称作"紧密离子对"（intimate ion pair）（Ⅰ）。在离子对形成中，具有方向性的共价键消失，代之以无方向性的离子键。离子对的形成可认作溶剂与 R—X 相互作用的结果。溶剂进一步作用使离子对分离，碳正离子与负离子之间缔合溶剂分子，称作溶剂分隔离子对或外离子对（solvent separated ion pair，external ion pair）（Ⅱ）。此后，碳正离子和负离子分别进一步溶剂化并且扩散，形成完全解离的"自由离子"（free ions）（Ⅲ）。

紧密离子对可以相互结合，形成共价键的底物分子，称为离子对逆转（ion-pair return，internon return）；同样，溶剂分隔离子对和"自由离子"都可进行反方向的结合，分别称为外离子对逆转（external ion-pair return）和自由离子逆转或外离子逆转（free ion return，external ion return）。如图 1-4 所示为溶剂化离子对变化示意图。

$$RX \underset{\text{离子对逆转}}{\overset{\text{离子化}}{\rightleftharpoons}} R^+X^- \underset{\text{外离子对逆转}}{\overset{\text{外离子对形成}}{\rightleftharpoons}} R^+\|X^- \underset{\text{自由离子逆转}}{\overset{\text{解离}}{\rightleftharpoons}} R^+ + X^-$$
$$（Ⅰ）\qquad\qquad（Ⅱ）\qquad\qquad（Ⅲ）$$

图 1-4　溶剂化离子对变化示意图

上述过程可由很多实验事实证明。

对药物合成来说，常需选择适当的反应条件，使反应按一定方式进行，以获得收率较高的所需产物，减少副反应。例如当卤代醇与亚硝酸盐反应时，由于亚硝酸根 NO_2^- 可以下述两种形式参与反应：

$$\overset{\displaystyle N}{\underset{\displaystyle O}{\overset{\displaystyle \diagdown\diagup}{}}}\qquad\qquad ^-O—N{=}O$$

为了选择性地得到亚硝酸酯，可在反应中选择有利于 S_N1 机理的反应条件；如希望得到硝基烷烃，应以 S_N2 机理进行反应。

又如卤代烷与氰化物在 S_N1 条件下进行反应，优势产物是异腈；在 S_N2 条件下，主产物是腈。

了解反应机理可以预料主产物。在 S_N2 反应中，最终将由过渡态而定。几种亲核试剂竞争底物将得到混合物。在溶剂浓度相同时，主产物为亲核能力最强的亲核试剂的取代物。在 S_N1 反应中，反应产物由形成的碳正离子所决定。碳正离子反应活性高，使反应选择性较低；但 S_N1 反应的主产物仍可预料。S_N1 机理的第二步为纯粹的离子反应，因此电子效应特别显著，碳正离子容易与电子密度高的反应物作用。因此，可以概括地说：在 S_N2 反应中，倾向于与亲核性高的试剂反应；在 S_N1 反应中，倾向于与电子密度高的试剂相互作用。如抗感染药磺胺甲基异噁唑中间体 β-硝基丁酮的制备以 S_N2 机理进行。

$$ClCH_2CH_2COCH_3 \xrightarrow[15\sim20℃]{NaNO_2,DMF} O_2NCH_2CH_2COCH_3$$

血管扩张药亚硝酸戊酯的制备为 S_N1 机理：

$$C_5H_{11}OH \xrightarrow{\text{HCl, NaNO}_2} C_5H_{11}ONO$$

1.2.2　邻基参与作用

在亲核取代反应中，离去基团的邻位或更远的位置上有孤电子对的原子或基团存在，易产生取代反应，反应速率较快，所得产物仍保持原有构型，而不发生构型转化或消旋化，此种作用称邻基参与作用或邻基促进作用（neighboring-group participation effect）。反应过程包含两次 S_N2 取代，每次都使构型发生转化，两次转型的结果是仍保持原构型。反应第一步为邻近基团 Z 从背侧向中心碳原子作亲核进攻，推出离去基团。继而亲核试剂 Y 从三元环背侧向中心碳原子进攻，将邻近基团 Z 推开。

第一步

第二步

反应时，邻位基团 Z 已处于易起反应的位置，故对中心碳原子进攻比亲核试剂 Y 快，从而使反应速率加快。根据反应速率定律，此反应为一级反应，亲核试剂 Y 并不参与限速步骤。

常见的邻位取代基包括 COO^-（不是—COOH）、OCOR、COOR、OR、OH、O^-、NH_2、NHR、NR_2、NHCOR、SH、SR、S^-、Br、I 和 Cl 等。卤素的活性次序为 I＞Br＞Cl。Cl 是一种非常弱的邻位基团，仅在无溶剂干扰时才起作用。

1.2.3　影响亲核取代反应速率的因素

1.2.3.1　影响 S_N1 反应的因素

S_N1 反应中，碳正离子的形成为限速步骤，因而结构的（包括中心碳原子的离去基团）影响最大，溶剂的极性有一定影响，外界条件也有影响，亲核试剂的性质和浓度关系不大。

（1）碳正离子的结构与反应活性　碳正离子的稳定性直接影响反应速率，依照静电学定律，荷电物系的稳定性随电荷分散而增加。因此，凡使正电荷分散到离子其余部分的任何因素，都使稳定性增加。碳正离子空 p 轨道与相邻原子轨道相重叠，产生动态共轭效应，使正电荷分散，重叠愈多，稳定性愈大，反应速率也愈快。

简单烷基碳正离子的稳定性顺序为叔＞仲＞伯，取代烷基数目愈多，则愈稳定。这个顺序可用超共轭效应来解释。乙基（伯）正碳离子有三个超共轭效应，而异丙基（仲）正碳离子有六个超共轭效应，后者比前者稳定，反应速率也较快。从电子效应来看，烷基的供电效应使中心碳原子的电子密度增加，减少碳上的净正电荷、增加碳正离子的稳定性。叔碳正离子有三个烷基供给电荷，仲碳正离子有两个烷基供给电荷，而伯碳正离子只有一个烷基供给电荷，也符合叔＞仲＞伯的顺序。势能测定结果也与此相符，CH_3^+、$CH_3CH_2^+$、$(CH_3)_2CH^+$ 及 $(CH_3)_3C^+$ 的势能依次为 1393kJ·mol^{-1}、1255kJ·mol^{-1}、1159kJ·mol^{-1} 及 1096kJ·mol^{-1}，稳定性依次增大，反应速率也依次增加。

空间效应对稳定性有一定影响。碳正离子形成时，中心碳原子由 sp^3 杂化变为 sp^2 杂化，键角由 109°转为 120°，排斥力减小，有利于碳正离子的形成使反应顺利进行。叔碳原子有三个较大烷基时，存在较大斥力，较易形成碳正离子，反应速率较大，仲碳原子斥力较小，则反应速率较慢。

共轭效应对碳正离子形成有明显影响。β-碳原子上有不饱和键存在时，可使正电荷分散，从而使碳正离子稳定性增加，反应速率加快。如 ROTs 与乙醇进行 S_N1 反应时，R 为 $CH_2=CH-CH_2$、$PhCH_2$、Ph_2CH 和 Ph_3C 的相对反应速率依次为 0.26、100、约 10^5 及 10^{10}，说明动态共轭效应的存在，使碳正离子更趋稳定，反应速率增大。乙基只存在超共轭效应，因而影响较小。烯丙基碳正离子 1 位或 3 位有烷基、芳烃或卤素存在时，由于共轭效应或超共轭效应的影响，反应速率增大。β-碳原子所连接的芳环上，有给电子基存在时，反应显著加快。如存在吸电子基团，则反应速率变得缓慢。

底物为 ZCH_2X 类型，Z=RO、RS 或 R_2N 时，S_N1 反应速率非常迅速，这是由于共轭效应的影响，使碳正离子稳定性增加的结果。就诱导效应而论，反应速率应降低。实验结果指出，共轭效应的影响起着重要作用。但同样的取代基 Z 位于 β-碳原子上，如 ZCH_2-CH_2X 则不存在共轭效应。诱导效应的影响使反应速率变慢，如 R—Cl 在 H_2O 中反应时，当 R 为 $CH_3CH_2CH_2CH_2-$、$CH_3CH_2OCH_2-$ 和 $CH_3O-CH_2CH_2-$ 时，其相对反应速率依次为 1、1×10^9 及 0.2，这可以充分说明取代基电子效应的影响。

在 ZCH_2X 类型中，Z 为 RCO、HCO、ROCO、NH_2CO 或 NC 时，其反应速率与 CH_3 比较，则有所降低。由于 CO 或 CN 的碳原子呈局部正电性，影响紧接的碳正离子，使稳定性降低，反应速率减慢。

桥头碳原子（bridge carbon atom）形成碳正离子时，与中心碳原子相连的三个碳原子必须移动到同一平面上（sp^2 杂化）。此种移动对于开链的叔溴丁烷极为容易，但对桥头碳原子则较为困难，随着环系的变小，需要能量增大，S_N1 的反应速率也急剧减慢。因此环系小的桥头化合物很难进行 S_N1 反应，反应速率减慢。

环烷烃进行 S_N1 反应时，随环的增大反应速率增加。

环状正离子的稳定性决定于芳香性。环共轭多烯具有 $4n+3$ 元环和 $4n+2$ 个 π 电子时为芳香离子，正电荷平均分配在环的每个碳原子上，即每个碳原子上有 $1/(4n+3)$ 的正电荷，所以芳香正离子为稳定的碳正离子。

环丙烯基正离子
（$n=0$，三元环，两个 π 电子，芳香正离子）　　环庚三烯正离子
（$n=1$，七元环，六个 π 电子，芳香正离子）

也有不具芳香性较稳定的环状正离子，例如环丙烯型正离子，由于带正电荷的碳原子与双键共轭增加了稳定。核磁共振光谱证明在 1,4-二甲基环戊二烯的浓硫酸溶液中有环丙烯型正离子存在。

极性溶剂不仅可以促进碳正离子的形成，而且可以使碳正离子稳定。在水溶液中叔溴丁烷离解为叔丁基正离子和溴负离子所需离解能约为 $84kJ\cdot mol^{-1}$，而在气相则需 $840kJ\cdot mol^{-1}$。这是溶剂水分子中的孤对电子对进攻带部分正电荷的烷基促使 Br^- 离解，并形成较稳定的溶剂化碳正离子所致：

$$H_2O:\longrightarrow R\!-\!Br \longrightarrow H_2OR^+ + Br^-$$

（2）离去基团与反应活性 S_N1 机理中，底物的解离为限速步骤。因此，离去基团脱离能力大小对反应速率有一定影响。

离去基团从底物离去的倾向与其碱性强弱有关，碱性越弱，越易离去，反应速率加快。HX 比 X^- 的碱性弱，RXH^+ 的 S_N1 反应比 RX 容易进行。OH^- 和 RO^- 具有较强的碱性，通常不易从醇、醚类中脱离，但当质子化后，转化成 ROH_2^+ 和 $RORH^+$，反应容易进行。此种亲核取代反应以底物的共轭酸的形式进行 S_N1 反应，称 S_N1cA。

催眠药西可巴比妥合成时，其中间体 2-溴戊烷也按上述机理制得。

$$CH_3CH_2CH_2CHCH_3 \xrightarrow{HBr, H_2SO_4} CH_3CH_2CH_2CHCH_3$$
$$\quad\quad\quad\quad | \quad\quad\quad\quad\quad\quad\quad\quad\quad\quad\quad\quad | $$
$$\quad\quad\quad\quad OH \quad\quad\quad\quad\quad\quad\quad\quad\quad\quad\quad Br$$

离去基团接受电子的能力越强，电负性越大，脱离倾向越大，反应速率越快。如取代苯基磺酸酯的醇分解：

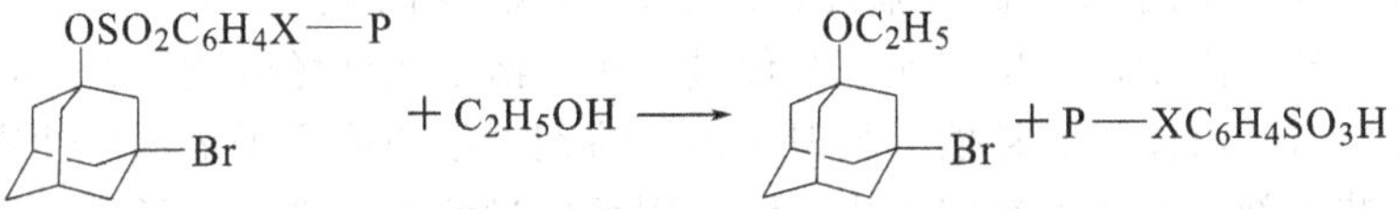

X 为 CH_3、H、Br、NO_2 时，其相对反应速率为 1.6、3.1、9.6 和 55。X 的吸电子能力依次增加，其反应速率也依次增大。除电负性影响外，极化度也有显著影响。极化度大的离去基团使过渡态稳定，有利于解离。极化度愈大，反应速率愈大。如上例中，X 为 Br、Cl、F 时，相对反应速率依次为 9.6、8.4 及 5.2，极化度依次变小，相对反应速率依次降低。故溴化物和氯化物常作为离去基团。

因此在有机合成中常将活性较差的离去基团转化为活性较大的离去基团或质子化以促进反应。如醇类可转化为活性强的对甲苯磺酸酯（ROTs）、对溴苯磺酸酯（ROBs）、对硝基苯磺酸酯（RONs）以及甲基磺酸酯（ROMs）等。

近年来，找到一些较好的离去基团，如高氯酸烷酯类（$ROClO_3$）、氟磺酸烷酯类（$ROSO_2F$）、三氟甲基磺酸酯类（$ROSO_2CF_3$）、九氟丁基磺酸酯类（$ROSO_2C_4F_9$）和 2,2,2-三氟乙基磺酸酯类（$ROSO_2CH_2CF_3$）等。其中三氟甲基磺酸酯反应活性为三氟乙基磺酸酯的 400 倍，后者反应活性比甲基磺酸酯大 100 倍。

重氮基为比较容易离去的基团，脂肪胺和芳胺经亚硝化后很容易被亲核试剂取代，离子对现象对产物起着重要作用：

$$RNH_2 + NO^+ \xrightarrow{H^+} R\overset{+}{-}N{\equiv}N + H_2O$$

$$R\overset{+}{-}N{\equiv}N + Y^- \longrightarrow RY + N_2$$

试验结果指出，以水为溶剂进行 S_N1 反应时，离去基团的活性顺序如下：

$$N_2^+ > OSO_2CF_3 > OTs > I > Br > OH_2^+ > Cl > ORH^+ > ONO_2 > NR_3^+ > OCOR$$

（3）亲核试剂的影响 S_N1 反应的限速步骤为底物的解离阶段，不受亲核试剂亲核能力的影响。叔丁烷与亲核试剂氢氧根离子和水的取代反应速率相等。但在竞争反应中，亲核试剂的亲核性对反应产物有一定的影响。如甲苯磺酸苄酯在甲醇中溶剂分解时产物为苄基甲基醚，在此反应中甲醇既为溶剂又为亲核试剂。反应中如加入亲核性较强的溴离子，对反应速率无影响，但主要产物为溴苄。

亲核试剂分子中存在几个亲核原子同时进行 S_N1 反应时，则作用原子的电负性愈大，局部负电荷较多，成为亲核部位的可能性愈大，如同时有 O、N、C 原子存在于亲核试剂中，则亲核部位发生在氧原子上的可能性最大，其次是氮原子，碳原子的亲核性最小，如血管扩张药硝酸甘油制备时，硝酸与硫酸生成硝基正离子 NO_2^+，受到甘油的亲核进攻，其氧原子的亲核性强于碳原子，故生成硝酸酯：

$$NO_2^+ + \begin{array}{c} CH_2OH \\ | \\ CHOH \\ | \\ CH_2OH \end{array} \longrightarrow \begin{array}{c} CH_2OHNO_2^+ \\ | \\ CHOHNO_2^+ \\ | \\ CH_2OHNO_2^+ \end{array} \xrightarrow{-3H^+} \begin{array}{c} CH_2ONO_2 \\ | \\ CHONO_2 \\ | \\ CH_2ONO_2 \end{array}$$

（4）溶剂极性的影响　溶剂的性质对反应机理有重大的影响，同一反应往往由于溶剂性质不同而以不同机理进行。例如卤甲烷在水醇溶液中进行水解按 S_N2 机理；以甲酸为溶剂则按 S_N1 机理反应。又如异溴丙烷在 60% 醇溶液中主要按 S_N2 机理反应，所以反应速率比溴甲烷慢，而在极性大的水溶液中，主要按 S_N1 机理反应，反应速率比溴甲烷快。叔溴丁烷在两种溶剂中都以 S_N1 机理反应，因此反应速率大大增加，在极性大的水中反应速率更快。

对大多数中性分子的 S_N1 机理来说，溶剂极性大，有利于共价键异裂，使过渡态能量降低，易形成碳正离子，对反应速率起促进作用。溶剂化伴随着能量释放，此种能量可作为共价键异裂时所需能量的补偿。叔溴丁烷的溶剂分解说明质子溶剂极性增大，反应速率显著增加。若溶剂可与离去基团形成氢键，则可使过渡态和碳正离子易于形成。

常用极性溶剂中以质子溶剂对反应最为有利，如甲酸、水、80%乙醇、乙酸、甲醇都为常用溶剂，三氟乙酸亲核性很低，为 S_N1 水解的优良溶剂。1,1,1-三氟乙醇及 1,1,1,3,3,3-六氟-2-丙醇 $(F_3C)_2CHOH$ 也为良好溶剂。

（5）反应温度　一般来说，提高反应温度有利于碳正离子的形成，使 S_N1 反应速率增快。但是，温度增高，又易引起消除和重排副反应，所以反应温度应加以控制。

1.2.3.2　影响 S_N2 反应的因素

（1）底物结构与反应活性　中心碳原子上连接三个氢原子形成过渡态时，三个氢原子间的键角由 $109.5°$ 增大为 $120°$，相互影响变小。离去基团与氢原子间的键角由 $109.5°$ 减小为 $90°$，相互影响增大。亲核试剂与氢原子的键角也为 $90°$，产生相互影响，此等影响表现出势能的增大。当氢原子为烃基所取代，相互影响增加，随烃基的增大和数目的增多，势能随着增加，因而使反应速率降低。卤烃（RBr）与醇进行 S_N2 反应时，R 为甲基时反应速率为 1，为乙基及正丙基时则分别为 $3.3×10^{-2}$ 和 $1.3×10^{-2}$，反应速率变慢，如为异丙基则反应速率更慢（$8.4×10^{-4}$），叔丁基几乎不发生 S_N2 反应（$5.5×10^{-5}$）。新戊基 β-碳原子上三个甲基中只有一个甲基与中心碳原子及氢共平面，其余两个甲基分别在平面上下，与离去基团和亲核试剂的相互影响更大，因而反应速率很低（$3.3×10^{-7}$）。

$$^-OH + \begin{array}{c} H \\ H-C-Br \\ H \end{array} \rightleftharpoons \left[\begin{array}{c} H \quad H \\ \delta^- \quad \quad \delta^- \\ HO---C---Br \\ H \end{array} \right] \xrightarrow{快} \begin{array}{c} H \\ HO-C-H \\ H \end{array} + Br^-$$

β-碳原子连有不饱和键与芳基时，动态共轭效应的存在使过渡态稳定，因而反应速率增快。上例中 R 为烯丙基，相对反应速率为 1.3，较甲基快；R 为苯甲基时，反应速率较甲基快 4 倍。

环烷烃碳原子上的 S_N2 反应，由于环张力的变化，反应随环的增大而增快，即 5 位＞4 位＞3 位。当环为环己烷时，由于 1 位、3 位有排斥作用使反应速率变慢。但当环增大为 7~10 碳原子时，反应速率又因环张力的解除而增快，因此为 3 位＜4 位＜5 位＞6 位＜7~10 位。

桥头化合物亲核取代反应时，S_N2 机理或 S_N1 机理反应都不活泼。在 S_N2 反应中，亲核试剂不可能从离去基团的背侧进攻而转型。

底物中离去基团与反应活性也有紧密联系。S_N1 反应中的一些规律也适用于 S_N2 反应。如离去基团所成负离子的碱性愈弱，活性愈强。因为过渡态的溶剂化作用，极化度较电负性起的作用更大，所以有如下活性顺序：$I>Br>Cl>F$。

（2）亲核试剂的影响　S_N2 反应中，亲核试剂与底物之间形成新键，亲核试剂提供电子的能力愈大，取代反应愈易进行。试剂的亲核能力也称作亲核强度，由其碱性和极化度决定，空间效应也有影响。亲核试剂的极化度愈强，则进攻原子的价电子层因底物的影响而愈易变形，从而使形成过渡态所需活化能愈低，试剂的亲核强度也愈大。如在极性溶剂中，碘原子虽是弱碱，但却是较强的亲核试剂，同样，较易极化的含硫原子基团较相应的含氧基团有较高的亲核强度。在同一族中，亲核强度随原子序号增大而增大。

试剂的亲核强度与碱性强弱并不一致。叠氮离子、酚氧离子和溴离子对碘甲烷的亲核能力相等，但碱性差异较大，其共轭酸的 pK_a 依次为 4.74、9.89 和 -7.7。

但不同的亲核试剂所含亲核原子相同时，则其亲核性大小次序与碱性强弱一致。例如亲核原子为氧的一些试剂，其亲核强度和碱性强度的顺序一致：

$$CH_3O^->C_6H_5O^->CH_3COO^->NO_3^-$$

带负电荷试剂的亲核强度较其共轭酸为大。

同一周期元素所生成的同类型的亲核试剂，其亲核性的大小与碱性的强弱基本一致：

$$R_3C^->R_2N^->RO^->F^-$$

$$NH_2^->RO^->OH^->R_2NH>ArO^->NH_3>F^->H_2O>ClO_4^-$$

试剂的亲核强度也受空间因素的影响，如烷氧负离子的亲核性次序为：

$$CH_3O^->CH_3CH_2O^->(CH_3)_2CHO^->(CH_3)_3CO^-$$

恰与碱性大小的顺序相反。由于叔丁酰基体积大，不易从背侧接近碳原子，亲核性较小。

亲核试剂的亲核强度也与反应中所用溶剂有关，如卤原子在水、醇等质子化极性溶剂中负离子溶剂化，亲核强度顺序为：

$$I^->Br^->Cl^->F^-$$

而在 N,N-二甲基甲酰胺等非质子极性溶剂中，亲核强度顺序为：

$$F^->Cl^->Br^->I^-$$

非质子极性溶剂 N,N-二甲基甲酰胺（DMF）、二甲基亚砜（DMSO）和六甲基磷酰胺（HMPA）的结构为：

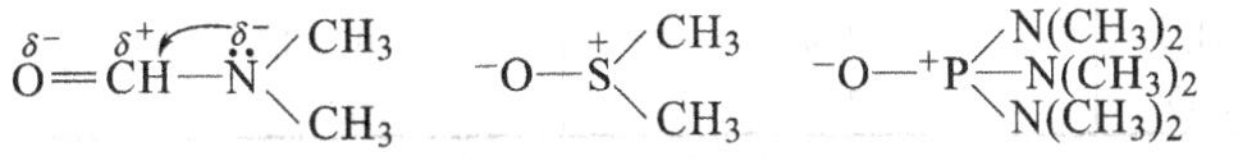

分子中正电荷的一端被甲基包围，空间障碍使负离子不能接近，而带负电荷的一端却裸露在外，易与亲核试剂的正离子作用而溶剂化，负离子则未能溶剂化而呈裸露状态，易与底物反应。因此负离子的亲核强度与碱性一致。裸露负离子（naked anion）的亲核强度比溶剂化负离子亲核强度大。如下述反应在 DMF 中的速度比在甲醇中快 1.2×10^6 倍。因此，亲核取代反应常在非质子极性溶剂（aprotic solvent）中进行。

$$CH_3I + Cl^- \xrightarrow{25\,℃} CH_3Cl + I^-$$

当亲核试剂有不止一种元素的原子，它们又都有活性的电子对时，亲核试剂的进攻便有不同的反应点，可能产生不同的产物：

$$R-X + \overset{O=N=O}{\underset{\bar{O}-N=O}{}} \quad \overset{S_N2}{\underset{S_N1}{\diagdown}} \quad \begin{array}{l} RNO_2 \\ RONO \end{array} + X^-$$

$$R-X + CN^- \quad \overset{S_N2}{\underset{S_N1}{\diagdown}} \quad \begin{array}{l} RCN \\ RNC \end{array} + X^-$$

按照反应条件和反应机理，可以预计反应点和反应产物。如按 S_N2 机理进行反应，亲核试剂中具有较大的亲核强度的元素原子，为参与进攻的反应点。如卤代烃与硝酸盐作用，氮原子具有较大的亲核强度（极化度较氧大，离子的碱性也强），故反应点在氮原子上，生成硝基烷类。又如卤代烃与氰化物反应，碳原子有较大的亲核强度，故反应点在碳原子上，生成腈类化合物。

如果反应按 S_N1 方式进行，亲核试剂中具有较大电负性的元素为反应点。在第一例中氧的电负性大于氮，所以反应点在氧原子上，生成亚硝酸酯。同理，在第二例中，反应点在电负性较大的氮原子上，生成异腈。

（3）溶剂的影响　对 S_N2 反应来说，溶剂对反应速率的影响决定于反应物的起始状态和过渡状态时的电荷分布情况。底物形成过渡态时电荷从无到有，或从分散到集中，溶剂的极性增大能促进反应；与此相反，电荷从有到无或从集中到分散，溶剂极性增大，能在不同程度上降低反应速率。溶剂极性对不同类型 S_N2 反应的影响，可从表 1-5 中简要关系得到说明。

表 1-5　不同类型的 S_N2 反应溶剂的影响

类型	反应物	过渡态	过渡态电荷状况	增加溶剂极性的影响
Ⅰ	$RX+Y^-$	$Y^{\delta-}\cdots R\cdots X^{\delta-}$	较反应物分散	反应速率略减
Ⅱ	$RX+Y$	$Y^{\delta-}\cdots R\cdots X^{\delta-}$	较反应物增加	大大加速
Ⅲ	RX^++Y^-	$Y^{\delta-}\cdots R\cdots X^{\delta-}$	较反应物降低	反应速率大减
Ⅳ	RX^++Y	$Y^{\delta-}\cdots R\cdots X^{\delta+}$	较反应物分散	反应速率略减

表 1-6 列出了乙醇、60％乙醇和水对四种反应类型反应速率的影响。

表 1-6　不同类型的 S_N2 反应溶剂极性效应

类型	反 应	相 对 反 应 速 率		
		乙 醇	60％乙醇	水
Ⅰ	$OH^-+2\text{-PrBr}$	1.0	0.5	—
Ⅱ	$H_2O+2\text{-PrBr}$	1.0	39	—
Ⅲ	$HO^-+S^+(CH_3)_3$	1.0	0.0021	0.000051
Ⅳ	$H_2O+S^+(CH_3)_3$	1.0	—	0.097

由表 1-6 可知，在 S_N2 反应中，中性分子和中性分子进行反应时，质子化极性溶剂较有利，其余三种情况都不利。因此，在 S_N2 反应中经常应用非质子化极性溶剂如二甲基亚砜（DMSO）、二甲基甲酰胺（DMF）、乙腈、丙酮等。此类溶剂无形成氢键的能力，从而对负离子不能溶剂化。反应时，亲核试剂不需更多的能量来破坏溶剂层的氢键，未溶剂化裸露的负离子又具有极强的碱性与亲核强度，故非质子化极性溶剂对于 S_N2 反应具有促进作用。

一些亲核试剂以水或甲醇为溶剂进行反应时，亲核能力大体按以下次序增加：

$$H_2O<F^-<CH_3COO^-<Cl^-<Br^-<C_6H_5O^-<N_3^-<OH^-<C_6H_5NH_2$$

$$<SCN^-\leqslant CN^-\leqslant I^-, HS^-<S_2O_3^{2-}$$

在质子化极性溶剂中，亲核试剂的进攻原子具有较小体积时，易与溶剂形成氢键放出能量，并相应地降低亲核能力。在反应时，破坏氢键需要更多的能量，所以体积小的元素反应活性较体积大的元素为低，如上述卤素负离子。

在非质子化极性溶剂中，由于亲核试剂与溶剂不形成氢键，反应时，亲核试剂的碱性强度为主导因素。以二甲基甲酰胺为溶剂时，一些负离子的亲核强度顺序如下：

$$I^-<Br^-<Cl^-<N_3^-<CH_3COO^-<C_6H_5O^-<CN^-$$

（4）反应液的碱性强度与消除反应 S_N2 反应一般都在碱性条件下进行。在此条件下，亲核试剂易于以负离子状态存在，具有强的亲核活性。酚类在碱液中生成酚基负离子，亲核活性较酚基强。非那西汀生产中，采用对硝基酚钠为原料的原因即在于此。但反应液的碱性愈强，也愈易发生消除反应。

亲核试剂不向中心碳原子进攻，而攻击 β 位上的氢原子，则发生消除反应。因此，消除反应为亲核取代反应的竞争性反应。底物中无 β-H 存在，如甲基或苯甲基，消除反应也不会发生，如底物的活性中心碳原子受到空间阻碍，消除反应则易于发生。

亲核试剂如为强碱性的 OH^-、RO^-、H_2N^- 等，对 β-H 的攻击有强烈的活性，易于引起消除反应，所以在进行 S_N2 反应时，如反应液的碱性强度大于 pH12 时，反应基本上按消除反应进行。

（5）温度的影响 将反应物活化到过渡状态，需要能量，可将反应液加热而达到。如果反应温度过高，消除反应易于进行，对 S_N2 反应进行不利。此外，提高反应温度，S_N2 反应也可转化为 S_N1 反应，条件不同，产物也可能不同。例如在对硝基酚钠与氯乙烷于 140℃反应时，10min 反应即完全，但易产生胶状硝基酚聚合物，影响成品质量，如在 120℃反应 1h，则无此现象。所以应根据具体情况选择合适温度。

1.3 脂肪族亲电取代反应

脂肪族亲电取代反应中最重要的离去基团是外层缺少电子对而能很好存在的离去基团，即正离子，如质子（与酸性有关）、碳离去基团等。

1.3.1 亲电反应机理

亲电反应机理可分为四种：单分子历程 S_E1 与双分子历程 S_E2（前面进攻）、S_E2（后面进攻）和 S_{Ei}。

1.3.1.1 双分子历程 S_E2、S_{Ei}

与亲核取代反应的 S_N2 历程类似。亲电试剂提供的是一个空轨道，其历程有：

S_E2 前面，构型保持

S_E2 后面，构型反转

还有一种就是亲电试剂中的富电子部分可有助于离去基团的除去，即富电子部分与离去基团成键：

此结果构型保持。

此三种历程的动力学都是二级，较难区分，但可从产物的立体结构变化得到一些信息。

1.3.1.2 单分子历程 S_E1

与亲核取代反应类似，其解离步骤是速率控制步骤：

$$R—X \xrightarrow{\text{慢}} R^- + X^+$$
$$R^- + Y^+ \xrightarrow{\text{快}} R—Y$$

其反应的级数是一。

1.3.1.3 亲电取代伴随双键移动

当亲电取代发生在烯丙式底物上时，产物可能重排：

$$\begin{array}{c} \text{C=C—C—X} + Y^+ \longrightarrow \text{C—C=C} + X^+ \\ | \\ Y \end{array}$$

发生重排主要有两条途径，第一条是先消除离去基团，生成共振稳定的烯丙式负碳离子，然后再发生亲电进攻：

$$\text{C=C—C—X} \longrightarrow \left[\text{C=C—C}^- \longleftrightarrow {}^-\text{C—C=C} \right] \xrightarrow{Y^+} \begin{array}{c} \text{C—C=C} \\ | \\ Y \end{array}$$

第二条是 Y 基团先进攻，产生正碳离子，然后再失去 X：

$$\text{C=C—C—X} \xrightarrow{Y^+} \begin{array}{c} Y \\ | \\ \text{C—C}^+\text{—C—X} \end{array} \longrightarrow \begin{array}{c} Y \\ | \\ \text{C—C=C} \end{array} + X^+$$

1.3.2 氢作离去基团的反应

许多不饱和化合物用强碱处理后会发生双键或三键的迁移，如：

$$\begin{array}{c} H_2 \\ R—C—C=CH_2 \\ | \\ H \end{array} \xrightarrow[\text{Sol}]{KNH_2} \begin{array}{c} R—C=C—CH_3 \\ | \\ H \end{array}$$

反应后获得的是平衡混合物，热力学稳定性高的异构体含量高。若产物能通过重排形成共轭，即与另外的双键或三键形成共轭，则绝大部分形成共轭化合物。它的反应历程中涉及碱的作用，碱对脱去的质子起到稳定作用：

$$\begin{array}{c} H_2 \\ R—C—C=CH_2 \\ | \\ H \end{array} + B \longrightarrow \left[\begin{array}{c} H \\ | \\ R—C—C=CH_2 \\ | \\ H \end{array} \longleftrightarrow \begin{array}{c} \bar{} \\ R—C=C—CH_2 \\ | \quad | \\ H \quad H \end{array} \right] + BH^+ \longrightarrow \begin{array}{c} R—C=C—CH_3 \\ | \quad | \\ H \quad H \end{array} + B$$

三键则通过丙二烯式中间体迁移：

$$\begin{array}{c} H_2 \\ R—C—C≡CH \end{array} \rightleftharpoons \begin{array}{c} R—C=C=CH_2 \\ | \\ H \end{array} \rightleftharpoons R—C≡C—CH_3$$

NaNH$_2$ 等强碱可把内炔变成末端炔，而 NaOH 等相对较弱的碱则对内炔有利。有时反应能在丙二烯阶段停下来，则可用于制备丙二烯。

用酸催化时，可通过正碳离子过程得到很多混合物，副产物较多，应用较少。

如醛、酮的卤化。醛、酮 α-位可用卤素取代卤化：

$$\begin{array}{c} | \\ —C—C—R \\ | \quad \| \\ H \quad O \end{array} + Br_2 \xrightarrow{H^+ \text{或} OH^-} \begin{array}{c} | \\ —C—C—R \\ | \quad \| \\ Br \quad O \end{array} + HBr$$

对于不对称酮，氯化的较好位置首先是 CH 基，其次是 CH$_2$ 基，然后是 CH$_3$ 基，但一般得到的是混合物；醛上的氢有时也能被取代。有时此卤代反应也用于制备多卤化物。在不同的反应体系中上卤素的规律不一样。

当用碱催化剂时，酮的一个 α-位全被卤化之后才进攻另一个 α-位；当用酸催化剂时，一般取代一个卤素后反应就会停止，但用过量的卤素可引进第二个卤素。

当用氯取代时，第二个氯一般出现在第一个的同侧；而用溴取代时，生成两侧取代的 α,α' 的二溴代产物可能性增加。

其反应的历程是醛、酮通过形成烯醇或烯醇式离子后再被取代，催化剂的目的是帮助形成烯醇：

$$R^2CH-\underset{\underset{O}{\|}}{C}-R' \xrightarrow[\text{慢}]{H^+} R^2C=\underset{\underset{OH}{|}}{C}-R'$$

$$R^2C=\underset{\underset{OH}{|}}{C}-R' + Br_2 \longrightarrow R^2\underset{\underset{Br}{|}}{C}-\overset{+}{\underset{\underset{OH}{|}}{C}}-R' + Br^-$$

$$R^2\underset{\underset{Br}{|}}{C}-\overset{+}{\underset{\underset{OH}{|}}{C}}-R' \longrightarrow R^2\underset{\underset{Br}{|}}{C}-\underset{\underset{O}{\|}}{C}-R' + H^+$$

此历程可从动力学数据得到验证：反应速率对底物是一级的，与卤素种类、浓度无关。

1.3.3 碳作离去基团的反应

这些反应中 C—C 键分裂，把保留电子对的部分看作底物，这样就把它归类于亲电取代，如脂肪酸的脱羧化：

$$RCOOH \longrightarrow RH + CO_2$$

要脱羧一般需要其 α、β-位有官能团或有双键或三键，如丙二酸式（即其中 R 的 α-位有 HOOC—），α-位有氰基（—CN）、硝基（—NO$_2$）、芳基（—Ar）、酮基（=O）的，β、γ-不饱和（—C=C—）的，可以稳定其中间态。

注意：α-氰基在脱羧过程中有水存在时会水解成羧酸，可得到腈或羧酸。

1.3.4 在氮上亲电取代的反应

这类反应亲电试剂进攻的是氮原子上的未共享电子对。

1.3.4.1 重氮化

具体内容详见 12.1 重氮化反应一节。

伯胺与亚硝酸反应可生成重氮盐，但脂肪族伯胺重氮离子很不稳定，一般应用较少；常用的是芳伯胺，由于芳环的共轭作用使重氮离子变得稳定。

重氮盐的稳定性与芳基上的取代基、酸根及温度等有关。一般在低温下（＜5℃）稳定；硫酸盐比盐酸盐稳定，有吸电子基团如硝基等取代的重氮盐较稳定，可用盐酸介质重氮化。

重氮化是以芳伯胺的游离态进行的，由于脂肪胺碱性较强，因此在低 pH 下没有游离胺可重氮化，而为了使重氮盐稳定，芳胺重氮化一般在强酸性条件下进行。

亚硝酸亲电试剂在不同的介质中形式不同，在稀酸中实际上是 N_2O_3，也可能是 $NOCl$、$H_2NO_2^+$ 等；在浓酸中可能是 NO^+。

也有在有机介质中重氮化的。

1.3.4.2 氧化偶氮化合物

亚硝基化合物和羟胺的缩合可生成氧化偶氮化合物：

$$RNO + R'NHOH \xrightarrow{-H_2O} R-N=N-R' \atop \qquad\qquad\qquad O$$

产物中氧的位置取决于 R 基团的性质，而不取决于原来化合物的性质；R 可以是烷基或芳基；如 R、R′ 都是芳基，生成的产物就是混合物，且有 ArN_2OAr、ArN_2OAr'、$Ar'N_2OAr'$，这说明上述两种原料可能是可以发生平衡转化的。

1.4 芳香族亲电取代反应

芳香化合物包括苯芳香化合物、稠环芳香化合物、稠环非苯芳香化合物、杂环芳香化合物等四大类。其中最简单的是苯。

有关芳香化合物的反应以取代反应最为重要，可取代环上的氢及其他取代基而形成不同的化合物。取代反应历程有亲电、亲核、自由基等，以亲电历程最为重要。

1.4.1 苯的一元亲电取代反应

苯分子的电子形成一个大 π 环，电子集中在分子平面的上下两边，因此不易受亲核试剂的进攻。当亲电试剂与苯分子作用时，可分以下三个过程：

亲电试剂   π络合物   σ络合物   取代苯

图 1-5 σ络合物电荷分布图

即亲电试剂先与苯的大 π 键上的电子形成 π 络合物，然后亲电试剂与其中的一个碳相连，碳原子由 sp^2 杂化转化为 sp^3 杂化，再转化为 σ 络合物，此时络合物带正电荷，由于此时苯环丧失了芳香性，稳定性不高，还要转化为芳环，因此再转化为取代苯。

在形成 σ 络合物时，正电荷可通过其他 5 个碳原子上，但其分散程度有差别，如图 1-5 所示。

这是通过核磁共振测定出来的。从上述数据可看出，正电荷主要分布在邻位和对位。

1.4.1.1 π络合物

π 络合物的形成可通过实验证实。如甲苯和 HCl 在 −78℃ 可形成 1:1 的络合物，此络合物的形成有以下特征。

① 活化能远远低于亲电取代反应的活化能，可认为亲电试剂未与芳环上的碳原子形成真正的化学键。

② 紫外吸收光谱表明与甲苯的光谱几乎没有差别，这说明芳环上的 π 电子体系没有发生大的变化（因为 π 电子体系的吸收光谱在紫外区很敏感）。

③ 溶液没有导电性，说明没有形成离子形态。

④ 用 DCl 代替 HCl，没有发现交换作用，说明没有形成化学键的过程。

对芳环来说，只要它的供电子能力越大，即给电子取代基越多时，其形成 π 络合物的可能性就越大；反之，吸电子取代基多时，就难形成 π 络合物。

形成 π 络合物的亲电试剂亲电能力应较弱，如 HCl、HBr、Ag^+ 等，否则易进一步形成 σ 络合物。

1.4.1.2 σ络合物

如 $AlCl_3$ 在甲苯中于 HCl 存在下可溶解，当蒸除 HCl 时，$AlCl_3$ 又会沉淀出来，这个溶液有以下特性。

① 生成和分解速率都不像 π 络合物那样快，表明活化能较大，因而表明可能有化学键的形成和断裂。

② 溶液的颜色很深，而且紫外吸收光谱变化很大，这说明甲苯的 π 电子体系发生了很大变化。

③ 溶液有导电性，这说明生成了正负离子。

④ 用 DCl 代替 HCl，发现有交换作用，这说明其中有 σ 键的生成和断裂：

其中也可有邻位或间位异构体。

有些稳定的 σ 络合物可在低温制备分离出来，如：

得到的中间体为橙色固体，熔点 −15℃，升温后可定量转化为取代产物。

1.4.1.3　亲电取代反应历程

一般认为是分两步进行：

$$ArH + E^+ \underset{k_{-1}}{\overset{k_1}{\rightleftharpoons}} Ar\overset{+}{\underset{E}{\diagup}}^H$$

$$Ar\overset{+}{\underset{E}{\diagup}}^H \overset{k_2}{\longrightarrow} ArE + H^+$$

它在反应过程中的能量变化如图 1-6 所示。

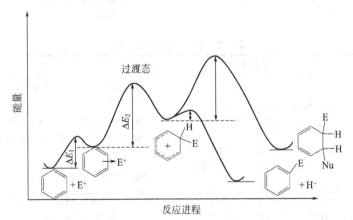

图 1-6　苯进行亲电取代和亲电加成反应的能量变化图

从能量变化图可看出：

① 形成 σ 络合物所需的能量较高，而要得到取代产物必须经过 σ 络合物这一中间体，因此此步是速度决定步骤；

② π 络合物的形成和解离的能量变化小，对取代反应没有多大的影响；

③ σ 络合物在碱（Nu⁻）的作用下失去质子变成取代产物，形成芳环，此步所需能

量较小；

④ 若 Nu^- 不夺取质子而进攻环上的正电荷，就发生加成反应。

由于亲电加成反应活化能高，而且产物的能量比原料高，热力学、动力学都不利，因此实际上很少看到芳环的亲电加成反应。

1.4.1.4 亲电取代反应的可逆性

大部分亲电取代反应是不可逆的，如取代后在芳环上引入吸电子基团则可使芳环电子云密度下降，H^+ 就不易再进攻生成原来的中间体正离子，反应就不可逆；若取代后在芳环上引入一个供电子基如烷基，则可使芳环的电子云密度增大，使 H^+ 易进攻生成原有的中间体，则反应可逆。因此硝化、卤化、偶合等反应是不可逆的，而 C-烷基化常是可逆的。

磺化反应的磺基也是吸电子基团，但其反应是可逆的，这是因为磺基是以—SO_3H 形式存在的，质子与它结合在一起，与碳近，较易转移到碳上生成 σ 络合物中间体，使反应可逆。

1.4.1.5 取代苯的偶极矩

苯的偶极矩为零。苯被取代后，由于取代基的给电子或吸电子作用会产生一定的偶极矩，从偶极矩大小可在一定程度上判断这个取代基的给电子能力或吸电子能力的大小（见表 1-1）。

1.4.2 苯的二元亲电取代反应

苯的二元亲电取代是指一元取代苯再进行第二次亲电取代反应。

这时大部分是第二个氢被取代形成二元取代苯。取代位置取决于已有取代基的性质、亲电试剂的性质、反应条件以及反应的可逆性等，最主要的是已有取代基的性质。若原有的第一取代基被取代，则称为自位（ipso）取代。

1.4.2.1 定位规律

定位规律是指第二个取代基进入到苯环的哪一个位置。

苯环的第一个取代基对第二个取代基进入到哪一个位置有指示的作用，这称为取代基的定位效应。据此可把取代基分为邻、对位定位基和间位定位基两大类。它有三种不同的表现方式：①活化苯环的邻、对位定位基；②钝化苯环的间位定位基；③钝化苯环的邻、对位定位基。如表 1-7。

表 1-7 取代基的定位效应

定位效应	强度	取代基	电子效应	综合性质
邻、对位定位	最强	O^-	给电子诱导效应，给电子共轭效应	活化基
	强	NR_2,NHR,NH_2,OH,OR	吸电子诱导效应小于给电子共轭效应	
	中	OCOR,NHCOR	* 给电子诱导效应，给电子超共轭效应	
	弱	NHCHO,C_6H_5,CH_3 * ,CR_3 *		
	弱	F,Cl,Br,I,CH_2Cl,CH =CHCOOH, CH =$CHNO_2$	吸电子诱导效应大于给电子共轭效应	
间位定位	强	COR,CHO,COOR,$CONH_2$,COOH, SO_3H,CN,NO_2,CF_3 ** ,CCl_3 **	吸电子诱导效应，吸电子共轭效应 ** 只有吸电子诱导效应	钝化基
	弱	NH_3^+,NR_3^+	吸电子诱导效应	

上述的定位效应是相对的。实际上生成的都是异构体混合物。

1.4.2.2 影响苯的二元产物异构体比例的因素

除了上述取代基影响很大外，还有反应温度和空间效应等影响异构体的比例。

(1) 反应温度 升高温度可使磺化和 C-烷基化反应成为可逆亲电取代反应，对反应有较大影响；对不可逆反应也有一定影响，如硝基苯在 0℃ 和 40℃ 用混酸硝化时邻位、对位、间位比分别是 4.75 : 1.39 : 93.9 和 6.47 : 2.35 : 90.9。

（2）空间效应　邻位进攻因取代基空间位阻大而下降；亲电试剂的体积大也会使邻位比例下降，道理是一样的；但其影响一般比电子效应小。

（3）催化剂　由于可改变亲电试剂的极性效应或空间效应使比例发生变化，如溴苯溴化分别用 $FeCl_3$ 或 $AlCl_3$ 作为催化剂时其比例就不一样：

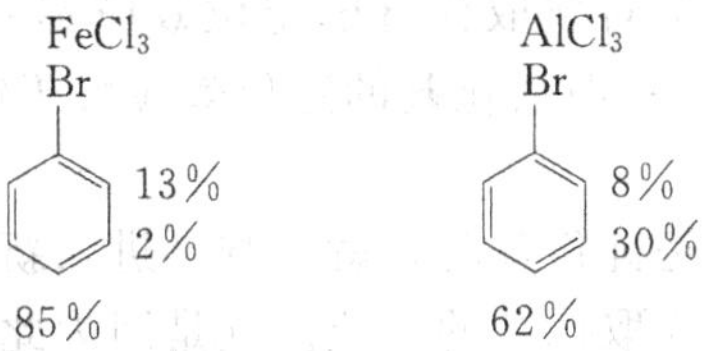

还有一种是催化剂改变反应历程使比例发生变化，如蒽醌用 $HgSO_4$ 作催化剂时磺化生成 α-磺酸；无催化剂时磺化生成 β-磺酸。

（4）亲电试剂　若苯环上的已有取代基可与进攻亲电质点形成络合物，则有利于就近进攻，邻位取代含量将大大提高。如硝酸与乙酐混合后生成乙酰基硝酸酯亲电质点，硝化苯甲醚时与甲醚生成络合物：

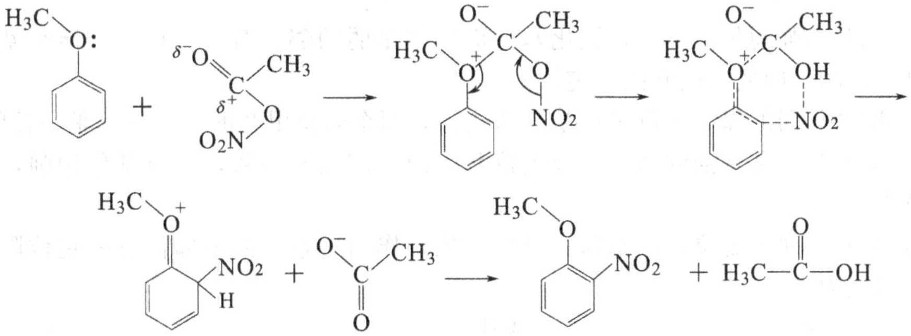

邻位异构体比例含量可从混酸硝化的 31% 提高到 71%。

（5）反应的可逆性　对于不可逆亲电反应，异构体比例主要受电子效应即取代基的极性影响，因为这时受动力学因素影响为主；而对于可逆反应则空间效应起主要作用，因为这时受热力学因素影响为主。

1.4.2.3　分速因数

取代苯不同位置上的取代反应速率可用分速因数定量表示。分速因数即取代苯中某一位置的二元取代反应速率与苯的一个位置的一元取代反应速率之比。这个比值可以通过实验测定反应产物中各异构体的百分含量，并比较取代苯和苯的取代反应速率来确定。分速因数的计算公式为：

$$f_z = 6k_r x/y \tag{1-1}$$

式中，f_z 为 z 位置的分速因数；z 为邻（o）、对（p）或间（m）位；y 为 z 位置的数目；k_r 为取代苯与苯的相对取代反应速率常数，$k_r = \dfrac{k_{R-Ph}}{k_{Ph}}$；$x$ 为 z 位置异构产物的分数；6 是苯上可取代位置的数目。f_z 大于 1 说明取代比苯活泼，小于 1 则不活泼。它可定量说明取代反应的活性。但不同反应物、不同反应条件其分速因数是不一样的，所以其意义较小。

1.4.3 苯的多元亲电取代反应

与苯的二元亲电取代相似，苯的多元亲电取代反应是指二元取代苯或含有更多取代基的苯衍生物进行的亲电取代反应。新取代基进入苯环的位置也受已有取代基的影响，但现在还没有一个普遍的、预见性较强的定位规律。但有下列经验规律可供参考。

① 苯环上已有取代基的定位效应具有加和性，两个取代基都指向一个定位，则此定位效应加强。

② 当苯环上已有两个取代基对新取代基的定位效应不一样时，新取代基进入苯环的位置就决定于它们的综合效应。一般活化基的定位效应大于钝化基，这是因为活化基有动力学促进作用，作用强。

③ 当苯环上两个取代基都是钝化基时，就很难再进入新的取代基。

④ 新取代基一般不进入 1,3 取代苯的 2 位。这是因为此位置空间位阻太大。

下面举例分析一些化合物亲电取代位置定位的原因，如：

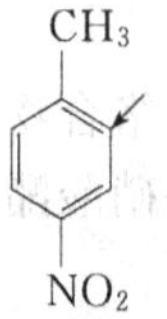

（ⅰ） 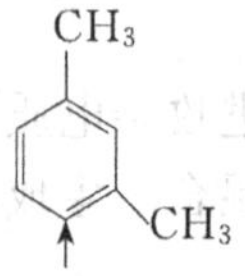　　　（ⅱ） 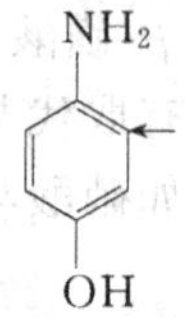　　　（ⅲ） 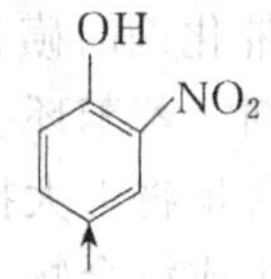　　　（ⅳ）

（ⅰ）硝基是强间位定位基，钝化基；而甲基是弱的邻、对位定位基，活化基；它们的作用是一致的，因此是硝基间位定位。

（ⅱ）甲基是弱的邻、对位定位基、活化基，两个间位甲基的定位作用是一致的。

（ⅲ）氨基是比羟基强的邻、对位定位基，两者定位不一致，因氨基作用强，因此以氨基邻位为主。

（ⅳ）硝基是间位定位，羟基邻、对位定位，作用一致，但因邻位有一定位阻，以羟基的对位取代为主。

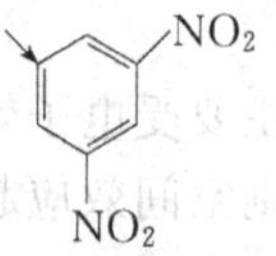

（ⅴ） 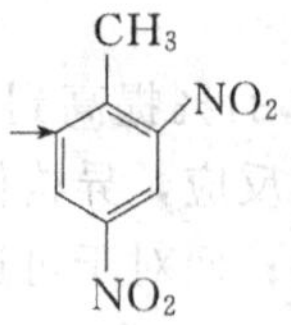　　　　　（ⅵ） 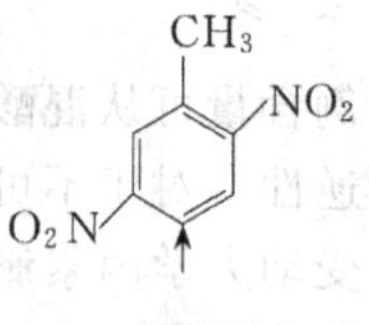　　　　　（ⅶ）

（ⅴ）两个硝基定位一致。

（ⅵ）两个硝基与甲基的定位一致，都是这个位置。

（ⅶ）5 位硝基与甲基、2 位硝基的定位不一样，甲基、2 位硝基的定位综合效应较强，因甲基是活化基、硝基是钝化基，所以应是 4 位亲电取代为主。

1.4.4 稠环化合物的亲电取代反应

稠环化合物是指多个苯环以共有环边所构成的多环芳香化合物，如萘、蒽、菲等，在医药产品中可常见到：

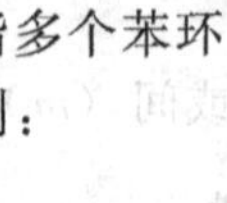

萘 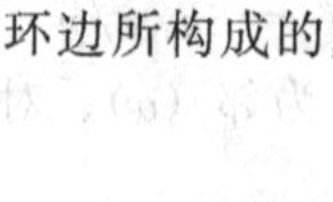　　　　　　蒽 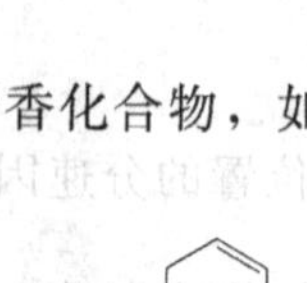　　　　　　菲

先来看萘的亲电取代。

萘的结构如下：

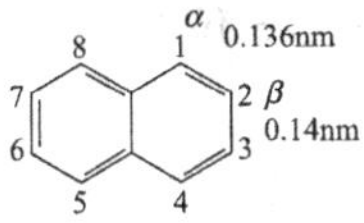

苯环的所有键长都是一样的，但萘有很大不同，由于并合环的作用其键长是不一样的，如 C1—C2 键就比 C2—C3 键短，这表明它的活性也与苯有所不同。

当发生亲电取代时，一元取代可在 α 位或 β 位。以哪一种取代为主可通过中间体的稳定性来分析。中间体的稳定性分析方法中有一个叫共振分析法。共振结构是指一个物质在几乎不需要能量就可互相转化而可能出现的结构，主要用于中间体稳定性的分析上。如：

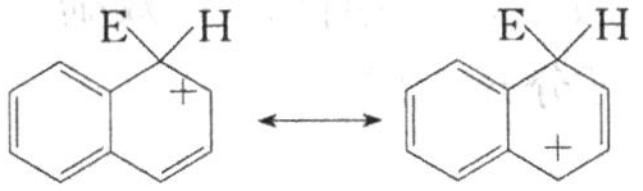

α 取代后中间体可能的结构中较稳定的有上述两个，因为这两个结构可通过 π 键的离域作用分散正电荷使体系稳定。

又如硝基苯硝化中邻位取代基的中间体的共振结构：

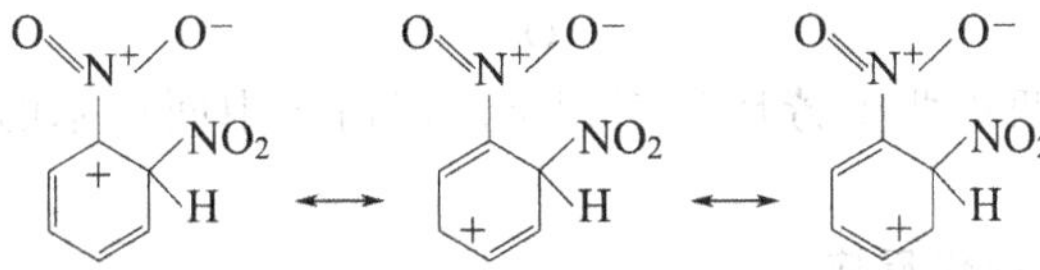

从上述结构可看出，第一个共振式由于碳正离子与氮正离子直接相连而不稳定，因此其共振式中只有两个是稳定的。共振式中稳定的共振式比例越多，则说明该中间体越稳定，其过程的动力学可能性就越大。

而萘的 β 取代中间体的共振式只有一个是稳定的：

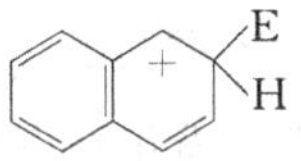

因此以 α 取代比较易进行。因此一般萘的一元取代以 α 取代为主；如硝化其比例可占 95%。但对可逆取代来说，应当是热力学控制，此时情况就有些不同。如下述结构所示：

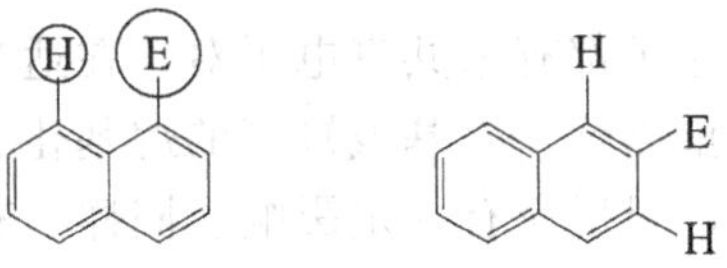

当 α 位取代时，由于与 8 位的 H 距离较近而引起排斥作用，使体系能量升高，不稳定；而 β 位取代则距离较远，体系能量较低，热力学稳定。因此，在可逆反应时，易生成 β 取代物。在升高温度时也可将 α 取代物转化为 β 取代物。

当萘生成二元取代时，其可能性就比苯多得多，其定位规则也比苯复杂得多，且对两个环的影响也不一样。同样，反应条件也有影响，但一般原则还是适用的。

如有活化取代基时，易在相同的环上取代，且以邻、对位为主，因为此环被活化易被进攻，如：

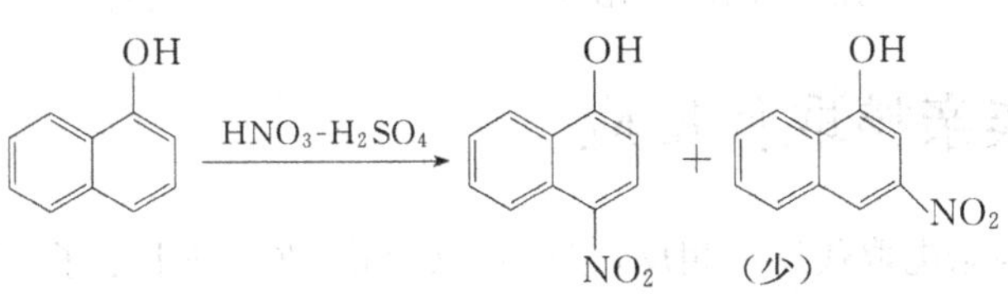

若是钝化取代基，则易在另一环上取代，因其所受影响较小，取代位置所受影响也较

小，且以第二个环的 α 位为主，即 5 位、8 位为主，与第一个取代基的位置关系不大。但也有例外情况。

萘的多元取代也可按此分析。

对蒽、菲来说，由于多了一个环，其碳原子的相异性又多了一些，亲电取代情况也有些差别。如对蒽：

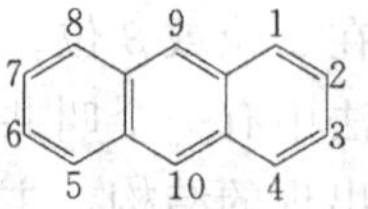

其 9 位、10 位称为中位，比较活泼；中间环呈双烯性质，可发生加成反应。发生亲电取代反应时两边两个环基本上可分开考虑。

蒽衍生物中常用的是蒽醌：

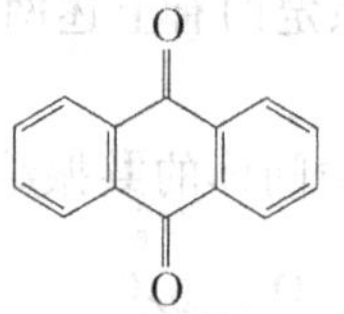

其取代性质更像是两边两个芳环各不相干。但由于中间羰基的影响，其 β-位取代较萘多些。

1.4.5　其他类型的亲电取代反应

1.4.5.1　已有取代基的亲电置换

通式如下：

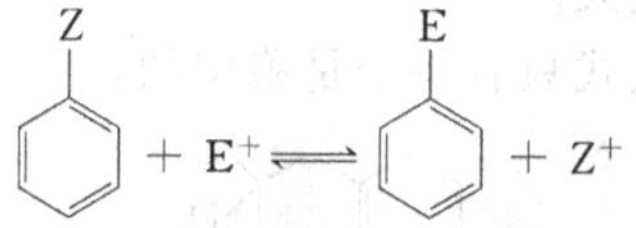

这个过程主要是针对烷基化-脱烷基、磺化-水解等可逆过程；另外还有硝基取代磺基的反应等。

1.4.5.2　氨基和羟基中氢的亲电取代

氨基的氮原子和羟基的氧原子都有未共享电子对，在适当条件下亲电试剂就可能先进攻氨基或羟基。这类反应有：重氮化、氨基或羟基的烷基化、酰化等。芳环上的取代基同样会改变 N、O 的电子云分布，对反应有一定影响。同样，有给电子基团时就可使反应物活化，吸电子基团使它钝化。由于这类反应相当于是与芳环的亲电取代竞争，因此在反应条件变化时就可能发生 N-取代、O-取代与芳环取代的变化，这同样可用动力学和热力学原理来解释，如：

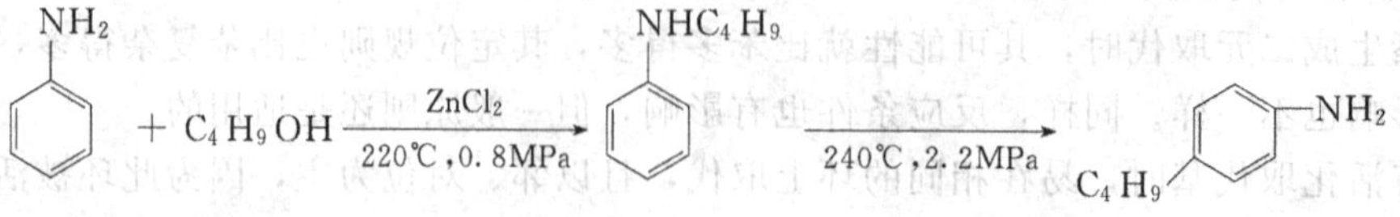

常见的影响因素有催化剂、温度、酸度等。

*1.5　芳香族亲核取代反应

亲核取代反应与亲电取代反应相反，是亲核试剂进攻芳环上电子云密度低的位置，因此其反应难易程度和定位规律与亲电取代反应的相反。

易知，亲核试剂应是富电子的原料，常用的如下所述。

① 负离子：OH^-、RO^-、ArO^-、$NaSO_3^-$、NaS^-、CN^- 等；

② 极性分子中偶极的负端：NH_3、RNH_2、$RR'NH$、$ArNH_2$、NH_2OH 中的 N 等。

1.5.1　芳香族亲核取代反应机理

芳香族亲核取代反应根据反应历程可分为双分子反应、单分子反应、苯炔中间体等历程。以双分子反应为最常见。

1.5.1.1　双分子反应（S_N2Ar 或 S_NAr）

双分子反应的动力学是二级的。

如被吸电子基如 NO_2 活化的卤代物中对卤素的置换：

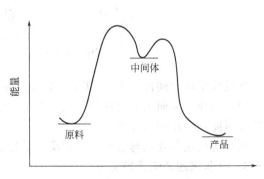

括号内的是 σ 络合物共振式。从上可见，反应要经过一个负离子中间体，这称为负碳离子中间体，它由于可与硝基的正离子共轭而变得稳定，使反应可能。当邻、对位都有强吸电子基团时，此中间体就变得相当稳定，可分离出来。1902 年迈森海默（Meisenheimer）就分离出一种此类的中间体：

它是红色结晶形固体。因此这种 σ 络合物文献中常称为迈森海默（Meisenheimer）络合物。

上述反应的决定步骤是负碳离子的形成，能量变化如图 1-7 所示。

1.5.1.2　单分子反应

最常见的例子是芳香重氮盐的亲核置换：

$$ArN_2^+ + Nu^- \longrightarrow ArNu + N_2$$

此反应速率方程是一级的，只与 ArN_2^+ 的浓度有关。因此它的历程应是：

$$ArN_2^+ \overset{慢}{\rightleftharpoons} Ar^+ + N_2$$
$$Ar^+ + Nu^- \overset{快}{\longrightarrow} ArNu$$

从机理可知，不同亲核试剂对反应速率影响不大。第一个反应是可逆反应（可由同位素实验证实），这说明 Ar^+ 非常活泼（大家知道氮气很惰性），因此不管什么样的亲核试剂都有很好的反应性，因此它对亲核试剂的选择性较差，对 Cl^-、H_2O 两种亲核试剂选择性只差 3 倍（同样对叔丁基正离子可差 180 倍）。

取代基同样对此反应有影响。重氮基的邻、对位有吸电子基时，分解速率降

图 1-7　S_N2Ar 反应能量变化图

低，因为吸电子基使正离子不够稳定；邻、对位有给电子基时，分解速率同样减慢，这是因为它可通过给电子共轭效应与重氮基共轭，使 C—N 键有双键性质，难断裂，难以形成正离子，虽然正离子的稳定性有所增加；而间位有吸电子基团时，苯正离子就较稳定，易生成。

1.5.1.3 通过苯炔中间体的取代

氯苯在强碱下如在液氨中与 KNH₂ 反应可有以下的结果：

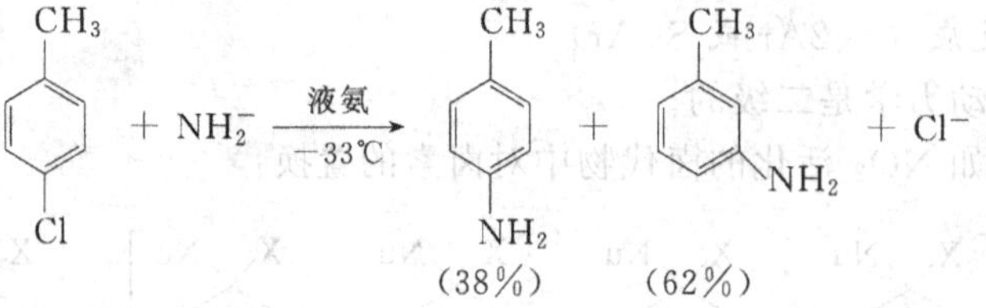

（38%）　　（62%）

这个结果用上面的两个机理都解释不通。同时，实验发现上述反应必须有强碱存在才能进行，为此提出了下述的苯炔机理加以解释。

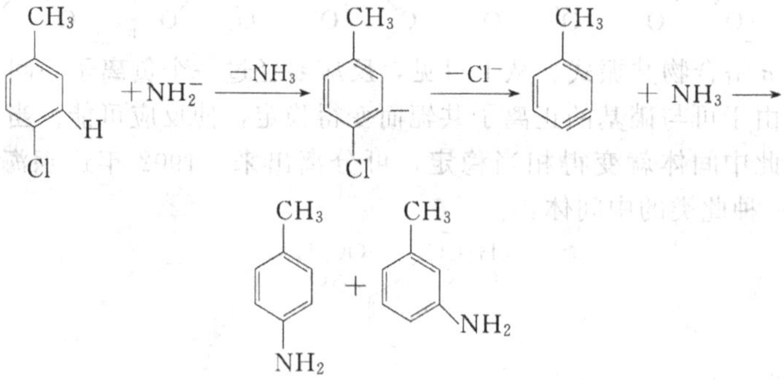

反应是卤苯先在强碱作用下在取代卤基的邻位失去氢形成一个碳负离子，再失去一个卤素形成一个炔键，氨再与炔键发生加成反应生成产物。这样可较好解释产物异构体的来源。在上述过程中可看到，若卤素取代基两个邻位都有取代基，就没有氢可失去，这个反应也就不会进行。实际上实验也证实了这样一个过程。这样的过程主要是在卤苯衍生物中发生。

1.5.2 对氢的亲核取代反应

对无取代苯也可能发生亲核取代反应，但由于下述两个原因使反应难以进行：①芳环的 π 电子体系分布在两边，可排斥亲核试剂的接近；②由于芳环的碳负离子的稳定性较正离子差使反应难以进行。

但若有强吸电子取代基，则可部分克服上述影响，使反应能进行，如硝基苯与 KOH 在空气存在下高温熔融生成邻硝基苯酚：

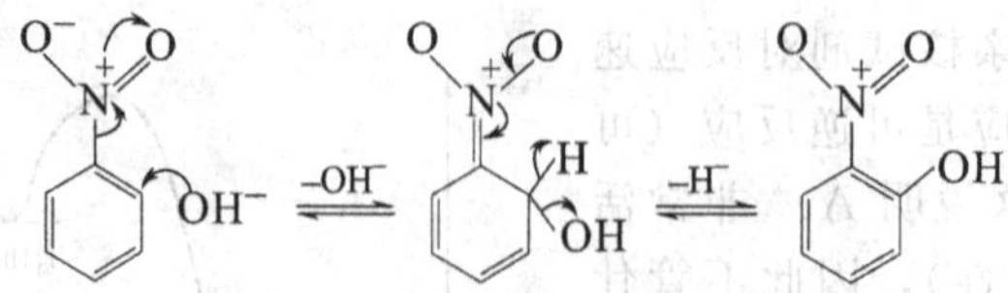

此反应生成中间体后 H⁻、OH⁻ 都可离去，因此反应是可逆的。但 OH⁻ 是较好的离去基团，为使反应向正方向进行，反应中需加空气等其他氧化剂将生成的 H⁻ 尽快氧化消耗掉才可能使平衡向右移动。

此反应的定位规则与亲电取代相反，是邻、对位定位。

1.5.3 对非氢的亲核置换反应

当芳环上置换的不是 H 而是其他原子或基团时，只要是比 H⁻ 易离去的基团，就能进行亲核置换反应。若有吸电子基团时，则更易发生。常见的可离去基团按活泼性可排列如下：

$$F > NO_2 > Cl \approx Br \approx I > N_3 > OSO_2R > {}^+NR_3 > OAr > OR > SR \approx SAr > SO_2R > NR_2 \approx NH_2$$

亲核试剂的亲核性与反应体系及条件有关，但总的顺序有：

$$NH_2^- > Ph_3C^- > PhNH^- > ArS^- > RO^- > R_2NH > ArO^- > OH^- > ArNH_2 > NH_3$$
$$> I^- > Br^- > Cl^- > H_2O > ROH$$

其亲核性一般与碱性一致，碱性越强，亲核性越强，但也有例外。

这类反应很多，有很多应用，在下面各章会有介绍。

1.6　自由基反应

自由基反应又称游离基反应，是另一类重要反应，它有如下三个特征。

① 反应在适当条件下引发后就能很快进行下去，具有快速连锁反应的特征；

② 由于自由基活性较高，它的反应选择性一般较低；

③ 易受一些物质抑制，这些物质能很快与自由基结合，使自由基反应终止，如酚类、醌类等。

常见的燃烧反应、许多氯化反应、聚合反应中很多都是自由基反应的典型例子。

1.6.1　自由基的形成与反应分类

自由基反应发生的前提是要有自由基形成。自由基就是有未成对电子的基团，活泼性很高。由中性分子形成自由基的最重要的方法有光解、热解、氧化还原反应。

1.6.1.1　自由基的形成

（1）光解　只适用于有关分子对紫外线或可见光波段有吸收的时候。有机化合物中大多数键的键能为 $210 \sim 400 \text{kJ} \cdot \text{mol}^{-1}$。若用有相应能量的光去照射，就可能使键断裂生成自由基，如氯：

$$Cl—Cl \xrightarrow{h\nu} Cl\cdot + Cl\cdot$$

偶氮烷：

$$R—N=N—R \xrightarrow{h\nu} R\cdot + N\equiv N + \cdot R$$

从光的能量范围看，波长 400nm 的光能量为 $299.4 \text{kJ} \cdot \text{mol}^{-1}$，因此要解离化学键常需要接近紫外区的光或紫外光才有较好的效果。

通过调节光强度和原料的浓度就可控制自由基生成的量，这对控制反应很有好处；另外它与温度基本无关，因此适用于低温反应。

（2）热解　适用于含较弱键能的化合物如二烷基过氧化物（$D_{O-O} = 155 \text{kJ} \cdot \text{mol}^{-1}$）、卤素等以及易于分解的偶氮化合物或过氧羧酸酯。后面两个物质在分解的同时会生成 CO_2、N_2。

如常见偶氮型引发剂的偶氮异丁腈在 $65 \sim 85 ℃$ 就分解：

$$\underset{\underset{CN}{\overset{CH_3}{|}}}{H_3C-C} - N = N - \underset{\underset{CN}{\overset{CH_3}{|}}}{C-CH_3} \longrightarrow 2 \underset{\underset{CN}{\overset{CH_3}{|}}}{H_3C-C\cdot} + N_2$$

过氧草酸在 $100℃$ 也会分解：

$$(H_3C)_3C-O-O-\overset{\overset{O}{\|}}{C}-\overset{\overset{O}{\|}}{C}-O-O-C(CH_3)_3 \longrightarrow 2(H_3C)_3C-O\cdot + 2CO_2$$

如果分子结构中有能对生成的自由基进行稳定的基团即能使自由基离域的基团，则可使分解速率加快，如偶氮异丁腈易分解是因为氰基的存在使自由基产生了离域作用从而使自由基稳定造成的：

$$(H_3C)_2\overset{\cdot}{C}-C\equiv\overset{..}{N} \longleftrightarrow (H_3C)_2HC=C=\overset{..}{\underset{\cdot}{N}}$$

（3）氧化还原反应 一般都要经过一个电子的转移过程（如 Cu^+/Cu^{2+}、Fe^{2+}/Fe^{3+} 等）。例如加入 Cu^+ 可以明显加速酰基过氧化物的分解：

$$(C_6H_5COO)_2 + Cu^+ \longrightarrow C_6H_5\overset{O}{\underset{O^-}{C}} + C_6H_5COO^- + Cu^{2+}$$

上述自由基受热会进一步分解成 $C_6H_5\cdot$。采用热解法是很难得到此类自由基的。因此此法比较适用于此类自由基的生成。

又如过氧化氢氧化时实际上是 $HO\cdot$ 起作用，它可用 Fe^{2+} 催化形成：

$$H_2O_2 + Fe^{2+} \longrightarrow HO\cdot + OH^- + Fe^{3+}$$

高价态的过渡金属离子也能引发自由基，如：

1.6.1.2 自由基反应的分类

（1）偶联反应或称二聚反应 偶联反应是指两个自由基相互结合生成不含自由基的化合物。除少数特殊稳定的自由基外，一般都易互相结合成二聚体，如：

$$R\cdot + R\cdot \longrightarrow R-R$$

如甲基自由基形成乙烷、三苯甲基自由基形成二聚三苯甲基。

此反应所需活化能很低，但其过程并不如想象中那样常见。因为此反应的速度与两个自由基的浓度有关，即反应速率与自由基浓度的平方成正比。而由于自由基活泼性很高，它的浓度相对都很低，因此此过程实际上一般并不重要。只有当自由基很稳定，可在体系中积累到一定浓度时，偶联反应才会显得很重要。

（2）歧化反应 是指一自由基从另一自由基的 β-碳上夺取一氢原子形成稳定化合物，另一自由基则形成不饱和化合物。如：

$$CH_3CH_2CH_2\cdot + CH_3CH_2CH_2\cdot \longrightarrow CH_3CH_2CH_3 + H_2C=CHCH_3$$

这个过程由于能量有利也很易进行，但同样需要两个自由基同时参与。

（3）取代反应 是指自由基与饱和有机化合物反应时，从碳原子上夺取一个原子或基团形成化合物，而被夺取原子或基团的化合物则形成新的自由基，一般被夺取的是化合物的氢原子。如：

$$R\cdot + H-\overset{|}{\underset{|}{C}}- \longrightarrow R-H + \cdot\overset{|}{\underset{|}{C}}-$$

选择何种 C—H 键主要是根据键的离解能和极性效应。离解能越低，越易被夺走，如：

键	$H-CH_3$	$H-CH_2CH_3$	$H-CH(CH_3)_2$	$H-C(CH_3)_3$	烯丙基或苄基
离解能/$kJ\cdot mol^{-1}$	426	401	385	372	约 322

从上述键能数据可知，烯丙基或苄基的 H 最易被夺取，其次是叔碳、仲碳，再是伯碳。特别是苄基和烯丙基，它们的键能与其他基团的相差较大，因此有这样的基团存在时，进攻一般集中在此基团，选择性很好。如乙苯与溴的反应几乎全部集中在亚甲基上：

除了键能之外，还有一个比较重要的效应是极性效应，如下面的例子：

$$\underset{1.5 \quad 6 \quad 3 \quad 1}{H_3C-\overset{H_2}{C}-\overset{H_2}{C}-CH_2Cl}$$

下面的数字表示的是由氯进攻时被夺取氢的相对活性。可见，由于 Cl 的存在使两个甲基、亚甲基的活性都有了变化。由于氯是吸电子基团，因此与氯相连的碳上电子云密度就较低，由于诱导效应随距离增加而衰减，因此第二个亚甲基所受影响较小。甲基被夺取活性较小是由于前面提到的键能比亚甲基大的关系。

（4）加成反应　是指一个自由基与双键加成形成一个新自由基的反应。这类自由基反应是烯烃多聚反应的主要机理。如：

$$R\cdot + \quad \underset{}{C=C} \quad \longrightarrow \quad -\overset{|}{\underset{|}{C}}-\overset{|}{\underset{R}{C}}\cdot$$

$$-\overset{|}{\underset{|}{C}}-\overset{|}{\underset{R}{C}}\cdot + \quad C=C \quad \longrightarrow \quad -\overset{|}{\underset{|}{C}}-\overset{|}{\underset{R}{C}}-\overset{|}{\underset{|}{C}}-\overset{|}{\underset{|}{C}}\cdot\cdots\cdots$$

其加成总是以加到无取代基这一端为主。这是因为：①取代基总是比氢原子大，空间位阻效应较大；②取代基可分散自由基的未成对电子，使自由基稳定；因此其加成选择性很好。

与炔烃的加成同样有此规律。

自由基也可与羰基发生加成，但活泼性较低，主要是因为加成所需的活化能相对较高。

（5）裂解与重排反应　一个自由基通过裂解失去一个小分子生成一个新自由基称裂解反应，一个自由基通过重排生成一个新的比较稳定的自由基称为重排反应。如苯甲酰氧基裂解为苯基自由基和稳定的 CO_2 分子。

$$Ph-\underset{\underset{O}{\|}}{C}-O\cdot \xrightarrow{\text{裂解}} Ph\cdot + CO_2$$

$$PhC(CH_3)_2CH_2CH_2OH \xrightarrow{t\text{-Bu}-O-O-\text{Bu-}t} PhC(CH_3)_2CH_2\overset{\overset{O}{\|}}{C}\cdot \longrightarrow PhC(CH_3)_2CH_2\cdot + CO$$

重排反应发生不多，如下面反应为典型例子。叔碳自由基比伯碳自由基更稳定，因此会产生重排生成更稳定的结构：

$$H_3C-\underset{CH_3}{\overset{Ph}{\underset{|}{C}}}-CH_2\cdot \longrightarrow H_3C-\underset{CH_3}{\overset{\cdot}{\underset{|}{C}}}-CH_2Ph \xrightarrow{H\cdot} H_3C-\underset{CH_3}{\overset{H}{\underset{|}{C}}}-CH_2Ph$$

（6）氧化还原反应　自由基与适当的氧化剂和还原剂作用，可以氧化成正离子或还原成负离子。如：

$$HO\cdot + Fe^{2+} \longrightarrow HO^- + Fe^{3+}$$

$$Ar\cdot + Cu^+ \longrightarrow Ar^+ + Cu$$

偶联、歧化、氧化还原等过程生成的都是非自由基产物；而夺取反应、加成反应、裂解和重排则生成的是一个新自由基，可继续下一步自由基反应，形成连锁反应。连锁反应的过程可分为：链引发、链增长和链终止三步。

从上可知，可用光引发、热引发、氧化还原等方法完成引发反应生成自由基，然后通过链增长反应继续连锁反应，这也是自由基反应的特性。偶联、歧化等反应就可完成链终止的过程。链终止的过程也可用自由基抑制剂完成。自由基抑制剂是一种可与自由基反应生成一种比较稳定的自由基的物质，如酚类化合物可生成半醌类自由基，由于离域作用而比较稳定，从而减缓了连锁反应的速度：

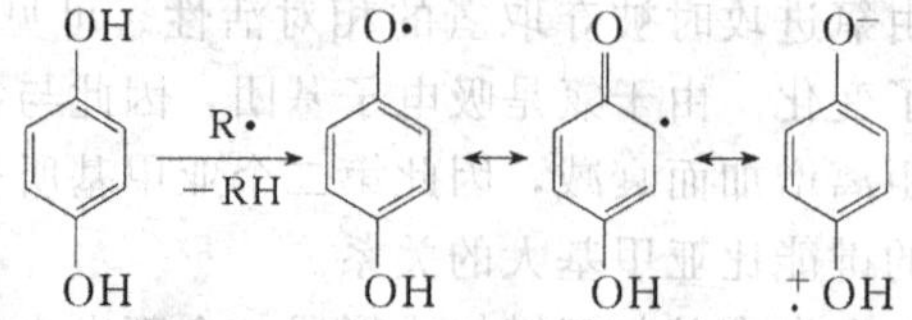

由于体系中自由基浓度是比较低的，因此只要少量的抑制剂就有很好的效果。若要继续进行连锁反应需要抑制剂消耗完才有可能。

1.6.2　药物合成中常见的自由基反应

1.6.2.1　生成 C—X 键的反应

大多数的卤化有机化合物都可用卤化剂通过自由基取代反应或加成反应而制得。

常用的卤化剂有卤素、卤化氢、硫酰氯、N-溴化丁二酰亚胺、次卤酯叔丁酯、多卤化甲烷等。

（1）饱和有机卤化物　表 1-8 是甲烷卤化物制备的热效应表。从表中可看出，甲烷与卤素反应时，从热力学来说对碘是不利的，因此用碘卤化几乎不起反应；而用氟卤化时热效应很大，因此反应很剧烈，很难控制，一般只有用惰性气体稀释后才可能用。只有氯和溴比较合适。而对于溴其中一步即溴原子夺取氢原子的热效应是吸热的，因此需要一定的活化能，反应速率较慢，所以工业中用氯卤化较多。

表 1-8　甲烷卤化物制备的热效应

反　　　　　应	$\Delta H/kJ \cdot mol^{-1}$			
	F	Cl	Br	I
$X \cdot + CH_4 \longrightarrow HX + CH_3 \cdot$	-134	-4	$+63$	$+138$
$CH_3 \cdot + X_2 \longrightarrow CH_3X + X \cdot$	-293	-96	-88	-73
$CH_4 + X_2 \longrightarrow CH_3X + HX$	-427	-100	-25	$+63$

由于自由基反应的活泼性，卤化产物很难控制在一个产物，常是一卤化物与多卤化物的混合物。

但甲苯的连锁反应只发生在侧链，且可以控制卤化的程度。这是因为：①在苄卤分子中，卤原子对自由基有稳定能力，使侧链进一步卤化能力增加；②极性效应和空间效应使活泼性下降。这两个效应是相反的，但综合起来还是抑制效应较明显，因此可看到一卤化、二卤化、三卤化的分步反应，有一定的选择性。甲苯芳环上不卤化是因为若芳环卤化后生成的自由基没有芳香性，不能形成大 π 键，能量较高，所以卤化难以发生。

其他饱和有机化合物与卤素反应时的情况基本类似。

（2）不饱和有机卤化物　烯烃或炔烃与卤化氢的自由基加成在前面已提到过，是按反马尔科夫尼科夫（Markovnikov）规则进行的，如：

$$CH_3CH{=\!\!=}CH_2 + HBr \xrightarrow[\text{或过氧化物}]{\text{光}} CH_3CH_2CH_2Br$$

丙烯溴化后生成的是正溴丙烷。这是因为溴化氢先解离生成溴自由基，再和烯反应生成较稳定的自由基，而从前面的 C—H 键能可看出，下面的自由基是较稳定的：

$$CH_3\dot{C}HCH_2Br$$

此自由基再夺取溴化氢中的氢,生成产品正溴烷。

在前面已提到过,这类反应中卤化氢只有 HBr 是实用的。

(3) 重氮基被氯或溴取代 这种反应也称为桑德迈尔 (Sandmeyer) 反应,是重氮盐与氯化亚铜或溴化亚铜反应时可制得芳基氯或芳基溴:

$$ArN_2X \xrightarrow{CuX} ArX + N_2 \quad (X=Cl,Br)$$

但此反应不能用来制备芳基氟或芳基碘。芳基碘是因为碘化亚铜不溶于氢碘酸中而无法反应生成。芳基氟是因为氟化亚铜本身不稳定且氟离子的亲核活性差而不能生成(氟化亚铜在室温就会歧化为铜和氟化铜)。

这类反应的机理也是自由基反应:

$$ArN_2^+X^- + CuX \longrightarrow Ar \cdot + N_2 + CuX_2$$
$$Ar \cdot + CuX_2 \longrightarrow ArX + CuX$$

1.6.2.2 生成 C—N 键的反应

烷烃可在气相或液相中进行硝化得到烷基硝化物,但除甲烷外常得到多种硝化产物。气相硝化的过程与卤化相似,属于自由基过程,如:

$$R-H \xrightarrow{\triangle} R \cdot + H \cdot$$
$$R'-R'' \xrightarrow{\triangle} R' \cdot + R'' \cdot$$
$$R \cdot + HO-NO_2 \longrightarrow R-NO_2 + HO \cdot$$
$$R-H + HO \cdot \longrightarrow R \cdot + H_2O$$

一般其自由基产生是高温(如 400℃)热裂解方式产生的,而烷烃在高温下可产生多种裂解方式,除了 C—H 键的裂解,也有碳链的断裂,因此很多烷烃硝化时都会有小分子的硝基化合物产生,产物是很多硝化物的混合物。这种方法对高级烷烃基本上没有实用价值。

1.6.2.3 生成 C—O 键的反应

在有机化合物生成 C—O 键的过程中有很多是属于自由基氧化的过程。有些有机物在空气中即使在室温也会慢慢氧化生成氢过氧化物,这种氧化又称为自动氧化。这种自动氧化往往会因光的照射或引发剂的存在而加速,是自由基历程:

$$-\overset{|}{\underset{|}{C}}-H + R \cdot \longrightarrow -\overset{|}{\underset{|}{C}} \cdot + RH$$

$$-\overset{|}{\underset{|}{C}} \cdot + O_2 \longrightarrow -\overset{|}{\underset{|}{C}}-O-O \cdot$$

$$-\overset{|}{\underset{|}{C}}-O-O \cdot + -\overset{|}{\underset{|}{C}}-H \longrightarrow -\overset{|}{\underset{|}{C}}-O-OH + -\overset{|}{\underset{|}{C}} \cdot$$

有时生成的过氧化物还会分解:

$$-\overset{|}{\underset{|}{C}}-O-OH \longrightarrow -\overset{|}{\underset{|}{C}}-O \cdot + \cdot OH$$

这相当于起到引发作用,促进氧化反应的发生。因此此类易氧化的物质贮存时要添加适量的抑制剂或避光或隔绝空气保存,譬如一些药物的保存要避光保存就有此原因。

其反应的活性与脱氢的难易有关,氢越易被自由基夺取反应活性就越高,因此化合物被氧化的活性顺序为:烯丙基≈苄基、叔 C—H、仲 C—H、伯 C—H。因此若药物结构中有烯丙基氢、苄基氢、叔碳氢时就要注意氧化变质问题。

还有醛类特别是芳香醛类很容易氧化。如苯甲醛室温就可自动在空气中氧化为苯甲酸,其历程也是自由基反应:

这个历程已由实验证实，实验证实有苯甲酰自由基存在。

1.6.2.4 生成 C—S 键的反应

其代表性例子是烷烃的磺氯化反应，即烷烃与氯和二氧化硫（或硫酰氯 SO_2Cl_2）在光照射或其他引发剂作用下生成烷基磺酰氯：

$$Cl_2 \xrightarrow{h\nu} 2Cl\cdot$$
$$R-H + Cl\cdot \longrightarrow R\cdot + HCl$$
$$R + SO_2 + Cl_2 \longrightarrow RSO_2Cl + Cl\cdot$$

这种磺化反应称为里德（Reed）反应。可用于制备洗涤剂。将上述磺酰氯用碱水解即得磺酸根，这是离子型表面活性剂常见的基团。

习 题

基础概念题

1-1 何为取代基的电子效应？何为诱导效应、共轭效应和超共轭效应？何为给电子共轭效应、吸电子共轭效应？

1-2 常见的—NO_2、—$COOH$、—Cl、—SO_3H、—OH、—CH_3、—NH_2 中具有"+I"" −I"、"+C""−C"、超共轭效应的分别是哪些基团？

1-3 将常见溶剂 CH_3OH、CH_3COOH、DMSO、DMF、H_2O、CCl_4、CH_3OCH_3、CS_2、THF、$PhCH_3$ 按质子传递性极性溶剂、质子传递性非极性溶剂、非质子传递性极性溶剂、非质子传递性非极性溶剂、电子对受体溶剂、电子对给体溶剂进行归类。

1-4 Houghes-Ingold 规则如何解释溶剂极性对反应速率的影响？

1-5 所谓单分子亲核取代反应（S_N1），双分子亲核取代反应（S_N2），亲电加成反应，自由基加成反应机理是结合什么样的机理分类原则得出的？请分别用通式表示出来。

1-6 如下反应机理通式分别表示了何种反应机理：

（1）$A-B + \overset{X}{\longrightarrow} {}^+A-\overset{X}{B}$

（2）$RX + Y^+ \longrightarrow RY + X^+$

1-7 影响反应机理的因素有哪些？

1-8 有机反应中常见的活性中间体有哪四类？写出结构通式。

1-9 请判断下述碳正离子的稳定性顺序：

$$\overset{+}{C}H_3, \ Ph_2\overset{+}{C}CH_3, \ \overset{+}{C}H_2CH=CH_2, \ CH_3\overset{+}{C}HCH_3$$

1-10　碳正离子在反应过程中一般是通过何种方式形成的？分析此过程可知道碳正离子作为活性中间体的反应中应当用何种催化剂？

1-11　请判断在下述物质中，何种物质何位置上氢最易脱去生成碳负离子：

$$PhCH_2CH_3，PhCH_2CN，NCCH_2COOC_2H_5，CH_3COOC_2H_5$$

1-12　碳负离子在反应过程中一般是通过何种方法形成的？请据此判断碳负离子作为活性中间体的反应中应当用何种催化剂？

1-13　请判断下述自由基的稳定性顺序：

$$\dot{C}H=CH-CH_3，CH_3CH_2\dot{C}H_2，CH_3\dot{C}HCH_3，Ph_2\dot{C}H$$

1-14　说明自由基形成的方法和各自的适用范围。

1-15　如何判定一个反应机理是 S_N2 或是 S_N1？共有哪些方法？

1-16　亲核试剂的亲核能力的强弱与哪些因素有关？

1-17　影响亲核取代反应速率的因素主要有哪些？如何影响？

1-18　S_E1，S_E2，S_Ei 分别表示是什么反应的历程？可从哪些实验现象区分它们？

1-19　请说明何为芳香族亲电取代反应中的 π 络合物，何为 σ 络合物，它们各有什么特征？

1-20　什么叫取代基的定位效应？一般可分为哪三种？判定下述基团分别为何种定位基：

$$NHR，OH，NHCOR，C_6H_5，CH_3，Cl，CH_2Cl，CHO，CONH_2，COOH，CN，NO_2，CCl_3$$

1-21　简述影响苯的二元取代产物异构体的比例的因素。

1-22　苯的多元取代产物的定位规则与二元取代产物的定位规则有何异同？

1-23　稠环化合物的亲电取代反应的定位规则与苯的有所差别，其主要原因是什么？

1-24　请简介芳香族亲核取代反应中的三种历程，并说明这三种历程各易在何种条件下发生。

1-25　发生芳香族亲核取代反应的苯炔机理的前提是什么？

1-26　芳香族上的亲核置换反应与脂肪烃亲核取代反应有何差别？芳香族化合物何种结构易发生亲核置换反应？

1-27　自由基反应有什么反应特征？

1-28　简要说明自由基形成的方法和各自的适用范围。

1-29　简述自由基反应中的夺取反应、加成反应、偶联反应、歧化反应以及连锁反应的含义。

1-30　在自由基反应中常用到酚类化合物、偶氮化合物如偶氮异丁腈、过氧羧酸等，它们各起什么作用？常被称作什么试剂？起作用的机制是什么？

分析提高题

1-31　请判断下述原料在亲电取代时主要取代的位置（不考虑其他作用）：

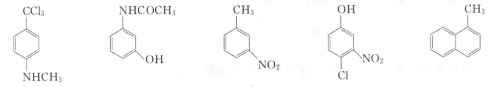

1-32　已知硝基甲烷是甲烷和硝酸的混合气体在大气压下迅速通过 400～450℃反应管反应制得，问此反应的机理是什么？反应产物的选择性如何？

1-33　苯和氯丙烷在 Lewis 酸催化下生成的主要产物是什么？此反应的机理是什么？

综合题

1-34　2-氯丁烷是仲丁醇和盐酸在氯化锌存在下加热反应制备的，请分析并回答：(1) 反应以何种反应机理为主？(2) 主要的活性中间体是什么？(3) 底物是什么？进攻试剂是什么？催化剂是什么？(4) 可能存在哪些副反应？其机理分别是什么？可能生成哪些副产物？

1-35　萘用浓硫酸磺化是亲电取代反应，试根据机理分析写出以下各种条件可能的主要产物，并说明为什么：(1) 低温（60℃）下的单磺化；(2) 高温（160℃）下的单磺化；(3) 低温下双磺化；(4) 高温下双磺化；(5) 低温下三磺化；(6) 高温下三磺化。

第2章 饱和碳原子上的亲核取代反应

本章重点

（1）掌握饱和碳原子上羟基化、烷氧基化反应机理及其影响因素，了解副反应的发生和控制；

（2）掌握饱和碳原子上氨解反应的机理及卤烷氨解的影响因素，了解常用的氨化剂及副反应的发生和控制；

（3）了解饱和碳原子上酯化反应、卤化反应的机理及其影响因素，了解常用的卤化剂及副反应的发生和控制。

饱和碳原子上的亲核取代反应为药物合成中常见的反应类型，包括卤化反应、酯化反应、氰化反应、胺化反应（季铵化）、烃基化反应、水解反应等单元反应，如表 2-1 所示。这类反应在药物及中间体合成中应用相当广泛，举例如下。

① 冠状动脉扩张药　乳酸心可定的中间体二苯丙基溴的合成：

$$\text{(二苯基)CHCH}_2\text{CH}_2\text{OH} \xrightarrow[\text{HBr,H}_2\text{O}]{[卤化反应]} \text{(二苯基)CHCH}_2\text{CH}_2\text{Br}$$

② 抗疟药　磷酸氯喹侧链中 5-氯戊酮-2 的合成：

$$\text{CH}_3\text{COCH}_2\text{CH}_2\text{CH}_2\text{OH} \xrightarrow[\text{HCl,NaCl,H}_2\text{SO}_4]{[卤化反应]} \text{CH}_3\text{COCH}_2\text{CH}_2\text{CH}_2\text{Cl}$$

③ 降血糖药　苯乙双胍的中间体苯乙腈的合成：

$$\text{Ph—CH}_2\text{Cl} \xrightarrow[\text{NaCN}]{[氰化反应]} \text{Ph—CH}_2\text{CN}$$

④ 抗肿瘤药　氟脲嘧啶的中间体氟代醋酸甲酯的合成：

$$\text{FCH}_2\text{COOK} + \text{CH}_3\text{Br} \xrightarrow{[酯化反应]} \text{FCH}_2\text{COOCH}_3$$

⑤ 心绞痛防治药　克冠酸的中间体 3,4,5-三甲氧基苯甲酸的合成：

$$\text{(HO)}_3\text{C}_6\text{H}_2\text{—COOH} \xrightarrow[\text{(CH}_3\text{)}_2\text{SO}_4,\text{NaOH}]{[烃化反应]} \text{(CH}_3\text{O)}_3\text{C}_6\text{H}_2\text{—COOH}$$

⑥ 镇咳药　咳必清的中间体二乙氨基乙氧基乙醇的制备：

$$\text{ClCH}_2\text{CH}_2\text{OCH}_2\text{CH}_2\text{OH} \xrightarrow[\text{110℃,9h}]{\substack{[胺化反应]\\ 二乙胺,苛性钠}} \text{(C}_2\text{H}_5\text{)}_2\text{NCH}_2\text{CH}_2\text{OCH}_2\text{CH}_2\text{OH}$$

下面主要介绍其中常用的羟基化反应及烷氧基化反应、氨解反应及一些其他亲核取代反应。

表 2-1 饱和碳原子上的亲核取代反应

底物	亲核试剂	生成物	脱去分子	生成产物类型
ROH	HX	RX	H_2O	卤化物
	R'OH	ROR'	H_2O	醚
RX	SR_2'	$RSR_2' \cdot X$		锍化物
	NH_3	$RNH_2 \cdot HX$		胺
	NH_2R'	$RNHR' \cdot HX$		胺
	NHR_2'	$RNR_2' \cdot HX$		季铵盐
	RNa	R—R	NaX	烷烃
	(苯环)	(苯环)—R	HX	芳烃
	OH^-	ROH	X^-	醇
	OR^-	ROR'	X^-	醚
	$R'COO^-$	R'COOR	X^-	酯
	SH^-	RSH	X^-	硫醇
	SR^-	RSR'	X^-	硫醚
	CN^-	RCN(RNC)	X^-	腈(异腈)
	NO_2^-	RNO_2(RONO)	X^-	硝化物(亚硝酸酯)
	X'^-	RX'		卤化物
	$H\bar{C} \begin{smallmatrix} COOR' \\ COOR' \end{smallmatrix}$	$R-\underset{H}{\overset{}{C}} \begin{smallmatrix} COOR' \\ COOR' \end{smallmatrix}$	X^-	丙二酯
$RNR_3'^+$	CN^-	RCN	NR_3'	腈
$R-N\equiv N^+$	R'OH	ROR'	N_2	醚
$RSR_2'^+$	NH_3	RNH_2	SR_2'	胺

2.1 羟基化反应及烷氧基化反应

羟基化反应及烷氧基化反应是指含氧的亲核试剂进攻 C 进行亲核取代反应形成新的碳氧键。这其中包括酯化反应（烷氧基进攻羰基碳）、水解反应、醚化反应（又称 O-烃化反应）等。

2.1.1 羟基化反应

饱和碳原子上的羟基化反应可以用于制备醇：ROH。

2.1.1.1 底物与进攻试剂

常见的底物有：RX，其中 X 是 F、Cl、Br、I、NH_2 等吸电子基团，由于它们的存在使 C 带正电荷，易被水或羟基上的 O 进攻。由于 F、I 价格太高，且碘化物有还原性，胺的活性太低，因此常用的是氯化物或溴化物；而最常用的是氯化物，成本低，易合成，且 β-消除副反应少。但溴化物被亲核取代的活性较高。

常用的进攻试剂是碱和水，包括 NaOH、KOH 等碱金属氢氧化物或 Na_2CO_3、$CaCO_3$ 等碱金属或碱土金属碳酸盐，为避免副反应也经常使用甲酸钠、乙酸钠等弱碱。

在羟基化过程中同时需要中和掉产生的卤化氢使反应顺利进行，因此碱要有足够的量，一般要过量一些。

2.1.1.2 反应机理与影响因素

反应机理根据底物结构的不同可属 S_N2 或 S_N1 反应，详见亲核取代反应（1.2 节）。对底物来说，活性顺序有：叔卤＞仲卤＞伯卤。叔卤烷与水共热就能水解，仲卤烷水解一般在过量碱及加热条件下进行，而且由于它们的立体障碍较大，亲核试剂不易靠近，因此亲核试剂容易进攻在空间上比较有利的 β-碳原子，从而非常容易发生 β-消除副反应生成烯烃，而伯卤原子的水解就比较难。

另外，体系的碱性强时，进攻试剂的浓度高，易于水解。但对 S_N1 反应来说，碱性强不一定有利，因为进攻试剂浓度对它影响不大，而碱性强的时候易发生 β-消除和重排副反应。温度高对水解反应有利，但温度高同样易发生副反应，不利于选择性的提高。

由于卤烷一般不溶于水，碱在水相中，因此为促进反应在水解时常采用以下两种方法：①加入其他强极性溶剂，如乙酸、甲醇、乙醇等，使两种原料互溶；②加入相转移催化剂。

此类反应的副反应主要有以下两类。

① 反应过程中的消除和重排副反应，如溴乙烷用液碱水解过程中主要通过 S_N2 历程产生乙醇，也会通过 E2 产生少量乙烯。从上面的分析可知，温度高、碱浓度高都会加剧副反应，因此在这类反应中要注意这些反应条件。

② 在其他亲核试剂存在时的竞争性副反应。因此，在这类反应中要控制其他亲核试剂的存在和浓度，以免影响产品质量和收率。

为减少副反应，经常先采用在极性溶剂中生成酯，再水解或进行酯交换得到产物。

2.1.1.3 实例分析

（1）1,2-二氯乙烷水解制备乙二醇：

$$ClCH_2CH_2Cl \xrightarrow[190℃,1.0MPa]{Na_2CO_3(aq)} HOCH_2CH_2OH$$

在用碳酸钠溶液水解时需要 190℃ 反应，压力为 1.0MPa，收率 80%。若不用碱，直接用水水解时，则需要 280℃ 左右的温度。从此例可看到亲核试剂浓度对反应的影响。

（2）邻二苄基氯的水解：

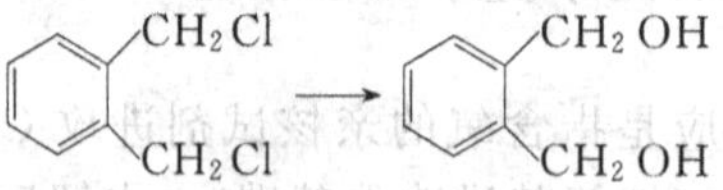

苄基氯较活泼，在水相中用 Na_2CO_3 存在时回流就可水解，收率为 91% 左右，若以乙醇/水（体积比）＝1∶1 为溶剂时，收率可达 97% 左右。这主要是原料和产品在水中溶解度不好，水解时易产生副反应，而加入乙醇助溶后体系为均相，有利于水解的进行，水解温度也相应降低。从这个例子与上一例子相比较可看出，底物的结构对反应影响非常大，溶剂对亲核反应也有一定影响。但若用乙醇/水混合溶剂时，要考虑到生产过程中溶剂的回收等因素，实际在经济上不一定合算。

（3）2-氯甲基-3-氯丙烯-1 的水解：

$$CH_2 = C(CH_2Cl)_2 \xrightarrow{10\%NaOH} CH_2 = C(CH_2OH)_2$$

在其他条件基本一致，分别采用水、乙醇、DMF、DMSO 为溶剂时，收率分别为 84.4%、87.6%、97.3% 及 99.0%，这主要是原料与产品在不同溶剂中溶解度的影响及溶剂对副反应的影响引起的。

（4）通过酯化水解的方法可采用酸性水解的方法，对碱性敏感的底物此方法效果较好，如：

$$O_2N-\langle\ \rangle-CH_2Cl \xrightarrow{CH_3COOH,CH_3COONa} O_2N-\langle\ \rangle-CH_2OCOCH_3$$

$$\xrightarrow{H_2O,H^+/H_2SO_4} O_2N-\langle\ \rangle-CH_2OH$$

酯化水解收率可达 90％，而第一步酯化收率为 64％。酯化可通过酸性水解避免消除反应的产生。但很显然多了一步中间过程和其他原料的消耗。

2.1.2　醚化反应（烷氧基化反应）

醚化反应（etherification）多为 S_N2 反应，属亲核取代反应，常用以合成不对称醚键。以卤烷为底物的醚化反应习惯称为 Williamson 反应，反应通式如下：

$$RX + {}^-OR' \longrightarrow ROR' + X^-$$

2.1.2.1　底物与进攻试剂

羟基化反应的底物基本都可用来作为醚化底物。同时醇 ROH 也可作为醚化的底物，如有机化学中乙醚的制备。另外还有脂肪族重氮盐也可作为醚化的底物，这一类有实际价值的只有重氮甲烷 CH_2N_2 一种，因为脂肪族重氮盐非常不稳定，易分解。重氮甲烷是一个很好的甲基化试剂，可以进攻富电子的原子：

$$CH_2N_2 + ROH \longrightarrow ROCH_3 + N_2\uparrow$$

还有能提供 C^+ 中心的其他物质也可作为底物，如硫酸二甲酯 $[(CH_3)_2SO_4]$、磷酸三甲酯、硫酸二乙酯等，但一般来说更多的是将它们作为进攻试剂，因此有关它们的讨论放在亲电的反应中进行。

还有环氧乙烷类化合物也可作为底物，但同样一般来说是将它们作为进攻试剂，因此有关讨论也放在亲电反应中进行。

进攻试剂有醇、醇盐（如醇钠、醇钾）、酚、酚钠等。醇活性较低，酚活性次之，而醇盐活性较高。

2.1.2.2　反应机理及反应条件

反应机理根据底物结构的不同此类反应与羟基化一样同样分属于 S_N2 或 S_N1 反应。

底物的性质不一样，或底物类别不一样时，反应条件有较大差别。

对底物及进攻试剂均为醇时，由于两者活性都较低，一般需要加催化剂，如质子酸：硫酸、磷酸等，但此类催化反应常伴随可能会引起氧化、聚合、焦化等副反应，因此醚化催化剂的发展也是重要的课题之一，如离子交换树脂、分子筛、杂多酸、固体超强酸及它们的改性产品等。

底物为卤化物，进攻试剂为 RO^-（醇钠或酚钠）时，由于卤烃在强碱作用下很易发生消除副反应，因此卤烃只有是伯卤烃才有应用价值，而叔卤烃、仲卤烃及相邻仲基的伯卤烃都很少有应用价值。对卤烃的卤原子来说，其活性一般为：I＞Br＞Cl，但其副反应的活性顺序也如此，因此一般用氯烃。一般常用乙醇、甲醇为溶剂，某些场合可用水作溶剂。

因醇类的羟基活性远低于烷氧负离子，故反应中常加入金属钠、氢氧化钠或氢氧化钾等碱性物质形成醇盐，以促使形成 $^-OR'$ 有利于亲核进攻。醇羟基的氢原子活性不同，进行醚化反应的条件也不同。如甲醇和 β-二甲氨基乙醇的氢原子活性较低，一般在反应前先与金属钠反应生成相应的烷氧负离子再进行反应，二苯甲醇中两个苯基的吸电子共轭效应使羟基的氢原子活性增大，所以在氢氧化钠中即可反应。

对单分子亲核取代反应时，不需先将醇羟基转为烷氧负离子，在反应中只需加入碳酸盐、氧化钙或有机碱作缚酸剂即可。加入缚酸剂的目的是防止生成的醚在酸性条件下分解。

酚羟基具有一定的酸性，采用醇钠、氢氧化钠和碳酸盐即可形成芳烃氧负离子，进攻底物发生 S_N2 反应。在反应时常用水、醇、丙酮、DMF、DMSO、苯或二甲苯作溶剂。

对底物为重氮甲烷来说，由于重氮甲烷很活泼，反应一般在比较低的温度下进行。

此类反应副反应主要有下面几类：一类是反应过程中的重排反应和消除反应，高温和碱性对此有促进作用，因此要控制好温度和体系的碱性；还有一类是亲核竞争反应，如烷氧基化时若有水则可能形成醇或酚，有其他亲核试剂时也易产生副产物；还有一类是若有醇底物时要用酸作催化剂，这时根据所用催化剂不同易发生氧化、聚合等副反应，因此要注意催化剂的选择。

2.1.2.3 实例分析

（1）药用生物碱中间体　5-甲氧基异喹啉的合成：

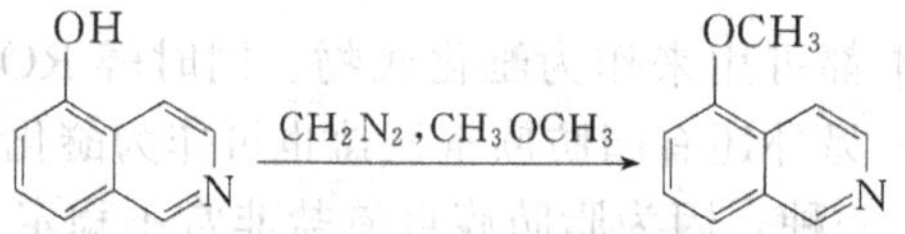

要在冰浴条件下反应，收率约为 49%，注意温度太高或重氮甲烷过量太多会在 N 上进行甲基化生成季铵盐，因为 N 也是富电子的，易进攻碳正离子。这个例子表明同一个底物上有不同的可进攻的位置时要注意反应的选择性，此时反应条件的选择就显得很重要。由于重氮甲烷太活泼，副反应较严重，所以收率不高。

（2）苄吲酸中间体　1-苄基-吲唑-3-氧乙腈的合成：

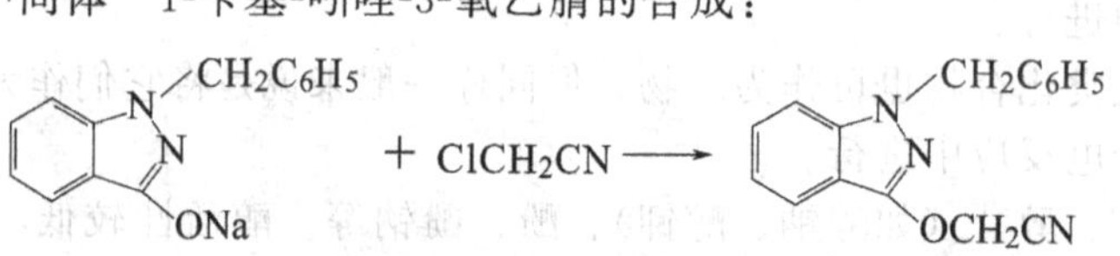

在无水乙醇中回流反应，收率约为 70%。用无水乙醇作溶剂可减少水解。氯乙腈一般要稍过量，因为 1-苄基-3-羟基-吲唑钠盐贵得多，与产品结构相似，难分离，需要尽量转化才能得到好的结果。在原料的配比上，要考虑到成本、分离、纯化等各方面的因素。

（3）依他尼酸中间体　2,3-二氯苯甲醚的合成：

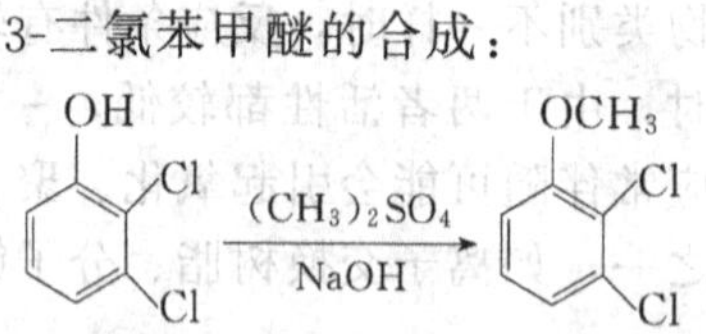

反应以 30% 液碱为缚酸剂。在反应中同时要滴加液碱和硫酸二甲酯，控制反应的 pH 值，以免硫酸二甲酯分解过多，在 65～75℃ 下反应，收率可达 85%。硫酸二甲酯用量为 3 倍（摩尔比）左右，这是因为硫酸二甲酯本身有水解作用，要分解，且硫酸二甲酯中的甲基一般只能利用一个。此反应特别要注意局部过浓和过热的问题，否则得不到好的收率。

（4）选择性合成酶 TXA2 抑制剂哒唑氧苯中间体 4-(2-氯乙氧基)苯甲酸的合成：

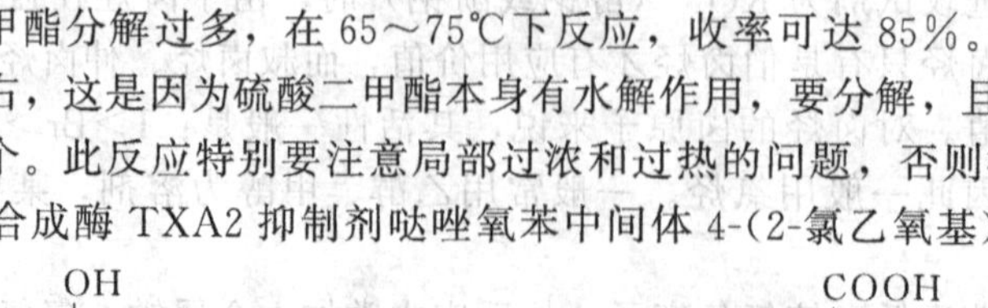

由于原料难溶于水，因此反应中一般要加相转移催化剂 TBOE[溴化三丁基-(2-羟乙

基）铵〕以促进反应。在烷氧基化发生的同时酯水解生成钠盐，加盐酸可得游离酸产品。此工艺过程中要注意反应温度、原料配比，否则有可能产品也可能被羟基或烷氧基取代形成副产物，使收率下降。较优条件下收率可达约 86%。

（5）阿普洛尔中间体烯丙基苯基醚的合成：

$$\text{C}_6\text{H}_5\text{OH} + \text{BrCH}_2\text{CH}{=}\text{CH}_2 \xrightarrow{\text{K}_2\text{CO}_3} \text{C}_6\text{H}_5\text{OCH}_2\text{CH}{=}\text{CH}_2$$

此反应可以丙酮为溶剂，无水碳酸钾为缚酸剂，加热回流反应，收率约为 85%。由于酚有一定的酸性，用碳酸钾即可生成酚盐进攻底物。碳酸钠在丙酮中的溶解性比碳酸钾差，反应不利。若体系有水，则 3-溴丙烯很易水解，因此要在无水条件下进行，同时碱性不能太强，若用氢氧化钠等，则 3-溴丙烯的单耗要增加。

（6）醚化反应也常用来保护羟基　例如三苯甲基常用于保护伯醇基，氯代三苯甲烷在吡啶溶液中于室温即与醇反应生成三苯甲醚，此醚在酸性条件下不稳定，既可脱去三苯甲基，又水解为醇基。甲氧基甲基也可作保护基，生成的缩醛对碱稳定，遇弱酸易于水解：

$$\text{RO}^- + \text{CH}_3\text{OCH}_2\text{Cl} \longrightarrow \text{ROCH}_2\text{OCH}_3$$

由于醚化体系通常是非均相反应，近年很多工艺采用相转移催化反应（phase transfer catalysis，PTC）使醚化反应易于完成。如二甲氧基苯甲醛是合成黄连素的主要中间体之一。原合成工艺操作繁琐，收率低，而且产生较严重的副反应。为了防止副反应发生，利用相转移反应，以苄基三乙基氯化铵（TEBA）为相转移催化剂，于回流温度下滴加苛性钠，使原料和产物均隐蔽在有机相中避免接触，从而避免副反应的产生。

$$\underset{\text{OCH}_3}{\overset{\text{CHO}}{\text{OH}}} + (\text{CH}_3)_2\text{SO}_4 \xrightarrow[\text{TEBA}]{40\%\text{NaOH},\text{C}_6\text{H}_6} \underset{\text{OCH}_3}{\overset{\text{CHO}}{\text{OCH}_3}} + \text{NaCH}_3\text{SO}_4 + \text{H}_2\text{O}$$

采用新工艺后，使收率提高 24.98%，单耗降低 37.7%，成本降低，三废排放量减少 1/3。简化工序，从七步缩减至三步，设备节省，劳动条件得到改善。

扫一扫阅读：醚化反应案例详解

2.2　氨解反应

利用胺化剂将已有取代基转换成氨基或芳氨基的反应称为氨解反应。按被置换基团的不同，氨解反应可分为卤素的置换以及羟基、烷氧基的置换，底物分别是卤烷、醇、醚。

2.2.1　卤烷氨解

2.2.1.1　进攻试剂

胺化剂可以是液氨、氨水、溶解在有机溶剂中的氨、气态氨或由固体化合物如尿素或铵盐中放出的氨以及各种脂肪胺或芳胺。

常用的有各种形式的氨、胺及它们的碱金属盐、尿素、羟胺等，但对液相氨解反应氨水仍是应用量最大和应用范围最广的胺化剂。

氨解生成的伯胺、仲胺的碱性比氨强，因此它们也是很好的亲核试剂，会与氨竞争，发生连串副反应，形成季铵盐等：

$$NH_3 + RX \longrightarrow RNH_2 + HX$$
$$RNH_2 + RX \longrightarrow R_2NH + HX$$
$$R_2NH + RX \longrightarrow R_3\overset{+}{N}HX^-$$

2.2.1.2 反应机理及反应条件

氨解反应与羟基化反应一样，是亲核取代反应，但同时往往有脱卤化氢的消除反应发生。但与羟基化等有一定的差别，工艺条件有其一定的特点。以液相氨解为例，介绍如下。

(1) 溶解度与搅拌 在液相氨解时，氨解反应速率取决于反应物质的均一性；如卤代烃的氨解在水相中进行时，提高卤素衍生物在氨水中的溶解度能加快氨解反应的进行，而当增加氨水浓度或提高反应温度时都可促进溶解，因此氨水的浓度一般要高些好，有时通液氨。

(2) 温度 提高温度可加快氨解反应速率，根据阿仑尼乌斯公式，一般每增加10℃速度一般增加0.6倍。但温度增加一是会增加反应压力，对设备性能要求增加；二是会使副反应增加；三是会使液相中的氨气化，从而使体系 pH 下降，导致对设备腐蚀的增加。因此要选择合适的反应温度。

(3) 氨的浓度 使用氨水要注意氨水浓度和用量的选择，一般要用多倍量。氨解时所用氨的摩尔比称为氨比，理论量为2。一是变成氨基；二是与氢卤酸形成盐，但一般用6～15倍，根据条件及设备选择。但由于氨水溶解度的关系，配制高浓度氨水有一定困难，这时要用液氨。氨水浓度增加一般对反应有好处，主要有以下三方面原因：一是可增加原料与产品的溶解度使反应顺利进行；二是保证体系 pH 稳定，使设备腐蚀减少；三是增加氨上单取代物质的选择性。但导致生产率降低，回收成本压力增大。

从上可知，氨解反应副反应主要有以下几类：

① 由于是在氨（或胺）大量过量的条件下氨解，往往有脱卤化氢的消除反应发生，这在高温下更加严重，需要控制温度或增加反应体系的活性；

② 连串副反应。可采用使胺化剂过量的方法控制。如氨过量后，体系中浓度高，使得其他的氨解反应不易发生；

③ 水解副反应。体系中一般含有水，且是碱性的，因此羟基也会与胺化剂起竞争反应。为抑制此副反应，要使胺化剂过量，且温度不宜过高。用液氨作胺化剂可避免此问题，但对设备、操作要求较严。

2.2.1.3 实例分析

(1) 止咳祛痰药 溴己新中间体 N-甲基-N-邻硝基苄基环己胺的合成：

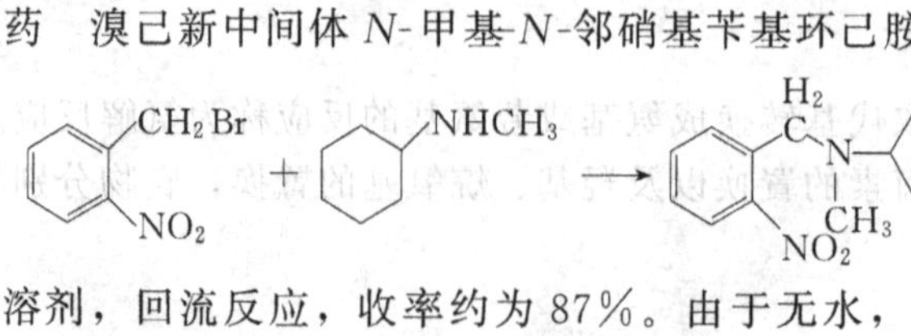

以无水乙醇为溶剂，回流反应，收率约为87%。由于无水，没有水解副反应，另卤化物基团较大，N上基团较大，空间效应大，连串副反应较难发生，因此收率较高。溴化氢产生后可被产物吸收生成盐。

(2) 抗真菌药 萘替芬等中间体 N-甲基-1-萘甲胺的合成：

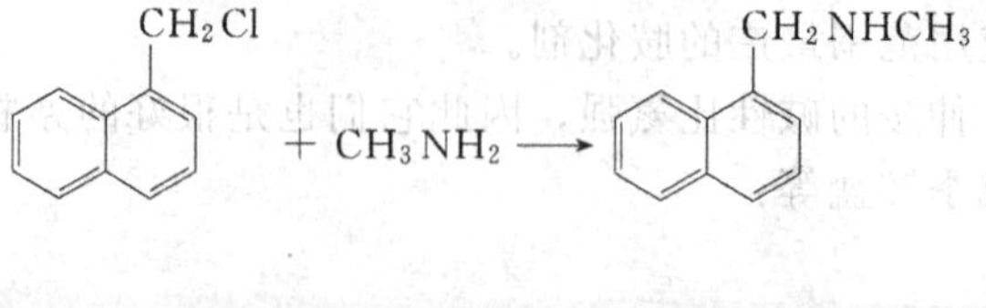

室温反应，甲胺要过量 4～5 倍，用无水乙醇作溶剂，收率约 63%。甲胺不过量，易发生连串副反应使收率下降。

（3）格拉司琼中间体　1-甲基吲唑-3-羧酸的合成：

$$\text{（吲唑-3-羧酸）} \xrightarrow{\quad CH_3I \quad} \text{（1-甲基吲唑-3-羧酸）}$$

碘甲烷活性较高，但价格较贵，工业上用硫酸二甲酯较多，以异丙醇为溶剂，收率可达 90%。若条件控制不好，易形成酯等副产物使收率下降。

（4）吲哚洛尔原料药的合成：

$$\text{（7-羟基吲哚）} + \text{（CH}_2\text{Cl-环氧乙烷）} \xrightarrow{\quad NaOH \quad} \text{（OCH}_2\text{CHCH}_2\text{Cl 取代物）} \xrightarrow{\quad (CH_3)_2CHNH_2 \quad} \text{（OCH}_2\text{CHCH}_2\text{NHCH(CH}_3)_2\text{ 取代物）}$$

第一步是氧烷基化，第二步是氨解，总收率可达 70%。环氧氯丙烷中三个碳都有正电性，都可接受羟基进攻，但活性差别较大，控制好条件可得到较高收率。另外要注意环氧氯丙烷很不稳定，因此在反应过程中要滴加，否则分解太多导致单耗增加；一般来说，不稳定的原料常以滴加或分批加的方式加入以减少分解；异丙胺要大量过量，以避免连串副反应且使昂贵的另一原料转化完全；后一步无水条件下反应效果好，可以二氧六环作溶剂。

这类反应在药物合成中应用很多。

扫一扫阅读：氨解反应案例详解

2.2.2　醇类、醚类和环氧烷类的氨解

2.2.2.1　醇类的氨解

胺类与羟基化合物的转变是可逆过程，醇类氨解的通式为：

$$ROH + NH_3 \rightleftharpoons RNH_2 + H_2O$$

因此羟基化合物的氨解一般不如卤化物氨解容易。凡是羟基化合物或相应的氨基化合物愈容易转变为酮式或相应的酮亚胺式互变异构体时，则上述反应愈易进行。这是因为酮式化合物等互变异构体热力学稳定性较好。如对亚硝基酚能以醌肟形式存在，就可在较低温度下进行氨解：

$$\text{（对亚硝基酚 OH 式）} \rightleftharpoons \text{（醌肟 O=...=NOH 式）}$$

气相氨解反应大多是放热的，且多氨基化的放热量更大，即伯胺、仲胺比氨与醇的氨解反应放热量更大，这说明易进行多元氨解。另外，低级胺的热效应更大，如表 2-2。

表 2-2 醇气相氨解的吉布斯函数变化值

反　　应	$\Delta G/\text{kJ} \cdot \text{mol}^{-1}$
$CH_3OH + NH_3 \rightleftharpoons CH_3NH_2 + H_2O$	$-23447 + 3.7T$
$CH_3OH + CH_3NH_2 \rightleftharpoons (CH_3)_2NH + H_2O$	$-42707 + 21.4T$
$CH_3OH + (CH_3)_2NH \rightleftharpoons (CH_3)_3N + H_2O$	$-52756 + 24.3T$
$C_2H_5OH + NH_3 \rightleftharpoons C_2H_5NH_2 + H_2O$	-12561
$n\text{-}C_4H_9OH + NH_3 \rightleftharpoons n\text{-}C_4H_9NH_2 + H_2O$	-5861

　　醇类与氨在催化剂作用下生成胺类是目前制备低级胺类常用的方法，生成的伯胺能与原料醇进一步反应，生成仲胺、叔胺。

　　醇类的氨解常在气相、350～500℃和1～15MPa压力下通过脱水催化剂（如固体酸性脱水催化剂三氧化二铝）完成；也有通过在脱氢催化剂（如载体型镍、钴等）上进行氨解。后者机理可能是先生成中间物羰基化合物，进而与氨生成亚胺，再氢化得胺类。

　　从上可知，醇类氨解有多种平衡反应同时发生。通过反应条件的控制，可控制产物组成的分布。

　　醇类氨解常用酸作催化剂，以形成碳正离子有利于亲核进攻的发生。

　　如叔丁基脲的合成：

$$(CH_3)_3COH + H_2NCONH_2 \xrightarrow{H_2SO_4} (CH_3)_3C\text{—}NHCONH_2$$

　　浓硫酸催化下室温反应，收率约33%。温度高时叔丁醇易失水成烯，低时尿素溶解性较差，对反应不利。

2.2.2.2　醚类的氨解

　　如喹诺酮类抗生素盐酸环丙沙星中间体的合成：

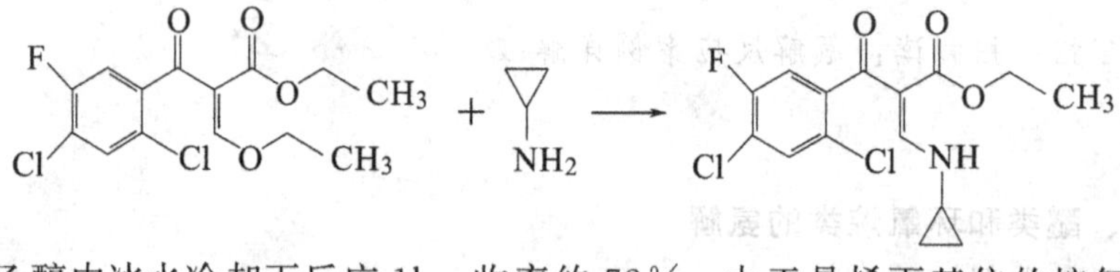

　　在无水乙醇中冰水冷却下反应1h，收率约72%。由于是烯丙基位的烷氧基，比较活泼。环丙胺较活泼，要滴加，量要稍过量。苯环上的卤素稳定性较好，不易被取代。

2.2.2.3　环氧烷类的氨解

　　环氧烷类如环氧乙烷、环氧丙烷很易与氨或胺反应生成 β-氨基醇。反应条件不同，得到的伯胺、仲胺、叔胺的比例也不同，前后反应速率相差不是太大。如：

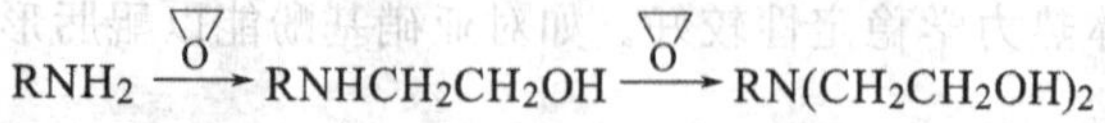

$$RNH_2 \longrightarrow RNHCH_2CH_2OH \longrightarrow RN(CH_2CH_2OH)_2$$

　　此类反应属于 S_N2 反应。

　　对取代环氧乙烷来说，胺是从空间位阻小的一侧进攻环氧环，生成仲醇类化合物，如镇痛药盐酸美沙酮中间体 1-(N,N-二甲基)-2-羟基-丙胺的制备：

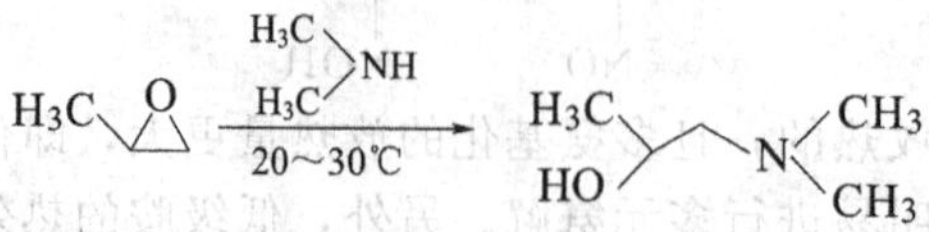

　　又如 β-受体阻滞剂盐酸普萘洛尔的合成：

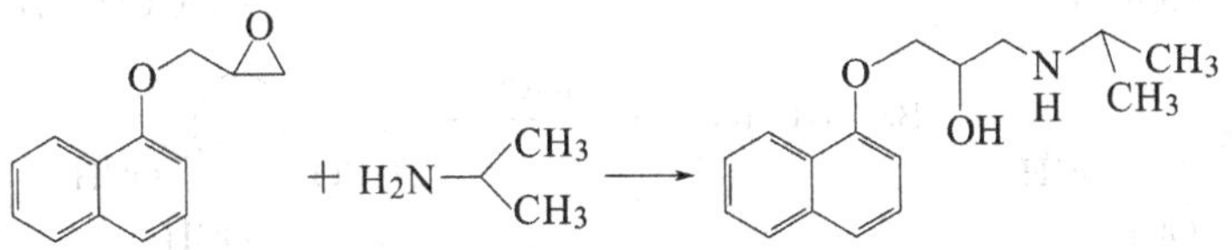

加水后加过量的异丙胺回流反应 1.5h 即可。异丙胺过量要较多，否则收率低。

2.3　其他亲核反应

2.3.1　酯化反应

2.3.1.1　底物与进攻试剂

底物可为卤烷、硫酸烃酯、磺酸酯、氯代亚硫酸烃酯（ROSOCl）以及其他无机酸烃酯等含有正碳的物质。进攻试剂是羧酸的钠盐或钾盐等，活性较高。

2.3.1.2　反应机理与反应条件

体系不一样，反应机理也有所差别，以 S_N2 反应较多。

如酸的钠盐或钾盐在非质子化极性溶剂中室温下可迅速与伯卤烷或仲卤烷作用，生成酯类，产率高。HMPT（六甲基磷酰三胺）是常用的溶剂：

$$RX + R'COO^- \xrightarrow{\text{HMPT}} R'COOR$$

反应机理为 S_N2 反应，如抗肿瘤药氟脲嘧啶中间体氟乙酸酯的合成采用本反应：

$$FCH_2COOK + CH_3Br \longrightarrow FCH_2COOCH_3$$

在冠醚（crown ether）存在下羧酸钾盐于乙腈或苯中反应时，伯溴烷、仲溴烷、α-溴代苯乙酮和溴苄均能生成相应的酯，反应机理为 S_N2，收率较好。如不用冠醚，并在质子化溶剂中反应，则只有苄基及烯丙基等活性基团进行酯化，反应机理为 S_N1，且不适用于叔烃基的酯化，因叔烃易产生消除反应。

硫酸烃酯、磺酸酯、氯代亚硫酸烃酯（ROSOCl）以及其他无机酸烃酯均能与羧酸负离子作用，生成相应的酯。硫酸二甲酯或磷酸三甲酯能使空间位阻大的羧基进行甲基化。酯化反应也为典型的 S_N2 反应。硫酸二甲酯反应中心碳原子为甲基，无空间阻碍存在。离去基团甲基硫酸根极化度较大，容易离去。因此，硫酸二甲酯为反应活性较高的底物（烷化剂）。

$$RCOO^- + H_3^+CO-\overset{\displaystyle O}{\underset{\displaystyle O}{\overset{\|}{\underset{\|}{S}}}}-OCH_3 \longrightarrow RCOOCH_3 + CH_3SO_4^-$$

此类反应条件较温和，主要副反应是底物的水解副反应，控制好条件可减少底物的消耗，提高收率。但对叔烃基等酯化反应以 S_N1 反应为主，易产生消除副反应。

2.3.1.3　实例分析

（1）解热镇痛药　邻乙氧基苯甲酰胺的中间体邻乙氧基苯甲酸乙酯的合成：

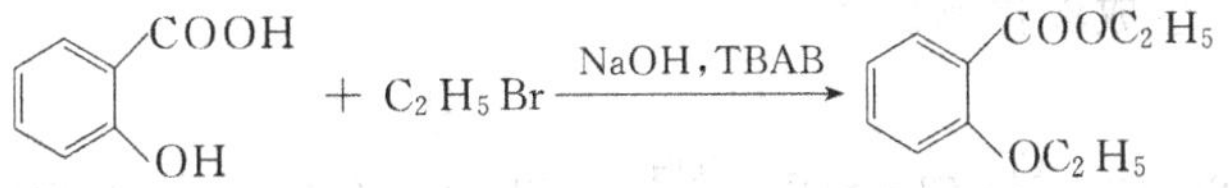

水杨酸先与氢氧化钠或氢氧化钾反应，以水为反应介质将羧基、羟基上的氢取代形成氧负离子，然后再在相转移催化剂 TBAB（四丁基溴化铵）催化下室温滴加溴乙烷反应，两个氧负离子都可进行亲核反应生成产品，收率可达 82.5%，控制好条件，可先进行酯化再进行醚化。

（2）克冠草中间体　3,4,5-三甲氧基苯甲酸-3'-氯丙酯的合成：

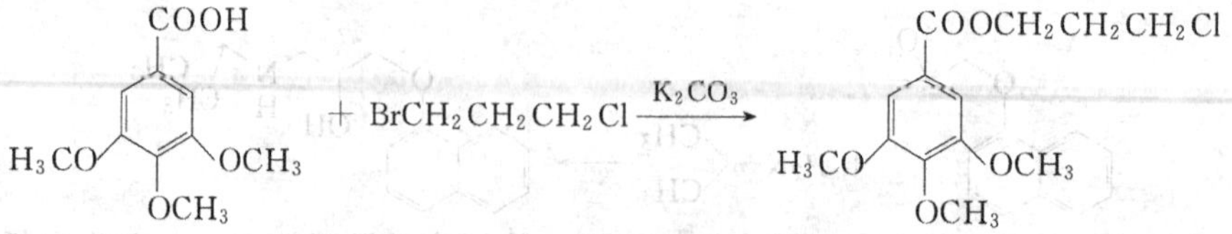

以丙酮为溶剂，回流反应，由于碳酸钾碱性较弱，1,3-溴氯丙烷可一次性加入，分解较少，收率可达 92%。溴代烃比氯代烃活性高。

（3）甲氧苄啶中间体　3,4,5-三甲氧基苯甲酸甲酯的合成：

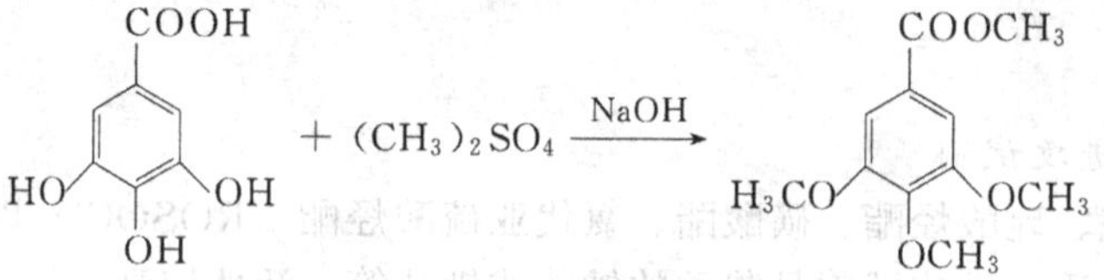

要滴加或分批加硫酸二甲酯和氢氧化钠，保证一定的 pH（8～9），以免原料分解，在 35～45℃反应，收率可达 90%。

2.3.2 卤化反应

由卤离子进攻碳产生碳卤键的亲核取代反应为常见的一类卤化反应。此类反应在药物合成中应用十分广泛。卤化物中卤原子相当活泼，通过卤化物可以转化为其他官能团，常用于中间体制备。

2.3.2.1 底物与进攻试剂

常用底物有醇、醚、卤代烃等，进攻试剂又称卤化剂，常用的卤化剂有氢卤酸和无机酰氯。氢卤酸的活性较弱，与活性较大的醇羟基可进行反应，活性顺序为 $HI > HBr > HCl$。无机酰氯类活性强，活性顺序为：

$$PCl_5 > POCl_3 > SOCl_2 > PCl_3$$

此外，还可采用有机卤化剂如 $(RO)_3P \cdot RX$、R_3PX_2（由 R_3P 及 X_2 制成）以及三苯膦与四氯化碳的混合物等作为卤化剂，不易产生重排反应。

还有 Lewis 酸如 BF_3、BCl_3、BBr_3 或 $AlCl_3$ 等均能使醚裂解，生成相应的卤化物。

2.3.2.2 反应机理与反应条件

（1）醇与卤化剂的反应　醇为药物合成中常用的原料，由于活性差，一般制成卤化物作烃化反应的试剂。

醇与氢卤酸的反应为 S_N1 或 S_N2，脱去分子为水。本类反应适合于制备伯、仲及叔卤化物，异丁基或新戊基类型化合物则易生成大量重排产物。叔醇与浓盐酸作用即可得产物叔氯代物，仲醇及伯醇则需加入氯化锌等酸性物质作催化剂，使反应顺利进行。有时采用相转移催化剂，则收率更佳。例如消毒杀菌剂新洁尔灭中间体 1-溴代十二烷的合成采用本类反应。

$$C_{12}H_{25}OH + HBr \xrightarrow{H_2SO_4} C_{12}H_{25}Br$$

无机酰卤化剂与醇进行 S_N2 反应，是先生成相应的无机酸酯，然后再进行 S_Ni 反应（分子内亲核反应），生成卤化物。

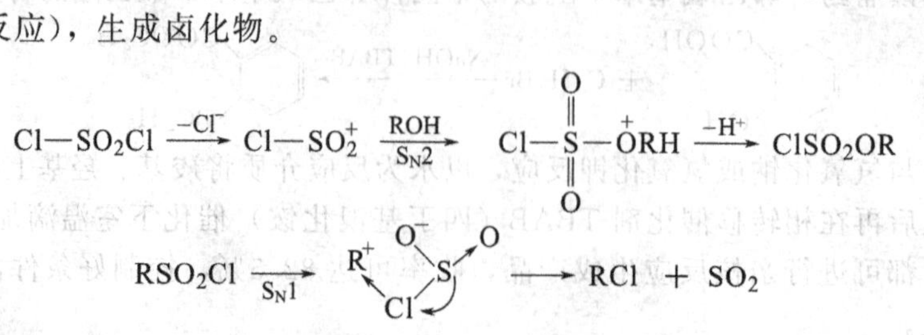

$$Cl-SO_2Cl \xrightarrow{-Cl^-} Cl-SO_2^+ \xrightarrow[S_N2]{ROH} Cl-\overset{O}{\underset{O}{S}}-\overset{+}{O}RH \xrightarrow{-H^+} ClSO_2OR$$

$$RSO_2Cl \xrightarrow{S_N1} R^+ \underset{Cl^-}{\overset{O^-\quad O}{S}} \longrightarrow RCl + SO_2$$

本类反应适于制备伯、仲及叔卤化物。但使用 PBr_3、PBr_5 及 $SOCl_2$ 为卤化剂时，仲卤化物生成时有重排反应产生。克菌定中间体 1,10-二氯癸烷的合成即应用本类反应。

$$HO(CH_2)_{10}OH + SOCl_2 \longrightarrow Cl(CH_2)_{10}Cl$$

氟化氢不与醇作用生成氟化物，但可用 SF_4 或 SeF_4 产生氟化反应。或可先将醇转化为硫酸酯或对甲苯磺酸酯，再与氟化氢反应。

（2）醚及环醚与卤化剂反应　醚可被热的浓氢碘酸或氢溴酸所裂解，盐酸一般难以反应。氢溴酸的活性较氢碘酸为弱。裂解后生成卤化物。

环醚类也能产生裂解，生成相应的卤化物。如镇咳药咳必清中间体 1,4-二溴丁烷的制备。

$$\xrightarrow{HBr,H_2SO_4} BrCH_2CH_2CH_2CH_2Br$$

环氧化合物也是一类环醚，与氢卤酸反应时，生成卤代醇：

$$-\overset{|}{\underset{\underset{O}{\diagdown}}{C}}-\overset{|}{\underset{\diagup}{C}}- + HX \longrightarrow -\overset{|}{\underset{HO}{C}}-\overset{|}{\underset{X}{C}}-$$

由于环氧化合物较活泼，因此所有四种氢卤酸均能与之产生反应。甾体化合物的环氧化物也能与氢氟酸反应。若卤化剂活性较高，如使用氯化亚砜-吡啶或三苯膦-四氯化碳为卤化剂，则羟基也被取代直接生成二氯化合物。

（3）卤化物的置换反应　卤代烃除由醇及醚制备外，还可从卤化物置换反应来制备，称为 Finkelstein 反应，此法常用于制备碘代烃和氟代烃。碘化钠丙酮液与氯代烃或溴代烃可发生作用，由于生成的氯化钠或溴化钠不溶于丙酮而沉淀析出，使反应完成。本反应为 S_N2 反应。如眼科辅助药安妥碘中间体 1,3-二碘丙醇的制备应用本类反应：

$$\begin{array}{c} CH_2Cl \\ | \\ CHOH \\ | \\ CH_2Cl \end{array} + 2NaI \xrightarrow{丙酮} \begin{array}{c} CH_2I \\ | \\ CHOH \\ | \\ CH_2I \end{array} + 2NaCl$$

氟化剂与卤化物作用可生成氟化物。常用的氟化物有无水 HF（适用于高活性的苄基及烯丙基化合物）、AgF 和 HgF_2 等。如为多卤化物则可采用 HF 及 SbF_3 为氟化剂。NaF、KF 在非质子化极性溶剂中也能产生氟的置换反应。如抗肿瘤药物脲嘧啶中间体氟乙酸乙酯的合成：

$$ClCH_2COOC_2H_5 \xrightarrow{KF,CH_3CN} FCH_2COOC_2H_5$$

KF 的活性较高，SbF_3 活性最高，但 NaF 最便宜。有时用混合的氟化物作氟化剂以保持活性并降低成本。此类反应中重要的是要保证体系中无水，因此许多反应体系在反应前要进行共沸脱水。

2.3.2.3 实例分析

（1）如 5-氟尿嘧啶等中间体氟乙酸乙酯的合成：

$$ClCH_2COOC_2H_5 + KF \xrightarrow{CH_3CONH_2} FCH_2COOC_2H_5$$

以乙酰胺为溶剂，先要在 140℃ 左右脱水后再加入原料氯乙酸乙酯和干燥、粉碎的氟化钾，在 110～130℃ 反应完成后蒸馏出产物，收率约 64%。氟化钾由于是固体，生成的氯化钾也是固体，虽然在溶剂中有一定的溶解性，但很易产生包裹现象，很难完全参与反应，因此要粉碎，且投料要过量 20%～30%。

（2）罗哌卡因等中间体 1-溴丙烷的合成：

$$CH_3CH_2CH_2OH \xrightarrow{HBr} CH_3CH_2CH_2Br$$

在反应中要用浓硫酸脱水，否则反应难以完全进行，且可边反应边将溴丙烷蒸出，否则易产生消除、重排等副反应，注意升温速度以及温度高低的影响，否则副反应严重。收率可达 86%。

(3) 丁丙诺非等中间体溴代环丙甲烷的合成：

$$\triangleright\!\!-\!CH_2OH + Br_2 \xrightarrow[DMF]{PPh_3} \triangleright\!\!-\!CH_2Br$$

由于三元环很不稳定，温度高时易开环，因此要用活性较高的溴化剂，可用溴与三苯基膦制备成有机磷溴化剂进行溴化，在室温反应，再稍升高温度使反应完成，产率可达 76%。由于三苯基膦本身价格也较高，因此投料时不必过量，否则成本会较高。

扫一扫阅读：（亲核）卤化反应案例详解

*2.3.3 其他形成 C—N 键的反应

饱和碳原子上受到含氮亲核试剂的攻击，除可发生前面提到的最常见的胺化反应外，还可发生硝化反应、叠氮化反应、异氰酸化反应和硫代异氰化反应等。下面介绍除上述氨解反应外的比较常用的其他相关反应，这些反应均在非质子化极性溶剂中进行，也可利用相转移催化反应来完成。

2.3.3.1 Gabriel 反应

为了合成纯的伯胺或仲胺，常采用间接方法。Gabriel 反应即为合成纯伯胺的方法之一。

邻苯二甲酰亚胺（Ⅰ）氮原子上连接的氢有足够的酸度，能与氢氧化钾或碳酸钠等作用生成钾盐或钠盐（Ⅱ），再和卤烃进行反应，生成 N-烷基邻苯甲酰亚胺（Ⅲ）。（Ⅲ）在高温高压下水解即生成纯伯胺。也可采用"肼解"方法，可不需加压，而且反应迅速，操作方便，收率较高。

如抗血吸虫新药吡喹酮中间体 β-苯乙胺的合成，即应用本法。

　　Gabriel 合成法可应用固-液相转移反应来实现，条件温和，收率高，一般收率在 90%以上。如 RX 为氯苄时，反应温度为 60℃，反应时间为半小时即可；而不活泼的卤烷如 $n\text{-}C_8H_{17}Cl$ 则需要 100℃反应 5h 左右，收率可达 94%。

2.3.3.2　Delepine 反应

　　卤代烷与乌洛托品（六亚甲基四胺）反应生成相应的季铵盐，可被盐酸水解生成伯胺盐酸盐，称 Delepine 反应：

$$RX + (CH_2)_6N_4 \longrightarrow [R(CH_2)_6N_4^+]X^- \xrightarrow{\text{HCl/EtOH}} RNH_2 \cdot HCl$$

　　本法不如 Gabriel 合成法应用广泛，要求卤代烃有较高的活性，最好在 β-位具有吸电子官能团如 $ArCH_2X$、$RCOCH_2X$ 等。

　　卤原子以 Br、I 为好。如氯霉素中间体 α-氨基-对硝基苯乙酮盐酸盐的制备应用了本反应：

$$O_2N-\!\!\!\!\bigcirc\!\!\!\!-COCH_2Br \xrightarrow[\text{HCl/EtOH}]{(CH_2)_6N_4/\text{EtOH}} O_2N-\!\!\!\!\bigcirc\!\!\!\!-COCH_2NH_2 \cdot HCl$$

　　此反应在形成季铵盐时应避免酸和水的存在，否则使乌洛托品分解（Sommelet 反应），生成对硝基苯乙酮醛：

$$\left[O_2N-\!\!\!\!\bigcirc\!\!\!\!-COCH_2 \cdot C_6H_{12}N_4 \right]^+ Br^- \xrightarrow{H_2O} O_2N-\!\!\!\!\bigcirc\!\!\!\!-\overset{O}{\underset{}{C}}-\overset{H_2}{C}-C=N-CH_2 \longrightarrow$$

$$O_2N-\!\!\!\!\bigcirc\!\!\!\!-\overset{O}{\underset{}{C}}-C=N-CH_3 \longrightarrow O_2N-\!\!\!\!\bigcirc\!\!\!\!-\overset{O}{\underset{}{C}}-CHO$$

　　反应可用氯苯作为溶剂，但必须经过干燥。季铵盐转变成伯胺，必须在强酸性条件下进行，若 pH 只有 3～6.5，就会转变成醛。产物游离胺易缩合、氧化，需要在盐酸溶液中才能稳定存在，因此酸度的控制很重要。反应温度比较低，两步都可在 35℃左右很好完成。

2.3.3.3　硝化反应

　　在 DMF 中亚硝基负离子上的氮原子有较大的亲核强度，可作为亲核试剂的进攻点。如 α-氨基丁酸的中间体 α-硝基丁酸乙酯的合成：

$$CH_3CH_2\overset{Br}{\underset{|}{C}}HCOOC_2H_5 \xrightarrow{NaNO_2,DMF} CH_3CH_2\overset{NO_2}{\underset{|}{C}}HCOOC_2H_5$$

　　反应室温就能进行，亚硝基过量多些可使取代完全（原料的 1.6 倍，摩尔比）。收率可达 70%以上。

*2.3.4　C—C 键的形成反应

2.3.4.1　烃化反应

　　活性亚甲基或次甲基碳原子上的氢可被强碱夺取，形成碳负离子，作为亲核进攻试剂，进攻含有正电性碳的卤烃、醇、醚、硫酸酯等底物，形成 C—C 键。

　　活性亚甲基或次甲基碳原子的烃化反应为双分子亲核取代反应。

　　在碱催化下，作为亲核试剂的活性亚甲基或次甲基首先形成碳负离子，并与相邻的吸电子官能团发生共轭效应，其负电荷分散在其他部位上，从而增加了碳负离子的稳定性，有利于亲核进攻。

$$\overset{..}{\underset{|}{C}}-Y=Z + RX \longrightarrow -\overset{R}{\underset{|}{C}}-Y=Z + X^-$$

　　Y=Z 为 C=O、C=NR、C≡N、N=O、NO_2、SO_2R 等。

根据活性亚甲基或次甲基上的氢原子活性不同，选用的碱也不同。以醇钠为最常用，如甲醇钠、乙醇钠等。

活性亚甲基或次甲基上有两个活性氢原子时，与卤烃进行亲核反应生成单烃化反应或双烃化反应则依活性亚甲基或次甲基化合物与卤烃的活性大小和反应条件而定。当丙二酸二乙酯和溴乙烷在等当量乙醇钠的乙醇液中进行乙基化时，主要得到单乙基化产物乙基丙二酸二乙酯。丙二酸二乙酯的离解常数是乙基丙二酸二乙酯的 100 倍。因此，在反应液中，前者的碳负离子浓度比后者大，进行第二次乙基化较困难。但在药物合成中双烃化产物为有用的中间体，不同的双烃基取代的丙二酸二乙酯为合成巴比妥类催眠药的重要中间体，可由丙二酸二乙酯或氰乙酸乙酯与不同的卤代烃进行碳原子上的烃化反应而得。但两个烃基引入次序可影响产物的纯度和收率。若引入两种相同的较小烃基，可分次引入；若引入两种不同的伯烃基，应先引入较大的伯烃基，后引入较小的伯烃基；若引入烃基种类不同，先引入伯烃基，后引入仲烃基。这是因为仲烃基取代的丙二酸二乙酯的酸性比伯烃基取代物小，前者生成碳负离子较后者困难，同时，生成的仲烃基丙二酸二乙酯的碳负离子又有立体位阻，进行第二次烃化反应比较难。

含有活泼氢的碳原子与吸电子取代基相连接，使氢原子酸性增强，反应速率加大。常见吸电子基团的活性顺序为$-NO_2 > -CHO > -COR > -COOR > -CONH_2$。在同一碳原子上含有两种以上的吸电子取代基时，氢原子酸性的增强更为显著。氢原子活性越大，形成负离子越易，亲核活性越强，反应越易。

活性氢原子上烃化的难易与底物有关，其活性顺序一般为丙烯基氯＞氯苄＞卤烷＞卤代醚及卤代醇。就卤烷而言，其活性次序为卤甲烷＞卤代高级伯烷＞卤代仲烷＞卤代叔烷。硫酸烃酯、磺酸烃酯等更加活泼。

上述烃化反应一般需用 NaH、$NaNH_2$、RONa 等强碱试剂以除去质子，形成碳负离子后才能在无水溶剂中进行反应。不仅操作条件苛刻，试剂昂贵，处理麻烦而且收率也不够理想。采用相转移催化反应 C-烃化可在氢氧化钠水溶液中以较缓和条件进行，操作方便，反应速率快，收率也高。

2.3.4.2　烃化反应实例分析

（1）麝香酮中间体　甲基丙二酸二乙酯的制备：

$$H_2C\begin{array}{c}COOC_2H_5\\COOC_2H_5\end{array} + (CH_3)_2SO_4 \xrightarrow[C_6H_6]{TEBA/50\%NaOH} H_3C-C\begin{array}{c}H\\COOC_2H_5\\COOC_2H_5\end{array}$$

按相转移催化反应进行，产物中甲基丙二酸二乙酯的含量为 $93\% \sim 97.5\%$，折纯收率为 80.75%；二甲基丙二酸二乙酯含量为 $2.5\% \sim 4.5\%$。若用乙醇钠代替氢氧化钠和相转移催化剂，产品中的甲基丙二酸二乙酯含量为 77.9%，折纯收率为 62.32%；二甲基丙二酸二乙酯含量 13.45%，丙二酸二乙酯含量 8.95%。可见产品质量及收率均以相转移反应的结果为好。

（2）抗癫痫药　丙戊酸钠的中间体二丙基氰乙酸甲酯的合成：

$$NCCH_2COOCH_3 \xrightarrow[K_2CO_3]{CH_3CH_2CH_2Br} (CH_3CH_2CH_2)_2C\begin{array}{c}COOCH_3\\CN\end{array}$$

底物活性较高，在加入 TEBA 作相转移催化剂时，以溴丙烷本身过量作溶剂，回流反应，可得 90.5% 的收率。

2.3.4.3　氰化反应

腈类化合物在合成工作上有一定重要性，这类化合物既易于制备，又具有多种反应性能，可水解为相应的酸，也有还原为相应的伯胺化合物，继而可以合成其他化合物，应用颇为广泛。

常以卤化物为底物，硫酸烃酯、磺酸烃酯等也是常用底物。环氧化物与氰化钠反应生成 β-羟基腈。原甲酸酯则生成 α-氰基缩醛。伯醇及仲醇作为底物时活性较低，需有三苯膦参与，在四氯化碳、氰化钠存在下在二甲基亚砜中反应即有腈生成。

进攻试剂是以氰化钠、氰化钾等为主。以氰化银或氰化亚铜为亲核试剂时得到的是以异腈化合物为主。

伯卤化物、苄卤化物及烯丙基卤化物生成腈时收率较好，仲卤化物的收率也较好，但叔卤化物易发生消除反应而不能进行亲核取代。在卤化物的分子中存在有其他取代基时，对本反应一般有一定影响，如吸电子基的存在可使卤原子特别活泼：

$$\text{NaOOC—CH}_2\text{—Cl} \xrightarrow{\text{NaCN,H}_2\text{O,80℃}} \text{NaOOC—CH}_2\text{—CN}$$

但要注意温度较高时，如大于 95℃，则以水解反应为主，得到的是：

$$\text{NaOOC—}\overset{\text{H}_2}{\text{C}}\text{—OH}$$

本反应中除了卤烃的消除副反应外，还有卤烃和腈的水解副反应。为减少水解副反应，可以使用有机溶剂，如乙二醇、乙二醇单甲醚、乙醇等各种溶剂，但以 DMSO 为最好。加入相转移催化剂如冠醚等反应条件更为温和。由于氰离子具有双生反应性能，因此在生成腈的同时，尚有异腈作为副反应产物而存在，因此要控制溶剂及温度使副产物降低。

2.3.4.4　氰化反应实例分析

氰化反应（cyanation reaction）在药物合成中应用较多，举例如下。

（1）抗疟药乙胺嘧啶中间体对氯苄腈的合成

$$\text{Cl—}\langle\text{苯环}\rangle\text{—CH}_2\text{Cl} \xrightarrow{\text{NaCN,Cat.}} \text{Cl—}\langle\text{苯环}\rangle\text{—CH}_2\text{CN}$$

以水为溶剂，100℃左右反应，采用不同的相转移催化剂如冠醚、季铵盐可获得 90% 以上的收率，含量在 95% 以上。对氯苄存在两个氯原子，甲基上的氯原子有离子化倾向，活性较大；苯核上的氯原子由于与苯核 p-π 共轭而较稳定，活性较小。因而在反应时，仅生成对氯苄腈，而苯核上的氯原子无反应。此反应属 S_N2 反应，由于氯原子的存在与苯环的动态共轭效应的结果，能形成稳定的中间过渡态，有利于收率有所提高并且单耗降低。氰化钠可适当过量以使反应完全，一般过量 2% 左右。

注意氰化钠剧毒，反应后体系中有氰化钠过量，可用次氯酸钠或硫酸亚铁处理后排放，切不可随意排放。

（2）丙烯腈的合成

$$\text{CH}_2\text{=CH—CH}_2\text{—Br} \xrightarrow{\text{NaCN,CuCN,C}_2\text{H}_5\text{OH}} \text{CH}_2\text{=CH—CH}_2\text{—CN}$$

以乙醇为溶剂，CuCN 为催化剂，回流反应，收率 43%。

（3）3-羟基丙腈的合成

$$\text{ClCH}_2\text{CH}_2\text{OH} + \text{NaCN} \longrightarrow \text{NCCH}_2\text{CH}_2\text{OH}$$

以丙酮为催化剂，加相转移催化剂，回流反应，收率可达 86%。

习　　题

基础概念题

2-1　羟基化反应的机理是什么？

2-2　常用的羟基化进攻试剂有哪些？常见的底物有哪些？

2-3 羟基化过程中有哪些常见的副反应？如何产生的？

2-4 常用醚化反应的进攻试剂有哪些？

2-5 醚化反应常见的底物有哪些？活性有何不同？

2-6 比较并分析以醇为底物和卤烷为底物时醚化反应条件的异同。

2-7 比较并分析以醇、醇钠、酚为进攻试剂时醚化反应条件的异同。

2-8 醚化过程中有哪些常见的副反应？如何产生的？

2-9 氨解反应的常见底物是哪些物质？活性有何不同？进攻试剂又有哪些？

2-10 氨解反应中常见的副反应是什么？如何产生？如何避免？

2-11 以卤烷、硫酸二甲酯等物质作为底物进行酯化反应的常见底物进攻试剂是哪些物质？

2-12 在用醇和氢卤酸作用制备卤烷的过程中，易发生何种副反应？如何控制工艺条件减少副反应？

2-13 卤化物置换反应制备氟化物的工艺中，应当用何种类型的溶剂？为什么？制备工艺过程中还要注意什么问题？

2-14 利用亲核取代反应制备氰化物时，有可能发生哪些副反应？为控制副反应，在反应过程中要注意哪些问题？

分析提高题

2-15 完成下列反应。

(a) 2,4-二氯苄氯 $\xrightarrow[H_2O]{NaOH}$ (b)

 (b) $\xrightarrow{(CH_3CH_2)_2NH}$

(c) $ClCH=CHCH_2Cl \xrightarrow{CH_3COO^-}$ (d) $(CH_3)_2CCH=CH_2$ (with Br) $\xrightarrow{H_2O}$

2-16 写出通过 S_N2 机理合成下列化合物的相应卤代烃。

(a) —CH_2OH (b) —SCH_2CH_3 (c) O (d) —CH_2NH_2

(e) $H_2C=CH-CH_2CN$ (f) $(CH_3)_3C-OCH_3$ (g) $H-C\equiv C-CH_2CH_2CH_3$

2-17 以下反应是按二级反应机理进行的（强亲核试剂），产物结构表明有重排发生，并且反应速率比同样条件下 2-氯原子被羟基取代的反应速率快了几千倍。试用机理解释重排和反应速率大幅加快的原因。

2-18 完成下列转变（无机试剂任选）。

(a) —OH ⟶ —NH_2 (b) ⟶

(c) $CH_2=CHCH=CH_2 \longrightarrow H_2N(CH_2)_6NH_2$ (d) ⟶

2-19 完成下列反应。

(a) $HO(CH_2)_8OH \xrightarrow[130℃]{KI/PPA}$ (b) —OH $\xrightarrow[LiBr]{HBr}$

(c) $CH_3(CH_2)_4CH_2OH \xrightarrow{HCl/ZnCl_2}$ (d) $\xrightarrow{SOCl_2/Py}$

2-20　2-丁烯-1-醇在用氯化亚砜氯化时，除生成 2-丁烯-1-氯外，还生成另一种产物。试写出这种产物的结构，并解释该产物生成的原因。

综合题

2-21　现在要以 β,β'-二羟基二乙醚为原料制备 β,β'-二氯二乙醚，请设计合理的合成工艺，并进行说明（包括原料、工艺条件选择等）。

2-22　苯海拉明 $Ph_2CHOCH_2CH_2NMe_2$ 是一种抗组胺药，若希望一步合成此化合物，可以有几种合成方法？并分析比较这些合成方法，选择你认为最好的方法，并说明理由。

第3章 芳环亲电取代反应

本章重点

（1）掌握芳环上硝化反应的机理及其影响因素，了解常用的硝化剂及其特点、副反应的发生和控制；

（2）了解芳环上亚硝化反应的机理及其影响因素；

（3）掌握芳环上磺化反应的机理及其影响因素，了解常用的磺化剂及其特点、副反应的发生和控制；

（4）掌握芳环上取代卤化反应机理及其影响因素，了解常用的卤化剂及其特点、副反应的发生和控制。

芳环上氢原子被亲电试剂取代的反应为亲电取代反应（aromatic electrophilic substitution），在药物中间体合成中常用到的反应如表 3-1 所示。

表 3-1 芳环亲电取代反应的类型

类　型	反　应　通　式	亲电试剂
Friedel-Crafts 烷基化	$ArH + RX \xrightarrow{Cat.} ArR + HX$	R^+
Friedel-Crafts 酰化	$ArH + RCOX \xrightarrow{Cat.} ArCOR + HX$	RCO^+
硝化	$ArH + HNO_3 \longrightarrow ArNO_2 + H_2O$	NO_2^+
磺化	$ArH + H_2SO_4 \longrightarrow ArSO_3H + H_2O$	SO_3 等
卤化	$ArH + X_2 \longrightarrow ArX + HX$	X^+
亚硝化	$ArH + HNO_2 \longrightarrow ArNO + H_2O$	NO^+
偶合反应	$ArH + Ar'N_2^+ \longrightarrow Ar-N=N-Ar' + H^+$	$Ar'N_2^+$
Kolbe-Schmitt 反应	$ArH + CO_2 \longrightarrow ArCOOH$	CO_2

还有脱磺基反应是磺化反应的逆反应，脱羧反应是 Kolbe-Schmitt 反应的逆反应，同样是亲电取代反应。

由于烷基化反应（第 7 章）和酰化反应（第 8 章）的重要性，单独各立一章介绍，因此本章主要介绍其他几个芳环亲电取代反应类型。偶合反应和 Kolbe-Schmitt 反应不分节单独讲述，在相关地方简单介绍。

3.1 硝化与亚硝化反应

在硝化剂的作用下，有机化合物的氢原子（或其他原子或基团）被硝基取代的反应叫硝化反应，生成的产物称为硝基化合物：

$$ArH + HNO_3 \longrightarrow ArNO_2 + H_2O$$

硝基由于其强吸电性常被用于促进其他取代基的亲核置换反应的进行，也可经过不同条件的还原反应使硝基化合物变成胺、羧胺、偶氮化合物等。通过胺变成重氮化物，又可制得其他各类有机化合物。因此硝化反应为制药工业中常用的一类反应，以芳环上及芳杂环上硝化反应为主。脂肪族碳原子上的硝化反应因反应难于控制则很少应用。

用亚硝正离子进行亲电取代反应生成亚硝基化合物就是亚硝化反应：

$$ArH + HNO_2 \longrightarrow ArNO + H_2O$$

硝基和氨基化合物在药物中很多，因此有关这方面的合成在药物合成中显得很重要。硝基引入后，生理效应就有显著变异，但毒性也明显增大；目前除氯霉素、合霉素、氯硝柳胺及硝基呋喃类药物等外，含有硝基的药很少，更多的是引入硝基后进一步反应得到其他基团。举例如下。

① 循环系统药物　硝苯地平：

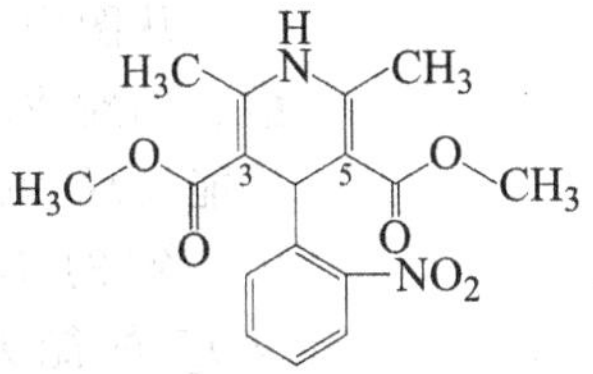

② 钠通道阻滞剂　普鲁卡因胺（procainamide）：

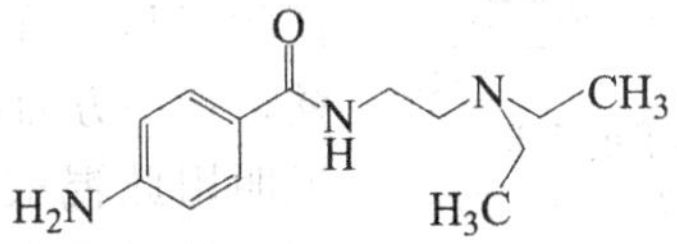

③ NO 供体药物　硝酸甘油（nitroglycerin）：

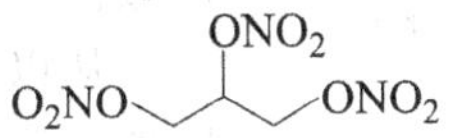

④ 解热镇痛药　对乙酰氨基苯酚：

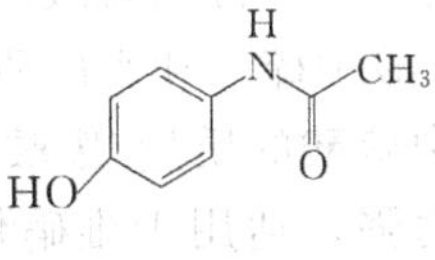

3.1.1　硝化反应

3.1.1.1　底物及硝化剂

根据与取代基团相连接的原子不同，硝化后的产物可为：C-硝基、N-硝基、O-硝基化合物。

芳烃、烷烃、烯烃以及它们的胺、酰胺、醇等衍生物都可在适当的条件下进行硝化。芳香族化合物的亲电硝化研究得最多，也最常用，因此本节主要讨论芳环的硝化，其他的简单介绍。

硝化剂最常见的是硝酸。为适应原料性质，常用硝酸与其他酸如硫酸、有机酸、酸酐及各种 Lewis 酸如 BF$_3$ 的混合物作硝化剂，也有用氮氧化物的，还有用有机硝酸酯的。

（1）硝酸　由实验证实，纯硝酸中还含有 NO_2^+、NO_3^- 等物质，1000g 硝酸中分别含这些物质及水 0.27mol。另从拉曼光谱等证实，硝酸中存在如下平衡：

$$HNO_3 + HNO_3 \Longrightarrow H_2NO_3^+ + NO_3^-$$

$$H_2NO_3^+ \Longrightarrow H_2O + NO_2^+$$

这表明硝酸既是酸，本身也可作为碱。因此它与强酸一起共存时，就可以碱的形式为主，可增加 NO_2^+ 的含量，促进硝化，因为 NO_2^+ 是亲电取代硝化时实际起作用的物质。

相反，若与碱性强的物质在一起，就使 NO_2^+ 含量减少，降低硝化活性，如无水硝酸中加入 5%以上的水就可使 NO_2^+ 消失，从而使硝化活性消失。

（2）混酸　是指硝酸与硫酸的混合物。由于硫酸是比硝酸酸性强的物质，所以混合后会促进 NO_2^+ 的生成：

$$2H_2SO_1 + HNO_3 \Longrightarrow NO_2^+ + H_3O^+ + 2HSO_4^-$$

当硝酸中硫酸浓度增高到 89%以上时，硝酸可全部解离为 NO_2^+；80%硫酸时转化率为 62.5%，20%硫酸时为 9.8%，可见硫酸可大大促进硝酸的硝化能力，因为 NO_2^+ 浓度与硝化速度在很大程度上是一致的。

在混酸体系中还要考虑水的含量。水的增加会导致 NO_2^+ 的降低。如图 3-1 所示。

从图中可明显看出 NO_2^+ 浓度随水、硫酸、硝酸浓度的变化而变化。但即使用光谱不能发现 NO_2^+ 的混酸，在实验中还是表现出一定的硝化能力，这是因为光谱发现 NO_2^+ 的能力是有一定的灵敏度的。NO_2^+ 最大浓度集中在硫酸浓度高而硝酸、水浓度低的区域。在 7 这个区域，没有游离态硝酸，这一方面说明硝酸解离完全，另一方面说明用此混酸硝化可避免硝酸的氧化副作用，提高反应质量。所以应尽量集中在此区域。

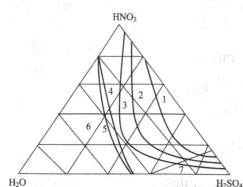

图 3-1　不同混酸浓度中硝基正离子的含量变化
1—NO_2^+ 浓度 1.5mol/1000g 溶液；2—NO_2^+ 浓度 1mol/1000g 溶液；3—NO_2^+ 浓度 0.5mol/1000g 溶液；4—光谱发现 NO_2^+ 的极限区域；5—硝基苯硝化的极限区域；6—腐蚀钢的酸化区域；7—光谱中不能发现 HNO_3 的区域

从以上分析可知混酸的硝化能力可用不同的硫酸浓度来调节。而对不同的被硝化物，要选择具有合适硝化能力的混酸。一般常用硫酸的脱水值来表示混酸的技术特性。

硫酸的脱水值是指混酸终了时废酸中硫酸和水的质量之比，通常用符号 DVS 表示：

$$DVS = 废酸中硫酸的质量/废酸中水的质量 \tag{3-1}$$

可见，DVS 值大，表示硝化能力强，适用于难硝化物质；相反，DVS 值小，则表示硝化能力弱。

（3）硝酸与乙酸酐的混合硝化剂　这种硝化剂非常重要，与上述两个硝化剂相比，反应比较温和，适用于易被氧化和易为混酸所分解的原料的硝化反应。其应用非常广泛，如杂环、不饱和烃、胺、醇等的硝化。

研究表明在此硝化剂中亲电质点可能有：N_2O_5、CH_3COONO_2、$CH_3COONO_2H^+$、NO_2^+，但可能以后两者为主。

（4）有机硝酸酯　可用于无水介质的硝化。这种硝化可在碱性介质或在酸性介质中进行。因此常用于酸性条件下易变的不能硝化的化合物的硝化，如腈、酰胺、磺酰酯及一些杂环化合物的硝化。

（5）氮的氧化物　氮氧化物有 N_2O、N_2O_3、N_2O_4、N_2O_5，除第一种 N_2O 外其他都可用作硝化剂，还可与烯烃进行加成反应。

① N_2O_3。它在硫酸中可生成 NO^+：

$$N_2O_3 \longrightarrow NO^+ + NO_2^-$$

$$NO_2^- + 2H_2SO_4 \longrightarrow NO^+ + 2HSO_4^- + H_2O$$

它的硝化和亚硝化能力都很差。但它在路易斯酸催化下可成为良好的亚硝化剂，也能对芳核进行硝化。

② N_2O_4。它是 NO_2 的二聚体，在固态时可以 N_2O_4 的形式存在，液态时即部分解离。它在硫酸中可离解生成 NO_2^+：

$$N_2O_4 + 3H_2SO_4 \rightleftharpoons NO_2^+ + NO^+ + H_3O^+ + 3HSO_4^-$$

也可同时生成亚硝镓盐硫酸 $NO^+HSO_4^-$。加水后 NO_2^+ 减少直至消失。

许多有机化合物可用亚硝酸的水溶液硝化就是由于亚硝酸溶液中存在 N_2O_3、N_2O_4、NO_2 等。

③ N_2O_5。在常温时是无色晶体，其离子型结构为：$NO_2^+NO_3^-$。在高介电常数的溶剂中如硫酸中会离子化，这是很有效的硝化剂。

（6）硝酸盐与硫酸　硝酸盐与硫酸作用产生硝酸与硫酸盐，实际上就相当于混酸。一般硝酸盐与硫酸的比例控制在（0.1～0.4）:1（质量比），这时硝酸盐几乎全部解离，有很强的硝化能力，适用于难硝化物如苯甲酸等的硝化。

各种硝化剂可用通式 XNO_2 来表示。由于多数硝化反应的亲电质点为 NO_2^+，所以活性决定于 NO_2^+ 形成的难易和数量。

$$XNO_2 \longrightarrow NO_2^+ + X^-$$

可以用表 3-2 表示。

表 3-2　按硝化强度次序排列的硝化剂

硝 化 剂	硝化反应时存在形式	X^-	HX
硝酸乙酯	$C_2H_5ONO_2$	$C_2H_5O^-$	C_2H_5OH
硝酸	$HONO_2$	HO^-	H_2O
硝酸-醋酐	CH_3COONO_2	CH_3COO^-	CH_3COOH
五氧化二氮	$NO_2 \cdot NO_3$	NO_3^-	HNO_3
氯化硝酰	NO_2Cl	Cl^-	HCl
硝酸-硫酸	$NO_2O^+H_3$	H_2O	H_3^+O
硝酰硼氟酸	$NO_2 \cdot BF_4$	BF_4^-	HBF_4

从上到下共轭酸的酸性越来越强，硝化剂硝化能力越来越强。

X 的电负性愈大，形成 NO_2^+ 的倾向愈大，硝化能力也愈强。因此上述硝化剂的强弱依下列顺序减小，$NO_2 \cdot BF_4 > NO_2 \cdot NO_3 > NO_2OOCCH_3 > NO_2 \cdot OH > NO_2 \cdot OC_2H_5$。

在芳环或芳杂环上引入硝基，多采用直接硝化法，即芳香族化合物与硝酸或硝酸和其他酸或酸酐的混合物作用产生硝化反应。

3.1.1.2　反应机理与影响因素

（1）反应机理　在多数硝化反应中亲电试剂的活性形式已证实为硝基正离子 NO_2^+，如下所示：

$$HNO_3 + 2H_2SO_4 \rightleftharpoons NO_2^+ + H_3O^+ + 2HSO_4^-$$

动力学研究证实：多数硝化剂硝化反应速率与硝基的浓度成正比。一些产生硝基正离子量很少的硝化剂硝化反应很慢，只能对活性较强底物进行硝化反应。

NO_2^+ 在有机溶剂中进行的许多硝化反应中，进攻的不是 NO_2^+，而是如 $NO_2^+ \cdot H_2O$、$NO_2^+ \cdot HAc$ 等络合分子。亲电试剂的活性形式虽不同，但反应机理相同。随 NO_2^+ 活性的不同反应活性也有所不同。

实验发现，苯、甲苯、硝基苯、溴苯等在混酸中硝化，苯、甲苯、氟苯用 NO_2^+·BF_4^- 硝化和甲苯在硝基甲烷中硝化都没有一级同位素效应，即 $K_H/K_D = 1$，所以 C—H 键断裂一步不是限速步骤。因而认为多数硝化反应按 S_E2 机理进行，σ-络合物的形成为限速步骤。

$$ArH + NO_2^+ \xrightleftharpoons{\text{慢}} Ar \Big\langle {}^{H}_{NO_2} \xrightarrow{\text{快}} ArNO_2 + H^+$$

σ-络合物

只有个别例外，如 1,3,5-三叔丁基苯的硝化具有一级同位素效应，表明 C—H 断裂为限速步骤。

在 σ-络合物中 NO_2 和 H 分别在环平面的前后，σ-络合物失去 H^+ 后变成为三叔丁基硝基苯，此时迫使体积大的 NO_2 挤于两个大的叔丁基之间，位阻使反应速率减慢，从而使位阻小的 σ-络合物形成较易，而碳氢键断裂较难，因而碳氢键断裂为限速步骤。

用硝酸在有机溶剂（常为醋酸和硝基甲烷）中进行硝化，反应速率为零级，限速步骤为形成活泼的硝基正离子的一步：

$$2HNO_3 \rightleftharpoons H_2NO_3^+ + NO_3^-$$

$$H_2NO_3^+ \xrightarrow{\text{慢}} NO_2^+ + H_2O$$

$$ArH + NO_2^+ \xrightarrow{\text{快}} ArNO_2 + H^+$$

在稀硝酸中硝化，根据光谱分析和动力学研究证明，在稀硝酸中不存在 NO_2^+。如在稀硝酸中加入亚硝酸钠可加大反应速率。单纯用稀硝酸硝化苯酚时，可分离出亚硝基苯酚。亚硝基苯酚在稀硝酸中极易氧化为硝基苯酚。因此机理可能是亚硝基正离子 NO^+ 进攻芳环，生成亚硝基化合物，再经硝酸氧化而得硝基化合物：

$$HNO_2 + 2HNO_3 \rightleftharpoons H_3O^+ + 2NO_3^- + NO^+$$

$$Ar \xrightarrow{NO^+} ArNO \xrightarrow{HNO_3} ArNO_2 + HNO_2$$

硝酸与有机物混合后可被有机物（如苯酚）所还原，生成最初的亚硝酸。以后则随反应的进行而产生新的亚硝酸。

亚硝酸离子为弱的亲电试剂，只有高活性的芳环才能在稀硝酸中进行硝化。如酚类和芳胺类可在稀硝酸中进行硝化反应。

（2）反应影响因素

① 底物结构与反应活性。芳环上有给电子基团有利于硝化反应的进行，有富电子的原子都可被硝化，如混酸硝化活性顺序为：

取代基的影响见表 3-3。

表 3-3　苯的各种取代衍生物在混酸中一硝化的相对反应速率

取代基	相对反应速率	取代基	相对反应速率	取代基	相对反应速率
—N(CH₃)₂	2×10^{11}	—CH₂COOC₂H₅	3.3	—Cl	0.033
—OCH₃	2×10^5	—H	1.0	—Br	0.3
—CH₃	24.5	—I	0.18	—NO₂	6×10^{-8}
—C(CH₃)₃	15.5	—F	0.15	—N⁺(CH₃)₃	1.2×10^{-8}

当芳环上引入硝基时使底物活性降低，引入两个硝基活性更低，所以制备多硝基化合物时，硝化条件要更强烈，硝化剂要更活泼。

在混酸中，吡咯、呋喃和噻吩易被破坏，而不能硝化。但在硝酸-醋酐中，硝基可以进入电子密度较高的 α 位。咪唑环较为稳定，受环上氮原子诱导及共轭效应的影响，在混酸中硝化，硝基进入 4 位或 2 位。如该位置已有取代，则不反应。氮原子上有甲基取代时，硝基则主要进入 4 位。吡啶环上氮原子的吸电子诱导及共轭效应会使反应速率降低，硝基进入 β 位。同理，喹啉也不易在吡啶环上引入硝基，只在苯环上引入。因此，芳杂环上硝化时，应注意环上杂原子电性效应的影响，还应注意在酸中形成正离子的影响。

② 硝化剂的种类和浓度。硝化剂能力太强时，硝化定位的选择性会下降。如混酸的硝化能力太强，且邻、对位的选择性不高时，可加适量的水，使 NO_2^+ 变成 $NO_2\text{-}OH_2^+$，后者活性较前者稍低，位置选择性则较强。例如，合成氯霉素中间体对硝基乙苯时，在混酸中加适量的水，提高了对位产率（o/p 比由 55/45 变为 49/51）。这是由于活性较弱的试剂，为了克服过渡状态的能垒必须选择环上适当的位置，乙苯邻位的位阻较大，形成邻位 σ-络合物所需越过的能垒较大，因而邻位产率下降而对位上升。

有时可用硝酸盐来代替硝酸，即把硝酸钠（或钾）与过量的硫酸混合，制成混酸进行硝化。如胆囊造影剂碘番酸中间体间硝基苯甲醛的制备：

$$\xrightarrow[\triangle]{NaNO_3,H_2SO_4}$$ （55%）

用硝酸盐和硫酸硝化主要的优点是可更好控制硝化剂的量而减小水的积累。虽硝化不是可逆反应，水不会直接影响反应的进行，但是水可以改变硝化剂的类型，使 NO_2^+ 变为 $NO_2\text{-}OH_2^+$，硝化速率变慢。

用硝酸时，由于硝酸具氧化性，在硝化反应的同时，常有氧化副产物伴生。当硝酸中水分增加，硝化和氧化速率均会降低，但前者降低更多，相对的氧化产物增加。浓硝酸高温下氧化性较强，所以在实际工作中应结合被硝化物结构特点，选择适当浓度的硝酸和其他反应条件进行硝化。例如对活性强的易被氧化的芳环化合物，宜选用稀硝酸（一般为40%的硝酸）在较低温度下进行硝化：

$$\xrightarrow[\text{室温}]{HNO_3\text{-}H_2O}$$

用硝酸盐和等摩尔硫酸水溶液代替稀硝酸，对防止氧化更为有利。

对活性较低的化合物可采用低温下用发烟硝酸进行硝化。对不易氧化的化合物，可用发烟硝酸在较高温度下进行硝化。如

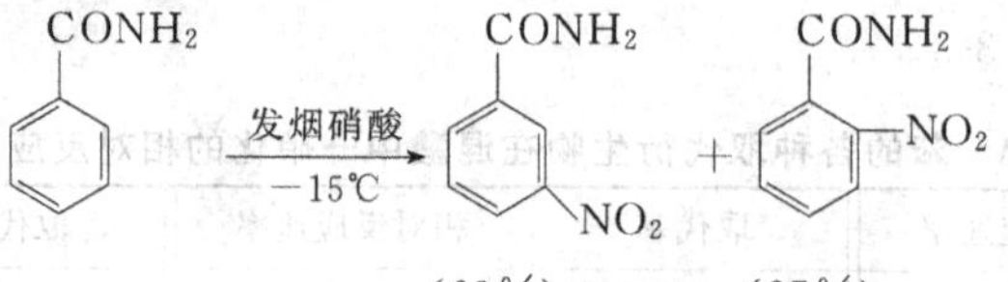

（63%）　（27%）

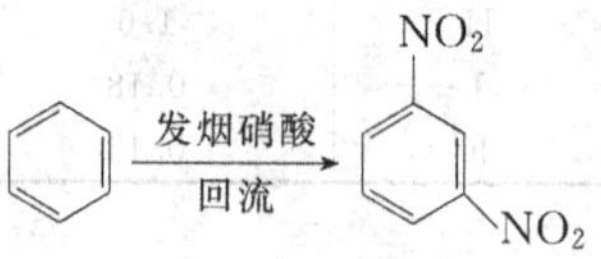

硝酸或硝酐（N_2O_5）与有机溶剂形成混合溶液，构成另一类硝化系统。其特点为被硝化物溶解度大形成均相反应液，可在无水条件下进行硝化，防止易水解的底物水解。例如，间硝基苯甲酰氯的制备：

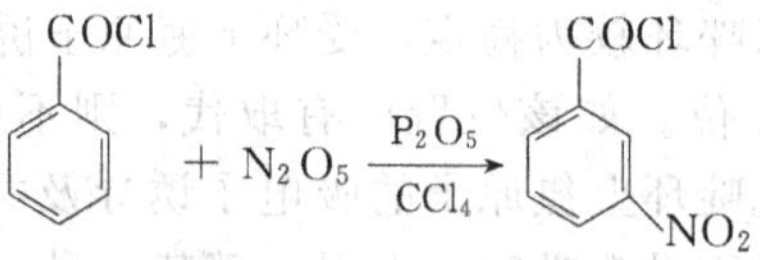

本类常用的硝化系统如下所述。

a.硝酸-醋酸、硝酸-硝基甲烷及硝酸-四氯化碳等溶液。光谱分析证明此类溶液中硝酸仅以分子形式存在，因而是较弱的硝化系统，仅适于活性较强的芳香化合物的硝化。

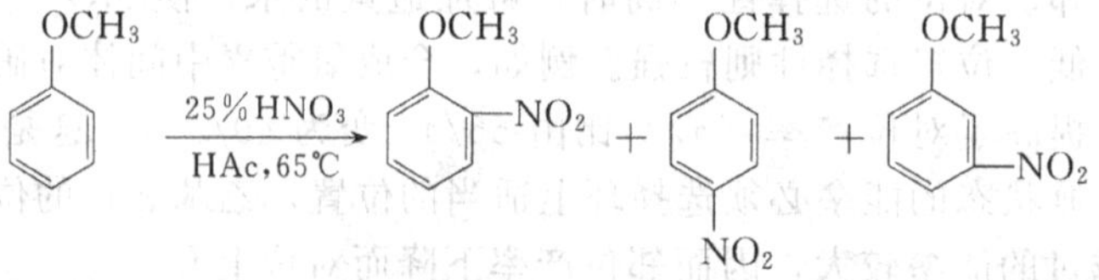

（44%）　（54%）　（2%）

b.硝酸-醋酐和五氧化二氮-醋酐系统，既是溶剂也为试剂。在反应过程中醋酐与硝酸生成硝化能力较强的醋硝混酐（硝酰醋酸）：

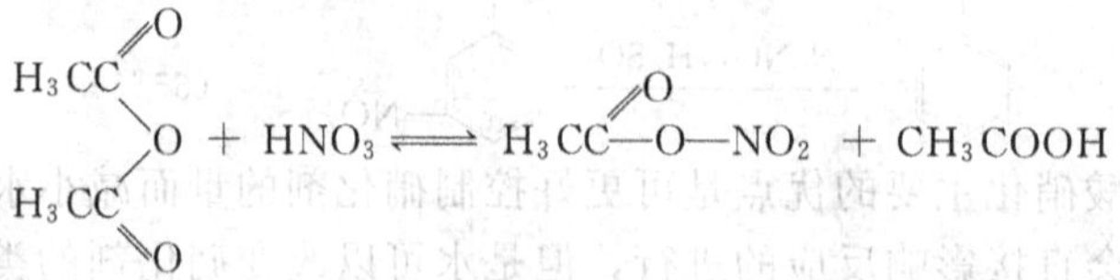

光谱分析证明，溶液中还存有五氧化二氮，可能是通过下述平衡反应生成的：

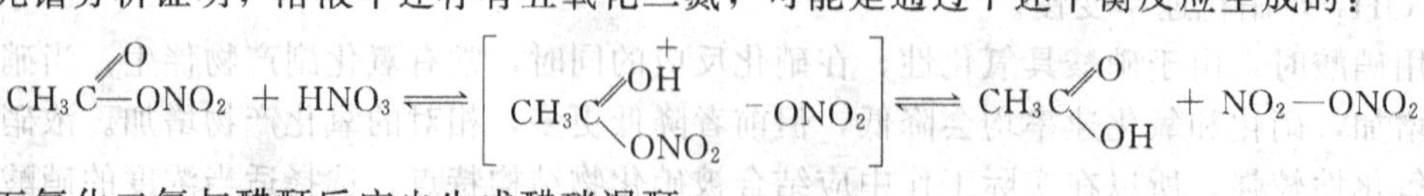

五氧化二氮与醋酐反应也生成醋硝混酐：

$$N_2O_5 + (CH_3CO)_2O \rightleftharpoons 2CH_3COONO_2$$

从上述三个平衡反应式看，在 HNO_3-Ac_2O 和 N_2O_5-Ac_2O 系统中都有

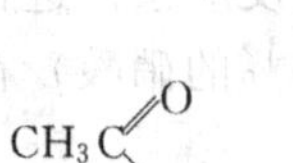

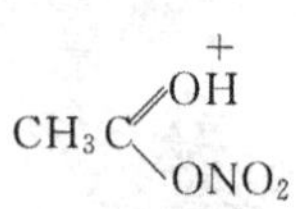

（质子化醋硝酐）和 N_2O_5 等分子生成。后两者均为较活泼的硝化剂。究

竟哪一种是主要的活性硝化剂，目前还没有统一的看法。

用硝酸-醋酐作为硝化剂时，有时还加适当量的浓硫酸或浓磷酸作催化剂，硫酸或磷酸使醋硝酐质子化，转变成更强的硝化剂：

$$CH_3C\!\!-\!\!ONO_2 + H_2SO_4 \Longrightarrow CH_3C\!\!-\!\!\overset{+}{O}H + HSO_4^-$$

硝酸加醋酐成为一种没有氧化作用的硝化剂，与胺类和醚类作用，还可提高 o/p 异构体的比例，与烃类作用，选择性无明显影响。

对强酸不稳定的物质，例如呋喃类化合物（或其他五元杂环化合物），可用硝酸醋酐混合物成功地进行硝化。痢特灵中间体 5-硝基糠醛二乙酸酯的合成就是采用本硝化法。但应指出，反应机理不是 S_E2，而是 1,4 加成反应。

$$\begin{array}{c}\end{array} + HNO_3 \xrightarrow[Ac_2O]{H_2SO_4} NO_2\!\!-\!\!\begin{array}{c}\end{array}\!\!-\!\!CH(OCOCH_3)_2 \xrightarrow[Na_2CO_3,pH4.2]{H_2O}$$

$$NO_2\!\!-\!\!\begin{array}{c}\end{array}\!\!-\!\!CH(OCOCH_3)_2 + CH_3COOH + CH_3COONa$$

吡啶类化合物在强酸中可质子化而使硝化难以进行。应用硝酸醋酐溶液作硝化剂，常可得较好的产率，例如维生素 B_6 中间体的合成：

$$\begin{array}{c}\end{array} \xrightarrow{HNO_3\text{-}Ac_2O} \begin{array}{c}\end{array}$$

c. 硝酸酯。硝酸和亚硝酸在碱性条件下离解为硝酸根及亚硝酸根负离子，均不是亲电试剂。硝酸酯则不易发生这种变化，因而可以作为碱性条件的硝化剂。某些对酸不稳定的化合物，可以在金属钠或乙醇钠存在下用硝酸酯进行硝化。例如吡咯的硝化：

$$\begin{array}{c}\end{array} \xrightarrow[C_2H_5ONO_2]{Na,乙醚} \begin{array}{c}\end{array}\!\!-\!\!NO_2$$

在此反应中，金属钠先置换 β-氢原子，然后发生硝酸酯进行的亲电取代反应，生成硝基吡咯：

$$\begin{array}{c}\end{array} \xrightarrow[乙醚]{Na} \begin{array}{c}\end{array}Na^+ \xrightarrow{C_2H_5ONO_2} \begin{array}{c}\end{array}\!\!-\!\!NO_2 + C_2H_5ONa$$

吲哚可以类似地被硝化：

$$\begin{array}{c}\end{array} \xrightarrow[C_2H_5ONO_2]{C_2H_5ONa} \begin{array}{c}\end{array}\!\!-\!\!NO_2$$

③ 反应温度的影响。芳环及杂环化合物的硝化反应速率常数随温度升高而变大，所以温度升高时，反应速率变快。此外升高温度使底物和产物在酸中溶解度增大，溶液黏度降低，易于扩散，均有利于硝化反应的进行。硝酸及混酸酐中解离为硝酸离子的量也随温度升高而增多，更有利于硝化反应的进行。

不同的硝化程度有不同的适宜反应温度。多硝基化应当在较高温度下进行。如苯硝化生成硝基苯时反应温度控制在 25～40℃，最后为 60℃。如需进一步硝化生成间二硝基苯时，应在 90～100℃才能完成反应。

但随着反应温度的升高，氧化、断键、多硝基化、其他基团的置换等副反应亦随之增多。加以硝化反应为强放热反应（芳环化合物硝化时，反应热一般在 $120kJ \cdot mol^{-1}$ 左右），以及混酸中硫酸的稀释热也较大，因此严格控制反应温度非常必要。按照底物的活性强度和硝化深度选择适当的反应温度，并应采取措施以保持所需温度。

另外，温度过高会造成硝酸的分解：

$$4HNO_3 \longrightarrow 2H_2O + 4NO_2 + O_2$$

NO_2 是剧毒气体。还应当注意硝化反应是强放热反应，这时若没有很好控制则可能会造成严重事故。

④ 搅拌的影响与微观混合。大量的反应热和硫酸的稀释热的生成，加之混酸的热容量较小，局部反应热将大量聚集，促使局部温度增高。为使反应能稳定进行，要充分考虑控制反应温度，搅拌速度与冷却器的冷却效果等。

依赖搅拌帮助混合，对多相反应来说并不直接导致分子水平上的完全混合。还需要经分子的扩散，始能逐渐形成微观均相溶液，即形成"微观混合"的过程取决于分子的扩散速率，在中等或较低活性情况下，分子扩散速率大于化学反应速率，微观混合过程的影响则不显著。与此相反，则扩散作用将掩盖化学反应速率，而显示主导作用。在硝化活性强的底物时，应注意到微观混合的作用。

硝化时经常是非均相反应，它与一般的均相反应不一样，传质效果和化学反应都能影响硝化反应速率，因此非均相硝化反应动力学的研究相对来说困难得多，但也有不少成果。

有人提出非均相甲苯硝化有下列各步骤：

ⅰ. 甲苯通过有机相扩散进入酸相；

ⅱ. 甲苯从相界面扩散进入酸相；

ⅲ. 在扩散进入酸相的同时，甲苯反应生成一硝基甲苯；

ⅳ. 形成的一硝基甲苯通过酸相，扩散返回到相界面；

ⅴ. 一硝基甲苯从相界面扩散进入有机相；

ⅵ. 硝酸从酸相向相界面扩散，在扩散途中与甲苯进行反应；

ⅶ. 生成的水扩散返回至酸相；

ⅷ. 某些硝酸从相界面扩散进入有机相。

根据上述讨论，硝化主要是在酸相和界面处进行，因此以上步骤ⅱ.、ⅲ.很可能是反应速率控制步骤。

如图 3-2 所示是根据混酸中硝化的实验数据所作的甲苯—硝化的初始反应速率对 $\lg k$ 作图得到的曲线。

根据上述曲线，由传质和化学反应的相对速率，可将反应系统分为三类，即慢速系统、快速系统与瞬间系统。

ⓐ 慢速系统。亦称动力学型，其特征是在相界面上反应的数量远远少于芳烃扩散到酸相中发生反应的数量，即化学反应速率是整个反应的控制步骤。此时反应速率与酸相中硝酸的浓度和甲苯的浓度成正比。如甲苯在 $62.4\% \sim 66.6\%$ 硫酸中的硝化。

ⓑ 快速系统。亦称慢速传质型。其特征是反应主要在酸膜中或者在两相的边缘上进行，这时芳烃往酸膜中的扩散阻力成为反应速率的控制步骤，即反应速率受传质控制。此时酸相中的硝化速率应当较快，这只有在硫酸浓度提高后才有可能。因此在 $66.6\% \sim 71.6\%$ 硫酸中的硝化可属于此类型。

当芳烃在酸相中溶解度大时，扩散就快，此时以动力学型控制可能性大。

ⓒ 瞬间系统。亦称快速传质型。特征是反应速率快，使得处于液相中的反应物不能在同一区域共存，即反应是在两相界面上发生。如甲苯在 71.6%～77.4% 硫酸中的硝化。

在实际生产中硝化过程不断产生水，因此硫酸浓度不断下降，因此在一个反应过程中往往存在多个类型的动力学特征。

硝化副反应比较多，从上归纳主要有：

ⅰ.不同位置上的取代异构体。可通过控制硝化剂活性、反应温度适当加以控制。

ⅱ.多硝化。温度影响最大，硝化剂活性及用量也有一定关系。

ⅲ.氧化、断键、其他基团置换的副反应。氧化反应是硝化反应中常见的一个副反应，稀硝酸的氧化性比浓硝酸强，温度越高氧化性越强，因此主要是控制硝化剂的类型与浓度以及反应温度。

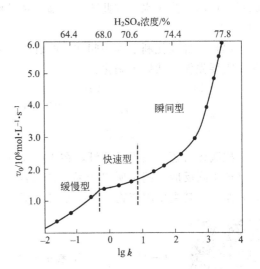

图 3-2　在无挡板容器中甲苯的初始反应速率与 $\lg k$ 的变化图（25℃，2500r·min^{-1}）

ⅳ.硝化剂如硝酸的分解。分解后会带来一系列问题，主要靠温度控制。

因此，硝化时温度的控制是关键的一个因素。

3.1.1.3　实例分析

（1）呋喃唑酮的中间体　5-硝基-2-呋喃丙烯腈的合成：

$$\text{（呋喃）}-CH=CHCN \xrightarrow{HNO_3} O_2N-\text{（呋喃）}-CH=CHCN$$

硝酸直接硝化不好，所以用硝酸-乙酐的混合硝化剂。此混合硝化剂可即配即用，乙酐一般大量过量，可兼作溶剂，滴加发烟硝酸（加发烟硝酸是因为要避免水的加入使乙酐等分解），滴加时大量放热，要控制好温度不超过 0℃，然后滴加原料的乙酐溶液，低温反应，收率可达 61% 以上。这里很容易发生各种缩合、开环副反应。温度的控制是关键。

（2）维生素 D$_2$ 等中间体　3,5-二硝基苯甲酸的合成：

$$\text{（COOH-苯）} \xrightarrow{HNO_3} \text{（COOH-苯）}O_2N\ NO_2$$

羧基、硝基都是吸电子基团，因此要上两个硝基是较难的，要采用硝化能力较强的混酸硝化，且体系中水分要少。两个硝基上的条件相差较大，可以一个一个上，因此硝化的过程是先将苯甲酸溶于浓硫酸中，然后再在 70～90℃ 滴加发烟硝酸，加完后保温使第一个硝基取代完全；然后再一次性加入发烟硝酸（用量约为原料苯甲酸的 1mol 倍），在 135～145℃ 使反应完成。收率可达 55% 左右。

（3）非那西丁等中间体　对硝基乙酰苯胺的合成：

$$\text{（苯）}-NHCOCH_3 \xrightarrow[H_2SO_4]{HNO_3} O_2N-\text{（苯）}-NHCOCH_3$$

乙酰氨基在酸性溶液中易水解，因此在硝化时温度尽量要低，另由于乙酰氨基是给电子基团，对硝化有一定活化作用，温度高也易产生二硝化，硝化温度小于 10℃ 较好。但原料、产品不溶于水，因此要加乙酸、浓硫酸溶解，然后滴加混酸硝化，效果较好。收率约60%。

（4）麻醉药托利卡因中间体 6-硝基邻甲苯胺合成。原料邻甲苯胺的氨基易被硝基氧化，需要先保护然后再硝化：

酰胺化后还有相当量乙酐，在10～12℃滴加硝酸硝化即可，硝酸不能过量太多，不然易产生副反应。硝化所得产品用浓盐酸水解就可脱去乙酰基得游离胺产品。总收率在52%左右。其主要副产物为酰胺基对位硝化异构体。

扫一扫阅读：氯霉素中间体硝基乙苯的合成案例详解

3.1.2　亚硝化反应

亚硝化反应是将亚硝基引入有机物分子的碳或氮原子上的反应，分别生成亚硝基化合物和 N-亚硝基化合物。亚硝基化合物显示不饱和键的性质，可进行还原、氧化、缩合、加成等一系列反应，用于制备各类中间体。但不纯的 N-亚硝基化合物易分解，不宜久置。亚硝基化合物特别是 N-亚硝基化合物有很强的致癌性，使用时要注意。

亚硝化一般在低温下进行，因为亚硝酸盐不稳定，易分解，因此在反应过程中常将亚硝酸盐滴入到反应物的酸性介质中，也有将酸滴入反应物与亚硝酸盐的反应介质中的操作方法。若反应在水相进行，一般是非均相反应，需要剧烈搅拌。也可用亚硝酸盐的冰醋酸或亚硝酸酯与有机溶剂作为亚硝化试剂，此时一般为均相反应，反应易进行。用亚硝酸酯进行亚硝化时，还有一个好处是可在碱性条件下进行。

3.1.2.1　碳原子上的亚硝化反应

碳原子上的亚硝化反应机理是 S_E2 反应。亚硝酰正离子是很弱的亲电试剂，只能与酚类、芳香叔胺以及某些 π 电子比较多的杂环化合物以及具有活泼氢的脂肪族化合物反应。与苯酚反应时，亚硝化反应的定位选择性很强，主要进入对位。若对位已有取代基，才可能发生在邻位，这是因为亚硝基苯酚与醌肟是互变异构体，醌肟更稳定：

应当注意的是亚硝酸很不稳定，易分解，而酚又不溶于水，因此上述反应在操作过程中可先将酚溶于碱，与亚硝酸钠混合后，然后在一定温度下滴加盐酸或硫酸，边析出亚硝酸边反应。温度要低，不能超过5℃，不然亚硝酸易分解，且亚硝酸有强氧化性，会产生很多副反应。此反应收率在76%以上。

若苯酚对位有基团，则亚硝基只能上在邻位，此时若加入一些重金属盐，可生成邻亚硝基酚的金属络合物，对反应有利：

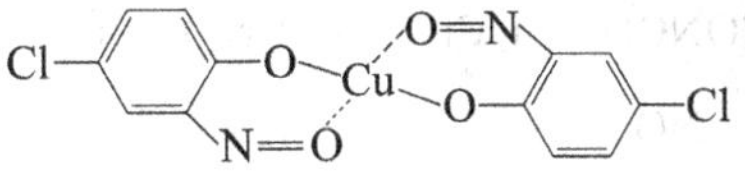

芳香叔胺的亚硝化如抗麻风病药丁氨苯硫脲中间体对亚硝基-N,N-二甲基苯胺的合成：

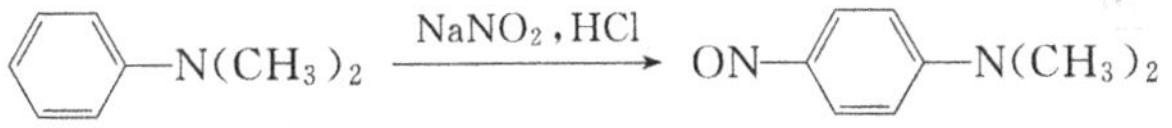

叔胺溶于酸，因此操作过程是先将原料溶于盐酸，然后滴加亚硝酸钠溶液进行反应，温度不超过 8℃，收率为 60% 左右。由于亚硝酸易分解，若液上滴加时亚硝酸钠滴加入反应液时先在表面上形成亚硝酸会分解成氮氧化物跑到气相中，因此应液下滴加，效果较好。

又如，电子云密度大的杂环的亚硝化：

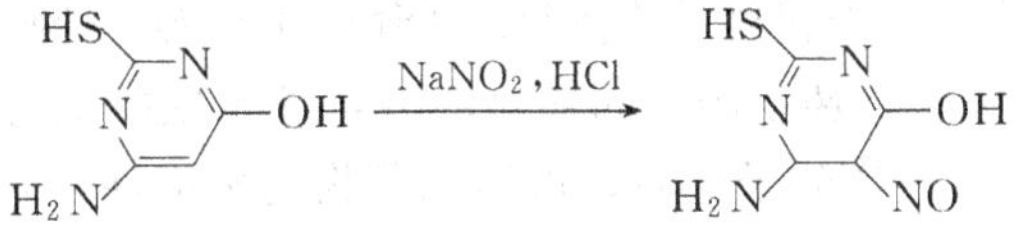

底物较活泼，反应在 30℃ 就可顺利完成。

另外，还有一类非芳环的具有活泼氢的脂肪族化合物的亚硝化，同样是亲电取代反应，如 2-亚硝基丙二酸二乙酯：

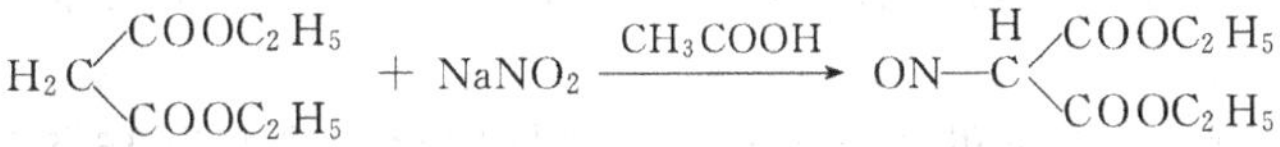

反应在 15～20℃ 就可完成。

又如：

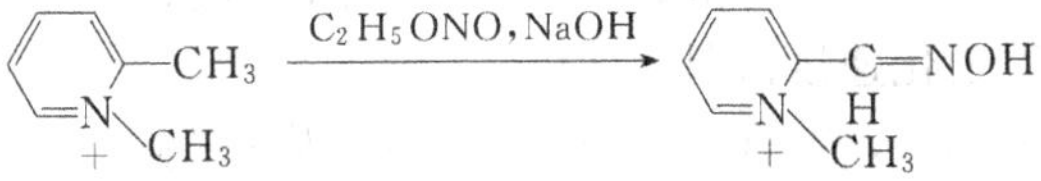

反应可在 2～15℃ 顺利完成。

3.1.2.2 氮上的亚硝化反应

不属于芳环亲电反应，但机理也是亲电反应，在这里介绍一下。

芳香族仲胺、脂肪族仲胺与亚硝酸反应，生成 N-亚硝基化合物的反应几乎是定量进行的。N-亚硝基化合物在醋酸中用锌粉还原可生成肼，这是制备不对称肼的合成方法之一，用锌粉和盐酸、氯化亚锡和盐酸还原时可得原来的仲胺。

反应条件与碳上亚硝化类似，如：

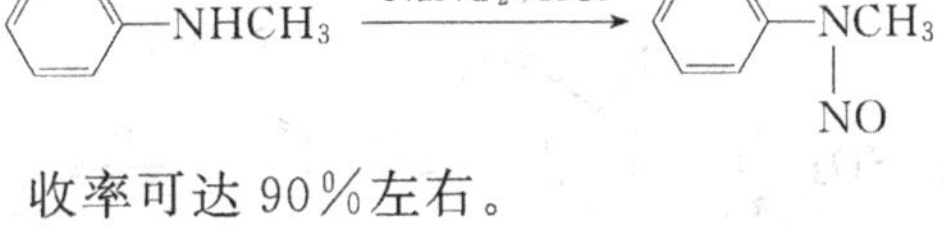

反应在小于 10℃ 下进行，收率可达 90% 左右。

N-亚硝基化合物不太稳定，氮原子上的给电子基团使其稳定性提高，吸电子基团则使稳定性下降。芳香仲胺的 N-亚硝基化合物在醇溶液中有盐酸存在下会发生 Fischer-Hepp 重排，如：

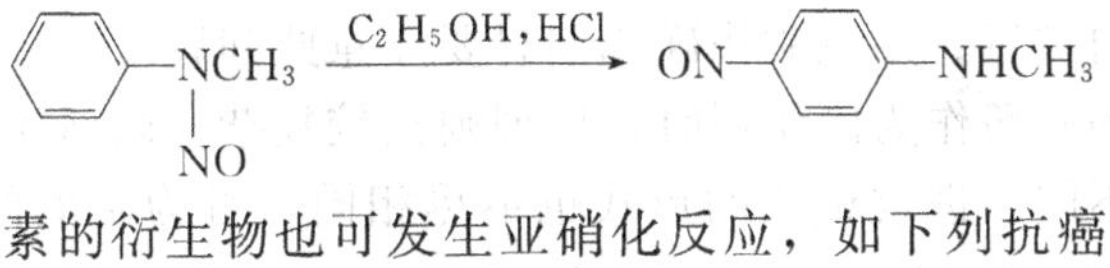

N-取代酰胺、尿素的衍生物也可发生亚硝化反应，如下列抗癌药物的合成都用到亚硝化反应：

$$\text{C}_6\text{H}_5-\text{NHCONCH}_2\text{CH}_2\text{Cl} \qquad \text{H}_3\text{CNOC}-\text{C}_6\text{H}_4-\text{CONCH}_3$$

洛莫司汀　　　　　　　　　　　卡莫司汀

3.2　磺化反应

磺化反应是指在有机分子中引入磺酸基（—SO₃H）、磺酸盐基（如—SO₃Na）或磺酰卤基（—SO₂X）的化学反应。引入磺酰卤基的反应又称卤磺化反应。这些基团可和碳原子相连，也可与氮原子、氧原子相连，与氧原子相连就称为硫酸化反应。本节主要讨论它们和芳环上碳原子相连的化学反应。

磺化反应应用范围很广，各类芳环化合物都可以磺化。许多药物或合成药物中间体是磺酸或磺酸盐类化合物。例如用于慢性支气管炎的愈创木酚磺酸钾、合成维生素 E 中间体 2,4,5-三甲苯磺酸、合成磺胺类药物的中间体对乙酰氨基苯磺酰氯等都通过磺化或氯磺化反应来完成。磺酸基引入有机药物分子中后，可增加药物的水溶性，有时还可降低毒性。

用 SO₂ 等作亚磺化剂可制备亚磺酸类化合物，机理与磺化类似。但磺化活性较低，要加催化剂。

3.2.1　底物及磺化剂

这里讨论的底物一般是芳环化合物，但实际上一般富电子的原子都可被磺化。常见的磺化剂包括如下几种。

三氧化硫（SO₃），常温下可加压成液态，但易气化，沸点为 16.8℃；磺化后不生成水，转化率高。

硫酸：H₂SO₄，有 92%～93% 和 98%～100% 两种规格，工业上常用的是后一种；反应过程中会生成水使得磺化速度降低。

发烟硫酸：H₂SO₄＋SO₃，有含 SO₃ 20%～25% 及 60%～65% 两种规格。

氯磺酸：SO₃·HCl，可看成是两者的络合物，活性较高，生成的次要产物是 HCl，是气体，易分离，因此磺化转化率高。

还有一些不太常用的磺化剂，如硫酰氯：SO₂Cl₂，由二氧化硫和氯制备而成；氨基磺酸；二氧化硫：SO₂；亚硫酸根离子：HSO₃⁻。

3.2.2　反应机理及影响因素

（1）反应机理　磺化反应机理尚未彻底了解，困难在于弄清进攻试剂的活性形式。在三氧化硫非质子性溶剂的较稀溶液中，进攻试剂的形式为 SO₃。产生亲电反应的机理为：

$$\text{C}_6\text{H}_6 + SO_3 \underset{k_{-1}}{\overset{k_1}{\rightleftharpoons}} \text{[σ-络合物]} \underset{慢}{\overset{k_2}{\rightleftharpoons}} \text{C}_6\text{H}_5SO_3^- \overset{快}{\longrightarrow} \text{C}_6\text{H}_5SO_3H$$

其中 σ-络合物为中性 σ-络合物，较为稳定，并易于形成，即 k_1 较大。在 σ-络合物失去质子步骤中，速度较慢为限速步骤。由磺化反应具有一级同位素效应可证实此种机理。另一个较重要的磺化反应的特征为反应的可逆性。因此在磺化过程中若有水生成，存在大量质子，会使反应逆向进行。用硫酸作磺化剂时要注意此问题。

在以浓硫酸和发烟硫酸作为磺化剂时，机理则比较复杂。随所用磺化剂的种类和浓度不同，甚至底物种类不同，进攻试剂的形式也不尽相同，可为游离的 SO₃ 或结合的 SO₃（H₃SO₄⁺、H₂S₂O₇、H₃S₂O₇⁺、H₂S₄O₁₃ 等）。低于 80%～85% H₂SO₄ 中，进攻试剂

的形式主要为 $H_3SO_4^+$ 或 H_2SO_4 与 H^+ 的结合物。高于 85% H_2SO_4 则以 $H_2S_2O_7$ 或 H_2SO_4 与 SO_3 的结合物为亲电试剂的形式。硫酸浓度的转变界限能随底物不同而有差异。无论在稀硫酸或浓硫酸溶液中磺化时，反应速度与 $H_3SO_4^+$ 和 $H_2S_2O_7$ 的活性成正比。

反应机理（a）仅在较稀硫酸中才为主要机理，在浓硫酸中磺化时，反应机理（b）起主导作用。$H_3SO_4^+$ 为进攻试剂时，反应活性较弱，因此，第一步形成 σ-络合物的步骤为限速步骤。$H_2S_2O_7$ 的活性虽较 $H_3SO_4^+$ 为强，在浓硫酸浓度为 96% 以下时，$H_2S_2O_7$ 与芳环的作用仍较慢，形成 σ-络合物的步骤仍为限速步骤，但浓度高于 96% 时，则质子转移的一步已部分产生限速作用。

在发烟硫酸中含有过量三氧化硫，进攻试剂形式为 $H_3S_2O_7^+$（质子化 $H_2S_2O_7$）或 $H_2S_4O_{13}$（$H_2SO_4+3SO_3$）。在发烟硫酸浓度高于 4% 时，$H_2S_4O_{13}$ 为活性进攻试剂形式。以 $H_3S_2O_7^+$ 为进攻试剂时，反应机理按上述硫酸的反应机理（b）进行。以 $H_2S_4O_{13}$ 为进攻试剂时，反应机理则按下示步骤进行。

氯磺化反应包括两个反应步骤，即先由芳环化合物与氯磺酸作用生成芳磺酸，后者再与第二分子氯磺酸作用生成芳磺酰氯化合物：

$$ArH + ClSO_3H \longrightarrow ArSO_3H + HCl\uparrow$$

$$ArSO_3H + ClSO_3H \Longrightarrow ArSO_2Cl + H_2SO_4$$

第一步反应由于有氯化氢放出而易于完成，第二步为可逆反应，需用过量试剂（为理论量的 2～5 倍）才能保证所生成的芳磺酰氯有较好产率。

氯磺酸第一步反应机理与用 SO_3 作为进攻试剂进行磺化相同。

磺酸水溶性大，并很易溶于过量磺化剂中，造成分离纯化的困难。芳磺酰氯不易溶于水，而易溶于有机溶剂，分离产物较为容易，因此在有机药物合成中氯磺化比磺化的应用更为广泛。

（2）反应条件对磺化反应的影响

① 底物化学结构与反应活性。磺化反应是亲电反应，底物化学结构中取代基的引入有利于亲电反应时，就使反应加速，否则降低反应速率。给电子取代基的引入，使芳环邻、对位富有电子，利于 σ-络合物的形成，对反应有利。但吸电子取代基的引入，则不利于 σ-络合物的形成，对反应不利。如苯在硫酸中磺化时，反应速率常数（$\times 10^6$，40℃）为 15.5；甲苯则为 78.7，增加较快；引入氯、溴或硝基时，则依次为 10.6、9.5 及 0.24，反应速率明显降低，硝基的引入使反应速率降低很多。

空间位阻对 σ-络合物的质子转移有显著影响。在磺酸基邻位有取代基时，由于 σ-络合物内的磺酸基位于平面之外，取代基对磺酸基几乎不存在空间位阻。但 σ-络合物在质子转移后，磺酸基与取代基在同一平面上，而有空间位阻存在，取代基愈大，位阻愈大，使邻位磺酸产物的收率降低。

② 磺化剂的种类与浓度。芳环磺化反应速率明显地依赖于硫酸浓度。实验结果显示：

磺化速率与硫酸中含水的浓度平方成反比。采用硫酸作磺化剂时，水的生成使反应速率大为减慢。当硫酸浓度降低至某一程度时，反应即自行停止。通常用 π 值表示磺化不能进行时硫酸的最低浓度，即 100 份最低浓度硫酸中 SO_3 的含量。当硫酸浓度低于 78.4％时，不论温度、搅拌或催化剂如何，苯的磺化反应均不能进行，此时 100 份 78.4％硫酸中所含 SO_3 量为 64 份，因而 π 值为 64。有机底物不同，π 值不同，同一底物，磺化深度不一，值也不同，多磺化需高 π 值。如苯磺化时 π 值为 64，而硝基苯则为 82($100％H_2SO_4$)。萘在 60℃下磺化生成 α-萘磺酸，π 值为 56；160℃时一磺化，生成 β-萘磺酸，π 值为 52；而在 160℃三磺化，则高达 79.8。从 π 值的大小，不仅可以看出芳环化合物磺化反应的难易程度，还可计算出磺化时硫酸的最低用量。应该指出：π 的数值还依赖于许多其他因素，如底物的过量情况、反应时间和起始酸的浓度等。标明 π 值时应该说明反应条件。

③ 温度的影响。温度的改变对磺化的择向性有一定影响。一般说来，磺化速率随反应温度增高而加速，同时热力学稳定的异构体的含量增加。如表 3-4 所示，甲苯磺化时，随温度的升高，对甲苯磺酸的百分收率增大。

表 3-4 温度对甲苯磺化异构产率的影响

异构体/％	温度/℃			
	0	25	50	100
o-	42	18～22	12～19	13
p-	4	4～6	5～6	8
m-	53	74～76	78～82	79

温度对磺化异构体比例的影响与反应过程中的 σ-络合物和产物的空间结构以及磺化反应的可逆性密切相关。甲苯磺化的反应机理中，σ-络合物内的磺酸基与环不共平面，而在最后产物中，甲基和磺酸基与环则在同一平面上。磺酸基虽较大，但在 σ-络合物中却无空间位阻存在，最后产物中，邻位较对位有较大的空间位阻，因而在可逆反应中邻位去磺酸基反应速度应较对位大，特别在较高温度下邻位去磺酸基反应速度较对位更大，从而更有利于对位异构体的形成。

又如萘磺化时在 80℃以下主要生成 α-萘磺酸，而在高温时，主要生成 β-萘磺酸（表 3-5）。

表 3-5 温度对萘磺化的影响

异构体/％	温度/℃								
	80	90	100	110.5	124	129	138.5	150	161
α	96.5	90.0	83.0	72.6	52.4	44.4	28.4	18.3	18.4
β	3.5	10.0	17.0	27.4	47.6	55.6	71.6	81.7	81.6

但温度增高易使副产物增高。

④ 催化剂和辅助剂的影响。难于磺化的底物，可加入适量催化剂以加速反应，提高产率。例如吡啶与硫酸或发烟硫酸在 320℃ 长时间共热所得吡啶-3-磺酸产率都非常低，但如加入 $HgSO_4$ 作催化剂就可得 70% 的磺化产物。催化剂的作用尚不完全清楚，可能先生成芳基汞化物，再由磺化剂产生取代反应，生成磺酸化合物。

除促进磺化反应外，催化剂尚可改变择向性和抑制副反应。如在蒽醌磺化时，加或不加汞催化剂，可生成不同的 α，β、α，α 或 β，β-二磺酸盐，改变取代基的定位。硫酸钠或苯磺酸钠的加入，除促进反应外，尚能抑制砜的生成。羟基蒽醌磺化时，加入硼酸形成硼酸酯，抑制氧化副反应，说明催化剂尚有防止副反应的作用。

⑤ 搅拌及加料方式的影响。有规律地搅拌对于间歇法磺化十分重要。在开始反应时芳环化合物常不能全溶于硫酸中而成为非均相体系，而在反应后期，底物虽能成为均相体系，但黏度较大。通过搅拌使底物良好接触，有利于反应及热量传递。磺化反应器应有各种适宜的搅拌装置。

加料方式对间歇法磺化也是一个重要因素。如制备 α-萘磺酸时，需在较高浓度硫酸中及较低温度下反应，为使反应进行顺利，加料时应将粉状萘加入硫酸中。为防止结块，必须用有效的搅拌装置。制备 β-萘磺酸时，采用相反的加料方式，以防止高温时由于硫酸过量引起的多磺化。

磺化产品一般通过含结晶水的结晶形态或钠盐的形式分离出来。

从上可知，磺化反应常见副反应如下述。

a. 异构体。不同位置上的取代物，如前面提到的温度、催化剂、助剂等都有影响。

b. 多磺化。高温有利于多磺酸衍生物生成，多环化合物特别显著。如苯于室温下，在 10% 发烟硫酸中进行磺化生成苯磺酸，升高温度至 200～250℃，即产生间苯二磺酸。由于磺基的吸电子作用，上了一个磺基后一般不易上第二个磺基，但吸电子作用不如硝基大。但萘等稠环易产生多磺化副产物。磺化剂活性高也有利于多磺化。

c. 生成砜。磺酸也是一个亲电试剂，也可进攻芳环进行反应，形成砜。温度高时更有利于砜的形成。加入醋酸或硫酸钠等抑制剂，采用溶剂，以及将底物加入磺化剂中均可减少砜的生成。

$$ArSO_3H + Ar \longrightarrow ArSO_2Ar + H_2O$$

d. 氧化产物。磺化时也会产生氧化副反应，对多环烃或多烷基取代苯特别明显，尤以高温和催化剂存在时为甚。氧化后形成羟基衍生物，或进一步氧化为复杂产物。用硫酸或发烟硫酸在高温下（150～200℃）进行磺化则有利于氧化发生，甚至炭化并放出 SO_2。某些催化剂如汞和硒的存在，也有利于氧化。如汞存在时，于高温下用硫酸磺化萘，则萘被氧化为邻苯二甲酸酐。硝基苯类化合物进行磺化，则有分子内氧化-还原反应发生，生成氨基羧酸类化合物。一些助剂的加入可减轻副反应。

3.2.3　应用实例

（1）多西环素中间体　5-磺基水杨酸的合成：

要分批加水杨酸到浓硫酸中，因为原料溶解较慢，产品溶解性差，分批加可减少包裹现象；另外要慢慢升温到 115℃保温完成反应，以减少副反应。收率约为 84%。反应终点检测：取样加到一定量蒸馏水中，产品溶于水，原料不溶。

（2）香兰素中间体　间硝基苯磺酰氯的合成：

$$\underset{}{NO_2-C_6H_5} \xrightarrow{ClSO_3H} \underset{SO_2Cl}{NO_2-C_6H_4}$$

氯磺酸要过量，与间硝基的摩尔比为 6∶1 左右才能很好反应，收率可达 88%。操作过程中要注意：一是反应会放出大量氯化氢，要吸收回收；二是加料时反应温度不能太高，要低于 35℃，否则易放出大量气体冲料，升温时也要慢慢升温；三是过量的氯磺酸在后处理中要分解掉，可将冰水加入反应液分解，但温度不能超过 20℃，否则会将磺酰氯分解为磺酸。

（3）溴吡斯的明中间体吡啶-3-磺酸的合成：

$$\underset{N}{C_5H_5N} \xrightarrow[HgSO_4]{H_2SO_4(SO_3)} \underset{N}{C_5H_4N-SO_3H}$$

用硫酸汞作催化剂，发烟硫酸作磺化剂，在 230～240℃磺化，收率可达约 81%。

（4）头孢菌素中间体　对甲苯亚磺酸的合成：

$$C_6H_5-CH_3 + SO_2 \xrightarrow{AlCl_3} HO_2S-C_6H_4-CH_3$$

以二硫化碳为溶剂，无水三氯化铝为催化剂，在 -10℃通入二氧化硫气体完成反应，收率达 93%。

扫一扫阅读：喹碘方中间体合成案例详解

3.3　芳环上的亲电取代卤化反应

芳环上的取代卤化是指在催化剂存在下，芳环上的氢原子被卤原子取代的过程。

3.3.1　底物与进攻试剂

底物包括苯、各种取代苯以及稠环、杂环等芳香族化合物，富电荷的碳都可被卤素正离子进攻。进攻试剂包括能形成卤素正离子的各种卤化物，包括卤素分子、卤素分子与 Lewis 酸的复合物、次卤酸及其混酐、两个卤素原子形成的卤间化合物如 ICl 等。其活性顺序为：

$$HOX < I_2 < ICl < Br_2 < BrCl < Cl_2 < CH_3COOI \ll CF_3COOI < CH_3COOBr \ll CF_3COOBr$$

3.3.2　反应机理与反应影响因素

（1）反应机理

① 催化剂存在下卤素分子的卤化。以氯气为例，如邻二甲苯在 $FeCl_3$ 催化下可发生芳环取代：

$$\underset{CH_3}{C_6H_4(CH_3)_2} + Cl_2 \xrightarrow{FeCl_3} \underset{Cl}{C_6Cl_4(CH_3)_2}$$

催化剂是 Lewis 酸如金属卤化物三氯化铁、三氯化铝、二氯化锰、二氯化锌、四氯化锡、四氯化钛等。

它的反应机理可能是：氯化反应历程可能是催化剂如三氯化铁使氯分子极化，氯分子离解成亲电试剂氯正离子：

$$Cl_2 + FeCl_3 \rightleftharpoons [Cl^+ FeCl_4^-]$$

生成的氯正离子再对芳环发生亲电进攻，生成 σ-络合物，然后脱去质子，得到环上取代氯化产物：

$$\text{苯} + [Cl^+FeCl_4^-] \xrightleftharpoons[v_1]{\text{慢}k_1} \text{σ-络合物} + FeCl_4^- \xrightarrow{\text{快}k_2} \text{氯苯} + HCl + FeCl_3$$

芳环上取代氯化的催化剂还可用硫酸或碘，这些催化剂也能使氯分子转化为氯正离子：

$$H_2SO_4 \rightleftharpoons H^+ + HSO_4^-$$

$$H^+ + Cl_2 \rightleftharpoons HCl + Cl^+$$

$$I_2 + Cl_2 \rightleftharpoons 2ICl$$

$$ICl \rightleftharpoons I^+ + Cl^-$$

$$I^+ + Cl_2 \rightleftharpoons ICl + Cl^+$$

二氯硫酰也能提供氯正离子而具有催化作用：

$$SO_2Cl_2 \rightleftharpoons ClSO_2^- + Cl^+$$

$$\big\Updownarrow$$

$$Cl^- + SO_2 \uparrow$$

苯环上的取代氯化为连串反应，其反应式为：

$$C_6H_6 + Cl_2 \xrightarrow[v_1]{k_1} C_6H_5Cl + HCl$$

$$C_6H_5Cl + Cl_2 \xrightarrow[v_2]{k_2} C_6H_4Cl_2 + HCl$$

$$C_6H_4Cl_2 + Cl_2 \xrightarrow[v_3]{k_3} C_6H_3Cl_3 + HCl$$

根据研究得知，一氯化及二氯化反应速率常数 k_1 和 k_2 随温度而变化，在室温下，k_1 比 k_2 约大 10 倍，由于 k_3 远小于 k_1 和 k_2，所以在氯化反应前期，连串反应中三氯苯生成极少，可忽略不计。

苯氯化的动力学方程式可用下式表示：

$$v = k[C_6H_6][Cl_2]^n \qquad n = 1 \sim 2$$

根据反应方程式和动力学方程式可计算出反应过程中一氯苯、二氯苯的生成量与氯气消耗量的关系，如图 3-3 所示。

图 3-3 与实验值非常吻合。从图中可见，当苯转化率达到 20% 左右时二氯苯开始出现。当氯化深度（氯气与苯摩尔比）在 1.07 左右时，氯苯生成量达到了最大值。

② 酸催化的次氯酸的氯化。次卤酸不易离解成卤素正离子，是一种比分子态卤素更不活泼的卤化剂，但在强酸存在下可使芳烃卤化。用次卤酸卤化可使反应在水介质中进

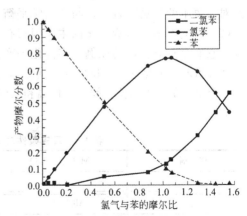

图 3-3　苯氯化过程原料比例
与产物含量之间的关系

行，这是其较大的优点。

酸催化的次氯酸卤化历程如下：

$$HOCl \xrightarrow[快]{H^+} H_2O^+Cl \xrightarrow{-H_2O} Cl^+ \xrightarrow{ArH} \left[Ar\begin{smallmatrix} H \\ Cl \end{smallmatrix} \right]^+ \xrightarrow[快]{-H^+} ArCl$$

HOCl 在酸催化下可生成高度极化的络合物 H_2O^+Cl，然后再解离成 Cl^+ 起作用。上述络合物的存在可得到实验证明。

次氯酸氯化的动力学形式是：

$$\frac{-d[HOCl]}{dt} = k[ArH][HOCl]f[H^+]$$

可见反应随酸度的增加而增加。对高度活泼的芳环化合物如苯酰，则反应速率与芳烃无关：

$$v = k[HOCl]f[H^+]$$

催化剂氯化银可催化反应。

采用酸催化的次氯酸氯化的反应有一个很大的特点是它显示出具有较少的空间位阻效应，即在邻、对位取代时可比其他方法相应提高对邻位的取代，如下面是分别用本法（Ⅰ）和在乙酸中分子氯氯化法（Ⅱ）的各取代位置的分速因数：

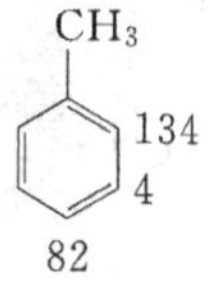

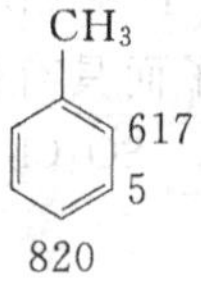

③ 芳香氯化物的异构化。一些不能直接氯化得到的氯化物如间二氯苯等可通过异构化得到。采用的基本方法是：在催化剂存在下于高温处理后可异构得到接近热力学组成的平衡混合物。催化剂一般是：三氯化铝，或加上铬、锌、钛、镁等氧化物，再加上氯化氢。

其机理是分子内氯原子的迁移反应。在质子存在下先进行质子化，生成的苯正离子内部连续地进行位移得到热力学稳定产品：

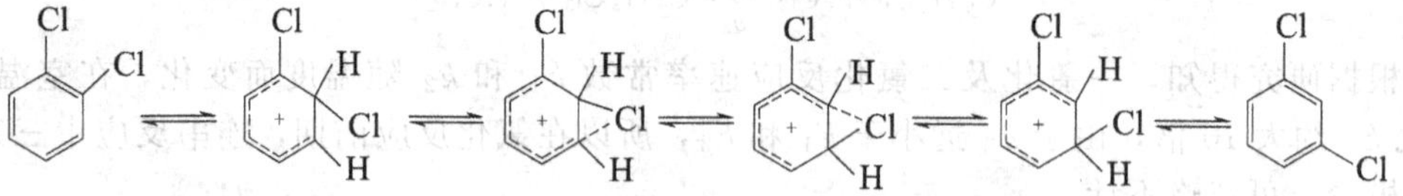

邻、对二氯苯混合物经 160℃ 加热，能生成含有 54% 间二氯苯、16% 邻二氯苯和30% 对二氯苯的平衡混合物，与热力学平衡基本一致。

（2）影响因素　影响卤化的主要因素有温度、催化剂、原料比例、进攻试剂活性、介质等。它们会对异构体的比例、多卤化等产生影响。

如二氯苯一般是邻、对位取代，其比例与温度、催化剂、设备等有关。一般温度高有利于第二个氯原子引入邻位、间位；低温和助催化剂的存在有利于第二个氯原子引入对位，如表 3-6。

表 3-6　反应条件对氯化异构体比例的影响

催化剂	$MnCl_2+H_2O$	$SbCl_5$	$AlCl_3\text{-}SnCl_4$
p/o	1.03	1.5	2.21
催化剂	$AlCl_3\text{-}TiCl_4$	$FeCl_3$-二乙基醚	$TiCl_4$（氯化剂为 $FeCl_3$）
p/o	2.25	2.38	20~30

苯酚类化合物在无催化剂存在下即可快速氯化，这是因为酚负离子可引起分子中一些碳原子具有较高的负电荷：

因此易被氯正离子进攻。

用不同的氯化剂可得到不同的氯化产品：①用次氯酸钠氯化可得相当纯的邻氯酚；②酚水溶液与氯作用可得 2,4-二氯酚；③苯用氯化硫酰氯化（40℃）可得以对氯酚为主的邻氯酚及对氯酚混合物；④在碱性水溶液中氯化可得 2,4,6-三氯酚等。

胺类的硝基化合物通常可在酸性水溶液中顺利进行氯化，而不需要保护氨基。如对硝基苯胺可在酸性介质中通氯或用次氯酸钠进行氯化生成邻氯对硝基苯胺。

萘的氯化与苯不同，是既有平行氯化，又有连串反应。平行氯化是指 α、β 位的分别氯化。它的氯化动力学与苯的基本相似。它的氯化比苯容易，可在溶剂中或萘熔融下进行氯化。在熔融下氯化时（如 160℃、200℃）一般得到的都是多氯化产品，如四氯、八氯产品。

蒽醌氯化同样是一个平行-连串反应，得到多种异构体的混合物。随催化剂的不同和反应条件的变化其比例有所不同。与苯不同的是随着氯化程度的加深它的反应活泼性也在增加。

以蒽醌肟在醋酸钯存在下进行氯化时，氯化反应趋向于停止在一氯化阶段，产物再水解可得 α-氯蒽醌；无催化剂存在时则得 β-氯蒽醌：

这说明蒽醌上的取代基团和催化剂对定位影响很大。

还有一个反应影响因素是卤化深度。卤化深度是指参加卤化反应的原料的百分数。而卤化是一连串反应，因此卤化深度对卤化后的单卤化、多卤化的含量影响很大。如对氯化，若要得到单氯化产物，应尽量降低氯化深度，但此时原料回量大，会带来能源消耗大、生产率低的问题。因此生产时要综合考虑。

工艺操作方式也会对卤化产生影响。如氯化方法通常有间歇法和连续法。由于工艺条件不一样、流体流动方式不同、原料混合情况不同，都会带来单氯和多氯取代比例有一定差别。其他卤化以间歇为主。

一般是使被卤化原料处在液相进行卤化。若原料和产品都是液体，则通常不需要再使用溶剂。否则一般都需要选择合适的介质以促进反应。如对氯化：

① 水。若氯化物和氯化产物都是固体，且氯化反应比较容易进行，常常把被氯化物以很细的颗粒悬乳分散在水介质中，在盐酸或硫酸存在下氯化，如对硝基苯胺的氯化。

② 无机溶剂。常用的是硫酸，如蒽醌在浓硫酸介质中可直接氯化制 1,4,5,8-四氯蒽醌。

③ 有机溶剂。在有机溶剂中进行氯化时，要求的溶剂应是比原料难氯化，如萘氯化用氯苯作溶剂等。同时溶剂的极性对氯化反应有一定影响，因为会影响氯正离子的形成和

稳定性。

另外，注意氯化过程中会产生氯化氢。干燥的氯化氢对设备腐蚀作用小，而有水时，对设备腐蚀严重。另外，水会使催化剂三氯化铁等溶于水层而导致不能起催化作用。因此在氯化过程中对水的控制是非常严格的。另要注意不能有使催化剂失活的物质，如硫等，否则会使催化剂失活，氯化不能进行。因此，有时原料的纯度对卤化反应有决定性的影响。

卤化反应过程中主要易产生多卤化、异构体等副反应。可通过控制催化剂、卤化剂种类、反应温度、操作过程等对此加以改进，但很难完全避免。

3.3.3 实例分析

（1）三碘甲状腺原胺酸的中间体　4-氨基-3,5-二碘苯甲酸的合成：

$$H_2N\text{—}\bigcirc\text{—COOH} + ICl \longrightarrow H_2N\text{—}\bigcirc\text{—COOH}$$

原料用盐酸溶解后加入氯化碘的盐酸溶液，加热到 90℃ 使反应完成，收率约 81%。氯化碘一般过量一些。

（2）镇吐药——硫乙拉嗪中间体　间硝基溴苯的合成：

$$\bigcirc\text{—NO}_2 + Br_2 \xrightarrow{Fe} \bigcirc\text{—NO}_2$$

这里铁粉是先与滴加的溴素反应生成三溴化铁起催化剂作用，在 135～145℃ 反应，收率可达 65%。注意，这里溴素滴加时有大量溴化氢放出，要回收；溴素剧毒，根据底物不同，一般过量 5%～50%，反应后溴素要分解除去，可加饱和亚硫酸钠使其变成溴化钠。产品中有未反应完的硝基苯（硝基苯本身可作为溶剂）、异构体、多溴化产物等，可结晶纯化。产品分出可采用水蒸气蒸馏法，硝基物常用此法。

（3）抗消化性溃疡药——哌仑西平中间体　2-氯-3-氨基吡啶的合成：

$$H_2N\text{—}\bigcirc N + HCl \xrightarrow{H_2O_2} H_2N\text{—}\bigcirc N\text{—Cl}$$

将 3-氨基吡啶在浓盐酸中溶解，然后在 20～30℃ 慢慢滴加 15% 双氧水，边生成氯正离子边氯化，反应后要加少量亚硫酸钠将双氧水分解，分离出产品，收率 76%。这里是边生成进攻试剂边反应，反应比较温和。但双氧水过量会引起一些氧化副反应，不能过量太多。双氧水易分解爆炸，未反应完的，要用还原剂将它分解完全。是否分解完可用淀粉-碘化钾试纸检测。

（4）消毒防腐药——三溴苯酚铋的中间体　2,4,6-三溴苯酚的合成：

$$HO\text{—}\bigcirc + Br_2 \xrightarrow{H_2O_2} HO\text{—}\bigcirc\text{—Br}$$

将苯酚、苯、水混合后于搅拌下滴加溴（约为苯酚的 1mol 倍量），然后升温到 70℃，滴加入 70% 的过氧化氢继续反应到完成，分离后收率为 86%。注意，溴价格比双氧水高得多，因此要尽量利用加双氧水使溴化后生成的溴化氢重新变为溴进行溴化；由于体系中原来加了水，加入的双氧水浓度要高些，不然难将溴化氢转变为溴；苯也会被溴化，但活性比苯酚低得多。但苯是强致癌物，使用要求比较高。

习 题

基础概念题

3-1 芳环亲电取代硝化反应中常用的硝化剂有哪些？各有什么特点？

3-2 混酸硝化时操作过程中要注意哪些问题？

3-3 芳环亲电取代硝化中易发生何种副反应？如何控制？

3-4 硝化反应温度是一个非常重要的工艺指标，若温度过高，会产生什么问题？

3-5 芳香化合物磺化反应中常用的磺化剂有哪些？各有什么特点？适用在何场合使用？

3-6 芳香化合物磺化反应中主要的副反应是什么？如何控制？

3-7 萘的低温一磺化时，可以向 80℃ 的熔融萘中加入质量分数 98％ 的硫酸，也可以向 60℃ 质量分数为 98％ 的硫酸中加入粉状萘，试问两种加料方法各有何优缺点？

3-8 在以下一磺化反应中加入适量无水硫酸钠，试问各起什么作用？
①甲苯用硫酸的共沸去水磺化；② 2-萘酚用浓硫酸磺化制 2-羟基萘-6-磺酸；③苯用氯磺酸磺化制苯磺酰氯。

3-9 在芳环上取代卤化时，有哪些重要影响因素？

3-10 在芳环上取代卤化时，常用的卤化剂有哪些？各有何特点？

3-11 在芳环上取代卤化反应中一般用到哪些催化剂？

3-12 在芳环上取代卤化反应中一般用到哪些溶剂或介质？

3-13 对硝基苯胺一氯化时，为何产品纯度一般只有质量含量 93％～95％？其中的杂质是什么？

3-14 对硝基苯胺二氯化时，为何可得到高纯度产品？

分析提高题

3-15 写出下图中 A 至 H 的结构式

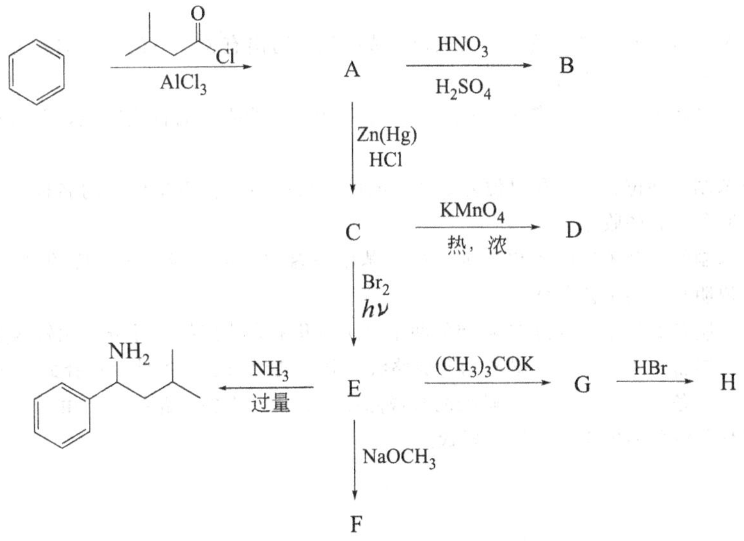

3-16 试写出以苯、氯乙酸（$ClCH_2COOH$）为原料合成 2,4-二氯苯氧基乙酸（2,4-D，结构如下图所示）的反应方程式（其他试剂任选）。

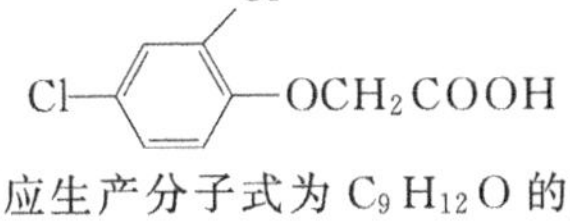

3-17 在三氯化铝催化下苯与环氧丙烷反应生产分子式为 $C_9H_{12}O$ 的醇。试写出这种醇的结构，并解释反应机理。

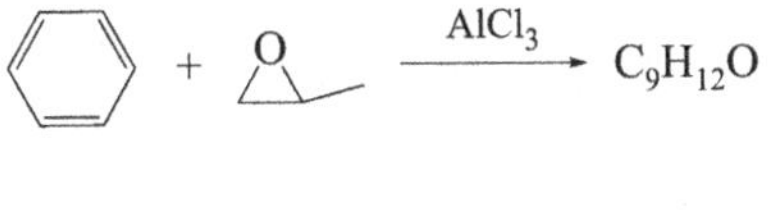

3-18 酚酞不仅是一种酸碱指示剂（酸性条件下无色，碱性条件下显红色），也是一种常用的非处方缓泻药。它是酸催化下由邻苯二甲酸酐和 2mol 的苯酚合成的：

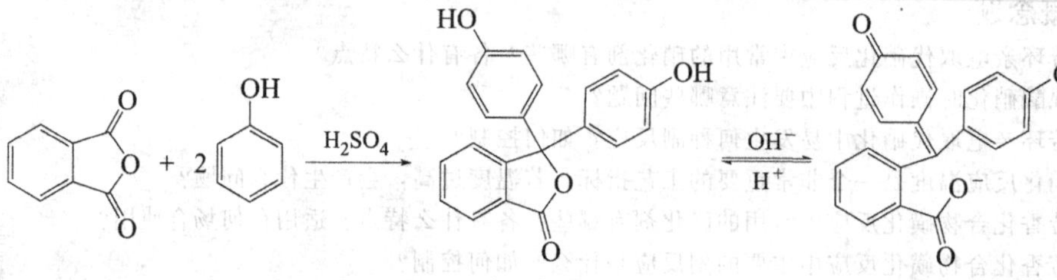

酚 酞　　　　　　二阴离子(红色)

(1) 写出反应机理；

(2) 写出酚酞和二阴离子之间的转化机理。

3-19 完成下述化合物合成路线，并预测可能的副产物。

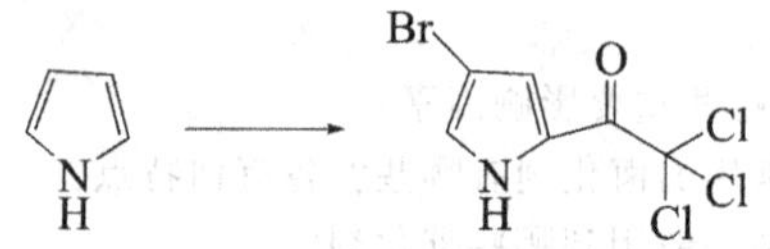

3-20 试由丙二酸二乙酯和甲酰胺合成下述化合物。

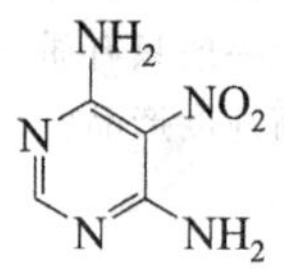

综合题

3-21 写出由苯胺制 2,6-二氯苯胺的两条工业合成路线，写出有关反应的详细名称和主要反应条件，并分析比较两条路线的优劣。

3-22 写出苯制备 3-氨基-4-甲氧基苯磺酸的两个可用于工业生产的合成路线，并分析比较两条路线的优劣。

3-23 写出由苯制备邻位、间位和对位氨基苯磺酸的合成路线，各磺化反应的名称和主要反应条件，并初步判断各产物的收率。

3-24 写出由苯制间硝基苯磺酰氯和 4-氯-3-硝基苯磺酰氯的合成路线，各反应的名称和主要反应条件，并简要说明相关的工艺条件。

3-25 写出由苯制备 2-氨基苯-1,4-二磺酸的两个可工业化的合成路线，并分析比较两条路线的优劣。

3-26 写出由苯制备 2,4-二氨基苯磺酸的合成路线，并简要说明工艺条件及选择此工艺路线的理由。

3-27 设计由苯制备 4-氨基苯-1,3-二磺酸的合成路线，并说明选择此路线的理由。

3-28 查阅文献了解新型硝化剂的发展现状。

第4章 卤化反应

本章重点

（1）掌握烃侧链（脂肪烃）自由基取代卤化的机理及其影响因素，了解常用的自由基取代卤化剂、主要副反应的发生和控制；

（2）掌握不饱和烃的卤加成反应的机理及其影响因素，了解常用的加成卤化剂、主要副反应的发生和控制；

（3）掌握羰基化合物的卤取代反应的机理及其影响因素，了解常用的取代卤化剂、主要副反应的发生和控制；

（4）掌握羧酸的卤置换反应的机理及其影响因素，了解常用的酰卤制备反应及其主要操作方法。

（5）了解酚卤置换反应、磺酸酯卤置换反应等特点，了解氯甲基化反应的机理和特点。

在有机化合物中引入卤素的方式除第 2 章提到的饱和碳原子上的亲核取代、第 3 章提到的芳环上的亲电取代外，还有其他多种方式。鉴于卤化反应的重要性，这里再单独分章介绍相关内容。

4.1 芳烃的侧链（脂肪烃）自由基取代卤化

4.1.1 底物与进攻试剂

底物一般是指芳烃的侧链及脂肪烃，芳烃的侧链取代较多的是苄基位的氢。进攻试剂包括卤素和 N-溴代丁二酰亚胺（NBS）等，卤素中有实际价值的只是 Cl_2、Br_2。

4.1.2 反应机理与影响因素

芳烃侧链和脂肪烃卤化是典型的自由基反应，其历程包括链引发、链增长、链终止三个阶段。

（1）链引发　在光照、高温或引发剂作用下氯分子均裂为自由基的过程称为链引发，如对氯气：

$$Cl_2 \Longrightarrow 2Cl\cdot$$

光引发的合适波长是 $330\sim425nm$，这是因为氯分子的光化解离能是 $250kJ\cdot mol^{-1}$，最大波长不能超过 478.5nm。一个光子在不同温度下可促进不同分子数的物质参加反应，这称为光量子收率，它随温度升高而升高。如甲苯在 $-80℃$ 氯化时每吸收一个光量子有 25 个氯分子参加反应，而在 $25℃$ 时就可达到 8×10^4 个氯分子。生产上光源一般用日光灯。

NBS 也可光照引发自由基：

$$\underset{\underset{O}{\parallel}}{\overset{\overset{O}{\parallel}}{N}}{-}Br \xrightarrow{h\nu} \underset{\underset{O}{\parallel}}{\overset{\overset{O}{\parallel}}{N}}\cdot + Br\cdot$$

另外也可用引发剂引发。常用的引发剂是过氧化苯甲酰或偶氮二异丁腈，如：

$$C_6H_5OC{-}O{-}O{-}COC_6H_5 \xrightarrow{60\sim90℃} 2C_6H_5\cdot + 2CO_2$$

$$C_6H_5\cdot + Cl_2 \longrightarrow C_6H_5Cl + Cl\cdot$$

也可用高温引发。

（2）链增长　由链引发生成的氯自由基可按下式进行链增长过程，如：

$$C_6H_5CH_3 + Cl\cdot \longrightarrow C_6H_5CH_2\cdot + HCl$$

$$C_6H_5CH_2\cdot + Cl_2 \longrightarrow C_6H_5CH_2Cl + Cl\cdot$$

或

$$C_6H_5CH_3 + Cl\cdot \longrightarrow C_6H_5CH_2Cl + H\cdot$$

$$H\cdot + Cl_2 \longrightarrow HCl + Cl\cdot$$

（3）链终止　一部分自由基会由于与容器壁作用将能量传给器壁或相互碰撞而相互结合或与杂质结合而使反应终止，如：

$$Cl\cdot + O_2 \longrightarrow ClO_2\cdot$$

其中 $ClO_2\cdot$ 是不活泼自由基质点，反应活性很弱。

主要影响因素包括如下几点。

① 反应温度。升高温度有利于自由基产生及反应的进行，但光解法产生的自由基与温度无关。要注意温度高也有利于副反应的进行，同时导致氯气浓度在体系中减少，这对反应不利。

② 溶剂。溶剂对反应影响较大，能与自由基发生溶剂化的溶剂会降低自由基的活性，故一般用非极性的惰性溶剂；同时，要控制体系中的水分，否则会导致芳环上的亲电取代。

③ 杂质。金属杂质的存在将会引起芳环上的亲电取代，要严格控制。

④ 反应深度。自由基反应是连串反应，要控制好反应深度，否则易导致多取代化合物。

⑤ 进攻试剂。氯的活性大于溴，但氯的选择性不如溴；NBS 选择性很好。

⑥ 底物结构。芳环侧链上的 α-碳上的氢活性高，易被取代；侧链上其他碳上的氢发生自由基卤化反应的活性，与脂肪族化合物的相同：烯丙基氢＞叔氢＞仲氢＞伯氢。

芳环侧链光催化卤化的副反应主要有环上取代及加成反应。

环上取代反应会因催化剂、水的存在而变得严重。因此要严格控制体系中催化剂、水的带入，如原料包括氯气则应经过滤除去铁屑以免影响反应；另外可加 PCl_3 以除去体系中少量的水分。

在低温时环加成反应相当严重，而在高温时以侧链取代反应为主，所以侧链氯化一般均要求在高温下进行，如甲苯氯化在 130℃ 进行时可有较好的收率。

4.1.3 实例分析

（1）氮甲中间体　对硝基苄基溴的合成：

$$O_2N{-}{-}CH_3 + Br_2 \longrightarrow O_2N{-}{-}CH_2Br + HBr$$

在 145～150℃ 下慢慢滴加溴素，然后保温反应完成，收率为 57%。注意要慢慢滴加溴素，保证体系中溴素浓度不要太高，否则易产生多取代物。另外，溴素的量不能过量太多，否则也易产生多取代物。一般一取代物用等摩尔量差不多。溴化氢是剧毒气体，要注意吸收。溴沸点较低，要有回流冷凝装置。

（2）普罗帕酮中间体 氯苄的合成：

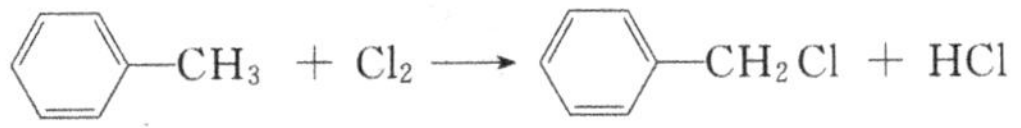

$$\text{（苯环）—CH}_3 + \text{Cl}_2 \longrightarrow \text{（苯环）—CH}_2\text{Cl} + \text{HCl}$$

在甲苯回流条件下，用日光灯或石英灯向体系照射，通入经浓硫酸干燥的氯气，连续通氯至沸点达到 156℃ 后停止通氯。蒸馏分离，回收未反应完的甲苯，收率约 70%。氯气及氯化氢在反应过程中会逸出，要注意吸收；氯气应通入液相，并能充分分散，以提高吸收效果；若过度通氯会导致多氯化产生；体系要注意脱水。

（3）乙胺嘧啶中间体 对氯苄基溴的合成：

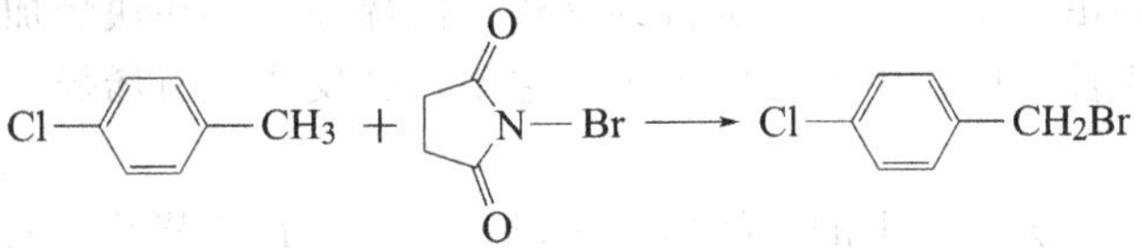

$$\text{Cl—（苯环）—CH}_3 + \text{（丁二酰亚胺）N—Br} \longrightarrow \text{Cl—（苯环）—CH}_2\text{Br}$$

以四氯化碳为溶剂，加入对氯甲苯和等物质的量的 NBS，加入少量引发剂偶氮异丁腈（AIBN），搅拌下慢慢加热至回流，然后回流反应到反应完成，冷至室温，滤出固体回收丁二酰亚胺，分离，收率可达 87.5%。

4.2 不饱和烃的卤加成反应

4.2.1 不饱和烃和卤素的加成反应

4.2.1.1 底物与进攻试剂

不饱和烃包括各种烯烃、炔烃等；进攻试剂是卤素，但氟太活泼，在卤加成时易发生取代、聚合等副反应，难以得到单纯加成产物；而碘加成则由于 C—I 键不稳定，是个可逆反应，且加成得到的二碘化物对光极为敏感，易在室温下发生消除反应；因此，有实际应用价值的卤素加成反应主要是氯和溴素。氯和溴素也可在反应过程中边生成边加成，如用过硫酸氢钾和氯化钠、溴化钠反应生成氯或溴。

4.2.1.2 反应机理与影响因素

氟和碘的加成以自由基反应为主，而氯和溴素一般是亲电加成。

溴对烯的加成反应是合成上最重要的引入溴的方法。一般是在四氯化碳、氯仿、二硫化碳等溶剂中反应。其反应机理是亲电加成机理，卤素作为亲电试剂向烯烃的双键加成。其生成的过渡态有两种可能：

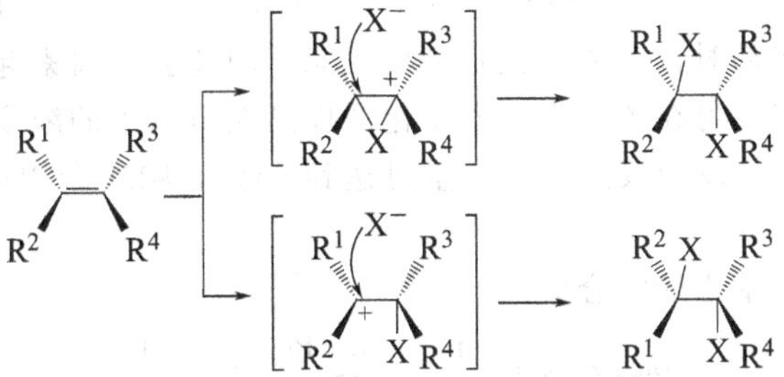

有对向加成和同向加成两种，两种的立体结构是不一样的。一般以对向为主，主要决定于烯烃的结构及反应中的空间障碍因素。若有使正碳离子稳定的取代基（如苯基、烷氧基），则可能生成外消旋体。若有空间位阻，也会影响其立体结构。由于生成正碳离子，也会发生重排反应。另一个常见的副反应是消除反应。如：

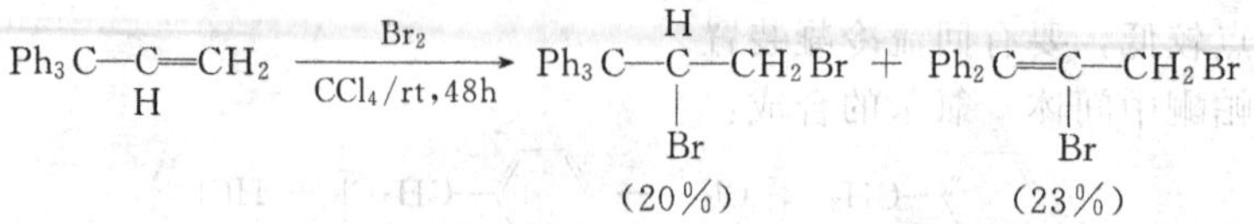

$$Ph_3C-\underset{H}{\underset{|}{C}}=CH_2 \xrightarrow[CCl_4/rt,48h]{Br_2} Ph_3C-\underset{\underset{Br}{|}}{C}-CH_2Br + Ph_2C=\underset{\underset{Br}{|}}{C}-CH_2Br$$

$$\qquad\qquad\qquad\qquad\qquad\qquad (20\%) \qquad\qquad (23\%)$$

在氯加成反应中，因氯的极性比溴小，不易形成桥氯正离子，同向加成更加明显些。

若卤加成反应在如 H_2O、ROH、$RCOOH$ 等亲核性溶剂中进行时，则溶剂的亲核性基团也可进攻卤正离子过渡态，就有其他加成物产生。

对炔烃的加成中，溴的加成机理也一般为亲电加成反应，主要得到反式二卤烯烃，而氯多半为光催化的自由基历程，主要也得到反式二卤烯烃。碘在炔烃加成中也有应用，机理与氯类似，也是光催化的自由基反应为主，主要得到反式二卤烯烃。

4.2.1.3 实例分析

（1）抗癫痫药——奥卡西平的中间体 10,11-二溴-5H-二苯并 [b,f] 氮杂䓬-5-甲酰氯的合成：

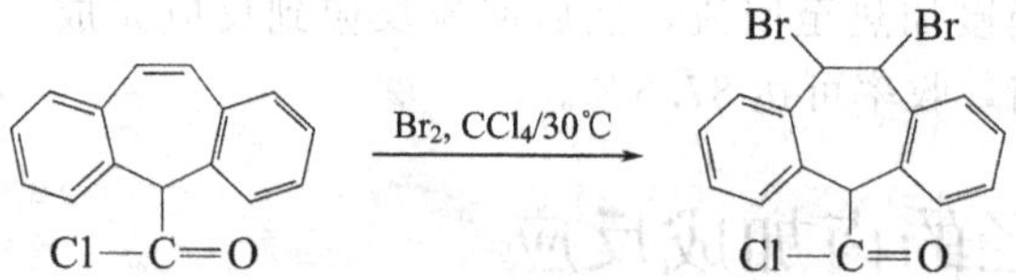

在原料 5H-二苯并 [b,f] 氮杂䓬-5-甲酰氯的氯仿溶液中于 30℃ 滴加液溴，在 1～2h 内就可反应完成。注意，溴一般过量 5%～10%，由于是剧毒物质，反应结束后要将溴分解除去，否则易产生安全事故。收率可达到 92% 以上。

（2）2,3-二氯丙腈的合成：

$$H_2C=\underset{H}{\underset{|}{C}}-CN \xrightarrow{Cl_2} ClCH_2(Cl)CHCN$$

由于双键的邻侧连有吸电子基，使双键电子云密度下降，卤素的加成活性也下降，此时可加些催化剂如路易斯酸或叔胺进行催化，反应就可在室温下顺利进行。氯气可慢慢通入，稍过量即可，反应收率可达 95% 以上。可在无溶剂条件下进行反应。反应温度在 10～15℃ 较好，温度过高，易冲料。另外，也可以离子液体作溶剂和催化剂，在 10℃ 左右顺利反应。

（3）1,2-二溴-1-苯基丙烯-1 的合成：

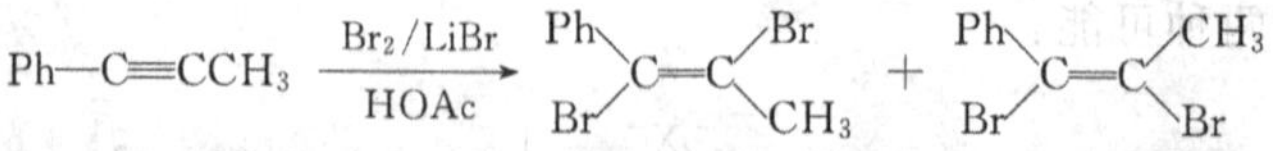

$$Ph-C\equiv CCH_3 \xrightarrow[HOAc]{Br_2/LiBr} \underset{Br}{\overset{Ph}{}}C=\underset{CH_3}{\overset{Br}{}}C + \underset{Br}{\overset{Ph}{}}C=\underset{Br}{\overset{CH_3}{}}C$$

溴化用乙酸作为溶剂时，乙酸根也有亲核性能，因此会与卤素起竞争反应得到酯类化合物。为减少此副反应，可在体系中加入溴化锂提高溴负离子的浓度，减少溶剂引起的副反应。上述反应在室温下反应反式产物含量可达到 98%，顺式产物只有 2%，有很好的选择性。

（4）1,2-二碘-1-苯基乙烯的合成：

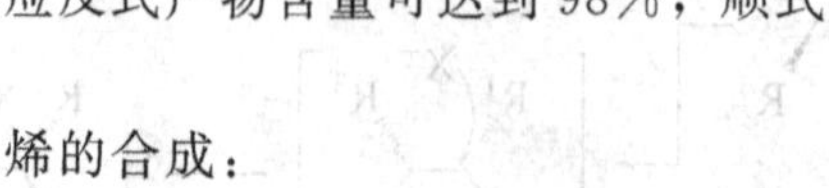

$$Ph-C\equiv CH \xrightarrow[石油醚]{I_2/Al_2O_3} \underset{I}{\overset{Ph}{}}C=\underset{H}{\overset{I}{}}C$$

碘对炔烃的加成一般是在光催化下进行的，为自由基反应，在室温下进行，但也可在催化剂催化下如上述反应的三氧化二铝催化下进行。在回流下反应完全，收率可达 96%。

4.2.2 不饱和烃和次卤酸（酯）、N-卤代酰胺的反应

4.2.2.1 底物与进攻试剂

在合成中底物以烯烃为多，由次卤酸为进攻试剂时得到 β-卤醇。

由次卤酸酯作为卤化剂时，在水溶液中生成 β-卤醇，在非水溶液中进行反应时，根据溶剂亲核试剂的不同，可生成相应的 β-卤醇衍生物。

由 N-卤代酰胺如 N-溴（氯）代乙酰胺（NBA，NCA）、N-溴（氯）代丁二酰亚胺（NBS，NCS）作为进攻试剂在不同的溶剂中添加不同的亲核试剂可得到不同的产物。

4.2.2.2 反应机理与影响因素

反应机理是卤素正离子先对烯烃的双键作亲电进攻，形成桥卤三元环过渡态，然后由亲核试剂进攻，得到产物：

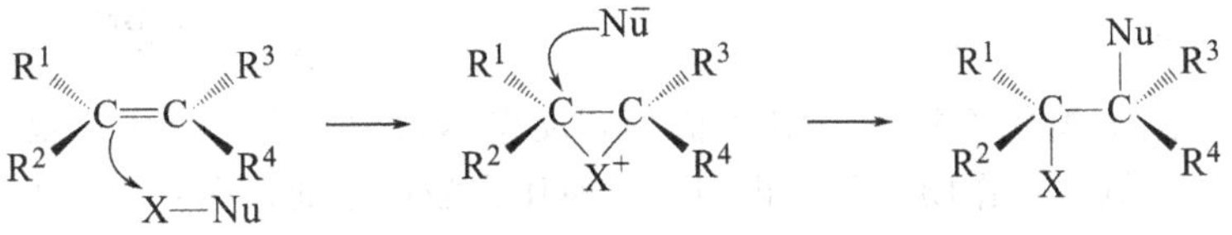

由于碳正离子在烷基取代基较多的碳上稳定，因此，卤素加成在双键取代较少的一端，这符合马氏定位法则。

次卤酸本身为氧化剂，很不稳定，一般是现制现用。次氯酸、次溴酸用得较多，次碘酸用得较少。它的亲核试剂是氢氧根，因此生成的是 β-卤醇：

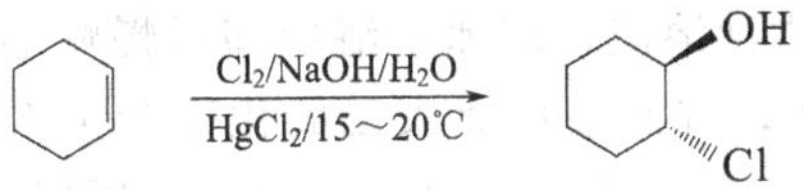

这里次氯酸直接在反应液中发生。汞盐是作为一种助剂加入有助于反应的进行。由于体系中存在着卤素负离子，会有一定的竞争反应，生成二氯代副产物。

次卤酸酯如次卤酸正丁酯（t-BuOCl）在水溶液中加成也生成 β-卤醇，但也可在醇溶液中进行，则生成 β-卤醚：

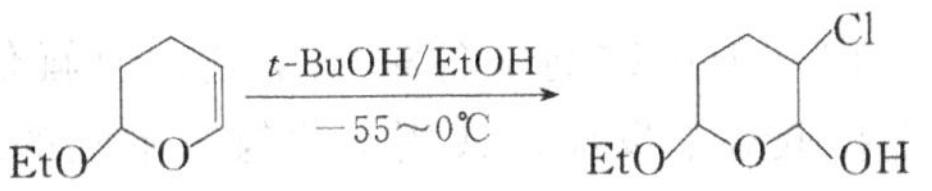

同样，N-卤代酰胺为卤化剂时，也可在不同亲核性溶剂中进行，生成不同的产物，如在水中生成 β-卤醇，在醇中生成 β-卤醚，在溶剂中添加其他卤负离子，则生成 1,2-不同卤素取代的化合物：

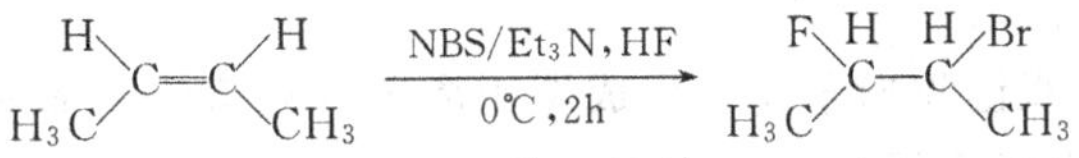

NBS 在含水 DMSO（二甲基亚砜）中与烯烃反应，可生成高收率、高选择性的反式加成产物，此反应称为 Dalton 反应。若在干燥的 DMSO 中进行反应时，加成后发生消除反应生成酮：

炔烃和卤代仲胺在酸催化下，也能进行类似的加成反应，得到 α-卤代酮：

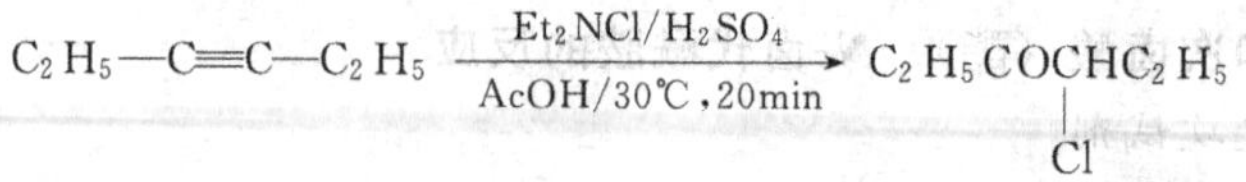

$$C_2H_5-C≡C-C_2H_5 \xrightarrow[AcOH/30℃,20min]{Et_2NCl/H_2SO_4} C_2H_5COCHC_2H_5$$

此类反应中的副反应主要是亲核试剂的竞争副反应，特别要注意溶剂中带进的亲核试剂。若用次卤酸及其酯，则还有一定的氧化副反应，对有还原性基团的物质要注意。

4.2.2.3　实例分析

（1）甾体烯烃的加成

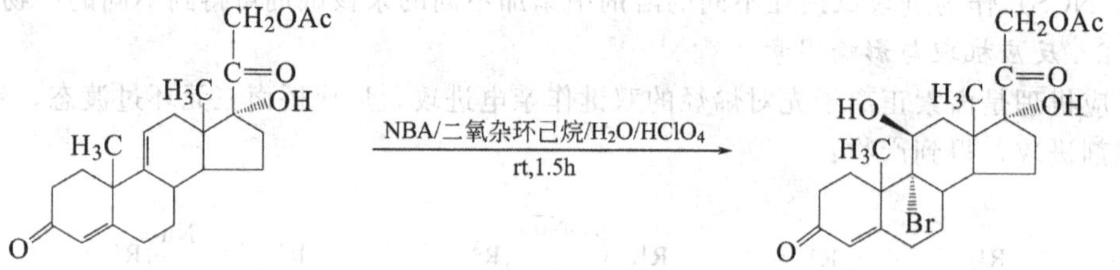

其中 NBA 是 N-溴代乙酰胺。NBA 滴加到反应体系中。由于甾体在水中的溶解性较差，因此要加入二氧六环作助溶剂，再用高氯酸作为酸催化剂，在室温就很易进行加成反应，此反应得率可达 80%～90%。反应的选择性很好。

（2）1-氯-2-甲基-3-丁烯-2-醇的合成

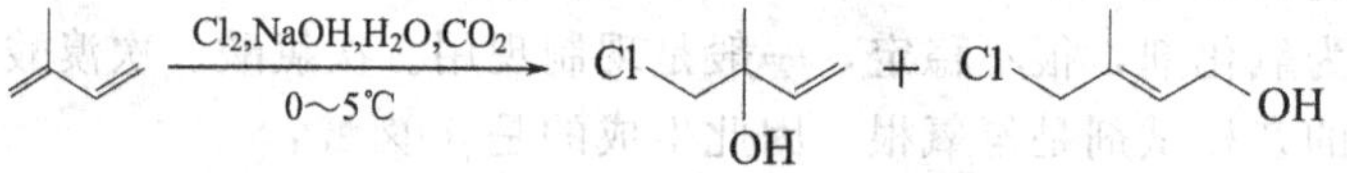

操作过程是先加入氢氧化钠溶液，用冰水浴冷却后慢慢通入氯气即时制备次氯酸钠，然后在 5℃ 以下通入异戊二烯，继而慢慢通入二氧化碳产生次氯酸发生加成反应，到 pH 7～8 为止。反应温度在 0～5℃。异戊二烯可大量过量，同时用作萃取剂分离反应后的产品。产品中还有 1/5 的异构体（1-氯-2-甲基-2-丁烯-4-醇，与产品一起也统称氯醇），精馏分离，收率相对于异戊二烯为 72% 左右。

4.2.3　不饱和烃和卤化氢的反应

4.2.3.1　底物与进攻试剂

烯烃和炔烃是常用的底物。进攻试剂是各种卤化氢。但氟化氢不常用。氟化氢要使用，一般也要在特殊容器中在低温下反应，或用氟化氢与吡啶的络合物。实际使用时，可采用卤化氢气体或其饱和的有机溶剂，或者浓的卤化氢水溶液，或无机碘化物/磷酸的方法。反应困难时，可加 Lewis 酸催化，或加热。

4.2.3.2　反应机理与影响因素

有三种可能的机理。

（1）离子对机理　双键先质子化，生成碳正离子（对苄位、烯丙基位的碳正离子更易生成），再与亲核试剂生成离子对，转化为产品：

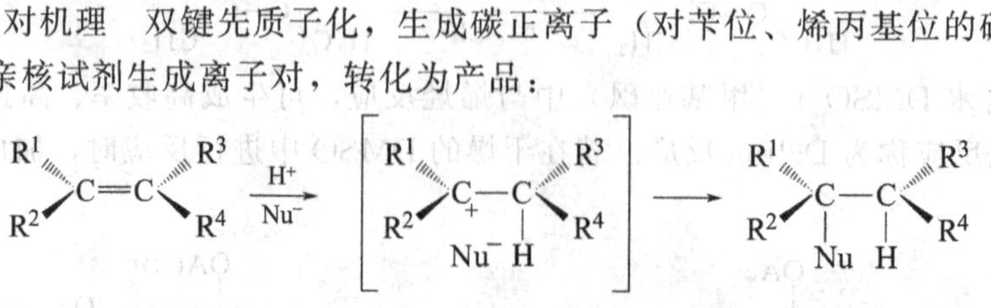

在此机理中，得到的是同向加成产物，这主要是氢的空间排斥效应较小，同向产物较多。同时，由于过程中有碳正离子生成，因此有可能发生碳正离子重排反应。若溶剂中存在亲核试剂时，则会发生亲核加成的竞争反应。氢首先是加到含氢较多的双键一端，这样碳正离子稳定性高，遵循马氏规则。

（2）三分子协同机理　亲核试剂从卤素加成的相反方向对烯烃和卤化氢的复合物进攻：

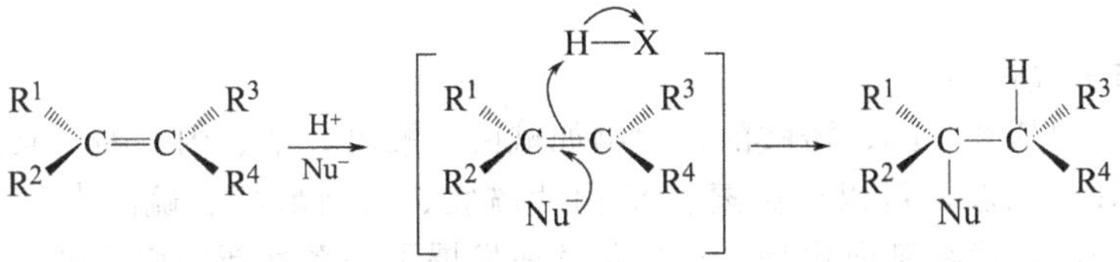

得到的是反向加成产物。此反应同样有亲核加成的竞争反应。反应中同样是氢加到含氢较多的双键一端，遵循马氏规则。

（3）自由基机理　在光照或过氧化物的催化下，溴化氢发生自由基加成反应：

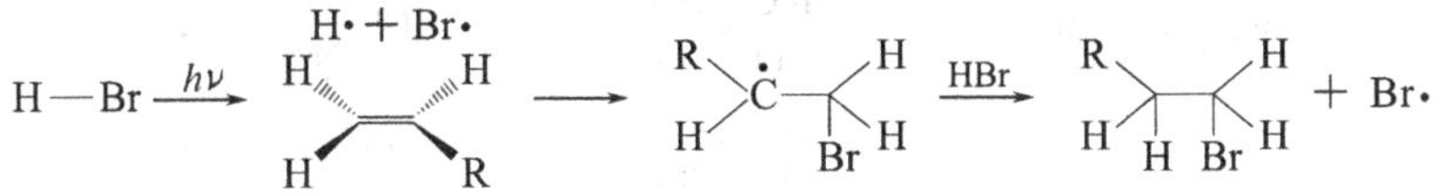

从机理可看出，反应的定位主要取决于活性中间体碳自由基的稳定性，而碳自由基可与苯环、双键或烃基发生共轭或超共轭作用而得到稳定，因此溴倾向于加在含氢较多的烯烃碳原子上，属反马氏规则。

炔烃和卤化氢的加成反应与烯烃类似。

4.2.3.3　实例分析

（1）1-苯基-2-溴丙烷的合成

$$PhH_2C-C=CH_2 \xrightarrow[\text{AcOH/0℃,12h}]{\text{气态 HBr}} PhH_2C-\overset{H}{\underset{Br}{C}}-CH_3$$

在乙酸溶液中将 3-苯基丙烯溶于乙酸，在 0℃ 下通入溴化氢气体反应，可得收率 71%。注意尾气溴化氢的吸收。主要副反应有溴化异构体，如溴加到端位碳上，以及乙酸根的亲核竞争加成反应。

（2）3,3-二甲基丁烯-1 的氯化氢加成

$$(H_3C)_3C-C=CH_2 \xrightarrow[\text{AcOH,25℃}]{\text{HCl}} (H_3C)_3C-\overset{H}{\underset{Cl}{C}}-CH_3 + (H_3C)_2C-\overset{H}{\underset{CH_3}{\underset{|}{C}}}-CH_3 + (H_3C)_3C-\overset{H}{\underset{OAc}{C}}-CH_3$$

将原料溶于乙酸，在 25℃ 下通入干燥的氯化氢气体，得到的产物主要有上述三种，其中第一种是正常的亲电加成产物，含量只有 37%；而第二种产物含量有 44%，是由于在离子对机理反应过程中生成了碳正离子，进行了重排后再亲核反应得到的产物；第三种是由于乙酸根的亲核竞争反应导致的，这可以通过在体系中增加氯负离子浓度使其减少。

（3）1-碘环己烷的合成

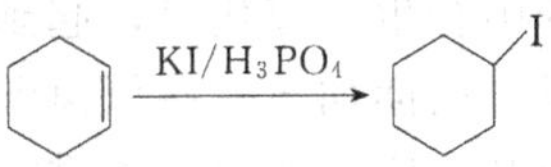

碘化氢不稳定，在反应过程中用碘化钾和磷酸生成。但用盐酸和硫酸就会有很多副反应。反应稍难，要在 80℃ 下反应，收率可达 90%。

（4）11-溴-十一酸乙酯的合成

$$H_2C=C-(CH_2)_8COOEt \xrightarrow[\text{Bz}_2\text{O}_2]{\text{HBr(g)}} Br-(CH_2)_{10}-COOEt$$

Bz_2O_2 是过氧化二苯甲酰。由于过氧化物的存在，溴化氢按自由基反应机理进行加成，所以溴定位在氢多的碳上。反应可在 0℃ 进行，收率达 70%。

4.3　羰基化合物的卤取代反应

4.3.1　底物与进攻试剂

　　羰基化合物包括醛、酮、羧酸的衍生物如酰卤、酸酐、腈、丙二酸及其酯等，这些物质的 α-氢原子比较活泼，可以用卤素、N-卤代酰胺、次卤酸酯、硫酰卤化物、卤化铜等进攻试剂进行亲电取代得到卤化物。现代化学还发展了一系列新的卤化剂，可在温和的条件下得到高收率的卤化产物，如四溴环己二烯酮（1）、5,5-二溴代-2,2-二甲基-4,6-二羰基-1,3-二噁烷（2）、三氯氰尿酸（TCC）（3）等：

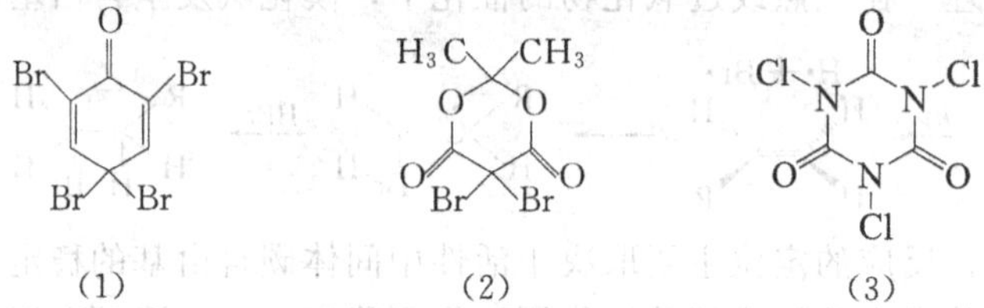

（1）　　　　　　　　　（2）　　　　　　　　　（3）

　　酮或醛也可转化成相应的烯醇硅烷醚（1）、烯醇酯（2）或烯胺（3）等异构体，然后再进行卤取代反应，可提高产品的选择性：

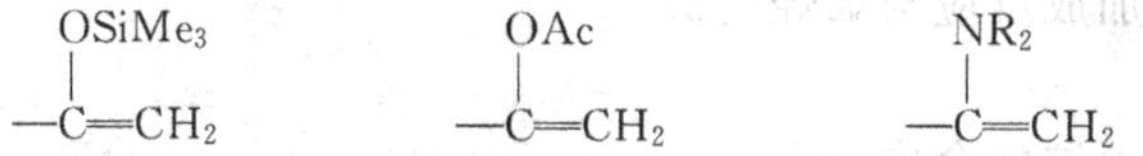

（1）　　　　　　　　　（2）　　　　　　　　　（3）

4.3.2　反应机理与影响因素

　　一般来说，羰基化合物在酸（包括 Lewis 酸）或碱（无机或有机碱）催化下，转化为烯醇形式才能和亲电的卤化剂进行反应。其中酸催化机理如下：

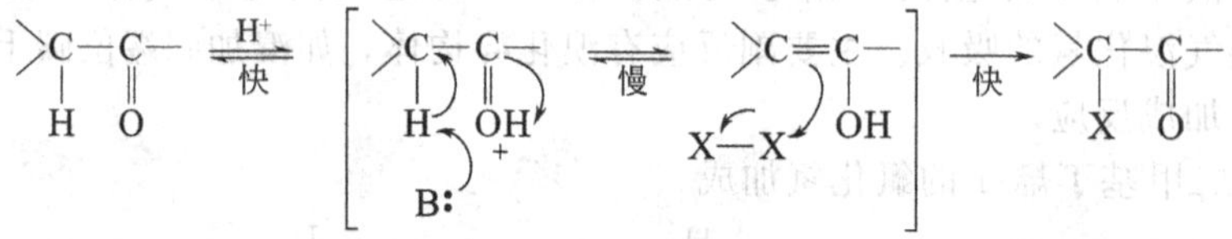

　　碱催化过程机理如下：

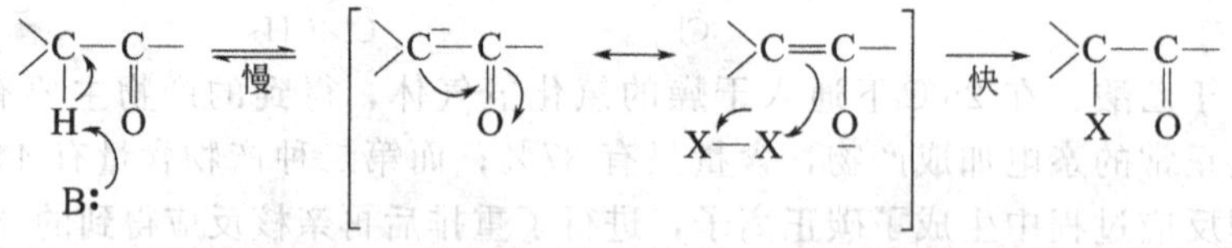

　　在酸催化的 α-卤取代反应中，也需要适当的碱（B）参与，以帮助脱去 α-氢质子，这是决定烯醇化速率的过程，未质子化的羰基化合物就可作为有机碱发挥这样的作用。在用卤素作为进攻试剂时，在反应过程中会生成卤化氢，起到催化作用，因此常常是反应有一个诱导期。为缩短诱导期，可在反应初期加入一些氢卤酸。光照也有明显的催化作用，这可能是在起始阶段光照可促成自由基反应，使取代能进行，而后就以卤化氢催化为主。但若由于催化剂的作用使原料难以烯醇化，如过量的三氯化铝易与羰基化合物形成络合物后难以烯醇化，则会使反应难以发生。若 α-位有给电子基团时，就有利于烯醇的稳定化，卤取代就较顺利，若 α-位有吸电子基团时，反应就受到影响，因此卤化反应在同一个 α-位碳上引入第二个卤原子是比较困难的。

　　在碱催化过程中，中间有碳负离子过渡态，α-位上给电子基团就不利，而吸电子基团就有利，因此与酸催化不一样，同一个 α-碳上取代卤素后就易接着进行多卤取代，典型的是甲基酮化合物生成卤仿化合物，即甲基上的三个氢都被卤素取代。

若底物是 1,3-二羰基类的化合物，中间碳上的氢活性就很高，可以用较弱的碱和较弱的卤化剂进行卤化。

注意，在溴化过程中，溴化氢有一定的还原性，它能消除 α-溴酮中的溴原子，使溴化收率受到一定影响，为此可在体系中加入一定量的弱碱如吡啶、乙酸钠等中和溴化氢使收率提高。

溴素在紫外光照射下形成自由基，可在温和条件下选择性地对烷基取代较多的 α-位氢进行溴取代：

$$Br_2 \xrightarrow{h\nu} 2Br\cdot$$

$$R'COCHR_2 \xrightarrow{Br\cdot} R'CO\dot{C}R_2 \xrightarrow{Br_2} R'COCBrR_2$$

对醛来说，羰基碳原子上和 α-碳原子上的氢原子都可被卤素取代，还可能产生其他缩合等副反应，因此，为得到 α-卤代醛，最经典的方法是将醛转化成烯醇酯，然后再与卤素反应，如：

$$CH_3(CH_2)_5CHO \xrightarrow{Ac_2O/AcOK} CH_3(CH_2)_4CH{=\!=}CHOAc \xrightarrow[(2)MeOH]{(1)Br_2/CCl_4}$$

$$\underset{\underset{Br}{|}}{CH_3(CH_2)_4CHCH(OCH_3)_2} \xrightarrow{HCl/H_2O} \underset{\underset{Br}{|}}{CH_3(CH_2)_4CHCHO}$$

若对无 α-氢原子的芳香醛，则卤素直接取代醛基碳原子上的氢，得到相应酰卤。但要注意防止芳环上卤化。也有新的卤化剂如 5,5-二溴代-2,2-二甲基-4,6-二羰基-1,3-二噁烷可选择性地对 α-氢进行卤取代。

碘化氢的还原性比溴化氢要强，因此碘取代时常常要加入碱性物质或采用碘化亚铊沉淀等方法以除去还原性的碘化氢才能使反应顺利进行。

氟取代相对来说比较困难，要用到较特殊的试剂和方法。

4.3.3　实例分析

(1) 1,3-二溴丁酮-2 的合成

$$CH_3CH_2COCH_3 \xrightarrow[5\,^{\circ}\!C]{2mol\ Br_2/HBr} \underset{\underset{Br}{|}}{CH_3CHCOCH_2Br}$$

在丁酮-2 中先加入少量溴化氢，然后在 5 ℃滴加丁酮 2 倍（摩尔比）的溴，反应结束后收率可达 55% 左右。注意，在此过程中有溴化氢放出，要注意吸收。另外，加 1mol 溴时生成的主要是 3-溴取代物，因为甲基是给电子基团，有利于 3-位上氢的取代；但 3-位氢被取代后，溴是吸电子基团，就不易上第二个溴，只取代在酮另一侧的 α-氢。开始加入的溴化氢是为了缩短反应的诱导期，用光照可起到同样的作用。

(2) 3,3-二甲基丁酮-2 的碱性条件下的溴化

$$(CH_3)_3CCOCH_3 \xrightarrow{Br_2/NaOH/H_2O} [(CH_3)_3CCOCBr_3] \longrightarrow (CH_3)_3CCOONa + HCBr_3$$

酮在 10 ℃下在氢氧化钠溶液中可以被溴将 α-氢很快都取代掉，且形成多取代物，三个都被取代就生成溴仿。溴要滴加，稍过量。反应生成的溴仿很不稳定，很快水解断裂成相应少一个碳原子的酸。为使水解反应完全，可稍加热。收率可达 71% 以上。若另一 α-位上有氢，收率会下降。

(3) 3,3-二氯-2,4-戊二酮的合成

$$CH_3COCH_2COCH_3 \xrightarrow{CF_3SO_2Cl/Et_3N} CH_3COCCl_2COCH_3$$

此二酮有三个 α-位碳上的氢，若卤化试剂活性强，就可能都被取代，生成各种卤化产物。其中两个羰基中间的碳（3 位）的活性最高。为提高产物的收率，要选择活性较低的酰化剂，这里用 CF_3SO_2Cl，若用其他活性较高的 NCS 等作氯化剂，收率就很低。另外，碱要用弱的碱，以使反应温和进行。在二氯甲烷溶剂中，在上述条件下在 70℃ 反应 1h，滴加卤化剂，收率接近 100%，这里要求卤化剂的用量接近理论量，否则其他位置的氢也可能被卤化，降低收率。若卤化剂加得太快，使得体系中浓度过高，也可能降低收率。三乙胺可稍过量，保持体系的碱性。

（4）环己基甲醛的溴化

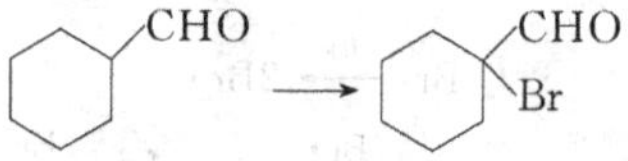

若直接用活泼的溴化剂如溴素等溴化，醛基氢也会被溴化，产品收率很低；若制备成烯醇酯再与卤素反应再水解转换成卤代醛，步骤多，消耗试剂多，总收率也不高；若用 5,5-二溴代-2,2-二甲基-4,6-二羰基-1,3-二噁烷作为溴化剂，以乙醚为溶剂，在常温下反应 1h 就可得到 86% 收率的产品。但要注意此溴化剂较贵，用作生产时要注意原料成本。

（5）西咪替丁中间体 α-氯代乙酰乙酸乙酯的合成

$$CH_3COCH_2COOC_2H_5 + SO_2Cl_2 \longrightarrow CH_3COCHClCOOC_2H_5 + SO_2 + HCl$$

乙酰乙酸乙酯中 2 位碳上的氢最活泼，在 0～5℃ 滴加氯化硫酰后室温保温反应可被氯取代，可得 98% 的产品收率。注意，氯化硫酰不能过量，否则收率要下降。反应中放出的气体要吸收。温度也要控制好。

4.4　羧酸的卤置换反应

4.4.1　酰卤的制备

4.4.1.1　底物与进攻试剂

羧酸、酸酐进行卤置换反应制备酰卤的进攻试剂和醇羟基的卤化类似，常用的卤化剂是无机酰卤如卤化磷、氧卤化磷、卤化亚砜、草酰氯、三苯膦卤化物及其他比较特殊的新发展的卤化剂，如 α,α-二氯甲基醚（1）、氰尿酰氯（2）、六氟环氧丙烷（3）、四甲基 α-卤代酰胺（4）等：

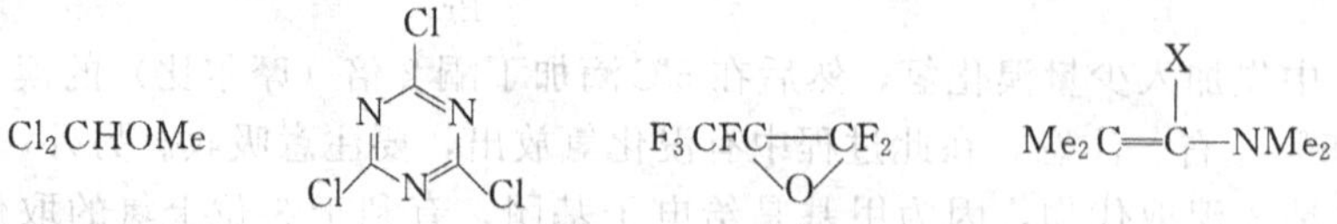

4.4.1.2　反应机理及影响因素

此类反应为亲核进攻，卤素负离子进攻酰基上的碳而生成酰卤。

不同结构羧酸的卤置换反应的活性顺序为：脂肪羧酸比芳香羧酸活泼；有给电子取代基团的芳香羧酸比较活泼。

卤化磷的活性较高，其中五卤化磷的活性很高，反应后转化为三卤氧磷，可蒸馏除去。三卤化磷的活性稍小，卤化后转为亚磷酸，可将产物蒸馏分离出来。氧卤化磷的活性更小，只适用于活性高的羧酸，用得不多。氯化亚砜是最常用的酰氯制备试剂，其优点是反应过程中放出二氧化硫和氯化氢，没有残留，产品易纯化，且对其他官能团如双键、烷氧基等影响小，在反应时本身就可作为溶剂；它可与酸酐作用制备酰氯；有时可加入其他惰性溶剂如二硫化碳等，以及吡啶、氯化锌等催化剂加快反应。

一些分子具有对酸敏感的官能团时，则需在中性条件下进行卤置换反应，这时用草酰氯作为进攻试剂就是很好的选择：

$$2RCOOH + (COCl)_2 \rightleftharpoons 2ROCl + (COOH)_2$$
$$\qquad\qquad\qquad\qquad\qquad\quad \downarrow CO_2 + CO + H_2O$$

反应过程中不产生酸。

其他卤化剂在一些要求较高的合成中有较好的应用，但成本较高。其中六氟环氧丙烷用于制备酰氟，四甲基 α-碘代酰胺用于制备酰碘等都可在温和的条件下实现。

生成酰卤后可很容易转化为酰胺、酯等化合物。

4.4.1.3　实例分析

(1) 催醒宁中间体　α-溴代异丁酰溴的合成：

$$(CH_3)_2CHCOOH + Br_2 \xrightarrow{P} (CH_3)_2CHCOBr$$

红磷在这里作为催化剂，异丁酸的羧基 α-位氢及羧基上的羟基都可被溴取代。但溴不能过量，不然易产生副反应。溴要在 $55\sim65℃$ 滴加，然后再升温到 $100℃$ 使反应完成。反应过程中有大量溴化氢放出，要注意吸收。反应后蒸馏分离，收率约 76%。注意体系中不能有水，否则产物会分解。

(2) 环苯羧胺中间体　反-4-N-苄氧羰基氨甲基环己烷-1-酰氯的合成：

$$\text{PhH}_2\text{COOC-N-C-COOH} \xrightarrow{SOCl_2} \text{PhH}_2\text{COOC-N-C-COCl}$$

将两种原料加入，在 $40℃$ 搅拌反应半小时至基本无气体放出就可，收率可达 82%。氯化亚砜的量过量 5%～10%。反应过程中放出 1mol 氯化氢和 1mol 二氧化硫，要注意吸收回用。另外，注意升温不要太快，否则易产生冲料现象。

(3) 氟哌利多中间体　4-氯丁酰氯的合成：

$$\text{(γ-丁内酯)} + SOCl_2 \xrightarrow{ZnCl_2} ClCH_2CH_2CH_2COCl$$

在体系中加入 γ-丁内酯 1mol、氯化锌 0.2mol，然后滴加氯化亚砜 1.2mol，升温到 $60\sim70℃$ 至反应完全再分离，收率可达 75%。氯化亚砜加入时要注意体系变化，若有大量气体冒出，说明反应剧烈，要慢慢滴加，否则可快些；同样，在升温过程中要注意，有大量气体冒出时，要慢慢升温，否则易造成事故。氯化亚砜一般过量些。在这里，内酯的两边都被卤素取代了。

扫一扫阅读：苯唑西林钠中间体 5-甲基-3-苯基异噁唑-4-甲酰氯合成案例详解

4.4.2　脱羧卤置换反应

4.4.2.1　底物和进攻试剂

羧酸银盐和溴或碘反应，脱去二氧化碳，生成比原反应物少一个碳原子的卤代烃，这称为 Hunsdriecke 反应：

$$RCOOAg + X_2 \xrightarrow{\triangle} RX + AgX\downarrow + CO_2\uparrow$$

用羧酸的汞盐和亚汞盐也可以。

羧酸和金属卤化物（通常为氯化锂）、四醋酸铅在苯、吡啶或乙醚溶液中加热反应，也可生成少一个碳原子的氯代烃，称 Kochi 改良方法，这种方法没有重排等副反应。

　　羧酸用碘素、四醋酸铅在四氯化碳中用光照反应，也可进行脱羧卤置换碘代烃，称为 Barton 改良方法。

　　还可采用双乙酰氧基碘苯进行脱羧碘置换反应：

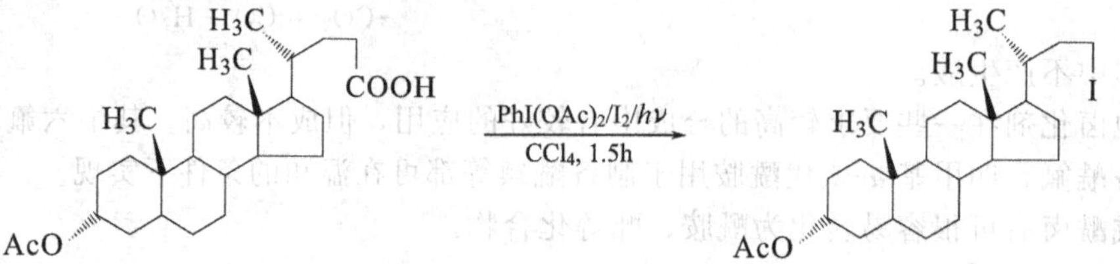

反应收率约 80%。

4.4.2.2　反应机理与影响因素

　　这类反应属自由基历程，可能包括中间体酰基次卤酸酐发生均裂，生成酰氧自由基，然后脱羧成烷基自由基，再和卤素自由基结合成卤化物：

$$RCOOAg + X_2 \longrightarrow RCOOX \longrightarrow RCOO\cdot + X\cdot$$
$$RCOO\cdot \longrightarrow R\cdot + CO_2$$
$$R\cdot + X\cdot \longrightarrow RX$$

反应过程中要严格无水，否则收率很低或得不到产品。银盐很不稳定。

　　若用汞盐方法，可由羧酸、过量氧化汞和卤素直接反应，操作简单，不需要分离出汞盐；若在光照下进行，收率很高。

4.4.2.3　实例分析

　　（1）5-溴戊酸甲酯的合成

$$MeOOC(CH_2)_4COOAg \xrightarrow[\triangle,1h]{Br_2/CCl_4} MeOOC(CH_2)_4Br$$

　　用己二酸单甲酯在氢氧化钾存在下与硝酸银反应可制得银盐，然后在四氯化碳溶液中并溴存在下加热，以己二酸单甲酯计算可得收率为 54% 的产品。此反应在制备无水银盐过程中由于银盐的不稳定，收率较低。

　　（2）碘代环己烷的合成

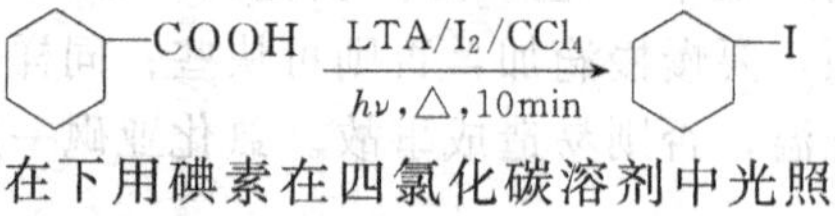

　　在四醋酸铅（LTA）存在下用碘素在四氯化碳溶剂中光照反应，收率可达 91%。但要注意原料的成本和铅的回收。

　　（3）对硝基溴苯的合成

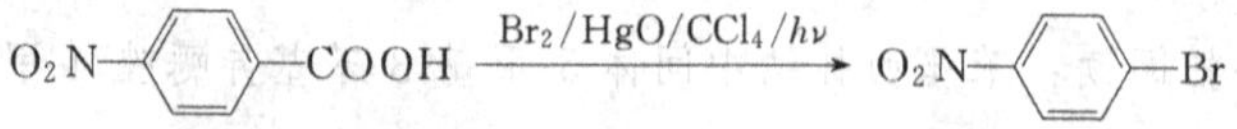

　　在过量氧化汞存在下，光照脱羧置换，用以上工艺可得到 95% 左右的高收率。

4.5　其他卤化反应

4.5.1　酚的卤置换反应

　　酚羟基活性较小，一般必须采用活泼的五卤化磷，或与氧卤化磷合用，在较剧烈的条件下才能反应。对于缺 π 电子杂环上羟基的卤置换反应相对比较容易。与有机磷卤化物反应则较温和：

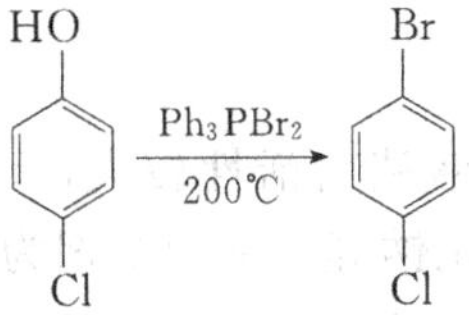

但还是需要 200℃ 的温度。上述反应收率有 90%。

4.5.2 氯甲基化反应

4.5.2.1 底物与进攻试剂

芳环包括苯衍生物、稠环如萘以及一些富电子的杂环衍生物都可作为底物，烯烃也可进行氯甲基化反应。

进攻试剂是甲醛或多聚甲醛和氯化氢形成的络合物。

如苯和甲醛的混合液在无水氯化锌的存在下，通入氯化氢气体，则按下式生成苯氯甲烷：

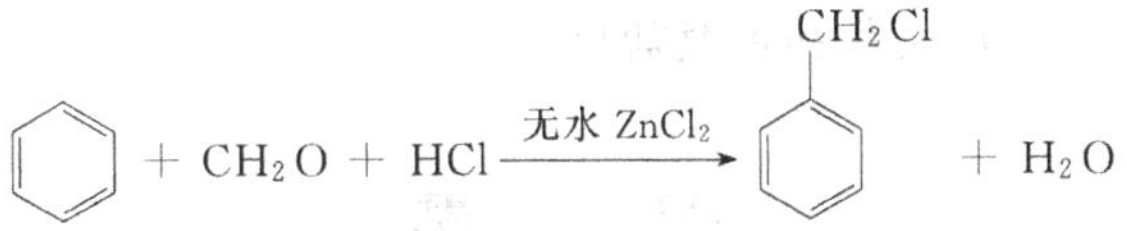

因为在芳环上上了一个氯甲基，所以称为氯甲基化反应。它是除芳烃的侧链氯化外在芳烃上增加一个卤原子（一个碳原子的 α-卤代烷基芳烃）的非常有用的合成法。

4.5.2.2 反应机理与影响因素

氯甲基化是一个亲电反应。反应时，甲醛与氯化氢作用形成共振式如下的中间体：

$$[H_2C\overset{+}{=\!\!=}OH]Cl^- \Longleftrightarrow [\overset{+}{H_2C}-OH]Cl^-$$

中间体与苯发生亲电取代，先生成苯甲醇，再很快与氯化氢作用生成氯化苄。

由于是亲电取代反应，因此环上有给电子基团时就有利于反应进行，相反若是吸电子基团时就不利于反应进行。

常用质子酸或 Lewis 酸（如氯化锌）作催化剂。

它易生成多取代产物。为避免此过程常用过量的芳烃。

它还有一个比较重要的副反应是在高温或催化剂用量过大时生成二芳基甲烷。

萘也可进行氯甲基化，如萘与甲醛、浓盐酸、醋酸、85% 磷酸存在下可在 α-位氯甲基化。

4.5.2.3 实例分析

（1）2-氯甲基噻吩的合成

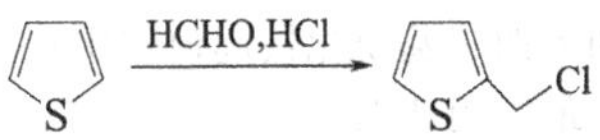

在 0℃ 左右反应，收率 70% 左右。这主要是杂环在酸性条件下易分解聚合，且易发生多取代。反应操作可为：在反应瓶中加入等物质的量的盐酸和噻吩，然后在 $-5 \sim 0℃$ 滴加等物质的量 37% 的甲醛，同时通入氯化氢维持饱和，滴加完甲醛后保温 3h，此过程要保持通入氯化氢以使氯甲基化完全。若甲醛过量，易产生多氯甲基化产物。未反应的噻吩应回收。

（2）镇痛剂强痛定中间体 肉桂基氯的合成

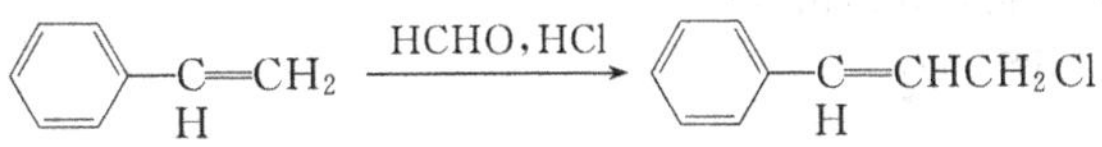

在回流条件下反应 3h，可得到收率为 70% 的产品。要注意避免在芳环上也进行氯甲基化。

4.5.3　其他卤置换反应

4.5.3.1　磺酸酯的卤置换反应

将醇用磺酰氯转化成相应的磺酸酯后活性较大，可在较温和的条件下被卤化试剂卤化。常用的卤化剂是其卤化盐如卤化钠等，常用溶剂为丙酮、醇、DMF等极性溶剂。如：

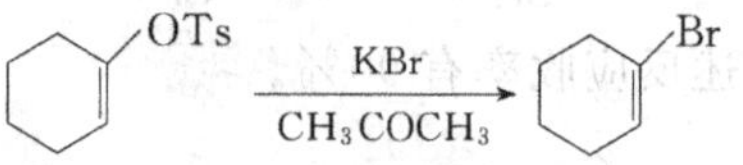

又如：

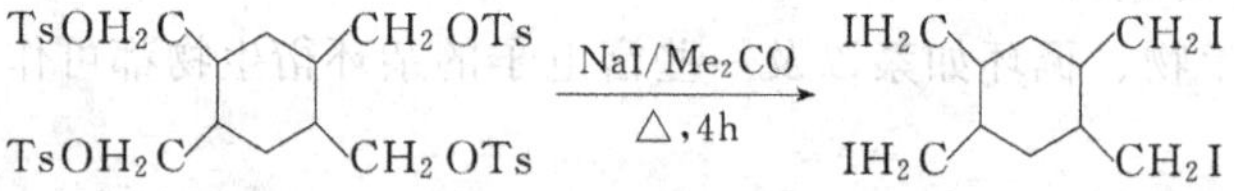

得率可达95%。若同样由四溴甲基去置换，得率只有63%，且要反应90h。

4.5.3.2　芳香重氮盐化合物的卤置换反应

利用芳香重氮盐化合物的卤置换反应可将卤素原子引入到直接用卤代反应难以引入的芳烃位置上。详见第12章重氮化和重氮盐反应。

习　　题

基础概念题

4-1　芳烃侧链卤化与芳烃亲电取代卤化的机理和反应条件有何不同？

4-2　如何在芳烃侧链卤化时避免芳烃亲电取代卤化的发生？

4-3　卤素加成反应为何主要是氯和溴？

4-4　常用的卤素加成反应的进攻试剂有哪些？有何特点？

4-5　溴化氢对烯烃进行加成在不同的条件下机理是否完全一样？产物的结构有何差别？

4-6　羰基化合物的卤取代进攻试剂有哪些？机理是什么？

4-7　酰卤制备过程中使用氯化亚砜应注意什么？它与五氯化磷、三氯氧磷相比有何特点？

4-8　对以下反应进行评论：如何减少二氯物？

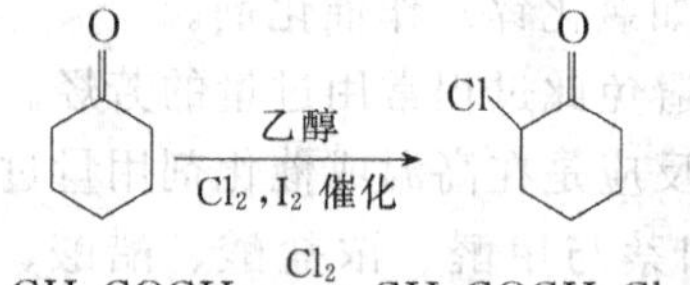

$$CH_3COCH_3 \xrightarrow{Cl_2} CH_3COCH_2Cl$$

4-9　对叔丁基甲苯在溶剂中，在光的照射下进行一氯化会得到什么产品？

4-10　用2,6-二氯苯腈的氟化制2,6-二氟苯腈时，应选用哪类溶剂？如果溶剂中或反应物中含水，有何影响？如用相转移催化剂，选用哪种为宜？

4-11　由正十二醇制正十二烷基溴时加入四丁基溴化铵起何作用？

4-12　由对硝基氯苯制对硝基氟苯时，最好用什么催化剂？

4-13　在有机物上引入氟元素有哪些方法？

4-14　在有机物上引入溴元素有哪些方法？

4-15　在有机物上引入碘元素有哪些方法？并说明它与在化合物上引入氯与溴的方法的不同之处。

分析提高题

4-16　预测下列反应的主要产物，并给出机理。

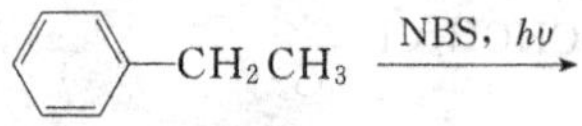

4-17　4,6-二氯嘧啶是合成腺嘌呤的重要中间体，该中间体由4,6-二羟基嘧啶氯化而得（如下图所示）。4,6-二氯嘧啶经氨化后再5-硝化、还原、与甲酰胺成环可制得腺嘌呤。试列出最少三种可能的4,

6-二羟基嘧啶氯化方法。

4-18 完成下列反应。

(a) $\xrightarrow[100℃]{POCl_3}$

(b) Cl—⬡—OH $\xrightarrow[200℃]{Ph_3PBr_2}$

(c) $\xrightarrow[\triangle]{KI/H_3PO_4}$

(d) $\xrightarrow[80℃]{PBr_3/DMF}$

(e) Ph—⟍⟍—OSiMe$_2$Bu-t $\xrightarrow{PBr_3 \atop CH_2Cl_2}$

4-19 可以用亚硫酰氯还是三氯氧磷实现下述转变？为什么？

4-20 下述反应哪一个产率更高、速度更快？为什么？

4-21 完成下列反应。

(a) $\xrightarrow{NaNO_2/H_2SO_4}$ $\xrightarrow{CuCl_2/HCl}$

(b) $\xrightarrow{NaNO_2/HCl}$ $\xrightarrow{65\%HPF_6}$

(c) $\xrightarrow{HBr}$ $\xrightarrow{SnCl_4}$

综合题

4-22 写出以邻二氯苯、对二氯苯或苯胺为原料制备 2,4-二氯氟苯的合成路线各两个，写出每步反应的名称、各卤化反应的大致反应条件，并比较工艺的优劣。

4-23 写出由 2,3-二氯硝基苯制 2,3,4-三氟硝基苯的下述合成路线中各步反应的名称及各卤化反应的大致反应条件，同时判断各步主要的副产物及可能收率。

4-24 对以下合成路线从工艺条件要求、收率、安全等方面进行分析比较，选出认为较好的路线，并说明理由。

4-25 查阅文献了解新型卤化剂的发展。

* 第 5 章　重排反应

本章重点

(1) 掌握重排反应的分类和原理；

(2) 了解亲核重排中 Wagner-Meerwein 、Pinacol、Beckmann、Baeyer-Villiger、Benzil 等重排反应的特点和应用；

(3) 了解亲核氮重排中 Hofmann、Curtius、Schmidt、Wolff 等重排反应的特点和应用；

(4) 了解亲电重排中 Stevens、Sommelet-Hauser、Fries、Favorsky 等重排反应的特点和应用；

(5) 了解 σ 键迁移重排中 Claisen、Cope 等重排的特点和应用。

某些化学反应中，在试剂的作用或介质的影响下，可发生化学键位置的转移、官能团的转移、扩环/缩环或基本碳架的改变等，这就是分子重排反应。分子重排反应分为分子内重排反应和分子间重排反应，以前者为多见。分子重排反应通常是一种不可逆过程，它不同于两种异构体间的互变异构，后者是可逆的异构化反应。

重排反应的范围较广，表现形式也多种多样，但就引起重排反应的基本原因而言，主要是：在试剂或其他因素的作用下，分子中暂时产生不稳定中心，此不稳定中心通过分子内部某些原子或基团的迁移和调整而形成较稳定的结构。大部分分子重排，迁移的基团常处于该分子有关部分的作用范围内，而不完全与分子脱离。

重排可分为亲核重排、亲电重排、自由基重排三类，其中亲核重排较其他两种重排更为普遍。

5.1　亲核重排

亲核重排 (nucleophilic rearrangement) 亦称缺电子体系重排，如：

$$\begin{array}{ccc} \text{X} & & \text{X} \\ | & + & + & | \\ \text{A—B} & \longrightarrow & \text{A—B} \end{array}$$

重排过程中，X 带着一对电子从原子 A 迁移到另一个缺少一对电子的原子 B 上。

多数亲核重排是 1,2-重排，即基团的迁移发生于相邻的两个原子间。

上式中，B 为 C、N、O 等原子，而 X 为 Cl、Br、O、S、N、C、H 等原子。

5.1.1　Wagner-Meerwein 重排

醇与酸或卤代烷与碱反应时，主要生成取代或消除产物。但在许多场合，特别是当 β-碳原子上有两个或三个烷基或芳基时，所得产物的碳骨架往往发生重排。这类在反应过程中生成碳正离子后，烷基、芳基或氢从一个碳原子通过过渡态，迁移到相邻带正电荷的碳原子上的重排反应就叫 Wagner-Meerwein 重排，属于分子内的亲核碳重排反应。如：

$$H_3C-\overset{\overset{\displaystyle CH_3}{|}}{\underset{\underset{\displaystyle CH_3}{|}}{C}}-CH_2^+ \longrightarrow H_3C-\overset{\overset{\displaystyle CH_3}{|}}{\overset{+}{C}}-CH_2 $$

$$\overset{\displaystyle CH_3}{}$$

重排的原因在于叔碳正离子比伯碳离子稳定，重排后体系更稳定，因此反应发生的活性顺序为：叔烃基＞仲烃基＞伯烃基。脂环体系中张力的解除，如四元环转变成五元环，可强烈促进重排：

进行此重排反应的碳正离子，可通过下述途径获得。

① 卤代烃溶于强的极性溶剂，或加入 Lewis 酸，如银离子或二氯化汞以夺取卤素，有助于碳正离子的形成：

$$(H_3C)_3C-\overset{H_2}{C}-Cl + Ag^+ \longrightarrow (CH_3)_3C-\overset{+}{C}H_2 + AgCl$$

② 醇与酸作用，促使其异裂分解：

$$(H_3C)_3C-\overset{H_2}{C}-OH \xrightarrow{H^+} (H_3C)_3C-\overset{H_2}{C}-\overset{+}{O}H_2 \longrightarrow (H_3C)_3C-\overset{+}{C}H_2$$

或将其转化成一种能提供稳定离去基团如对甲苯磺酸根的衍生物。

$$(CH_3)_3C-\overset{H_2}{C}-OSO_2-\underset{}{\bigcirc}-CH_3 \longrightarrow (CH_3)_3C-\overset{+}{C}H_2 + {}^-OSO_2-\underset{}{\bigcirc}-CH_3$$

③ 烯烃经质子加成后形成碳正离子：

$$(CH_3)_3C-CH=CH_2 \xrightarrow{H^+} (CH_3)_3C-\overset{\overset{\displaystyle H}{|}}{\underset{\underset{\displaystyle H}{|}}{C}}-CH_3$$

④ 胺与亚硝酸作用，先生成脂肪族重氮离子，随即失去氮分子形成碳正离子：

$$Me-\overset{\overset{\displaystyle Ph}{|}}{\underset{\underset{\displaystyle H}{|}}{C}}-\overset{}{C}HNH_2 \xrightarrow{HNO_2-HOAc} Me-\overset{\overset{\displaystyle Ph}{|}}{\underset{\underset{\displaystyle H}{|}}{C}}-\overset{}{C}HN_2^+ \xrightarrow{-N_2} Me-\overset{\overset{\displaystyle Ph}{|}}{\underset{\underset{\displaystyle H}{|}}{C}}-\overset{+}{C}H \xrightarrow{重排}$$

　　因第一个重排正离子的稳定性最大，故其相应产物为主产物。

5.1.2　Pinacol 重排

　　在酸催化下，邻二叔醇连有羟基的碳原子上的烃基带着一对电子转移到失去羟基的正碳离子上，失去一分子水生成不对称酮或醛的反应，称 Pinacol 重排（或片呐醇重排）：

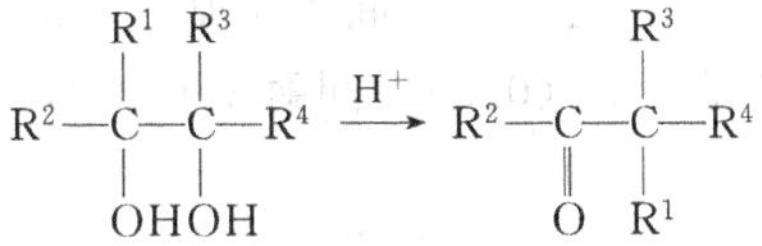

$$
\underset{\underset{OH\,OH}{|\quad\;|}}{\overset{\overset{R^1\;R^3}{|\quad\;|}}{R^2\!-\!\overset{}{C}\!-\!\overset{}{C}\!-\!R^4}} \xrightarrow{\;H^+\;} \underset{\underset{O\quad R^1}{\|\quad\;|}}{\overset{\overset{R^3}{|}}{R^2\!-\!\overset{}{C}\!-\!\overset{}{C}\!-\!R^4}}
$$

　　其中，R 为烷基、芳基或氢。

　　此反应因典型的化合物片呐醇 $Me_2COHCOHMe_2$ 而得名，它重排生成片呐酮：

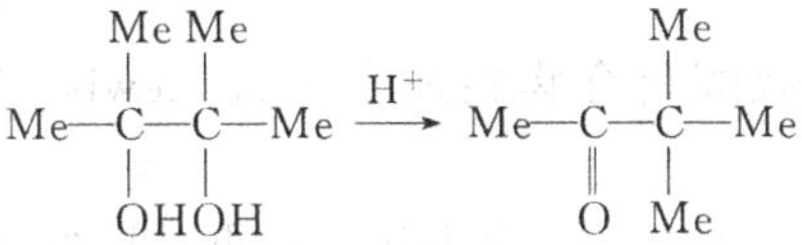

$$
\underset{\underset{OH\,OH}{|\quad\;|}}{\overset{\overset{Me\,Me}{|\quad\;|}}{Me\!-\!\overset{}{C}\!-\!\overset{}{C}\!-\!Me}} \xrightarrow{\;H^+\;} \underset{\underset{O\quad Me}{\|\quad\;|}}{\overset{\overset{Me}{|}}{Me\!-\!\overset{}{C}\!-\!\overset{}{C}\!-\!Me}}
$$

　　片呐醇重排，在重排过程中，正碳离子的形成和基团的迁移经由一个正碳离子桥式过渡状态，迁移基团和离去基团处于反式位置：

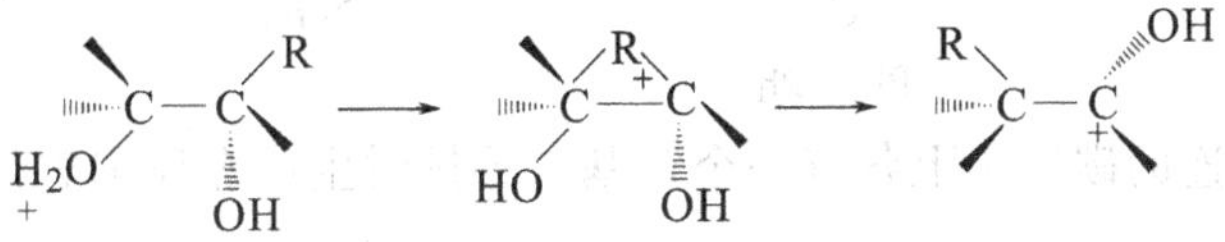

如：

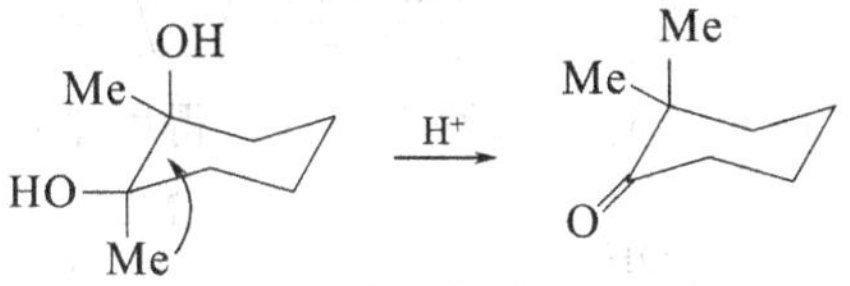

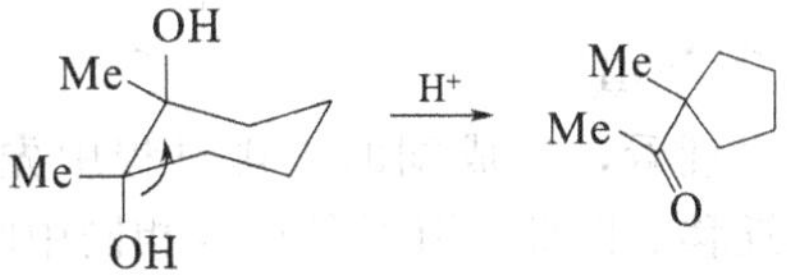

　　对第二种原料，因为甲基和离去的羟基处于顺式位置，故甲基不能迁移，产生的是亚甲基迁移，结果是得到的产物为缩环反应产物。

　　迁移基团可以是烷基，也可以是芳基。

　　对于 $R^1R^2C(OH)\!-\!C(OH)R^3R^4$ 四个取代基不同的邻二叔醇，其重排方向取决于下列两个因素。

　　① 失去—OH 的难易。与供电基团相连的碳原子上的—OH 易于失去，因为：a.—OH 氧上电子云密度增大，易于结合质子；b.基团的供电性使正碳离子稳定。

　　供电基团作用：对甲氧苯基＞苯基＞烷基＞H。

　　如下述反应中二苯基取代碳上先失去羟基形成碳正离子，再进行甲基迁移形成的酮是主要的产物：

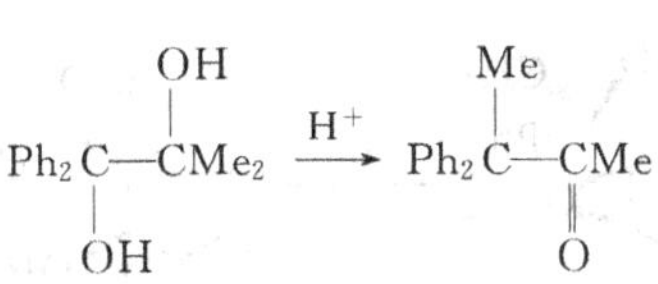

$$
\underset{\underset{OH}{|}}{\overset{\overset{OH}{|}}{Ph_2C\!-\!CMe_2}} \xrightarrow{\;H^+\;} \underset{\underset{O}{\|}}{\overset{\overset{Me}{|}}{Ph_2C\!-\!CMe}}
$$

但此推断并不能适合于所有情况，例外颇多。

② 迁移基团的性质和迁移倾向。当空间位阻因素不大时，基团迁移倾向的大小与其亲核性的强弱一致：

$$Ph— > Me_3C— > Et— > Me— > H—$$

如均为芳基，以苯基的迁移能力为 1 计，可测出不同基团的相对迁移能力如下：

对甲氧苯基（500）>对甲苯基（15.7）>间甲苯基（1.95）>间甲氧苯基（1.6）>苯基（1）>对氯苯基（0.66）>间甲氧苯基（0.3）>间氯苯基（0）

如：

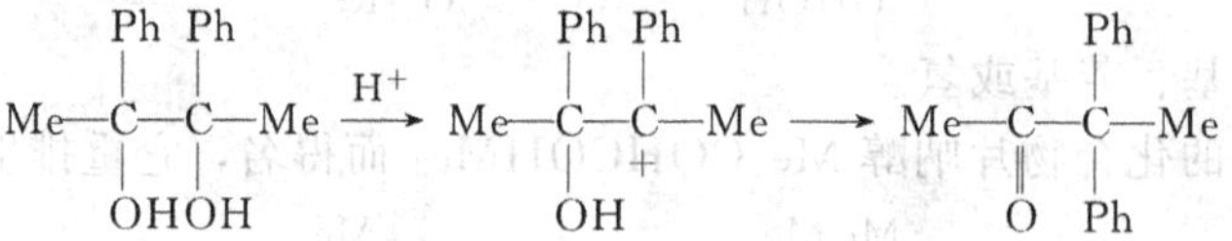

羟基位于脂环上的邻二叔醇化合物在质子酸或 Lewis 酸催化下发生重排后可生成三类酮：

ⓐ 一个羟基直接和脂环相连，另一个不相连，重排后得到扩环脂肪酮，如：

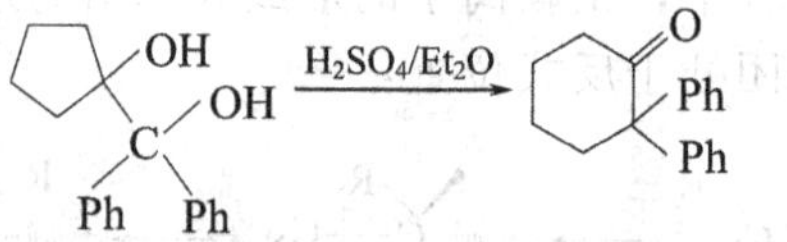

ⓑ 两个脂环相连的碳原子上各有一个羟基，重排时生成螺环酮类化合物，如：

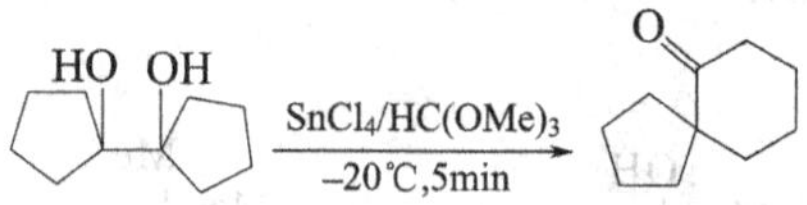

ⓒ 甲基顺式-1,2-环己二醇重排时，氢发生迁移，得甲基环己酮：

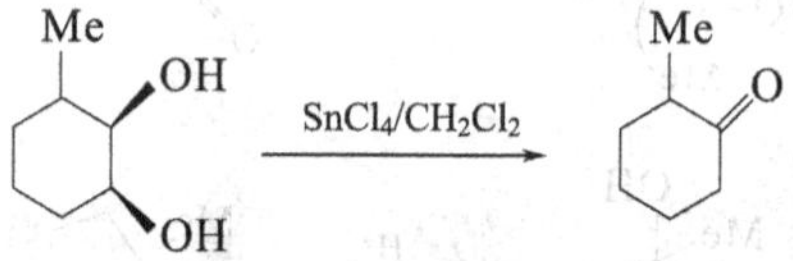

从上述邻二叔醇重排反应机理看，生成酮的重排过程中先消除一个羟基，生成了 β-位碳正离子的中间体，再发生迁移。因此，凡是能生成相同中间体的其他类型反应物均可进行类似的重排，得到酮类化合物，这类重排称为 Semipinacol 重排（成半片呐醇重排）：

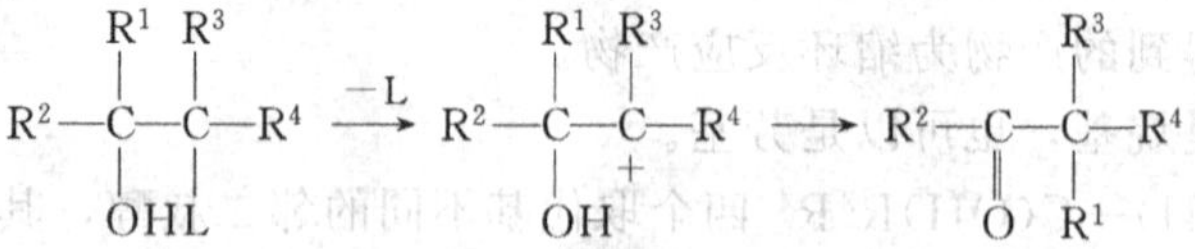

如 α,β-氨基醇、卤代醇和环氧化物等，在相应的条件下，也能发生类似的重排反应。例如：

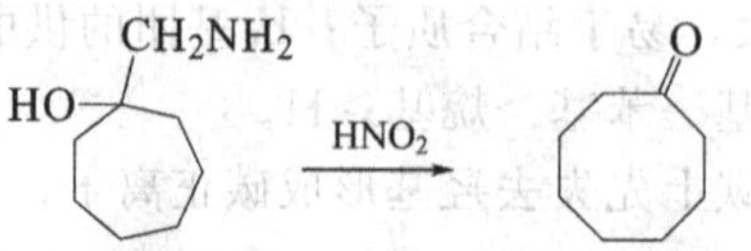

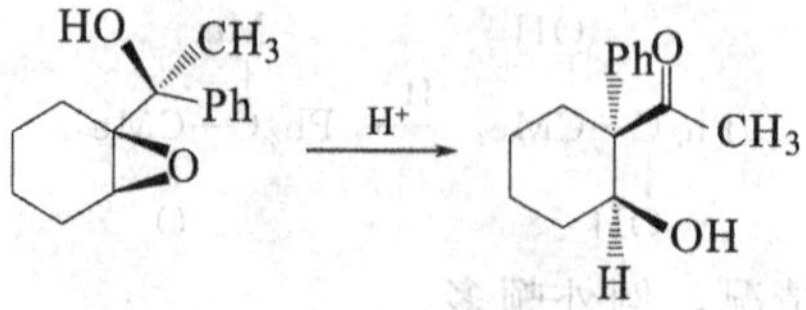

当脂环羟基邻位有双键时，在酸或碱催化下，也会发生 Semipinacol 重排生成螺环酮：

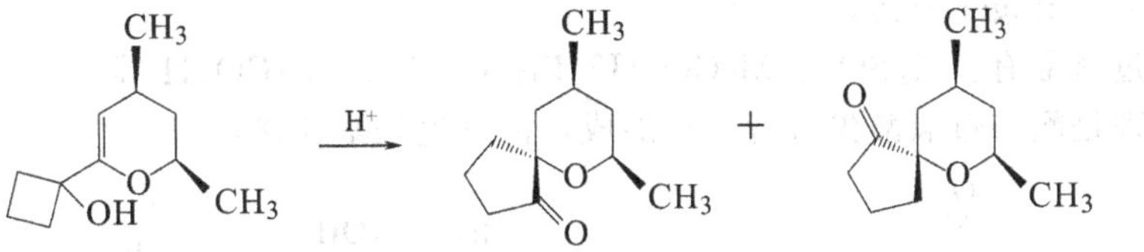

5.1.3　Beckmann 重排

醛肟及酮肟在酸性催化剂（如 H_2SO_4、HCl、P_2O_5、$POCl_3$、SO_2Cl_2 等）作用下，发生重排转变为酰胺，称 Beckmann 重排。

其机理一般认为如下：

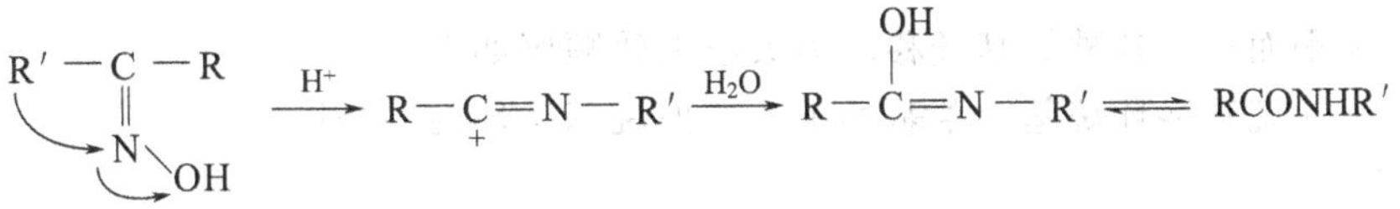

即在酸催化下肟羟基变成易离去的基团，然后羟基反应的基团进行迁移，与此同时，离去基团离去，生成碳正离子，并立即与体系中的亲核试剂如水作用，生成亚胺，最后经异构化而得到取代酰胺。从上可看出其立体化学特征是不对称酮肟的重排，为反式重排。

在迁移过程中，迁移基团原有的结构（如碳架、构型等）保持不变，例如下述与苯基、甲基相连的碳的构型不发生变化：

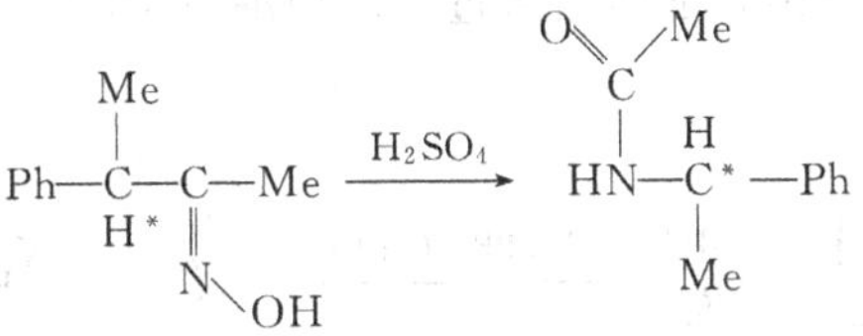

此反应用于己内酰胺合成是很著名的工业应用实例：

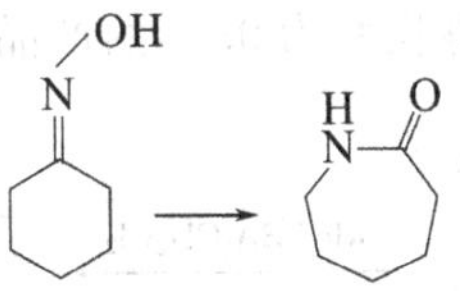

此反应有很多相关催化剂及工艺的研究，收率可达 95% 以上。

肟本身也会异构化，如丁酮肟两种异构体在室温含量经常在 20%～30% 和 70%～80% 间，后一种衍生物空间效应小、含量较高：

因此不对称肟重排后产生的产物一般是混合物。在极性质子性溶剂中，用质子酸作催化剂，肟易异构化。用非极性或极性小的非质子溶剂，用 PCl_5 作催化剂，不易异构化。

芳醛肟在不同的条件下可得到氢迁移重排的产物芳酰胺或消除产物苯腈，如：

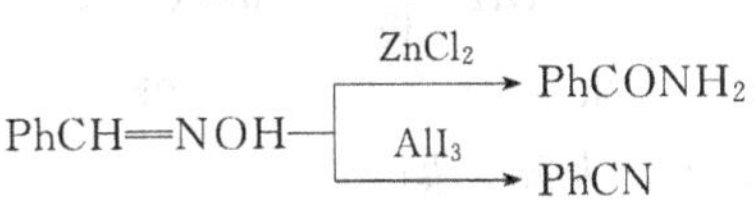

5.1.4 Baeyer-Villiger 氧化重排

在酸催化下，醛或酮经过氧酸氧化发生重排，在烃基与羰基之间插入氧生成酯的反应，称 Baeyer-Villiger 重排。

常用的过氧酸有：H_2SO_5、$MeCO_3H$、$PhCO_3H$ 和 CF_3CO_3H 等。

反应机理是酮与过氧酸先进行亲核加成，再发生烃基迁移：

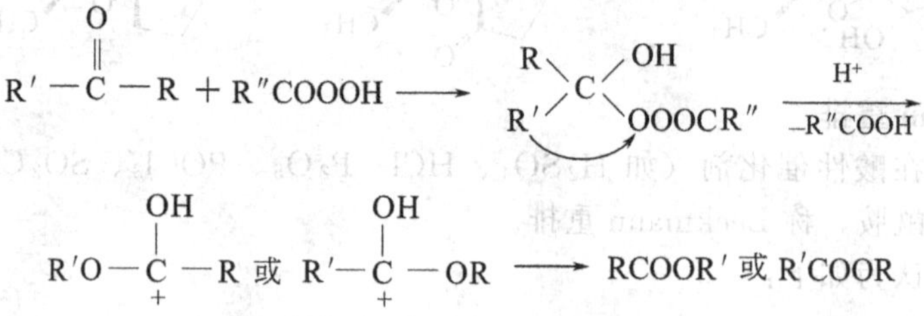

$$R'-\overset{\overset{O}{\|}}{C}-R + R''COOOH \longrightarrow \underset{R'}{\overset{R}{>}}C\overset{OH}{\underset{OOOCR''}{<}} \xrightarrow[-R''COOH]{H^+}$$

$$R'O-\overset{OH}{\underset{+}{C}}-R \text{ 或 } R'-\overset{OH}{\underset{+}{C}}-OR \longrightarrow RCOOR' \text{ 或 } R'COOR$$

对不对称酮而言，各种烃基迁移能力大小大致顺序如下：

叔烷基＞仲烷基≈环烷基＞苄基≈苯基＞伯烷基＞环丙基＞甲基

例如：

$$Me-\overset{\overset{O}{\|}}{C}-CMe_3 \xrightarrow{CF_3COOOH} MeCOOCMe_3$$

本反应是由酮合成酚的一种方法，如：

$$PhCOEt \xrightarrow{m\text{-}ClC_6H_4COOOH} PhOOCEt \xrightarrow{H_2O} PhOH + EtCOOH$$

反应实例如下所述。

① 如下原料 α-二酮在 $-40℃$ 下用间氯过氧苯甲酸（MCPBA）氧化重排可得收率接近 100% 的产品：

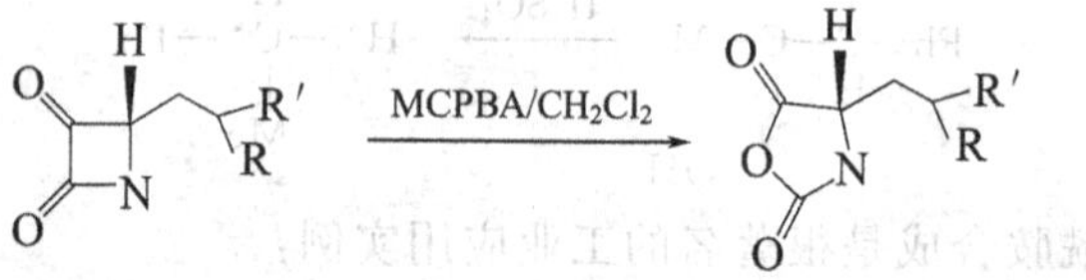

② 下述反应在室温进行 5d 可得收率为 93% 的产品。注意温度的控制，温度高副反应很严重。

5.1.5 苯偶酰重排

苯偶酰（Benzil）重排，又称苯甲酰重排，即苯偶酰类化合物（即 α-二酮类）在强碱作用下，发生分子内重排生成 α-羟基酸的反应。最著名的是二苯基乙二酮（苯偶酰）的重排：

$$Ph-\overset{\overset{O}{\|}}{C}-\overset{\overset{O}{\|}}{C}-Ph \xrightarrow{OH^-} Ph_2C(OH)COO^- \xrightarrow{H^+} Ph_2C(OH)COOH$$

反应机理如下：

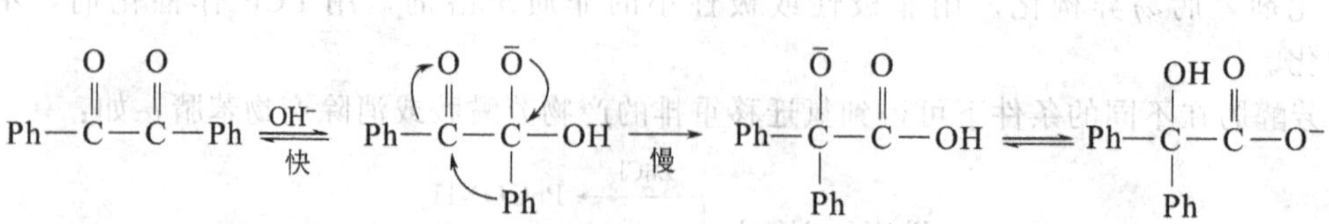

$$Ph-\overset{\overset{O}{\|}}{C}-\overset{\overset{O}{\|}}{C}-Ph \underset{快}{\overset{OH^-}{\rightleftharpoons}} Ph-\overset{\overset{O}{\|}}{C}-\overset{\overset{\bar{O}}{|}}{\underset{Ph}{C}}-OH \xrightarrow{慢} Ph-\overset{\overset{\bar{O}}{|}}{\underset{Ph}{C}}-\overset{\overset{O}{\|}}{C}-OH \rightleftharpoons Ph-\overset{\overset{OH}{|}}{\underset{Ph}{C}}-\overset{\overset{O}{\|}}{C}-O^-$$

如以 RO^- 代替氢氧根，则产物为酯，如：

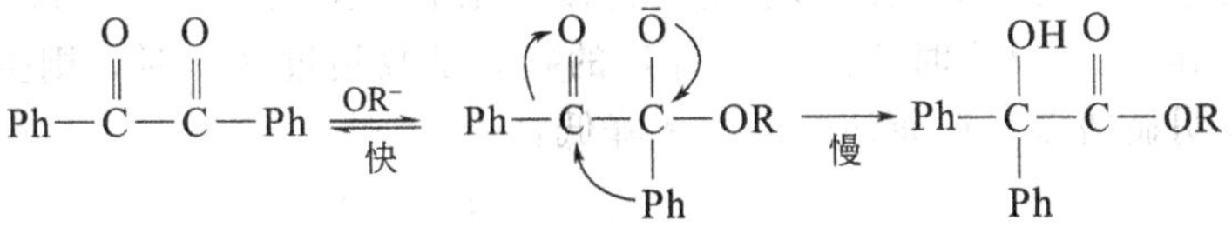

在大多数情况下，具有 α-H 的脂肪族 α-二酮类化合物在此碱性条件下往往发生羟醛缩合而使重排反应难以发生（或相应产物收率极低）。

该重排是制备二芳基乙醇酸的常用方法。若是不对称芳基乙二酮类的重排，取决于中间体的稳定性，吸电子取代基有利于基团的迁移，而给电子基团则不利于基团的迁移，且经常是混合物。因此，合成上常用对称芳基乙二酮进行该类重排。

如：

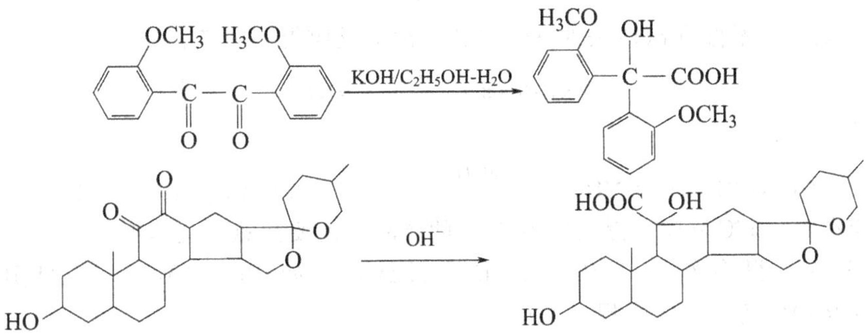

5.2　亲核氮重排

5.2.1　Hofmann 重排

酰胺在碱性介质中用 Cl_2 或 Br_2（NaOCl 或 NaOBr）处理，放出 CO_2 变为减少一个碳原子的伯胺，此反应称为 Hofmann 降解重排。其机理是：

$$RCONH_2 + Br_2 + NaOH \longrightarrow RCONHBr + NaBr + H_2O$$

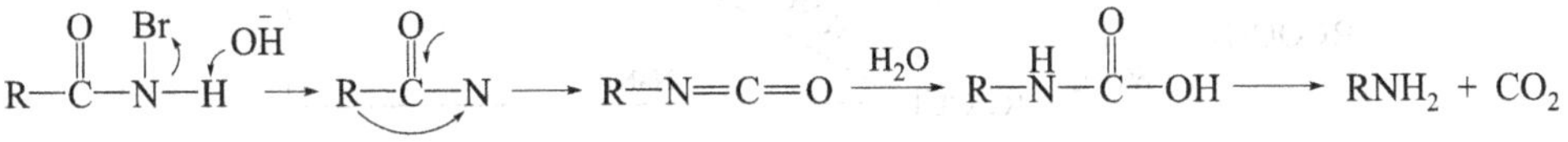

重排过程是在分子内部进行，R 构象保持不变。

Hofmann 重排是制备胺的一个重要方法，如：

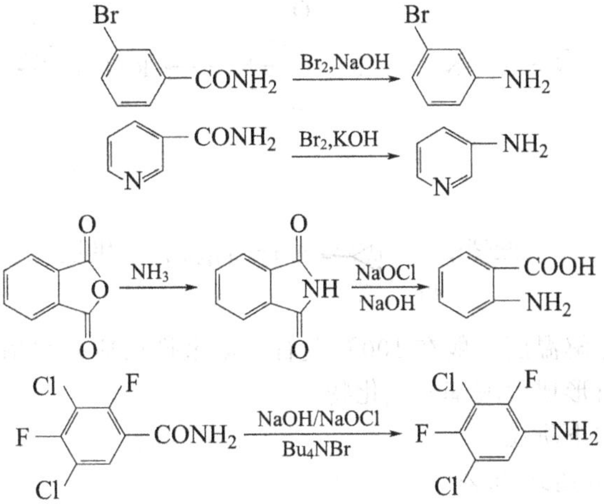

最后一个反应在相转移催化剂四丁基溴化铵催化下重排收率可达到 95%。

应用 Hofmann 重排反应时要注意，当 R 的碳原子数超过 8 个时，则生成以下尿素系化合物的副反应明显增多，从而使胺的收率降低：

$$RCONH_2 \xrightarrow{NaOCl} RNCO \xrightarrow{RCONH_2} RHN-\overset{\overset{\displaystyle O}{\|}}{C}-\overset{\overset{\displaystyle H}{|}}{N}-COR$$

此时，如以甲醇作溶剂，则 CH_3ONa 与异氰酸酯反应生成良好收率的 N-取代氨基甲酸酯，可防止尿素系化合物的生成：

$$RN=C=O + CH_3O^- \longrightarrow RN-\underset{\underset{\displaystyle OCH_3}{|}}{\overset{\displaystyle -}{C}}=O \xrightarrow{CH_3OH} RNHCOOCH_3$$

N-取代氨基甲酸酯在碱性条件下经水解、消除反应得到伯胺，如：

$$RNHCOOCH_3 \xrightarrow{OH^-} RNH_2$$

应用的反应如：

$$CH_3OCH_2CH_2CONH_2 \xrightarrow{Br_2/NaOH/MeOH} CH_3OCH_2CH_2NHCOOCH_3$$

此反应在 5～20℃ 反应可得收率为 82% 的产品，但要注意升温速度。

近年发展了很多新的 Hofmann 重排新试剂，如 $Pb(OAc)_4$、C_6H_5IO、NBS-$Hg(OAc)_2$-$R'OH$ 等，可大大提高重排收率。

5.2.2　Curtius 重排

将羧酸制成不稳定的酰基叠氮，后者在惰性溶剂（如苯、氯仿等非质子溶剂）中加热发生脱氮重排得到异氰酸酯的反应称 Curtius 重排反应。若在水、醇或胺中进行，则其产物分别是胺、氨基甲酸酯和取代脲。其反应过程可分为酰基叠氮的制备和脱氮重排两部分。

（1）酰基叠氮的制备　如：

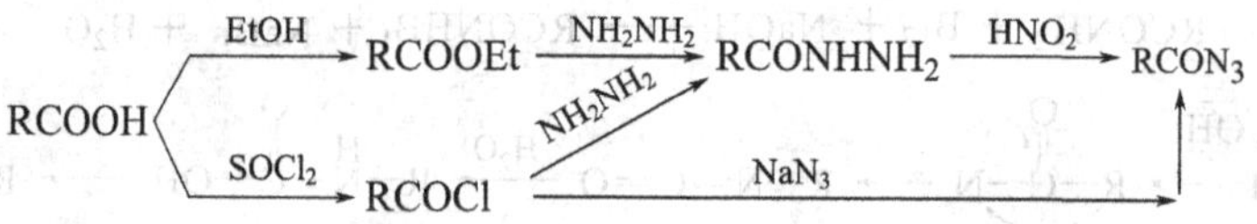

$$RCOOH \begin{cases} \xrightarrow{EtOH} RCOOEt \xrightarrow{NH_2NH_2} RCONHNH_2 \xrightarrow{HNO_2} RCON_3 \\ \xrightarrow{SOCl_2} RCOCl \xrightarrow{NaN_3} \end{cases}$$

叠氮化物还可通过其他方法制备，如酯与叠氮化钠的反应等。

（2）酰基叠氮的脱氮重排

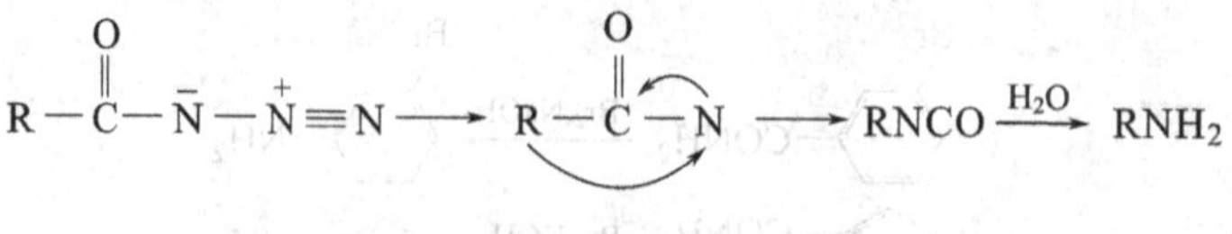

$$R-\overset{\overset{\displaystyle O}{\|}}{C}-\overset{\displaystyle -}{N}-\overset{\displaystyle +}{N}\equiv N \longrightarrow R-\overset{\overset{\displaystyle O}{\|}}{C}-N \longrightarrow RNCO \xrightarrow{H_2O} RNH_2$$

如：

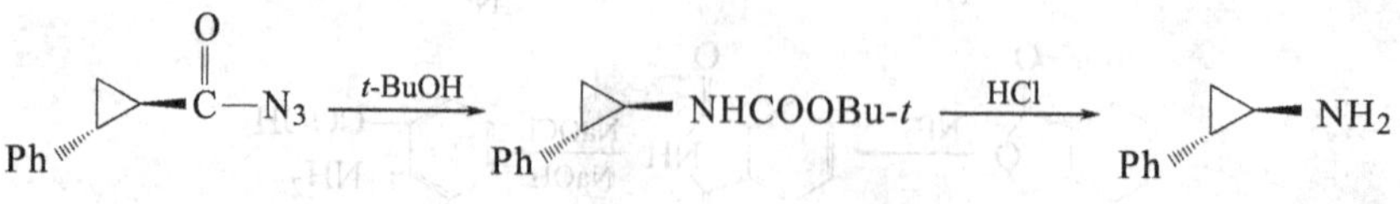

酰基叠氮化物的分解温度一般在 100℃ 左右，该重排反应几乎适用于所有类型的羧酸及含有多官能团羧酸所形成的酰基叠氮化物。

应用的反应实例如下所述。

① 下述反应收率可达到 55%。

② 下述反应的三步收率可分别达到 80%、93%、85%，都比较高。

5.2.3 Schmidt 重排

羧酸或醛、酮与叠氮酸（HN_3）在强酸介质中生成胺等的重排称 Schmidt 重排：

$$RCOOH + HN_3 \xrightarrow{H^+} RNH_2 + CO_2 + N_2$$

$$RCHO + HN_3 \xrightarrow{H^+} RCN + N_2 + (RNHCHO)$$

$$RCOR' + HN_3 \xrightarrow{H^+} RCONHR' + N_2$$

5.2.3.1 羧酸的 Schmidt 重排

Schmidt 重排最适用于由羧酸合成胺，其应用范围广泛，转化率一般高于 Hofmann 重排与 Curtius 重排。Schmidt 重排机理如下：

反应如：

$$CH_3(CH_2)_6COOH + HN_3 \xrightarrow{H_2SO_4} CH_3(CH_2)_6NH_2$$

前一个反应收率可达 96%，后一个也可达 61%。

α,β-不饱和酸为反应物时，产物为烯胺，后者水解得到醛，如：

$$PhHC=\overset{|}{\underset{H}{C}}-COOH \xrightarrow{HN_3} PhHC=CHNH_2 \rightleftharpoons PhH_2C-C=NH \xrightarrow[H^+]{H_2O} PhCH_2CHO$$

α-氨基酸为反应物时，与该氨基相邻的羧基不起反应，例如：

$$HOOC-(CH_2)_3-\overset{H}{\underset{NH_2}{C}}-COOH \xrightarrow[H_2SO_4]{HN_3} H_2N-(CH_2)_3-\overset{H}{\underset{NH_2}{C}}-COOH$$

5.2.3.2 醛的 Schmidt 重排

醛的 Schmidt 重排反应生成腈，机理如下：

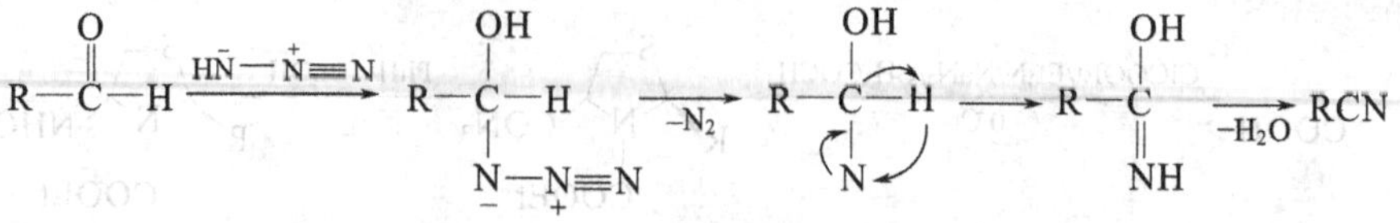

反应如：

$$CH_3CHO + HN_3 \xrightarrow{H_2SO_4} CH_3CN$$

$$PhCHO + HN_3 \xrightarrow{H_2SO_4} PhCHNH + PhNHCHO$$
$$(70\%) \qquad (30\%)$$

PhNHCHO 是氨基甲醛，是醛的 Schmidt 重排的另一个产物。它是通过下述过程形成的：

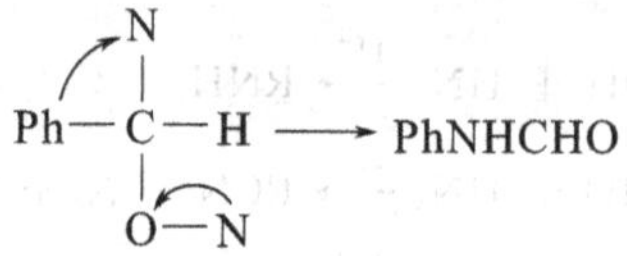

5.2.3.3 酮的 Schmidt 重排

酮的 Schmidt 重排反应得到取代酰胺，机理如下：

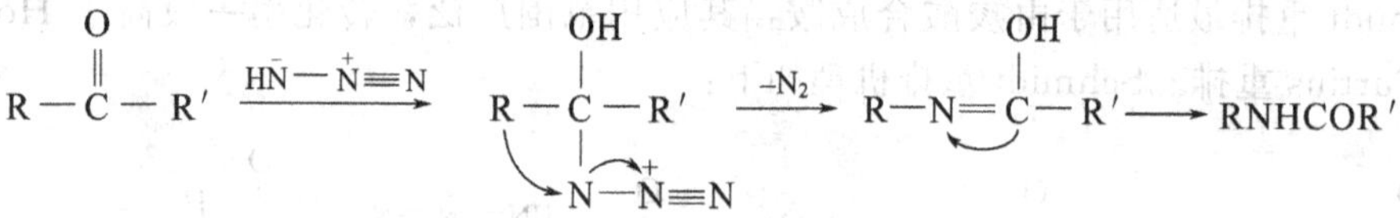

烷基芳基酮重排时，一般是芳基进行迁移，如：

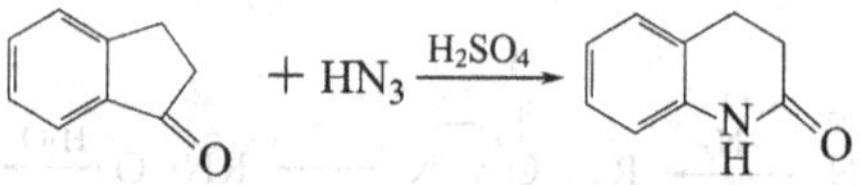

$$PhCOCH_3 + HN_3 \xrightarrow{H_2SO_4} PhNHCOCH_3 \quad (77\%)$$

反应速率：二烷基酮＞烷基芳基酮＞二芳基酮，羧酸。

因此，在酮分子中存在羧基或酯基时，由于羰基的反应速度较快，故只能发生酮的重排反应。利用此性质可制备 α-氨基酸或其酯。如：

此反应收率可达 95%，非常高。

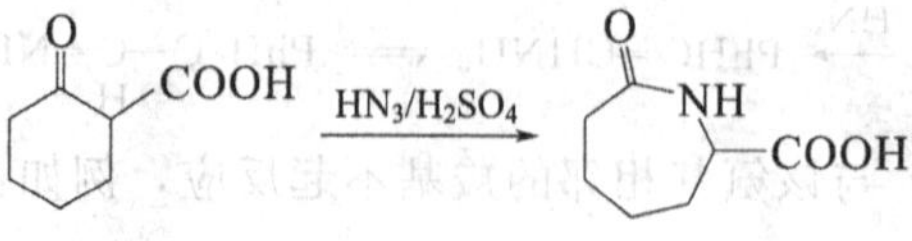

此反应收率可达 74%。

5.2.4 Wolff 重排

α-重氮甲基酮在光、热和催化剂（银或氧化银）存在下放出氮气并生成酮碳烯，再重排生成反应性很强的烯酮，此重排反应称 Wolff 重排。机理为：

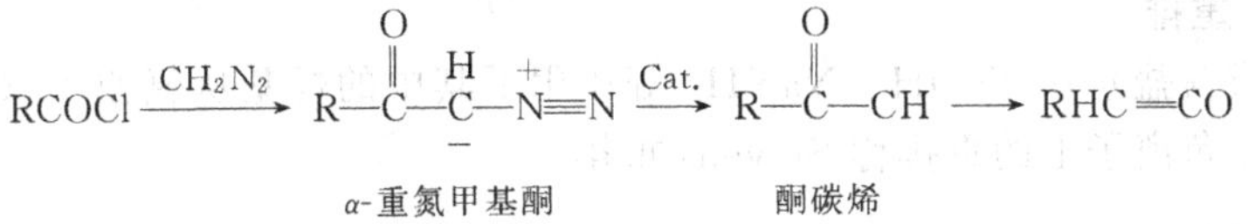

$$RCOCl \xrightarrow{CH_2N_2} R-\overset{O}{\overset{\|}{C}}-\overset{H}{\underset{-}{\overset{+}{C}}-N\equiv N \xrightarrow{Cat.} R-\overset{O}{\overset{\|}{C}}-CH \longrightarrow RHC=CO$$

$$\underset{\alpha\text{-重氮甲基酮}}{\qquad\qquad} \underset{\text{酮碳烯}}{\qquad\qquad\qquad}$$

烯酮与水、醇、氨及胺反应，可分别得到羧酸（RCH_2COOH）、酯（RCH_2COOR'）、酰胺（RCH_2CONH_2）及取代酰胺（RCH_2CONHR'）。

其他 α-重氮酮有类似的重排反应。如用重氮乙烷也可得到类似产物：

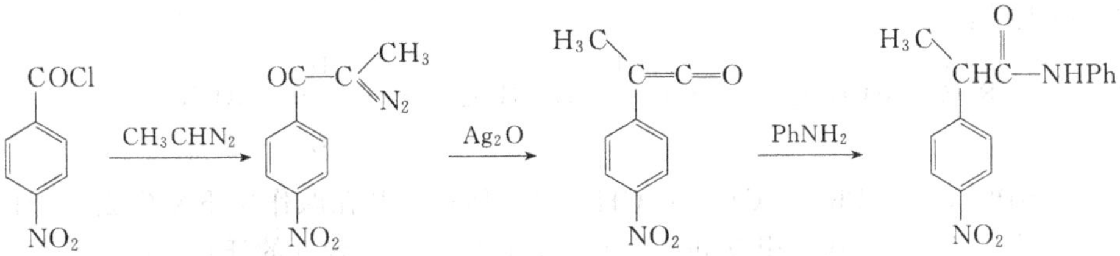

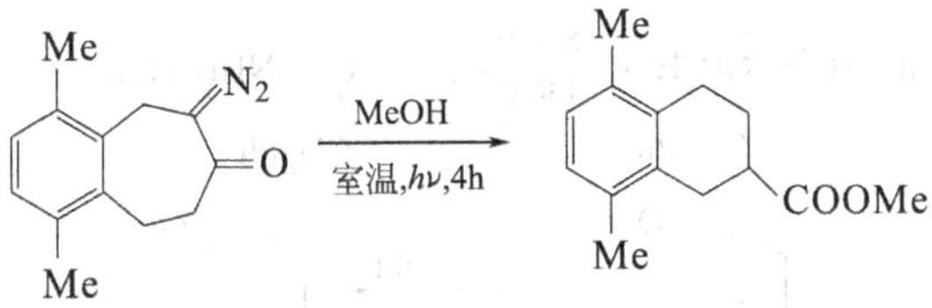

在醇中光解重排生成酯，收率约 84%。

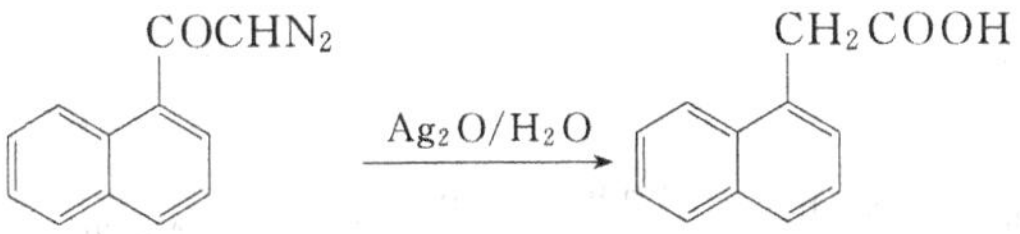

在水中氧化银催化重排生成羧酸，收率可达 80%～85%。

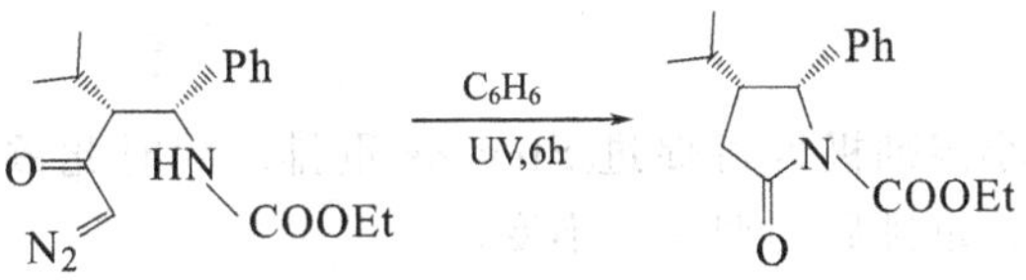

在甲苯中分子内光催化重排生成酰胺，收率约 80%。

还有重排生成的脂环烯酮在氧气的存在下经光照，释放出二氧化碳，生成环酮，如下述反应的收率可达 42%：

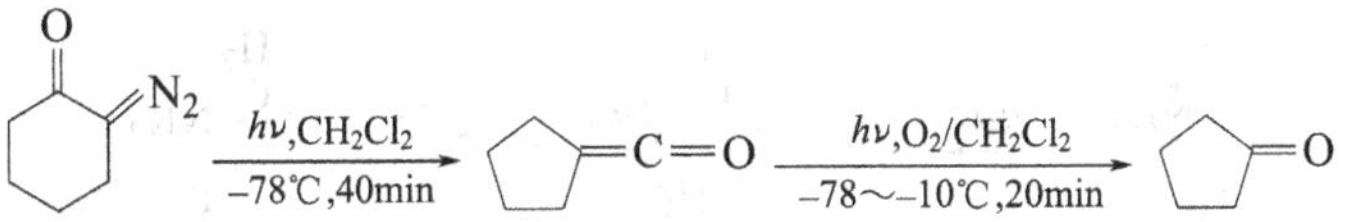

5.3　亲电重排

亲电重排（electrophilic rearrangement）亦称富电子体系的重排，它包含产生负离子中间体的重排。重排在碱性条件下进行，大多数亦属 [1,2]-重排。一般来说，亲电重排不如亲核重排普遍。

5.3.1　Stevens 重排

季铵盐（或锍盐）在 NaOH、NaNH$_2$ 等作用下其中的烃基从氮原子（或硫原子）上迁移至邻近的碳负离子上的重排称 Stevens 重排。

反应通式为：

$$\left[R-\overset{H_2}{C}-\overset{+}{N}(CH_3)_2 \atop R' \right] X^- \xrightarrow{OH^-} R-\overset{H}{\underset{R'}{C}}-NH(CH_3)_2$$

它的机理是：

$$R-\overset{H_2}{C}-\overset{+}{N}(CH_3)_2 \xrightarrow{OH^-} R-\overset{-}{\underset{R'}{C}}-\overset{+}{N}(CH_3)_2 \longrightarrow R-\overset{H}{\underset{R'}{C}}-NH(CH_3)_2$$

其中 R＝PhCO—、Ph—、CH$_2$＝CH—等，使亚甲基在碱作用下易失去质子而得到负碳离子。R′为苄基、取代苯甲基和烯丙基等，这些基团为较好的迁移基团。

如：

$$Ph-\overset{H_2}{C}-\overset{+}{\underset{CH_2Ph}{N}}(CH_3)_2 \xrightarrow[150℃]{NaNH_2} Ph-\overset{H}{\underset{CH_2Ph}{C}}-NH(CH_3)_2$$

反应收率可达 94%。

收率可达 90%。

提高反应温度和减小溶剂极性可促进 Stevens 重排。同时此重排为立体专一性反应，如果迁移基团具有手性，重排后构型保持不变。

5.3.2　Sommelet-Hauser 重排

苯甲基三烷基季铵盐（或锍盐）在 PhLi、LiNH$_2$ 等强碱作用下发生重排，苯环上起亲核烷基化反应，烷基的 α-碳原子与苯环的邻位碳原子相连成叔胺，此重排反应称 Sommelet-Hauser 重排。如：

R′、R″可以是 H 或烃基，但 R 不能是 H。

本重排可以作为在芳环上引入邻位甲基的一种方法。如：

其第一步收率可达 92%。

环状季铵盐也可进行类似重排，如：

收率可达 83%。

除季铵盐外，硫及磷叶立德也能进行 Sommelet-Hauser 重排，得到相应的重排产物，如：

收率可达 98%。

5.3.3　Fries 重排

羧酸的酚酯在 Lewis 酸（如 AlCl₃、ZnCl₂、FeCl₃）催化剂存在下加热，发生酰基迁移至邻位或对位，形成酚酮的重排称为 Fries 重排。

通式：

本重排反应可看作是 Friedel-Crafts 酰基化反应的自身酰基化过程。

重排产物中邻位与对位异构体的比例主要取决于反应温度、催化剂浓度和酚酯的结构。一般情况下是两种异构体的混合物，但通常低温有利于生成对位异构体，高温有利于生成邻位异构体。例如：

Fries 重排反应机理有两种解释，分别为分子间和分子内反应机理。

（1）分子间反应机理

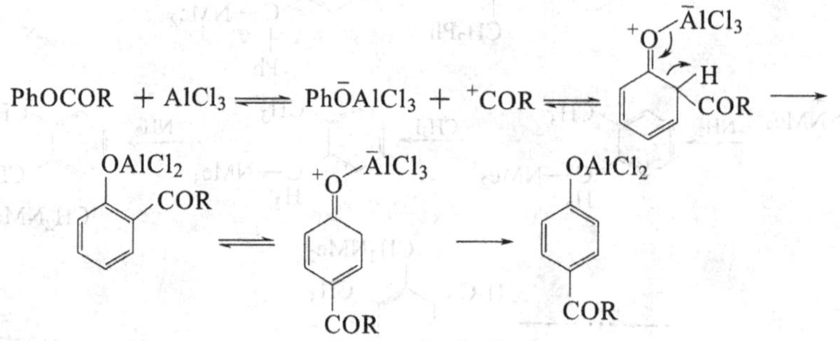

再水解就成为酚酮。

（2）分子内反应机理

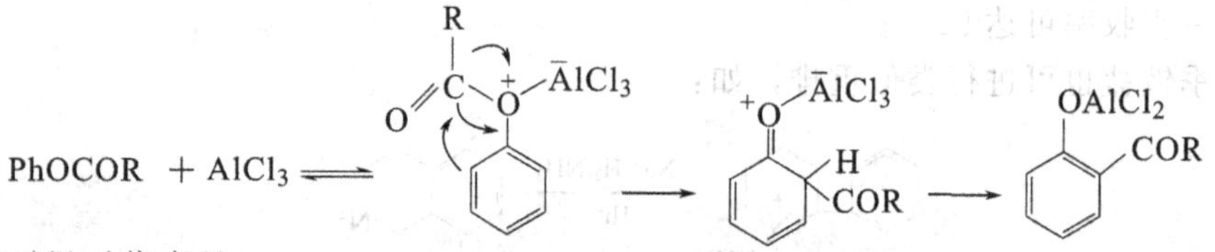

类似可得对位产品。

5.3.4　Favorsky 重排

α-卤代酮类在碱性催化剂（ROK、RONa、NaOH 等）存在下发生重排生成羧酸酯或羧酸（NH₃ 存在使生成酰胺）的重排称 Favorsky 重排。

反应通式如下：

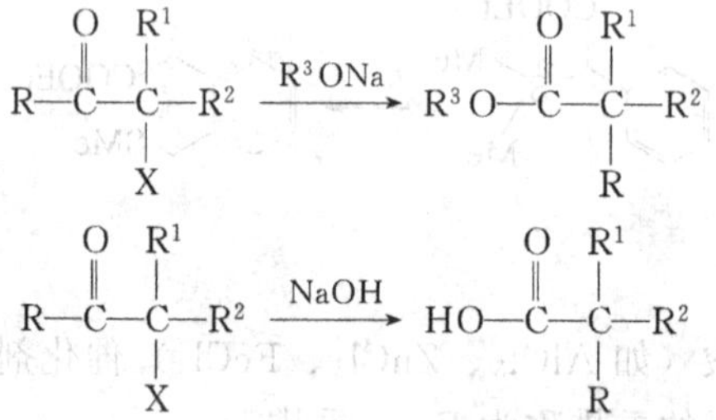

如：

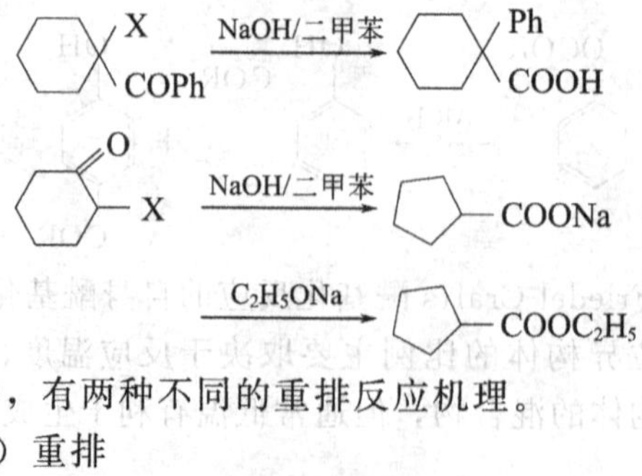

根据 α-H 的存在与否，有两种不同的重排反应机理。

（1）无 α-H（卤代酮）重排

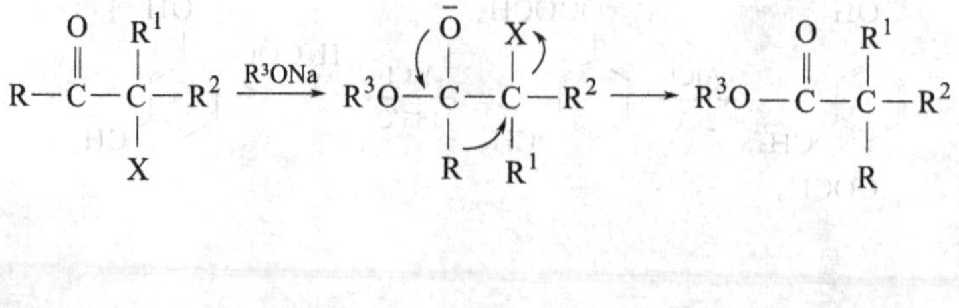

（2）有 α-H（卤代酮）重排　一般认为属经环丙酮中间体的亲电重排：

以上反应中（Ⅰ）和（Ⅱ）的比例取决于其相应碳负离子（A）和（B）的稳定。
反应如：

笼系化合物——立方烷衍生物可通过 Favorsky 重排而得，如：

三步收率分别为 92％、90％、25％。

5.4　σ 键迁移重排

在该重排 [σ 键迁移重排（sigmatropic rearragement）] 过程中，σ 键的迁移是通过某些价键的断裂和形成实现的，即旧 σ 键的断裂、新 σ 键的形成以及 π 键的迁移协同进行，其反应机理与协同反应和周环反应相似，在该过程中并不产生任何正负离子等反应中间体。

5.4.1　Claisen 重排

烯醇类或酚类的烯丙基醚在加热条件下，发生烯丙基从氧原子上迁移至碳原子上的重排，此为 [3,3]-σ 迁移。

反应通式为：

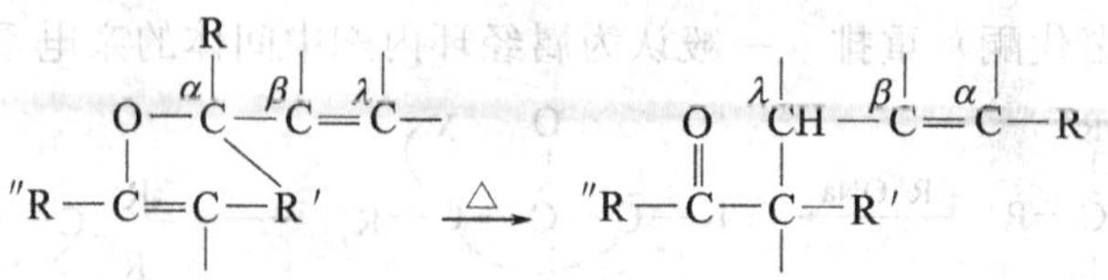

或

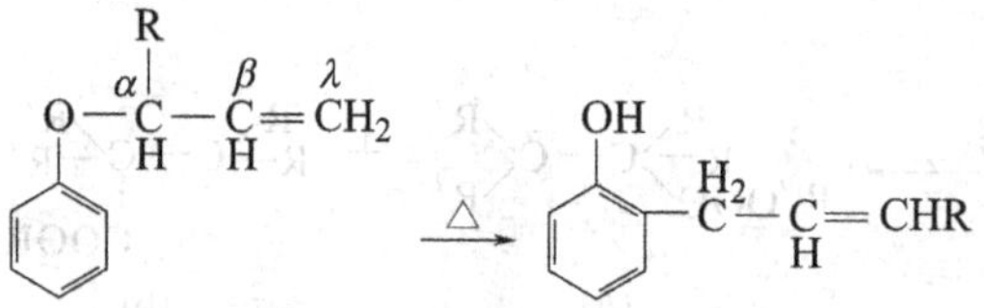

反应机理类似协同反应。

反应通常在无溶剂或催化剂存在下进行。对于烯丙基酚醚，反应物的结构对重排有一定影响。

此重排反应是在苯环上直接引入烯丙基的简易方法。

Claisen 重排反应机理：

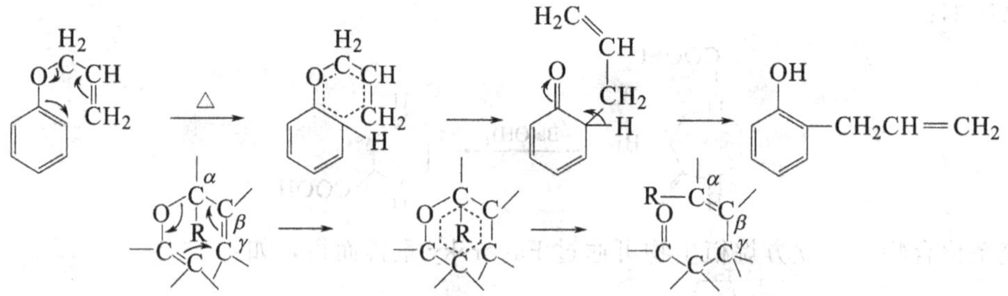

对于烯丙基酚醚，O-烯丙基迁移时，优先发生邻位重排，当两个邻位均有取代基时，则发生对位重排，不会发生间位重排（即邻、对位均有取代基时，不发生 Claisen 重排）。但对于对位重排，则烯丙基先迁移至邻位，再迁移至对位：

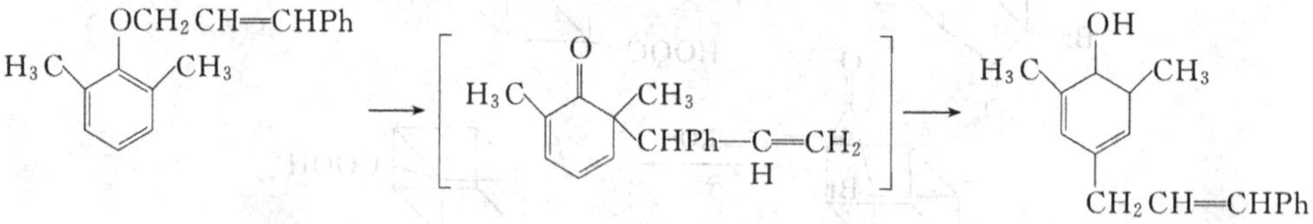

有时 NH_4Cl 等的存在也有利于反应的进行。

若苯环上有间位取代基，一般并不影响 Claisen 重排反应的进行，但若有羧基、醛基时，则会发生脱羧或脱羰发生，如：

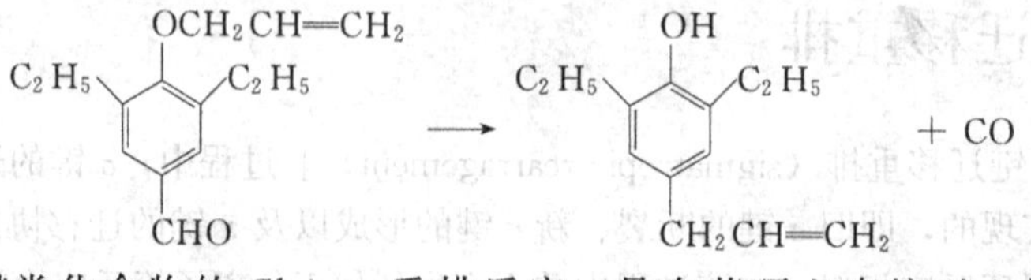

烯丙基苯基醚类化合物的 Claisen 重排反应，是在芳环上直接引入烯丙基的简易方法，也是引入正丙基的间接方法。例如：

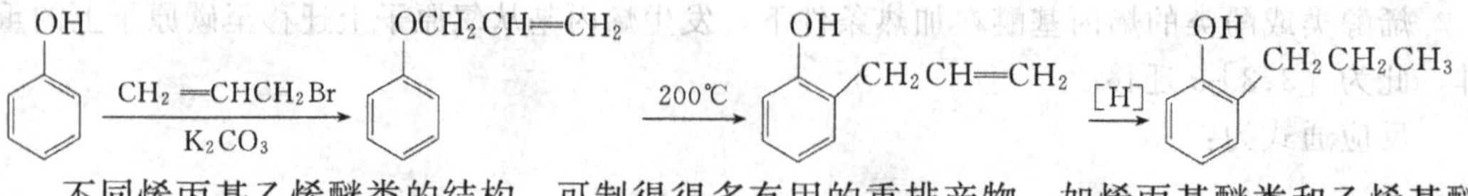

不同烯丙基乙烯醚类的结构，可制得很多有用的重排产物，如烯丙基醚类和乙烯基醚

制备得到烯丙基乙烯醚不需分离，直接进行热重排，可制得醛或酮：

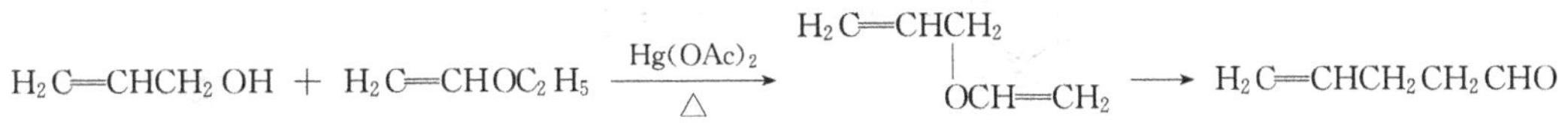

$$H_2C{=}CHCH_2OH + H_2C{=}CHOC_2H_5 \xrightarrow[\triangle]{Hg(OAc)_2} \underset{\underset{OCH=CH_2}{|}}{H_2C{=}CHCH_2} \longrightarrow H_2C{=}CHCH_2CH_2CHO$$

烯丙醇类和原酸酯反应后不经分离，直接进行重排，根据试剂的不同，可引入相应的羧基、羧酸酯基及酰胺基：

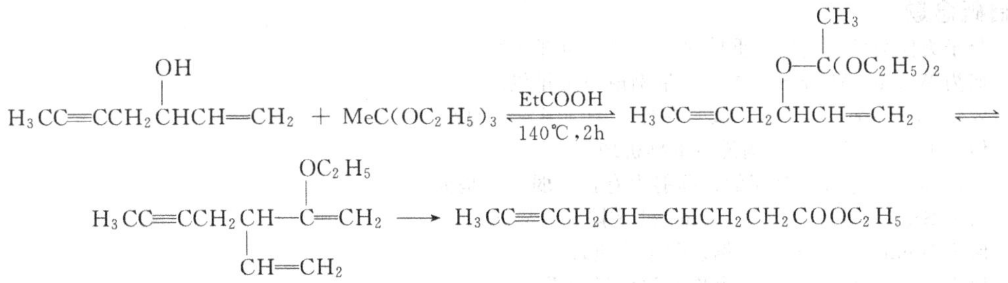

$$H_3CC{\equiv}CCH_2CHCH{=}CH_2 + MeC(OC_2H_5)_3 \xrightarrow[140℃,2h]{EtCOOH} H_3CC{\equiv}CCH_2CHCH{=}CH_2 \rightleftharpoons$$

$$H_3CC{\equiv}CCH_2CH{-}CH_2 \longrightarrow H_3CC{\equiv}CCH_2CH{=}CHCH_2CH_2COOC_2H_5$$

5.4.2　Cope 重排

1,5-己二烯系化合物加热时，可以重排为另一种新的 1,5-基二烯系化合物，此重排反应称 Cope 重排，例如：

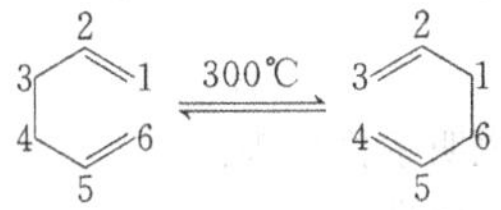

3-位或 4-位上有吸电子取代基，有利于重排反应的进行，例如：

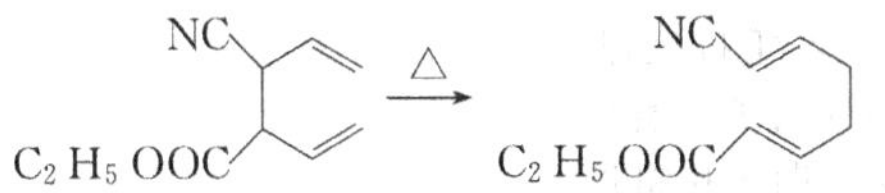

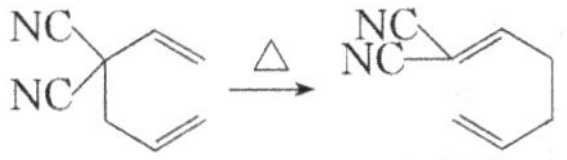

Cope 重排具有可逆性的特征，反应的平衡点取决于产物和底物的相对稳定性，当底物的 3-位或 4-位有吸电子取代基时，则其产物的稳定性较底物高（如上述两例，产物具有共轭结构），而对环状化合物而言，化合物的相对张力则成为决定平衡点的主要因素。Cope 重排是形成新 C—C 键的一种合成手段。

例如：

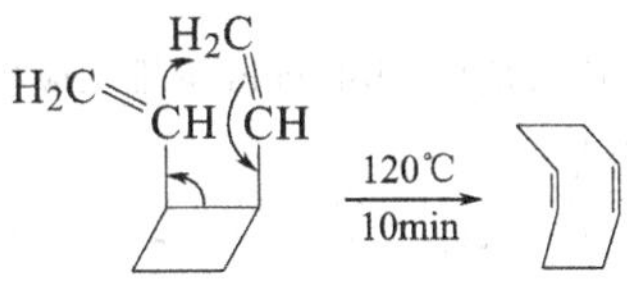

当 C3 上有一个羟基时，则 Cope 重排产物为烯醇，后者转变为羰基化合物，称羟化 Cope 重排（oxy-Cope rearrangement），例如：

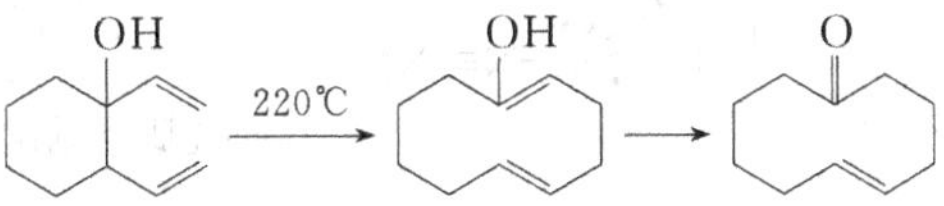

收率可达 80% 左右。

Cope 重排一般系经由分子内六元环的过渡状态：

习　题

基础概念题

5-1　分子为何会发生重排？重排的机理可分为哪几类？

5-2　何为 Wagner-Meerwein 重排？举例说明重排机理。

5-3　Wagner-Meerwein 重排一般是在什么条件下发生的？

5-4　何为 Pinacol 重排？举例说明重排机理。

5-5　Pinacol 重排中迁移基团的迁移能力有强有弱，这是为什么？

5-6　何为 Semipinacol 重排？与 Pinacol 重排有何异同？

5-7　何为 Beckmann 重排？举例说明重排机理。

5-8　何为 Baeyer-Villiger 氧化重排？举例说明重排机理。

5-9　Baeyer-Villiger 氧化重排中下述烃基的迁移能力按大小排的顺序是：

5-10　何为苯偶酰（Benzil）重排？举例说明重排机理。

5-11　何为 Hofmann 重排？举例说明重排机理。

5-12　Hofmann 重排中主要的副产物是什么？如何控制？

5-13　何为 Curtius 重排？举例说明重排机理。

5-14　制备酰基叠氮化合物的方法有哪几种？

5-15　何为 Schmidt 重排？举例说明重排机理。

5-16　何为 Wolff 重排？举例说明重排机理。

5-17　何为 Stevens 重排？举例说明重排机理。

5-18　何为 Sommelet-Hauser 重排？举例说明机理。

5-19　何为 Fries 重排？举例说明机理。

5-20　何为 Favorsky 重排？举例说明机理。

5-21　何为 Claisen 重排？举例说明机理。

5-22　何为 Cope 重排？举例说明机理。

分析提高题

5-23　写出苯丁胺（一种食欲抑制剂）合成反应的 Hofmann 重排反应机理。

5-24　在有机合成上，Curtius 重排也能达到 Hofmann 重排的目的，它们的机理也很类似。酰氯与叠氮根离子反应后生成酰基叠氮化物，加热后发生 Curtius 重排。

酰基叠氮化物(Acyl azide)

(1) Curtius 重排的机理比 Hofmann 重排简单。这个机理中的哪一步与 Hofmann 重排机理相似？

(2) Hofmann 重排机理中，溴是离去基团。Curtius 重排机理中，哪个基团是离去基团？

(3) 给出下述反应的机理。

5-25 写出下述 Beckmann 重排反应产物 1 和产物 2。

5-26 完成下列 Baeyer-Villiger 重排反应。

5-27 用机理解释下述 Stevens 重排反应。

$$Et_3\overset{\oplus}{N}CH_2CH=CH_2 \xrightarrow[0℃]{NaNH_2/NH_3(l)} Et_2NCHCH=CH_2 + Et_2NCH=CHCH_2Et$$

(第一个产物带有 Et 侧链)

5-28 除了芳基烯丙醚能进行 Claisen 重排外，芳基烯丙胺也能进行类似重排。试写出下述 Claisen 重排产物。

5-29 下述物质在三氯化铝作用下，可生成何种物质？其原理是什么？

5-30 可以从什么原料开始通过一步重排得到下列物质 2-哌嗪羧酸？其原理是什么？

5-31 请设计工艺路线完成下述原料到产品的转化过程，并说明采用了何种反应原理。

5-32 下述原料在高温加热时可重排生成何种产品？为什么？

综合题

5-33 请设计四条工艺路线从甲苯开始合成对氯苯胺，说明每一步的原理和工艺条件，其中一条必须用到 Hofmann 重排原理，还有一条必须用到 Curtius 重排原理，还有一条必须用到 Schmidt 重排原理。比较四条工艺路线的优劣。

5-34 请设计由甲苯开始合成对氯-N,N′-二甲基苯胺的三条工艺路线，其中一条必须用到 Wolff 重排原理，比较此三条工艺路线的优劣。

5-35 查阅文献了解 Beckmann 重排在工业上生产的实际应用例子，以及催化剂的种类。

5-36 查阅文献了解 Baeyer-Villiger 氧化重排在工业上生产的实际应用例子。

*第 6 章　消除反应

本章重点

(1) 了解消除反应的分类和原理；

(2) 了解 β-消除反应的特点、影响因素和应用；

(3) 了解 α-消除反应的特点和应用；

(4) 了解 γ-消除反应的特点和应用；

(5) 了解热消除反应的原理和应用；

(6) 了解脱羧反应的原理和应用；

(7) 了解酰胺脱水、醛肟脱水等消除反应的应用。

消除反应（elimination）指从有机分子中除去两个原子或基团（XY），生成双键、三键或环状结构的反应。

$$X\text{—}A\text{—}Y \longrightarrow A + X + Y$$

根据消去的原子或基团（X，Y）相对位置的不同，消除反应可分为以下三类。

(1) α-消除（1,1-消除）　被消去的两个基团（X，Y）连在同一原子上，此种反应称 α-消除。

$$R_2CXY \longrightarrow R_2C\colon + (X,Y)$$
$$\text{碳烯（卡宾，carbene）}$$
$$RNXY \longrightarrow RN\colon + (X,Y)$$
$$\text{氮烯（氮宾，nitrene）}$$

例如，氯仿在强碱液中消去质子和氯负离子生成二氯卡宾（二氯碳烯）：

$$CHCl_3 + OH^- \longrightarrow \colon CCl_2 + Cl^- + H_2O$$

N-对硝基苯磺酰氧氨基甲酸乙酯（Ⅰ）在乙醇钠液中，消去质子和对硝基苯磺酸根负离子，生成乙氧甲酰氮烯（Ⅱ）：

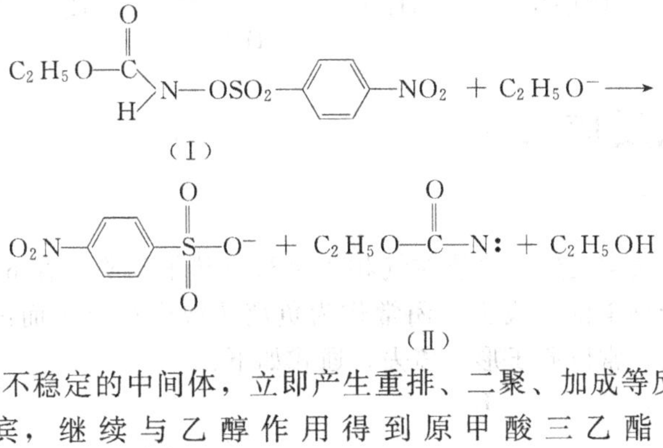

碳烯、氮烯均为不稳定的中间体，立即产生重排、二聚、加成等反应。如氯仿在醇钠中生成的二氯卡宾，继续与乙醇作用得到原甲酸三乙酯（抗疟药氯喹原料）：$CH(OC_2H_5)_3$。

(2) β-消除（1,2-消除）　消去的两个基团（X，Y）连在相邻的两个原子上，反应后形成新的不饱和键如烯键、炔键或偶氮键等。

$$X-R_2C-CR_2-Y \longrightarrow R_2C=CR_2 + XY$$

$$X-RC=CR-Y \longrightarrow RC\equiv CR + XY$$

$$RNX-NYR \longrightarrow RN=NR + XY$$

反应中带着孤电子对离开的基团 Y 称为离去基团，与 Y 相连的碳原子称为 α-碳原子，与另一离去基团 X（通常为氢）相连的碳原子称为 β-碳原子。故在相邻原子上发生的消除反应称为 β-消除反应。β-消除是最重要、最普遍的消除反应，常应用于药物合成。例如五氯乙烷消去氯化氢，生成驱虫药四氯乙烯：

$$Cl_2HC-CCl_3 \xrightarrow{Ca(OH)_2} Cl_2C=CCl_2$$

2,3-二溴丁二酸消去两分子溴化氢，得到解毒药二巯琥钠的中间体丁炔二酸钠：

$$\begin{array}{c} Br-HC-COOH \\ Br-HC-COOH \end{array} \xrightarrow{NaOH} \begin{array}{c} C-COONa \\ \parallel \\ C-COONa \end{array}$$

2-氯-9-(3-二甲氨基丙基)-9-羟基噻吨（thiaxanthene）可在硫酸催化下产生 β-消除反应脱水制取神经官能症治疗药泰尔登：

$$\xrightarrow{H_2SO_4,\ C_6H_6}$$

α-苯基丁酰胺脱水生成 α-苯基丁腈，为合成催眠药苯乙哌啶酮的中间体。

$$\xrightarrow[120\sim140^{\circ}C]{P_2O_5}$$

由于药物合成中经常采用本类反应，本章对此将作重点讨论。

（3）γ-消除（1,3-消除）　离去的两个基团（X，Y）连在 1,3-碳原子中，消去 X、Y 形成环丙烷衍生物：

$$X-C-C-C-Y \longrightarrow \begin{array}{c} C \\ / \ \backslash \\ C-C \end{array} + XY$$

如 γ-氯代戊酮-2 用氢氧化钠处理，消去一分子氯化氢生成环丙烷衍生物。

$$ClCH_2CH_2CH_2-\overset{O}{\underset{\parallel}{C}}-CH_3 \xrightarrow{NaOH} \begin{array}{c} H_2C \\ | \\ H_2C \end{array}\overset{H}{\underset{}{C}}-\overset{O}{\underset{\parallel}{C}}-CH_3 + HCl$$

6.1 β-消除反应

6.1.1 反应机理

β-消除既可在溶液中发生，也能在气相中进行（热解消除，在 6.4.4 讨论）。在液相中进行的机理为离子型消除，离去基团常作为负离子或中性分子而离去，从 β-碳原子上离去的基团通常为氢，常以质子形式离去，通式如下：

$$\underset{X}{\overset{H}{\underset{|}{\overset{|}{-\underset{\beta}{C}-\underset{\alpha}{C}-}}}} \longrightarrow {>}C=C{<} + HX$$

在离子型的 β-消除反应中，根据共价键断裂和生成的次序可分为 E1 机理、E2 机理和 E1cB 机理。

6.1.1.1　E1 机理（单分子消除反应机理）

与 S_N1 机理相似，E1 机理也分为两步。底物在溶剂的作用下，离去基团先带着一对电子离去，生成碳正离子，继而在 β-碳原子上消去质子，给予质子接受者（B^- ：），同时生成双键：

$$H-\overset{R_2}{\underset{}{C}}-\overset{R_2}{\underset{}{C}}-X \xrightarrow{\text{慢}} H-\overset{R_2}{\underset{}{C}}-\overset{+}{C}R_2 + X^-$$

$$B: H-\overset{R_2}{\underset{}{C}}-\overset{+}{C}R_2 \xrightarrow{\text{快}} R_2HC=CHR_2 + HB$$

底物的离解为限速步骤，此步反应只涉及底物分子，碱并不参与，故称为单分子消除反应（E1）。E1 反应速度与底物浓度成正比，为一级反应。

E1 反应与 S_N1 反应的中间体都为碳正离子。当碳正离子形成后，如进攻试剂作为亲核试剂，作用于带正电荷的 α-碳原子，反应结果为取代反应，若进攻试剂作为碱而作用于 β-氢原子，使 β-碳原子上失去质子，同时生成新的双键，为消除反应。

由于 E1 的 S_N1 为碳正离子形成后相互竞争的反应，凡能促进 S_N1 反应的因素，都能加速 E1 反应。如下述例子，在（Ⅰ）和（Ⅱ）反应时，不同的离去基团决定分子离解能力的不同，使反应速率有很大差异，但在碳正离子一旦形成后，进一步反应就不受离去基团的影响。因此，溶剂、温度等反应条件相同时，产物的比例很相近。如（Ⅰ）与（Ⅱ）生成相近产率的（Ⅲ）和（Ⅳ）。

$$(CH_3)_3C-Br \xrightarrow{\text{慢}} (CH_3)_3C^+ + Br^-$$

$$(CH_3)_3C^+ \begin{cases} \xrightarrow{OH^-} (CH_3)_3C-OH \\ \xrightarrow{H_2O} (CH_3)_3C-OH_2^+ \longrightarrow (CH_3)_3C-OH + H^+ \end{cases} \quad (S_N1\text{反应})$$

$$(CH_3)_2\overset{+}{C}-\overset{H_2}{C}-H \xrightarrow[\text{(H}_2\text{O)}]{OH^-} \begin{cases} \xrightarrow{OH^-} CH_2=C(CH_3)_2 + H_2O \\ \xrightarrow{H_2O} CH_2=C(CH_3)_2 + H_3\overset{+}{O} \end{cases} \quad (E1\text{反应})$$

$$(CH_3)_3C-Cl \underset{63.7\%}{\overset{36.3\%}{\rightleftarrows}} \begin{array}{c} CH_3-\underset{CH_3}{\overset{}{C}}=CH_2 \\ (\text{Ⅲ}) \\ (CH_3)_3C-OH \end{array} \underset{64.3\%}{\overset{35.7\%}{\rightleftarrows}} (CH_3)_3C-\overset{+}{S}(CH_3)_2$$

（Ⅰ）　　　　　　　　　　　　　　　（Ⅳ）　　　　　　　　　　　　（Ⅱ）

如烃基结构发生改变，对取代和消除产物的相对比例将产生明显的影响（后面讨论）。

在强离子化溶剂中，具有强离去基团的化合物或连有给电子基团（使碳正离子稳定）的化合物，消除反应易按 E1 机理进行。如醇在酸催化下脱水。

$$(CH_3)_3C-OH + H^+ \xrightarrow{\text{快}} (CH_3)_3C-\overset{+}{O}H_2 \xrightarrow{\text{慢}} (CH_3)_3C^+ + H_2O \xrightarrow{\text{快}} CH_2=C\overset{CH_3}{\underset{CH_3}{\big\langle}} + H_3\overset{+}{O}$$

仲卤或叔卤在强极性介质中脱卤化氢，均为 E1 反应。

某些锍盐、磺酸酯在极性溶剂中加热也发生 E1 反应：

$$CH_3C(CH_3)_2\overset{+}{S}(CH_3)_2 \longrightarrow (CH_3)_2C=CH_2 + (CH_3)_2S + H^+$$

6.1.1.2 E2 机理（双分子消除反应机理）

在消除反应中，进攻试剂（B⁻ :）作用于 β-氢原子形成过渡态后，试剂将氢夺走的同时，离去基团带着一对成键电子从分子中脱去，两个碳原子间生成新的不饱和键：

$$\text{B}: \overset{\frown}{\text{H}}-\underset{|}{\overset{|}{\text{C}}}-\underset{|}{\overset{|}{\text{C}}}-\text{X} \xrightarrow{\text{慢}} \text{B}^{\delta-}\cdots\text{H}\cdots\underset{|}{\overset{|}{\text{C}}}=\underset{|}{\overset{|}{\text{C}}}\cdots\text{X}^{\delta-} \xrightarrow{\text{快}} {>}\text{C}=\text{C}{<} + \text{HB} + \text{X}^-$$

双分子过渡态的形成为限速步骤。反应底物与进攻试剂均参加过渡态的形成，因此称双分子消除反应（E2）。其反应速率与底物的浓度和试剂的浓度成正比，为二级反应。

E2 和 S_N2 常为竞争反应，两种途径的区别在于：带孤电子对的试剂，作为亲核试剂进攻 α-碳原子时，发生 S_N2 反应，如作为碱进攻 β-氢原子，则发生 E2 反应。

$$\text{B}^- + \text{H}-\underset{|}{\overset{|}{\text{C}}}^{\beta}-\underset{|}{\overset{|}{\text{C}}}^{\alpha}-\text{X} \longrightarrow
\begin{cases}
\text{B}^{\delta-}\cdots\underset{|}{\overset{\overset{\displaystyle -\text{C}^{\beta}-}{|}}{\text{C}^{\alpha}}}\cdots\text{X}^{\delta-} \longrightarrow \text{B}-\underset{|}{\overset{|}{\text{C}}}^{\beta}-\underset{|}{\overset{|}{\text{C}}}^{\alpha}-\text{H} + \text{X} \quad (\text{S}_N2)\\[2em]
\text{B}^{\delta-}\cdots\text{H}\cdots\underset{|}{\overset{|}{\text{C}}}^{\beta-}-\underset{|}{\overset{|}{\text{C}}}^{\alpha}\cdots\text{X}^{\delta-} \longrightarrow {>}\text{C}=\text{C}{<} + \text{HB} + \text{X}^- \ (\text{E2})
\end{cases}$$

离去基团（X）可为 NR_3^+、PR_3^+、SR_2^+、SO_2R、OSO_2R、Cl、Br、I、$OCOR$ 等。进攻试剂常用的有 R_3N、HO^-、RO^-、AcO^-、ArO^-、NH_2^- 等。下面的反应为典型的 E2 机理：

$$\langle\bigcirc\rangle-\text{CH}_2\text{CH}_2\overset{+}{\text{N}}(\text{CH}_3)_3 + \text{N}(\text{CH}_3)_3 \longrightarrow \text{H}\overset{+}{\text{N}}(\text{CH}_3)_3 + \langle\bigcirc\rangle-\text{CH}=\text{CH}_2 + \text{N}(\text{CH}_3)_3$$

$$\text{CH}_3\text{CH}_2\overset{+}{\text{S}}(\text{CH}_3)_2 + \text{OH}^- \longrightarrow \text{H}_2\text{C}=\text{CH}_2 + \text{S}(\text{CH}_3)_2 + \text{H}_2\text{O}$$

$$\text{CH}_3(\text{CH}_2)_3\text{CH}_2\text{CH}_2\text{Br} + \text{OH}^- \longrightarrow \text{CH}_3(\text{CH}_2)_3\underset{\underset{\text{H}}{|}}{\text{C}}=\text{CH}_2 + \text{HBr}$$

在甾体药物合成中可利用乙酸酯在碱存在下，消去乙酸根负离子，在甾核上引进双键，此反应也属 E2 机理。

$$\xrightarrow{\text{CH}_3\text{COONa, CH}_3\text{CH}_2\text{OH}}$$

6.1.1.3 E1cB 机理（碳负离子机理）

β-消除反应中，β-氢原子优先被进攻试剂所吸引而以质子形式离去，并形成碳负离子（底物的共轭碱），然后脱除离去基团，生成新的双键。从底物的共轭碱（conjugale base）（Ⅰ）生成 π 键的反应为单分子消除反应，故称作 E1cB（或写作 E1cBB）机理。

$$\overset{-}{\text{B}} + \text{H}-\underset{|}{\overset{|}{\text{C}}}-\underset{|}{\overset{|}{\text{C}}}-\text{X} \rightleftharpoons \text{BH} + \underset{|}{\overset{|}{\overset{-}{\text{C}}}}-\underset{|}{\overset{|}{\text{C}}}-\text{X}$$

$$(\text{Ⅰ})$$

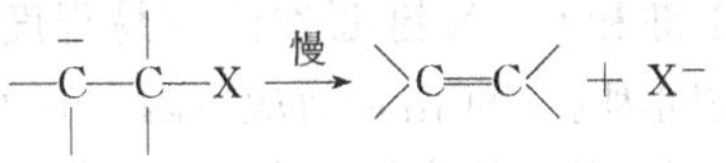

$$-\overset{\mid}{\underset{\mid}{C}}-\overset{\mid}{\underset{\mid}{C}}-X \xrightarrow{\text{慢}} \hspace{0.3em} \mathord{>}C{=}C\mathord{<} \hspace{0.3em} + \hspace{0.3em} X^-$$

E1cB 机理与 E1 机理相似，为两步反应，但中间体为碳负离子，反应动力学属二级。按 E1cB 机理进行的反应，底物结构的要求为：

① 一个弱的离去基团 X，使 C—X 键不易离子化，以免 C—X 键在 β-氢离去前断裂；

② 在 β-位上连有吸电子性能力强而又没有离去性质的基团，如 $\mathord{>}CO$ 、—NO_2、—CN 等。它们既能增强 β-氢原子的酸性，又能稳定所形成的碳负离子。反应试剂以强碱（如叔丁醇钾）最为有利。

简单卤代烷和磺酸烷基酯中的 C—X 键和 C—OSO 键易于断裂，不按 E1cB 机理发生反应。但在三氯乙烯及五氯乙烷分子中，由于吸电子的氯原子数目增加，氯原子的−I 效应增强氢原子的酸性，故二者进行 β-消除时，都可能为 E1cB 机理。在三氯乙烯分子中，除氯原子的−I 效应外，双键上的碳原子为 sp^2 杂化，较 sp^3 杂化碳原子更能增强其所连氢原子的酸性，从而更可能按 E1cB 机理产生三键。

ZCH_2CH_2OPh 型的化合物，—OPh 为很弱的离去基团，若 Z 为—NO_2、—CN、—SMe_2^-、—COOR 等吸电子基团，则其 β-消除反应常为 E1cB 机理。

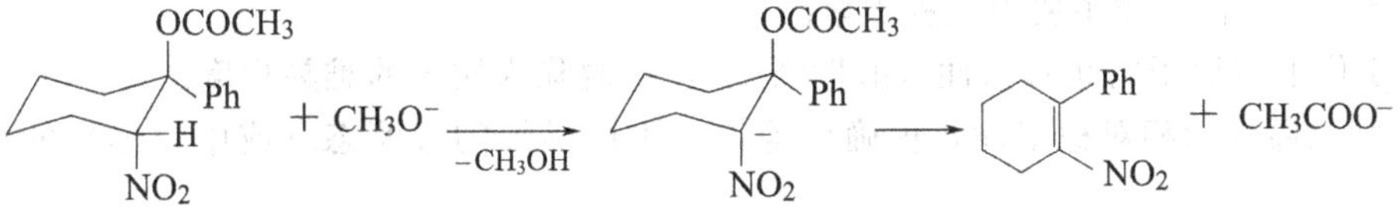

6.1.1.4　E1-E2-E1cB 机理谱

E1、E2、E1cB 三种机理中都产生带着成键电子对而移去的离去基团，和一个不带成键电子对离去的基团（通常为质子）。三种机理之间的区别只在于基团离去的先后次序以及中间过渡态的不同。可以认为 E1、E2、E1cB 为三种极限机理，而实际上许多消除反应往往处于这些极限机理之间。

离子消除反应多数按 E2 机理进行。E2 实际上是一系列机理的总称，都是双分子消除反应，但其中只有 C—H 键和 C—X 键同时断裂并生成 π 键的过程，才为典型的 E2 机理。而大多数 E2 反应中键的破裂和形成并不完全协同，有先后之分。在一定条件下，C—H 键的断裂先于 C—X 键的断裂和 π 键的生成，这时过渡态与 E1cB 相似，称似 E1cB 过渡态（E1cB-like-transition state）。如 C—X 键的断裂先于 C—H 键的断裂和 π 键的生成，则过渡态与 E1 相似，称似 E1 过渡态（E1-like-transition state）（图 6-1）。

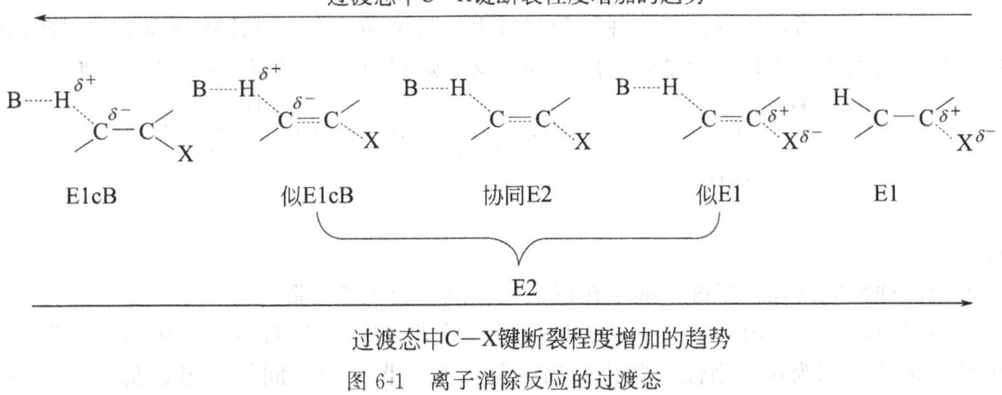

过渡态中C—X键断裂程度增加的趋势

图 6-1　离子消除反应的过渡态

过渡态的结构类型与 C—H 键和 C—X 键断裂的难易程度有关，即与：①离去基团的性质；②底物的性质；③底物的空间因素；④溶剂效应等因素有关。一般根据同位素效应或反应的 Hammentt ρ 值等的研究，可测定某一给定反应在 E1-E2-E1cB 机理中可能处于何种位置。如 $CH_3CH_2N^+Me_3$ 的氮同位素效应（$^{14}K/^{15}K$）为 1.017，而 $PhCH_2CH_2N^+Me_3$ 的值则为 1.009。它意味着在过渡态中 C—N 键断裂的程度前者较后者大，即苯基取代使反应相对移向 E1cB 一边。又如 $ArCH_2CH_2X$ 中的 ρ 值，X=I 为 2.07；Br，2.14；Cl，2.61；F，3.12。ρ 值增大，意味着过渡态的碳负离子程度加大，所以反应由似 E1 向似 E1cB 机理方向转移。

弱碱与极性非质子性溶剂中的某些烷基卤化物或甲苯磺酸酯作用时，进行 E2 反应的速度比用一般强碱（如在醇溶液的 RO^-）作用时的 E2 反应为快。

6.1.2　消除反应的择向

在消除反应中，如底物分子中的 β-氢原子多于一种时，反应可按不同的方位进行，生成多于一种的烯烃。

$$RCH_2CHCH_3 \big| X \xrightarrow{-HX} \begin{cases} RCH_2CH=CH_2 \\ RCH=CHCH_3 \end{cases}$$

消除反应的择向有一定的规律，即双键定位规律，据此可预言主要产物。

实际上，定位规律主要由三种因素决定：

① β-位上氢原子的相对活性（酸性强度），即脱除为质子的难易程度。

② 所成烯烃的相对稳定性，更确切地说，生成烯烃的过渡态（或中间体）的相对稳定性。

③ 立体效应，包括烷基的立体结构、离去基团和进攻试剂体积的大小等。

下面简单介绍一些通用的规律。

6.1.2.1　Saytzeff 法则

在仲卤烷和叔卤烷及相应的醇分解时，主要生成双键碳原子上含烷基最多的烯烃。即从烷基最多的 β-碳原子上消去氢原子，同时共轭烯烃更易生成。烯烃稳定性如：

$$PhCH=\underset{H}{C}-CH_2R > PhCH_2-\underset{H}{C}=CHR，HCR=CHR>RCH=CH_2$$

如下述反应则易通过消除反应生成共轭烯烃：

$$Br-\bigcirc-Br \xrightarrow[C_2H_5OH]{C_2H_5ONa} \bigcirc$$

6.1.2.2　Hofmann 法则

在 E1cB 反应机理中，有一个 β-氢原子被夺取生成碳负离子中间体的过程，因此这个碳负离子越稳定、越易生成，然后再脱去离去基团生成烯。因为伯碳、仲碳、叔碳的碳负离子稳定性是递减的，所以伯氢比仲氢和叔氢更容易被强碱夺取形成碳负离子，因此消除反应后得到的主要产物是取代基较少的烯烃，这类烯烃也称为 Hofmann 烯烃。如：

$$H_3C-\underset{N(CH_3)_3}{\overset{H_2}{\underset{|}{C}}}-CH-CH_3 \xrightarrow{150℃} H_3C-\underset{H}{\overset{}{C}}=\underset{H}{\overset{}{C}}-CH_3 + H_3C-\underset{H}{\overset{H_2}{C}}-C=CH_2$$

$$(5\%)(95\%)$$

6.1.2.3　Bredt 法则

不论何种反应机理，双键一般不在桥头上形成，但大脂环除外。

例如下面的（Ⅰ）消除时只生成（Ⅱ）而不形成（Ⅲ），同理（Ⅳ）不发生消除，只产生 S_N1 取代。因为这些刚性环状化合物（Ⅲ）和（Ⅳ）的空间位置形成折叠状，不能使 p 轨道交盖形成有效的 π 键。

但 α-取代的十氢萘衍生物，因两个六元环足够大，具有能保证 p 轨道交盖的柔性，因而稠合碳原子上的氢能发生消除。如 α-溴代十氢萘消除生成八氢萘烯-1。

6.1.2.4　其他法则

① 不论任何反应机理，如分子中已有一个双键（C═C、C═O），并能与新的双键共轭时，则生成的产物主要是共轭化合物。

② 邻二卤代物的成炔反应取向，即邻二卤代反应在氢氧化钾乙醇溶液中加热，生成三键上取代基较多的炔烃，如：

但用强碱氨基钠时，以生成端基炔为主。

6.1.3　消除反应的立体化学

消除反应的立体化学，通常指顺位消除（*syn*-elimination）或反位消除（*anti*-elimination）的问题，即反应过程中，两个消去的原子或基团相互处于顺式位置或反式位置。

对 E1、E1cB 机理来说，由于生成的中间化合物是碳正离子或碳负离子，因此产物的大多数是消旋化合物，但对 E2 就不一样。

根据许多实验结果及消除理论判断，可以认为：在大多数情况下 E2 反应为反位共平面消除反应（反位消除），但特殊结构的底物，由于空间和其他原因也可按顺位消除。

6.1.3.1　开链化合物

在开链化合物中，底物各构象异构体间的能量差别不大，容易相互转变，因而构象对消除反应的进程并不呈明显的影响，在 E2 反应中都采取反位消除所需的构象。但底物分子的构型却决定了消除产物分子的构型。如底物分子含有两个手性碳原子时，在两个离去基团必须共平面的条件下，可能有下面四种情况：

如以反位消除的产物为主,苏式对映体生成反式烯烃,而赤式对映体生成顺式烯烃。1,2-二苯基丙基三甲铵离子的消除符合此一规律。

在 1,2-二苯基丙基三甲铵离子与 OEt⁻ 的消除反应中,苏式比赤式异构体的反应快57 倍。因在苏式异构体反应时的构象中,两个苯基为对位交叉,而赤式异构体中,两个苯基为邻位交叉,前者能量较后者低,因此它可通过低能量的构象进行消除反应,而赤式必须采取较高能量的构象,所以消除反应较苏式慢。此种效应称重叠效应(eclipsing effect)。

又如 2-溴戊烷的 E2 反应,服从 Saytzeff 法则,主要产物为戊烯-2,但顺式异构体为18%,反式异构体占 51%。根据反位共平面消除的原则,可能采取下示两种不同的构象进行反应。

在式 (Ⅰ) 中 C_2H_5 处于 CH_3 和 Br 之间,而在式 (Ⅱ) 中 C_2H_5 处于 Br 和 H 之间。式 (Ⅱ) 较式 (Ⅰ) 稳定,因而消除反应主要由构象式 (Ⅱ) 进行,生成51% 的反式异构体。由式 (Ⅰ) 生成的产物是 18% 顺式异构体,其余的为 Hofmann 消除产物。

在含双键的化合物发生消除反应时,由于 π 键不能自由旋转,双键碳原子上所连的基团相对固定，若消去的基团处于反式排列，消除速度较处于顺式排列者为快。如1,2-二氯乙烯消去氯化氢，顺式较反式异构体快20倍。反-氯代丁烯二酸消去氯化氢的速度较顺-氯代丁烯二酸快40倍：

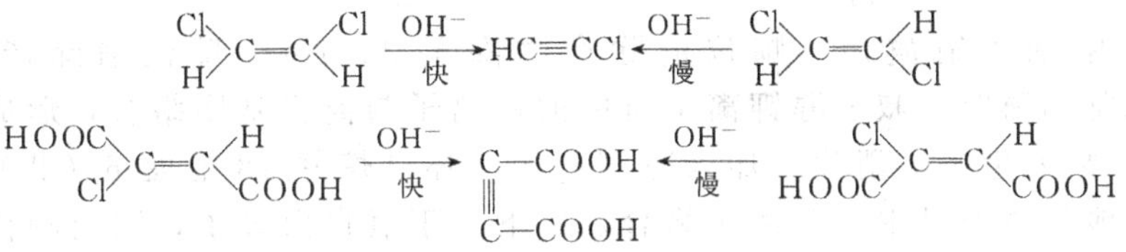

6.1.3.2 脂环化合物

在脂环化合物中，成环碳原子上基团的空间位置相对固定，构象对消除进程表现了明显的影响。环己烷衍生物的E2反应，消去的两个原子或基团必须分别处于相邻碳原子的竖位上，此种构象有利于反位消除（双竖位反位消除）。

如环己烷衍生物（Ⅰ）消去氯化氢生成100%萜烯-2。

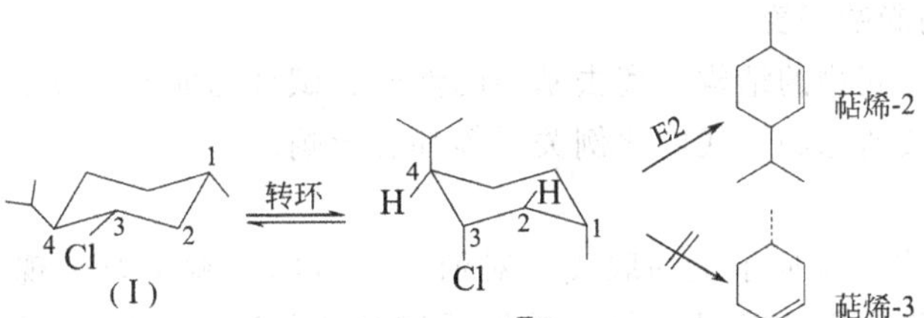

（Ⅰ）式为优势构象，氯处于 e 位，必须经转环作用变为（Ⅱ）后，氯才处于 a 位，才能与C2竖位氢发生E2反应，生成萜烯-2。C4氢为横位，故无萜烯-3产生。

6.1.3.3 顺位消除

E2反应一般为反位消除，当底物不能满足反位消除所需的立体条件时，在下述情况也能发生顺位消除：①两个离去基团的二面角不为180°而为0°，即可形成顺位共平面；②顺位共平面的氢较反位氢活泼；③分子空间结构有利于顺位消除；④负离子碱的离子对中的正离子可与离去基团络合而起催化剂作用。

降冰片烷基三甲基铵离子消去三甲胺是顺位消除。因这个环系刚性较强，不能扭动，这样，三甲铵离子与反位氢原子的两面角为120°，二者不在同一平面，故不易发生消除反应。而三甲铵离子与顺位氢原子的两面角为0°，处于共平面，故能发生顺位消除反应。如在适当位置用氘作标记原子（Ⅰ），消除时只得到不含氘的烯烃。

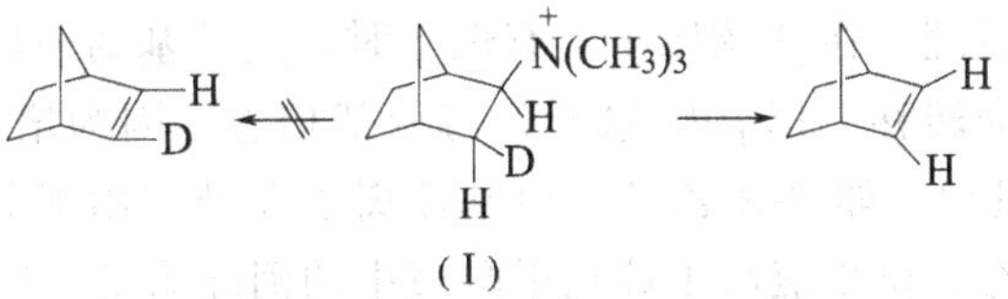

下述2-苯基环戊醇对甲苯磺酸酯（Ⅰ）分子中，H1和H2与对甲苯磺酰氧基分别处于反位和顺位共平面，但H1的活性（π共轭）大于H2，故易发生顺位消除，当在叔丁醇钾-叔丁醇液中于50℃反应时，顺位消除产物1-苯基环戊烯（Ⅱ）可达89.2%，反位消除产物（Ⅲ）为10.8%。

（Ⅰ）　　　　　　　（Ⅱ）　　　　（Ⅲ）

当底物中加入冠醚后，顺位消除产物降至 30.1%，反位消除产物增加到 69.9%。未加冠醚时，叔丁醇钾离子对中的钾离子与离去基团络合，形成下示的过渡态（Ⅰ），故发生顺式消除。加入冠醚［如二环己烷并-18-冠醚-6（Ⅱ）］后，冠醚能选择性地与离子对中的钾离子络合，留下叔丁氧自由离子，因而顺位消除产物减少，主要生成反位消除产物。

（Ⅰ）　　　　　　　　　（Ⅱ）

6.1.4　消除反应的影响因素

在消除反应中，底物的结构、离去基团的性质、试剂的碱性强度、溶剂的极性等对反应活性、反应机理及消除和取代的比例关系等都有影响。

6.1.4.1　底物结构

底物分子中 α-或 β-碳原子上的取代基对消除反应的影响主要表现在：①对新生双键产生稳定作用或失稳作用；②对 β-氢的酸性是增强或是减弱；③增强或减弱碳负离子的稳定性；④立体效应。

（1）对反应活性的影响　碳原子连接有烷基、苯基或乙烯基时，能与新生双键共轭，增强产物的稳定性，因而加快各种机理的反应速率。如 α-溴乙苯和溴乙烷在 $0.1\text{mol} \cdot \text{dm}^{-3}$ 乙醇钠-乙醇液中，于 25℃消除溴化氢时，E2 反应速度分别为 11.5×10^4 及 0.15×10^4，异溴丙烷和叔溴丁烷的 E2 速度（25℃）分别为 2.37×10^4 及 41.7×10^4。

β-碳原子上有—C_6H_5、—$CH=CH_2$、—NO_2、—SO_2、—CN、$\diagdown C=O$ 等基团时，由于这些基团的 $-I$ 效应，增强 β-氢原子的酸性，易受碱进攻，从而加速 E2 和 E1cB 反应。如溴乙烷和 β-溴乙苯的 E2 速度（25℃）分别为 0.15×10^4 和 56.1×10^4，以后者为快。若 β-碳原子上有给电子基，则降低 β-氢原子的酸性，E2 反应速率随之降低，但使 E1 反应速率增大。如异溴丙烷与 3-溴戊烷在 60%乙醇-水中，30℃时的 E1 反应速度分别为 3.2×10^4 及 9.0×10^4，后者较前者快约 3 倍。

（2）对反应机理的影响　α-碳原子上有烃基时，若由于超共轭效应而增强碳正离子的稳定性时，有利于 E1 机理。在 β-碳原子上有烷基时，则烷基的 $+I$ 效应降低 β-氢的活性，也使反应向 E1 机理方向转移。但 β-碳原子若与芳基相连，因为增强了 β-氢原子的酸性，而有利于 E2 和 E1cB 机理。如 β-苯乙基三甲基铵离子在碱作用下分解为苯乙烯的反应为 E2 机理，而 α-氯代苯乙烷和 2-氯叔丁烷在甲醇液中的消除为 E1 机理。

（3）对消除和取代比例的影响　在单分子反应中，α-碳原子上取代的烷基愈大，愈有利于 E1 机理的进行，增加消除反应产物的比例。如三种仲卤烷在 60%乙醇-水溶液中，于 80℃进行单分子反应时，其总反应速率（$k_1 = k_{S_N1} + k_{E1}$）、E1 速度以及生成烯烃的百分含量如下。

烷基	$\dfrac{CH_3}{CH_3}{>}CH-$	$\dfrac{CH_3CH_2}{CH_3}{>}CH-$	$\dfrac{CH_3CH_2}{CH_3CH_2}{>}CH-$
k_1	7.06×10^5	7.41×10^5	5.97×10^5
k_{E1}	0.32×10^5	0.63×10^5	0.90×10^5
含量/%	4.6	8.5	15.1

在消除反应中，生成的烯烃为平面结构，取代基之间的距离较远，所引起的立体阻碍较 S_N1 产物（为四面体结构）为小，因而烷基大有利于 E1 反应。此外，α-碳原子上的烷基愈多所生成的烯烃分子的超共轭效应愈大，使烯烃更趋于稳定，故从能量上看对 E1 反应也属有利。伯卤烃、仲卤烃和叔卤烃在单分子反应中，E1 机理的倾向逐渐增加。

在双分子反应中，α-碳原子上烷基的增多也有利于 E2 反应，因为有更多的 β-氢可受碱进攻，烷基多，S_N2 过滤态的立体阻碍比较突出，而 E2 过渡态的立体阻碍则较小；当生成烯烃后，可进一步解除过渡态的立体阻碍，又可通过超共轭效应而使烯烃稳定，故 E2 较 S_N2 容易进行。在 β-碳原子有烷基取代时，由于 S_N2 机理的减慢，相对地增加消除产物。

6.1.4.2 离去基团的化学结构

消除反应中的离去基团与亲核取代反应中的相似。

离去基团对反应机理的影响与整个分子的结构和反应条件等都有关系。一般是：强的离去基团易于解离，有利于 E1 机理。而弱的离去基团和带正电荷的离去基团，使反应机理向 E2 方向转移。若 β-碳原子上有强的吸电子基，则反应进一步转向 E1cB。

在消除与取代反应中，对一级反应来说，离去基团对消除与取代反应之间的竞争没有影响。在二级反应中，不同的卤素对消除与取代反应之比，影响并不明显。带正电荷的离去基团能增加消除反应。而离去基团为—OTs 时，若在开链的烃基上，常有较多的取代反应，如 n-$C_{18}H_{37}OTs$ 用叔丁醇钾处理，99% 为取代反应，但在脂环上，则易发生消除反应。

6.1.4.3 碱性试剂

在单分子反应中，反应速度与试剂碱性的强弱和浓度有关，但当碱的浓度增加后，反应会向双分子机理转化。而试剂浓度的改变对消除反应和取代反应之比的影响是平行的，即在同一动力学级数范围内，反应产物与试剂的浓度无关。如在乙醇中。55℃时异溴丙烷和叔溴丁烷与不同浓度的碱作用，反应级数和生成烯烃的相对量如图 6-2 所示。试剂浓度增加，反应级数改变，但在同一级中，生成烯烃的相对量几乎为恒定值。

试剂的碱性（对质子的反应活性）和亲核性（对缺电子碳原子的反应活性）并不是严格地平行变化。因此，在双分子反应中，试剂碱性的强

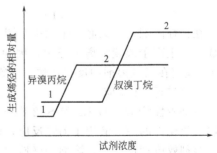

图 6-2 碱性试剂浓度与反应级数和 生成烯烃的相对量

弱对消除反应和取代反应有不同的影响。一般地讲，强碱对 β-氢原子和 α-碳原子作用都较强，弱碱则与 α-碳原子作用较易，而难于或甚至不能进攻 β-氢原子。如在 RO^- (HO^-)、$C_6H_5O^-$、CH_3COO^-、Br^- 等试剂系列中，按上述原则，可以预料其 E2 反应所占比例将依次递降，而 S_N2 反应所占比例依次递升。伯卤烷和仲卤烷与氢氧化钠水溶液作用，由于 HO^- 既为强碱，又为强亲核试剂，因而取代和消除反应同时发生，得到醇

和烯烃的混合物。若在乙酸盐溶液中反应，CH_3COO^- 为弱碱而具强亲核性，因而主要为 S_N2 反应。三乙胺为中等强度的碱和弱的亲核试剂，主要反应产物为烯烃，因此，以卤烷制备烯烃时，需采用高浓度的强碱，而以卤烷制备醇时，则需用弱碱以减少烯烃的形成。如卤烷先用醋酸钾处理生成酯，然后水解，则醇的产率往往比卤烷直接水解为高。

关于试剂对消除反应影响的一般规律，也可用硬碱、软碱的概念来表述。叔卤烃对所有的碱均以消除反应影响为主，伯卤烃只有硬碱能使之发生消除反应，而与软碱几乎不发生消除反应，仲卤烃则处于中间状况，其消除或取代决定于实际反应条件，如反应试剂为硬碱，对消除反应有利，若为软碱，则无空间位阻的仲卤烃以取代为主，有空间位阻的仲卤烃则以消除为主。

E2 反应中在合成上常用的碱是 HO^-、RO^-、NH_2^-。在有机碱中，如 1,5-二氮双环 $[4,3,0]$ 壬烯-5(DBN)（Ⅰ）和 1,8-氮双环 $[5,4,0]$ 十一烯-7(DBU)（Ⅱ）以及其他体积大的有机碱，选择性强，有利于 E2 反应。在非质子极性溶剂中，LiCl、LiBr、Li_2CO_3-DMF 均为有效的去 HX 剂。

$$\text{（Ⅰ）} \qquad \text{（Ⅱ）}$$

6.1.4.4　溶剂的影响

消除反应中有离子参加，或反应过渡态带有电荷，则由于极性溶剂的溶剂化作用，对反应有显著影响。溶剂的极性增加，使反应速度加快或减慢，与反应的类型有关。

在质子溶剂中，试剂（碱）与溶剂先以氢键缔合而溶剂化（Ⅰ），反应时，必须供给能量使氢键断裂，因而降低其进攻 β-氢原子的活性。但在非质子极性溶剂中，如二甲基亚砜，由于分子中带正电荷的一端被甲基所包围，空间阻碍使试剂负离子不能与之接近，而带负电荷的一端却能与试剂的正离子缔合（Ⅱ），使试剂负离子几乎裸露，故碱性强，如叔丁醇钾在 DMSO 中的碱性较在甲醇中大 10 倍。

$$H_3C-O-H\cdots\bar{O}-Bu\text{-}t \qquad \begin{matrix}H_3C\\H_3C\end{matrix}\!\!\!>\!\!S\!\!-\!\!O\cdots K^+\!\!-\!\!\bar{O}-Bu\text{-}t$$

$$\text{（Ⅰ）} \qquad\qquad \text{（Ⅱ）}$$

在极性溶剂中，如底物中离去基团为电中性，则在底物离解后，由于溶剂化作用可使生成的碳正离子或碳负离子稳定，因而溶剂极性增加，有利于 E1 和 ElcB 反应。如卤烷的 E1 反应在极性溶剂中反应较快。底物中的离去基团带电荷时，如季铵盐，则在极性溶剂中不易进行 E1 反应。

溶剂极性增大，对 E2 和 S_N2 都不利，但对 E2 的影响更大，故相对地有利于 S_N2。所以氢氧化钾的醇溶液用于消除反应，而氢氧化钾的水溶液则用于取代反应。

溶剂效应理论指出，溶剂的极性增大，将加速电荷的产生和集中，而不利于电荷的消失和分散。根据这一理论也可部分说明上述规律。E1、E2、S_N1 和 S_N2 的四种过渡态如下：

可以看出，E2 反应过渡态的电荷最为分散，所以极性大的溶剂对它最为不利；S_N1 过渡态的电荷最为集中，所以在大多数极性溶剂中，S_N1 比 E1 更为有利。

6.1.4.5 温度的影响

无论任何机理，提高反应温度都对消除反应较取代反应有利。消除反应比取代反应有较大的活化能，活化能大，则温度系数大，也就易受温度的影响，所以增高温度对消除反应有利。如溴烷、碘烷和氯烷在 HO^- 或 $C_2H_5O^-$ 中进行 E2 反应，活化能约为 $165\sim 200kJ \cdot mol^{-1}$。$S_N2$ 反应的活化能较其低些。异溴丙烷在 60% 水-醇液中 45℃ 时产生 53% 丙烯，而在 100℃ 时则生成 64% 丙烯。

根据实验结果，在单分子反应中，增高温度仍有利于烯烃的形成。如叔溴丁烷在无水乙醇中，25℃ 时生成 19% 异丁烯，在 55℃ 时生成 28% 异丁烯。叔戊基二甲基锍离子在 80% 水-乙醇液中，50℃ 时生成 48% 戊烯，在 83℃ 时生成 54% 戊烯。

6.1.5 实例分析

（1）解毒药二巯丁二钠的中间体　丁炔二酸的合成

$$HOOC-CHBr-CHBr-COOH \xrightarrow{KOH} HOOC-C\equiv C-COOH$$

以 95% 甲醇为溶剂，加入氢氧化钾溶解，慢慢加入 α,β-二溴丁二酸，加热回流到反应完成。氢氧化钾要过量，要大于原料的 4 倍（摩尔比）。反应后酸化析出，收率 73% 以上。过程中发生了两次 β-消除反应。

（2）哌克昔林中间体　α-(2,2-二苯基乙烯基)吡啶的合成

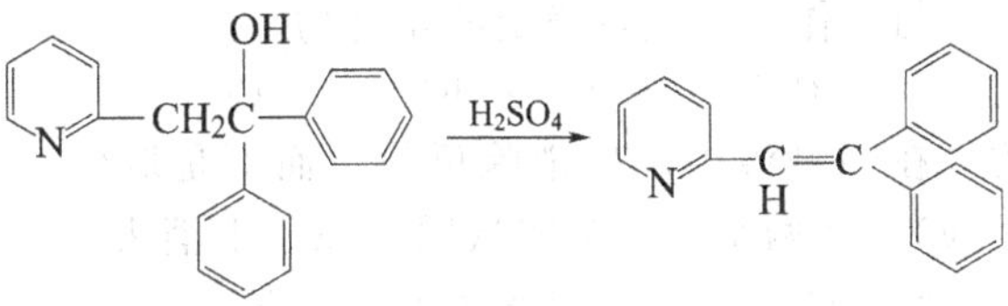

以浓硫酸为介质和催化剂，将原料在浓硫酸中加热到 $90\sim110℃$，收率 67%。反应以 E1 机理为主。

（3）非去极化型神经肌肉阻断药　潘库溴胺中间体 2-溴丙烯合成

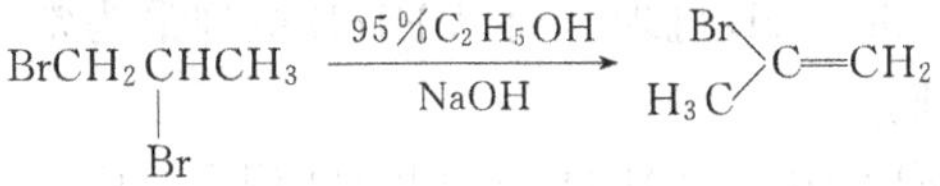

将氢氧化钠在乙醇中全溶后，加入 1,2-二溴丙烷，然后回流保温。注意，氢氧化钠若过量，第二个溴也会产生消除反应，因此氢氧化钠不能过量。收率 54%。

（4）氯胺酮中间体环戊烯合成

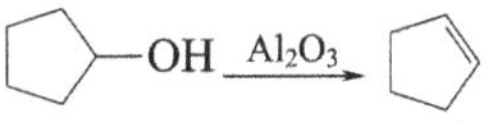

酸性氧化物也可作为醇消除反应的催化剂，但活性较低，需要在 $370\sim380℃$ 反应，反应在管式反应器中进行，气相反应，收率 85%～90%。

（5）竞争性 5α-还原酶抑制剂非那雄胺（finasteride，MK-906）的合成

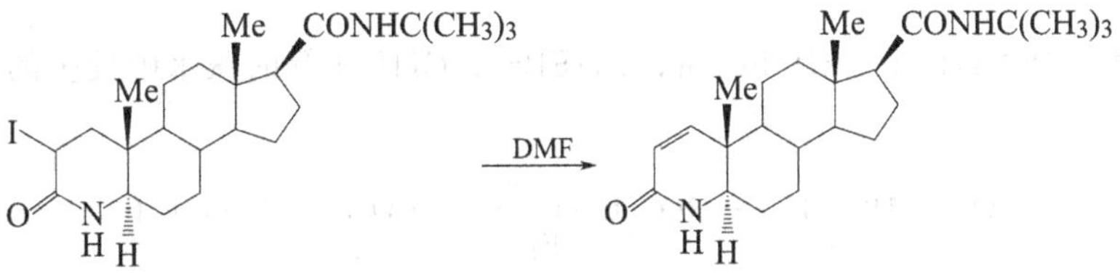

在反应瓶中加入无水 DMF 溶剂以及一定量叔丁醇钠，搅拌下通氮气后冷却到 0℃，

然后将溶于无水 DMF 的原料慢慢在 $0 \sim 5 ℃$ 下滴加到上述叔丁醇钠溶液中，然后在此温度下保温搅拌至反应完全。然后进行分离，可得 97% 以上的收率。若用碱性更强的叔丁醇钾或过量得多的碱，就可能导致酰胺键水解使收率下降。当原料与叔丁醇钠的摩尔比为 $1 :(1.5 \sim 2)$ 时反应效果较好。水、温度等也有一定影响。

6.2 α-消除反应和 γ-消除反应

6.2.1 α-消除反应

卤甲烷类在弱碱液（如六氢吡啶）中水解时，按 S_N2 机理进行，反应速率次序为：$CH_3Cl \gg CH_2Cl_2 > CHCl_3 \gg CCl_4$，其相对反应速率依次为：87、4、1.0 和 0.001。氯原子的 $-I$ 效应降低了碳原子上的电子云密度，当氯原子数增加时，离去基团（Cl^-）就不易带着一对电子离去，因此反应速率随卤原子的增加而减慢。但在强碱液（如 HO^- 或 RO^-）中，卤仿的反应速率非常突出，反应速率顺序为 $CHCl_3 \gg CH_3Cl > CH_2Cl_2 \gg CCl_4$。

卤仿分子中有被卤原子活化的氢原子，其酸性增强，在强碱作用下易呈质子离去，产生碳负离子，然后碳负离子再消去氯离子，生成缺电子的中间体二氯卡宾（$:CCl_2$）。

$$\overset{\frown}{OH} \enspace H-CCl_3 \Longrightarrow {}^-:CCl_3 + H_2O$$

$$^-:CCl_3 \Longrightarrow :CCl_2 + Cl^-$$

二氯卡宾很不稳定，与水作用生成较稳定的化合物。

$$:CCl_2 + H_2O \longrightarrow HCOO^- + Cl^-$$

因此，氯仿（卤仿）在强碱液中产生消除反应，而不是取代反应。此种消除称 α-消除反应（或 1,1-消除反应），即两个离去基团从同一原子上消去的反应。生成物为缺电子的中间体，称为碳烯或卡宾（Carbene）。用通式表示如下：

$$BM + R_2CXY \Longrightarrow BY + M^+ + R_2CX^- \Longrightarrow R_2C: + BY + MX$$

R 为氢、烃基及其他基团，M 为金属，B 为 HO^- 或其他负离子（如 RO^-、R^- 等）。

α-消除机理有 E2 机理和 E1cB 机理，而以 E1cB 机理最为常见。如苯磺酰基二氟甲烷与甲醇钠作用为 E1cB 机理。

$$PhSO_2CHF_2 + CH_3O^- \Longrightarrow PhSO_2CF_2^- + CH_3OH$$

$$PhSO_2CF_2^- \longrightarrow :CF_2 + PhSO_2^-$$

$$:CF_2 + CH_3OH \longrightarrow CH_3OCHF_2$$

伯卤烷消除时，由于试剂碱的不同，可发生 β-消除反应或 α-消除反应。如正氯丁烷与苯基钠反应时，生成丁基卡宾。

$$CH_3CH_2CH_2CH_2Cl \xrightarrow[\alpha\text{-消除}]{C_6H_5Na} CH_3CH_2CH_2CH: + C_6H_6 + NaCl$$

若用氨基钠代替苯基钠，α-消除只占 30%，用更弱的碱如甲醇钠，则 α-消除仅占 10%。

含氟的卤仿如 $CHFCl_2$、$CHFClBr$、$CHFBr_2$、CHF_2I 等的碱水解发生的 α-消除一般为 E2 机理：

$$HO^- + HCF_2I \longrightarrow HO\cdots\overset{\delta^-}{H}\cdots\underset{F_2}{C}\cdots\overset{\delta^-}{I} \longrightarrow :CF_2 + H_2O + I^-$$

卡宾具有特殊的活泼性，其活性大小随取代基不同而异。卡宾为重要的活性中间体，包含于许多其他有机化学反应中。例如酚与氯仿在氢氧化钠溶液中作用生成水杨醛（Reimer-Tiemann 反应）：氯仿首先在碱作用下发生 α-消除生成二氯卡宾，二氯卡宾进攻芳环，生成邻二氯甲酚，再水解为水杨醛。

$$CHCl_3 \xrightarrow{HO^-} :CCl_2$$

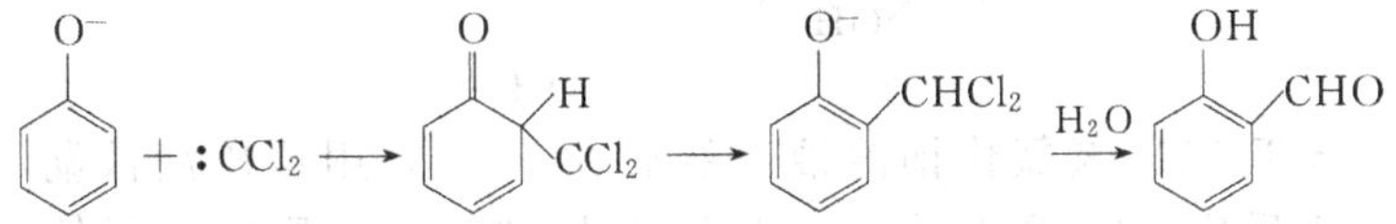

氯代新戊烷与强碱作用，生成 1,1-二甲基环丙烷。经用氚取代后的实验证明，反应过程为：先 α-消除生成卡宾，卡宾可以对 γ-C—H 键发生分子内插入，形成环丙烷衍生物：

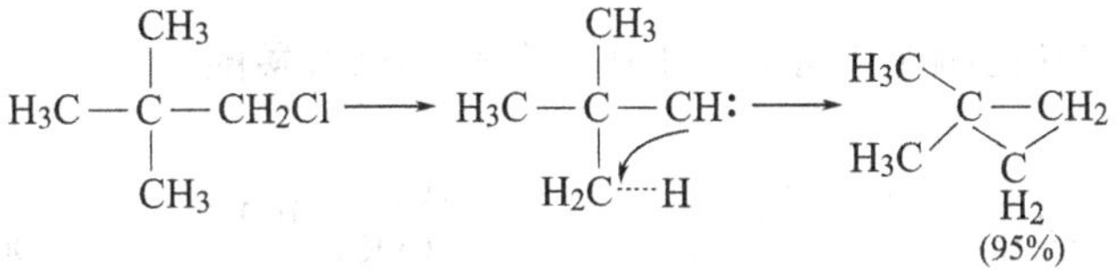

6.2.2　γ-消除反应

两个离去基团位于 α-和 γ-碳原子上，消去后生成环丙烷衍生物。此种消除称 γ-消除（1,3-消除）反应。γ-消除较 β-消除研究得少，最近已证明 γ-消除机理的主要类型也分为 E1、E2 和 E1cB 机理。

β-溴乙基丙二酸酯消去溴化氢生成 1,1-环丙烷二羧酸酯的反应为 E1cB 机理的 γ-消除。

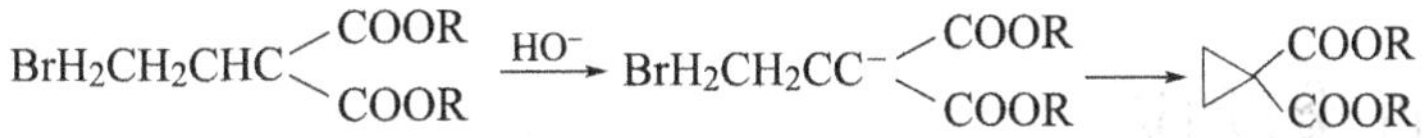

两个—COOR 基团的电性效应增强 γ-碳原子上氢的酸性。在碱的作用下，易于消去 γ-质子，生成碳负离子（由于有两个—COOR 分散负电荷，使碳负离子较为稳定）。碳负离子消去溴离子时，发生分子内环化而生成环丙烷二羧酸酯。

在某些情况下，γ-消除和 β-消除互为竞争反应。3-苯基丙烷衍生物在强碱液中反应时，可生成 3-苯基丙烯或苯基环丙烷：

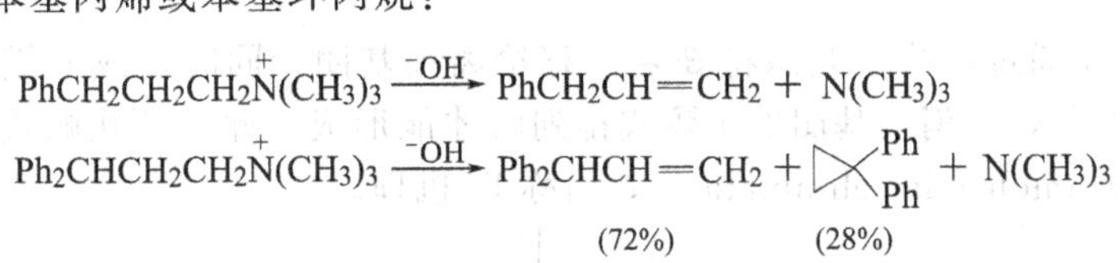

当 γ-氢的酸性增强，并具有弱的离去基团时，则有利于 γ-消除。γ-苯丙基三甲铵离子的反应为 β-消除，而 γ,γ-二苯丙基三甲铵离子中，γ-碳原子上多一苯基，增强 γ-氢的酸性，便能发生一定的 γ-消除反应。

空间效应对 γ-消除也有影响，如 γ-（2,4,6-三甲苯基）丙烷衍生物，由于空间阻碍而不发生 γ-消除。

6.2.3　实例分析

（1）氧苯胺中间体　环氧溴丙烷的合成

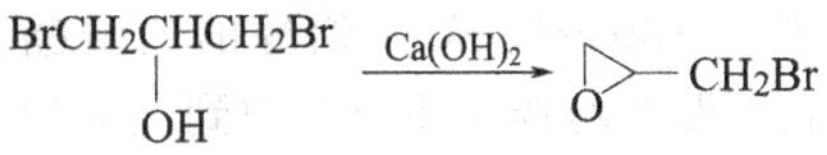

1,3-二溴丙醇-2 加入到水中，分批加入氢氧化钙，边加热、边减压蒸馏，收集馏出的产品，收率可达 86%。此反应为 γ-消除反应，要注意有两个溴，因此氢氧化钙不能过量，

另外产品不稳定，边反应边蒸馏出来，可提高收率。

（2）中间体　2,4-二羟基苯甲醛的合成

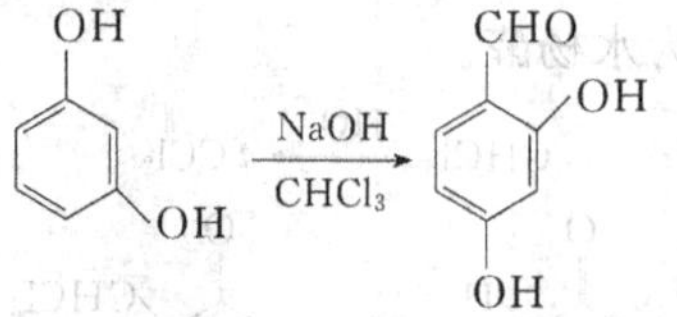

将间苯二酚溶于 15％氢氧化钠溶液，然后在 55℃，用恒压滴液漏斗慢慢滴加过量氯仿，滴完后再反应 10h 停止反应。收率可达 50％。本反应是氯仿在碱中发生 α-消除反应后生成卡宾试剂，然后进攻芳环生成二氯甲基取代物，再水解生成产物。氯仿在碱中本身也会水解，且卡宾试剂非常活泼，生成的副产物较多，要控制好反应条件。

（3）二氯卡宾与环己酮作用可制备生成 α-氯代环己烷羧酸

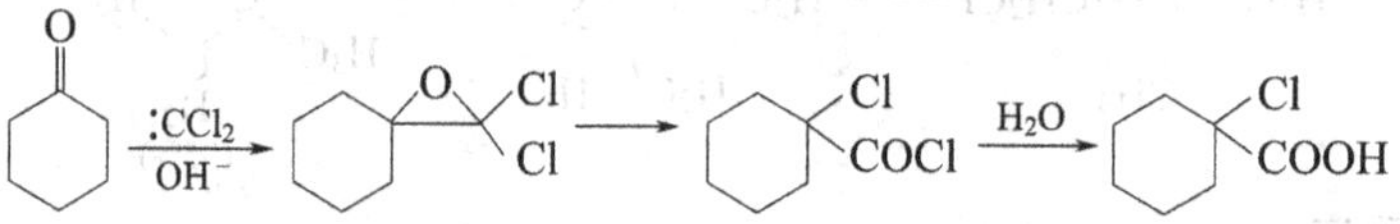

在反应瓶中，加入环己酮，再依次加入相转移催化剂 TCMAC（氯化三辛基甲铵）及氯仿，在温度为 60～65℃并不断搅拌下慢慢滴入 50％的氢氧化钠溶液，搅拌反应一定时间。将反应完毕后的混合物放置一段时间后，进行水解、分离得到产物，收率可达 73％以上。相转移催化剂有利于促进反应。氯仿量要适当过量 6～7 倍才有较好的收率，氢氧化钠的浓度和量要适当。

6.3　热消除反应

在没有酸碱催化情况下，仅借加热而进行消除，以生成烯类的反应为热消除反应。此类反应常在气相中进行，为单分子反应。气相反应一般易与均裂和自由基机理联系起来，但热消除反应为一种气相中的分子反应，加入自由基阻滞剂，不减慢其反应速度。

热消除反应是通过环状过渡态将 β-氢转移给离去基团，同时生成 π 键。环状过渡态一般含 4～6 个原子，当消去基团处于顺式排列时才能形成。此种环状顺式消除机理称为分子内消除（intramolecular-elimination），简称 Ei 机理。

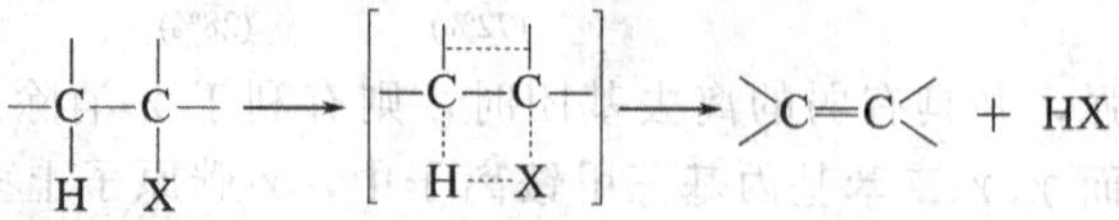

X 可为卤素或为多原子基团，如—COOR（羧酸酯）、—OCSSR（黄原酸酯）、—N$^+$Me$_2$O$^-$（叔胺氧化物）、—SOR（亚砜）等。

6.3.1　酯的热消除

6.3.1.1　羧酸酯的热消除

羧酸酯的消除反应在较高温度和气相中进行，反应时形成六元环过渡态。制备烯烃多用乙酸酯。热消除的温度一般在 350～600℃。伯醇的乙酸酯热消除温度较高，而叔醇、仲醇乙酸酯的热消除温度较低。温度的选择还应考虑到生成的烯烃的稳定性，若稳定则应选择较高的温度有利于反应的进行。

如：

$$CH_3CH_2CH_2CH_2OCOCH_3 \xrightarrow{500℃} CH_3CH_2CH_2CH=CH_2 + CH_3COOH$$
$$(90\%)$$

$$(CH_3)_3C-CHCH_3 \xrightarrow{400℃} (CH_3)_3C-C=CH_2 + CH_3COOH$$
$$\underset{OCOCH_3}{\big|} \qquad\qquad\qquad \underset{H}{\big|}$$
$$(92\%)$$

因体系必须经环状过渡态顺式消除，所以产物较纯，一般不发生双键移位和重排反应，收率较高。

若原料热稳定性较差不能用热消除法时，也可用少量酸或碱作催化剂在液相中消除乙酸生成烯烃衍生物：

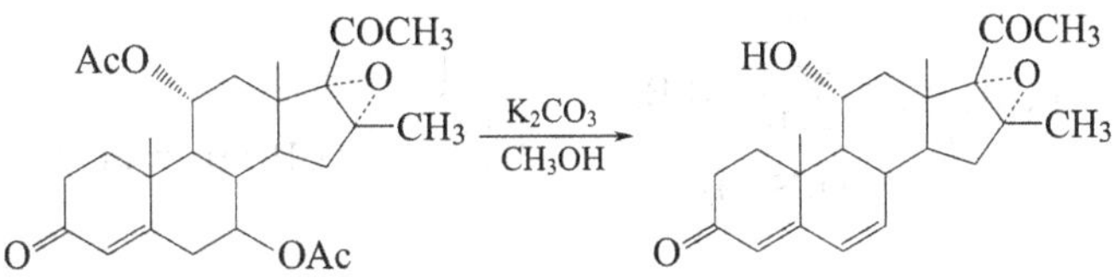

原料中有两个乙酸酯，其中一个乙酸酯产生消除，是因为旁边有共轭双键，而另一个不产生消除，只是水解。

6.3.1.2 磺酸酯的热消除

也称脱磺酸消除反应。最常用的是对甲苯磺酸酯，在甾体和脂环化合物中应用此反应，往往可得到较高收率的烯。反应条件比乙酸酯温和得多，如下述反应在乙酸溶液中进行：

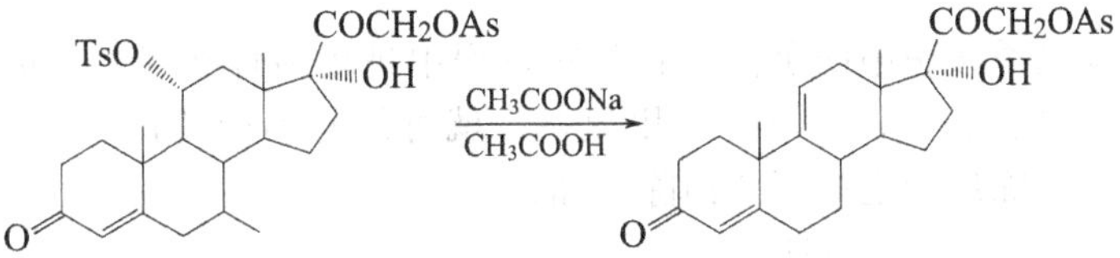

若磺酸酯 β-C 上有活性氢，则更易发生消除反应。

$$Ph-\underset{\underset{C_2H_5}{\big|}}{\overset{\overset{OTs}{\big|}}{\overset{H}{C}}}-CHC_2H_5 \xrightarrow[C_2H_5OH]{C_2H_5ONa} \underset{C_2H_5}{\overset{Ph}{>}}C=CHC_2H_5$$

用活性氧化铝作催化剂，脂环芳磺酸酯可在很温和的条件下脱去对甲苯磺酸生成环烯烃。

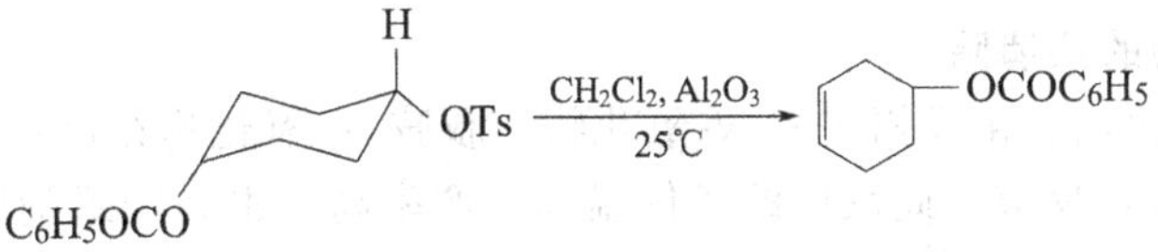

6.3.1.3 黄原酸酯的热消除

黄原酸酯一般是由醇钠与二硫化碳反应制备：

$$RCH_2CH_2ONa \xrightarrow{CS_2} RCH_2CH_2OCSSNa \xrightarrow{CH_3I} RCH_2CH_2OCSSCH_3$$

黄原酸酯热解生成烯、硫醇和氧硫化碳（SCO）的反应称 Chugaer 反应，也是顺式消除，且热解温度较低，可在惰性热载体如联苯-联苯醚热载体中进行，尤其适用于对酸敏感的烯类化合物的合成，但常含有少量硫化物杂质。

伯醇的黄原酸酯较稳定，不易分解，因此该方法更适用于仲醇、叔醇类的脱水制烯。

该方法不发生重排，克服了醇类直接脱水容易重排的缺点：

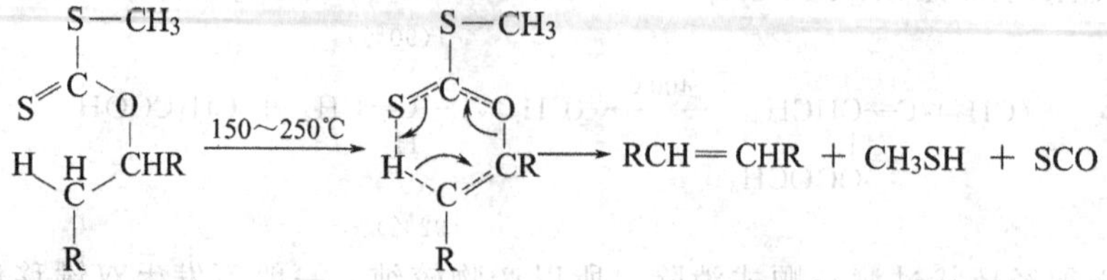

薄荷醇的黄酸酯热解生成 80％的萜烯-2。C4 上的氢原子与离去基团处于反位，不产物消除反应，而 C2 上的氢原子与离去基团为顺式排列，能形成六元环过渡态，发生热分解生成萜烯-2，反应如下：

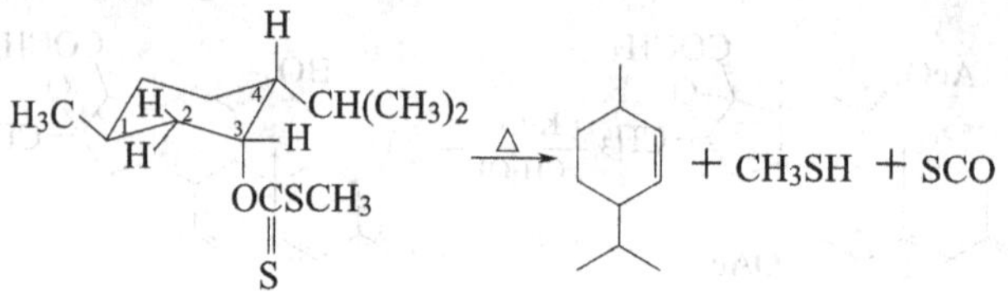

6.3.2 季铵碱的热消除

季铵碱热消除生成烯烃衍生物的反应，也叫 Hofmann 降解反应。季铵碱通常是由胺类甲基化制备的，然后在碱催化下加热消除：

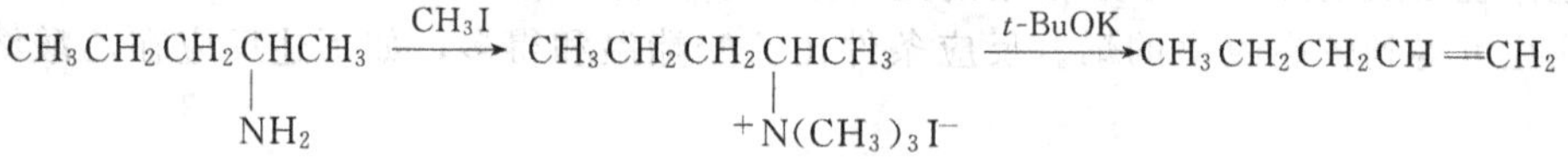

反应机理可能是季铵碱中的负离子在加热过程中进攻酸性相对较强的 β-H 而生成双键上取代基少的烯烃。所以，若不是三甲氨基，就可能有不同的产物，最好是三甲基铵盐，产物较纯。其消除反应也是顺式消除。如：

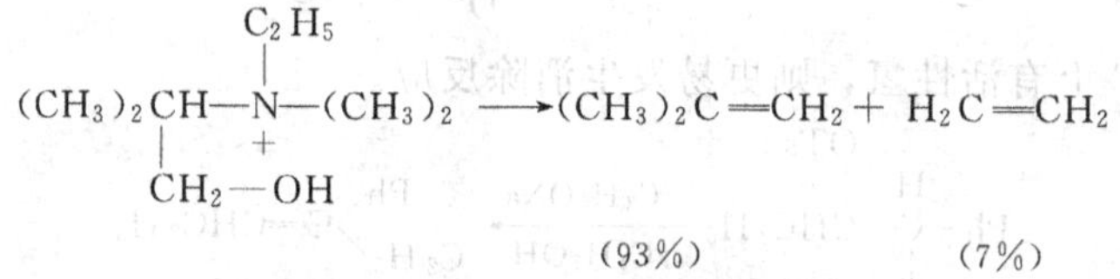

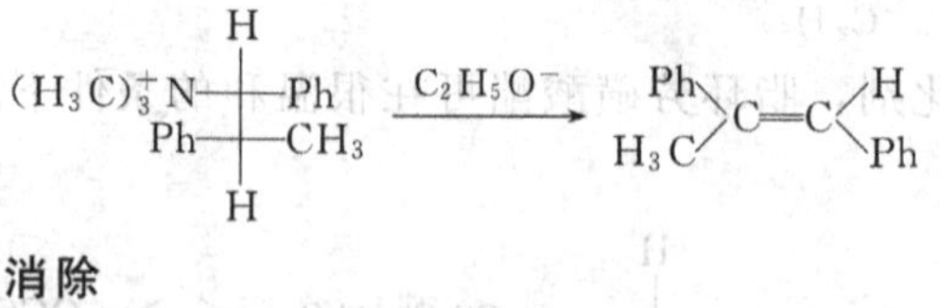

6.3.3 叔胺氧化物的热消除

叔胺易用过氧化氢氧化成相应的 N-氧化物。叔胺 N-氧化物在比较缓和的条件下加热生成烯烃，称为 Cope 反应。此反应的条件温和，产率高，也是顺式消除，经由五元环过渡态，具有不发生重排的特点，是用于烯烃合成的一种有价值的方法。热消除反应主要生成 Hofmann 烯烃。如：

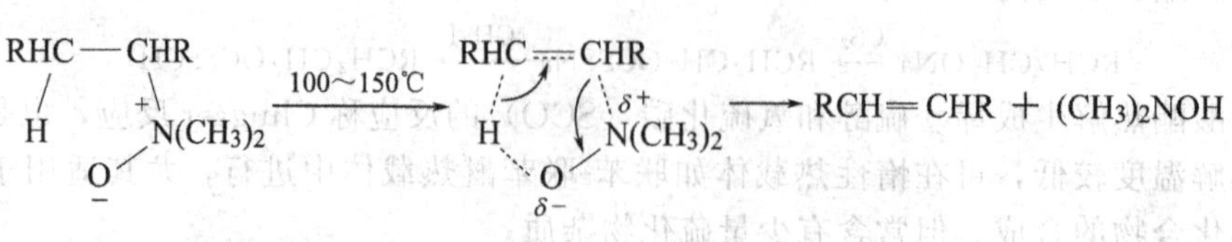

仲丁基二甲胺氧化物热解生成 67％丁烯-1 和 33％丁烯-2。在丁烯-2 中反式异构体占

21%，顺式异构体占 12%。

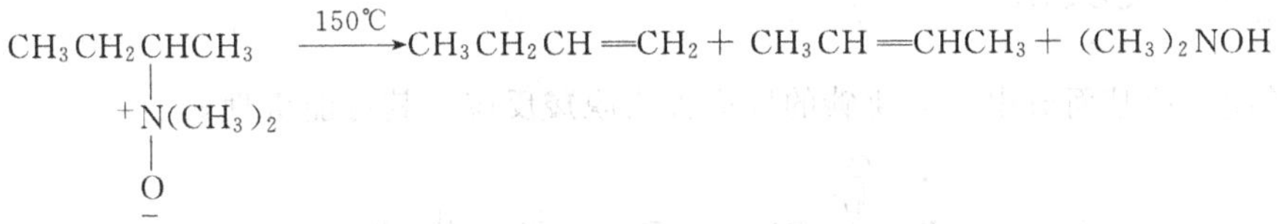

$$CH_3CH_2\underset{\underset{O^-}{\overset{|}{\underset{+}{N}(CH_3)_2}}}{\overset{|}{C}HCH_3} \xrightarrow{150℃} CH_3CH_2CH\!=\!\!CH_2 + CH_3CH\!=\!\!CHCH_3 + (CH_3)_2NOH$$

在由原料生成烯烃-2 的过渡态中，两个甲基距离较远的式（Ⅰ）过渡态产生反式，式（Ⅱ）过渡态中两个甲基距离较近，较不稳定，所以由其生成的顺式异构体较少。

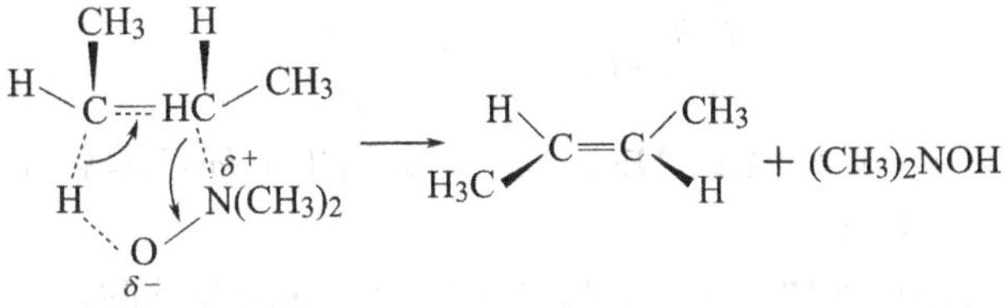

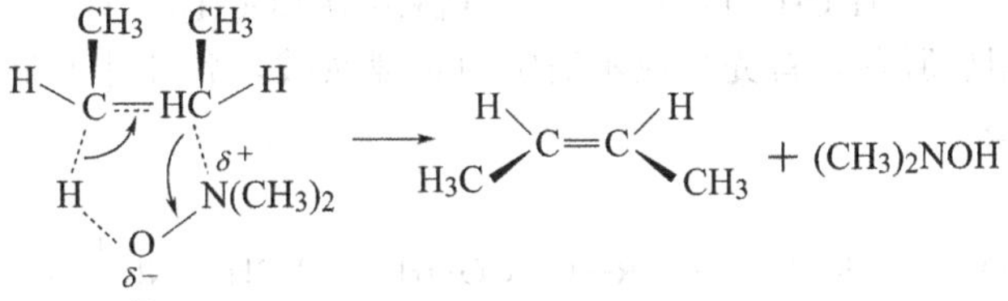

2-苯基环己基二甲胺 N-氧化物（Ⅲ）C6 上有顺位氢（a 键），C2 上有反位氢（e 键），热解时，发生顺位消除而生成 98% 的 3-苯基环己烯。

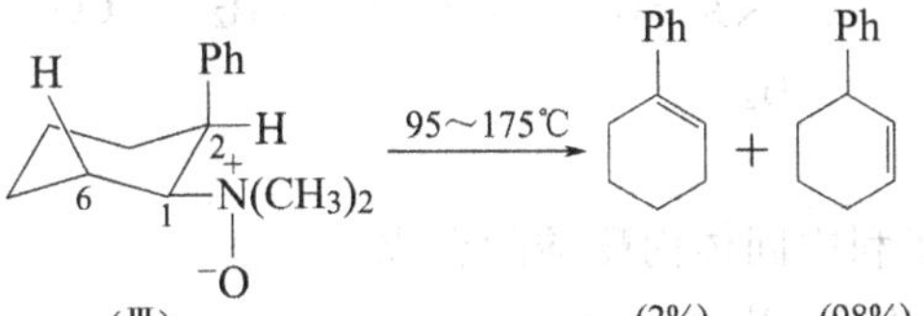

6.3.4　Mannich 碱的热消除

含活性氢的化合物与甲醛、氨或胺一起反应，生成胺甲基化合物（Mannich 碱），此反应称为胺甲基化反应，又称为 Mannich 反应，如：

$$CH_3CO\overset{\overset{H}{|}}{C}H_2 + CH_2O + HN(C_2H_5)_2 \xrightarrow{H^+} CH_3COCH_2CH_2N(C_2H_5)_2 + H_2O$$

含活性氢的化合物除了醛、酮外，还有羧酸、酯、腈、硝基烷烃以及邻位、对位未被取代的酚类等。常用的溶剂有水、醇、乙酸，反应中常加入少量盐酸以促进反应。

若 Mannich 碱中氨基 β-位上有氢原子，加热时可脱去氨基生成烯，特点是在原来含有活性氢的碳原子上增加一个次甲基双键，如：

此消除反应可被酸或碱催化，也可在惰性溶剂中直接加热分解。若将 Mannich 碱变成季铵盐，则消除反应更容易进行。

6.4 脱羧反应

羧酸脱去羧基而放出二氧化碳的反应称为脱羧反应。其可能机理如下：

$$R-\overset{\overset{\displaystyle O}{\|}}{C}-O^- \longrightarrow R^- + CO_2 \xrightarrow{H^+} RH$$

凡是在羧基 β-位有重键的羧酸，如丙二酸、丁酮酸、硝基乙酸、氰乙酸等均易发生脱羧反应。特别是丙二酸衍生物非常容易发生脱羧，在合成中应用较广。

2-呋喃羧酸只有在喹啉和铜盐催化下脱羧才能获得较高的呋喃收率：

$$\text{（呋喃环）}-COOH \xrightarrow{Cu} \text{（呋喃环）}$$

己二酸和庚二酸在 300℃ 高温下脱羧、脱水，分别生成环己酮和环戊酮，有时可加入氧化钙、氧化钡加快反应的进行。

羧酸的钙盐在氮气保护下加热裂解，脱羧生成相应的酮和碳酸盐：

$$(C_6H_5CH_2COO)_2Ca \xrightarrow{350℃} C_6H_5CH_2COCH_2C_6H_5$$

α-酮酸与胺作用后脱羧，首先生成不稳定的 α-亚胺酸，后者易于脱去二氧化碳生成亚胺，再水解可生成醛：

$$RCOCOOH + R'NH_2 \longrightarrow R-\overset{\overset{\displaystyle NR'}{\|}}{C}-COOH \longrightarrow RCH=NR' \xrightarrow{H_2O} RCHO$$

β,γ-不饱和酸加热时可以脱羧，其过程可表示如下：

$$\text{（环状过渡态）} \xrightarrow{\triangle} H_3C-\overset{\overset{\displaystyle H}{|}}{C}=CH_2 + CO_2$$

实例分析如下所述。

① 抗高血压药依那普利中间体丙酮酸的合成

$$\begin{array}{l} CHOHCOOH \\ | \\ CHOHCOOH \end{array} \xrightarrow[\triangle]{KHSO_4} CH_3COCOOH + CO_2 + H_2O$$

将粉状酒石酸和新熔融的硫酸氢钾混合均匀，油浴加热到 $210\sim220℃$，收集馏出液，蒸馏纯化，收率 51% 左右。注意反应开始时有大量泡沫产生，要注意升温速度。这里硫酸氢钾作为催化剂。

② 己雷锁辛中间体 2-庚酮的合成

$$\underset{\underset{\displaystyle C_4H_9}{|}}{\overset{\overset{\displaystyle O}{\|}}{\text{（乙酰乙酸乙酯结构）}}}COOC_2H_5 \longrightarrow \text{（2-庚酮结构）}C_4H_9$$

正丁基乙酰乙酸乙酯先用氢氧化钠水解，然后加入 50% 硫酸，放出大量二氧化碳，然后加热至沸，蒸出产品，收集有机层，纯化，收率 57%。注意加硫酸速度控制，以放出气体量合适为准。

③ 抗癫痫药丙戊酸钠中间体 2-丙基戊酸的合成

$$(CH_3CH_2CH_2)_2C(COOH)_2 \xrightarrow{\triangle} (CH_3CH_2CH_2)_2CHCOOH + CO_2$$

将二丙基丙二酸油浴加热到 180℃，原料逐渐熔化并放出大量二氧化碳气体，至无二氧化碳气体放出后停止加热。减压蒸馏纯化，收率 86%。

④ 吡嗪酰胺原料药吡嗪酰胺的合成

$$\text{N} \diagdown\text{COOC}_2\text{H}_5 \atop \text{COOH} \longrightarrow \text{N} \diagdown \text{COOC}_2\text{H}_5$$

原料吡嗪二羧酸单乙酯加热到 135～140℃ 保温到脱羧完成，收率可达 80% 左右。

6.5　其他基团的消除

6.5.1　β-卤代醚的消除

β-卤代醚衍生物与锌粉一起回流，可同时除去卤原子和醚基而生成烯烃，如：

$$\text{BrCH}_2\text{CHOC}_2\text{H}_5 \atop |\ \ (\text{CH}_2)_{13}\text{CH}_3 \xrightarrow[\text{回流，24h}]{\text{Zn,C}_4\text{H}_9\text{OH}} \text{CH}_3(\text{CH}_2)_{13}\text{CH}=\text{CH}_2$$

收率可达 63%。但该反应中的卤原子仅限于溴和碘，氯原子活性较差，且 β-氯代醚的制备也较困难。

6.5.2　酰胺和醛肟脱水生成腈

6.5.2.1　酰胺脱水制腈

这是制备腈的常用方法：

$$\text{RCONH}_2 \longrightarrow \text{RCN} + \text{H}_2\text{O}$$

可采用高温脱水法和脱水剂脱水法。

高温脱水法通常是在气相或液相条件下进行，经常是羧酸与氨生成羧酸铵，进而脱水生成酰胺和腈。反应中由于有水产生，因此同样有酰胺的水解发生，收率一般较低，一次性收率只有 60% 左右。

$$\text{RCOONH}_4 \rightleftharpoons \text{RCONH}_2 \longrightarrow \text{RCN} + \text{H}_2\text{O}$$

有时也可用尿素代替氨，如：

$$\text{H}_3\text{C}\!\!-\!\!\underset{}{\boxed{}}\!\!-\!\!\text{COOH} + \text{H}_2\text{NCONH}_2 \longrightarrow \text{H}_3\text{C}\!\!-\!\!\underset{}{\boxed{}}\!\!-\!\!\text{CN}$$

脱水剂脱水法常用的脱水剂有 P_2O_5、$POCl_3$、PCl_3、$SOCl_2$、$(CH_3CO)_2O$ 等。五氧化二磷是很强的脱水剂，吸水后生成偏磷酸，也可起脱水作用，最后生成磷酸。

三氯氧磷和五氯化磷也是很强的脱水剂，多在叔胺类溶剂中反应，叔胺起到缚酸剂的作用。

乙酐使酰胺脱水后自身生成两分子乙酸。

反应实例如下所述。

① 克霉唑中间体邻氯苯甲腈的合成

$$\underset{}{\boxed{}}\overset{\text{Cl}}{\underset{}{}}\!\!-\!\!\text{COOH} + \text{H}_2\text{NCONH}_2 \longrightarrow \underset{}{\boxed{}}\overset{\text{Cl}}{\underset{}{}}\!\!-\!\!\text{CN} + \text{CO}_2 + \text{H}_2\text{O}$$

将邻氯苯甲酸与尿素混合均匀后，加热至熔化，逐渐升温到 280℃，有产物蒸出，温度升到 310℃ 左右反应基本结束。可能有部分原料蒸出，分离回收后纯化产品，收率约 44%。注意，尿素两个氨基都有作用，所以投料时尿素的摩尔数可比邻氯苯甲酸少一些，但比一半要多些，以使邻氯苯甲酸更完全地转化。

② 甲氨蝶呤中间体丙二腈的合成

$$\text{NCCH}_2\text{CONH}_2 + \text{POCl}_3 \longrightarrow \text{NCCH}_2\text{CN}$$

将原料氰乙酰胺溶于 1,2-二氯乙烷，然后搅拌下慢慢滴加三氯氧磷，加完后回流反应至反应完成，分离后收率 57% 以上。注意，1mol 三氯氧磷可吸收 3mol 水，因此投料量约为原料的一半即可。

③ 酚妥拉明中间体氯乙腈的合成

$$ClCH_2CONH_2 + P_2O_5 \longrightarrow ClCH_2CN$$

将原料氯乙酰胺和五氧化二磷混合均匀后，减压条件下慢慢加热到 118~120℃，保持减压使产物馏出。有可能部分原料馏出，可将馏出液重新加一些五氧化二磷保温蒸馏。五氧化二磷可等物质的量或过量些，也可少些，因为生成的偏磷酸也有脱水作用。总收率可达 81%。

6.5.2.2 醛肟脱水制腈

醛肟与乙酐共热，能迅速脱水生成相应的腈。

反应实例如下所述。

① 甲基多巴中间体 3,4-二甲氧基苯甲腈的合成

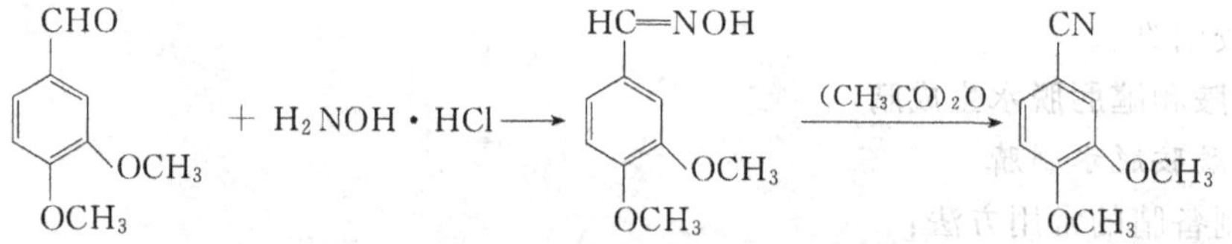

3,4-二甲氧基苯甲醛与盐酸羟胺可在碱性条件下肟化生成 3,4-二甲氧基苯甲醛肟，此步收率可达 97%。然后醛肟与过量的乙酐混合后慢慢加热回流，反应结束后分离，收率为 74%。

② 阿糖胞苷中间体丙炔腈的合成

$$HC\equiv C-C=NOH \xrightarrow{Ac_2O} HC\equiv C-CN$$
$$\underset{H}{}$$

将丙炔肟溶于乙酸后在 120℃ 下滴加入过量乙酐，边反应边回流，收集 40~44℃ 馏分，收率 75%。

③ 他可林中间体邻氨基苯甲腈的合成

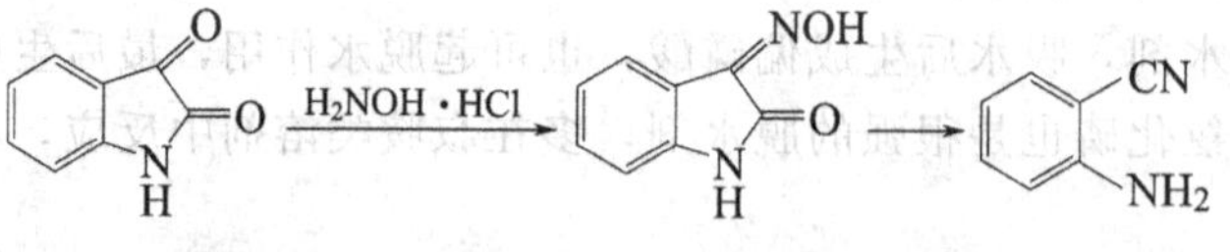

第二步是将第一步产品直接加热到 220℃ 产生消除反应蒸出产物，产物用乙醚吸收，然后蒸馏分离纯化，收率 82%。

习　题

基础概念题

6-1　消除反应通常分为哪三类？以哪一种最常见？

6-2　举例说明 β-消除反应的三种机理。

6-3　β-消除反应中若两个 β-位都有能消除的氢，消除定位的原则是什么？

6-4　底物结构可在哪些方面对 β-消除反应发生影响？

6-5　简述 β-消除反应的影响因素。

6-6　α-消除反应主要产生什么物质？

6-7 举例说明 α-消除反应的机理。

6-8 分析 α-消除反应的影响因素。

6-9 举例说明 γ-消除反应的几种反应机理类型。

6-10 分析 γ-消除反应的影响因素。

6-11 何为热消除反应？其机理是什么？

6-12 说出酯的热消除的一般条件，并举例说明何为 Chugaer 反应。

6-13 何为 Cope 反应？它主要用于制备何种物质？

6-14 何为 Hofmann 降解反应？利用此反应时要注意什么问题？

6-15 Mannich 碱的热消除反应在合成中主要用来合成何种结构的物质？

6-16 何种类型的物质容易发生脱羧反应？

6-17 酰胺脱水制腈是一种常用的方法，所用的脱水剂主要是哪些物质？

分析提高题

6-18 溴甲基环戊烷在甲醇中溶剂解后生成下列五种化合物。试用机理解释这五种产物是如何生成的。

6-19 写出下列化合物经过量碘甲烷、氧化银处理后再加热所得到的主要产物。

(a) 2-己胺   (b) 2-甲基哌啶   (c) N-乙基哌啶

6-20 写出 1-甲基环己醇和新戊醇分别在硫酸催化下脱水生成烯烃的主产物和副产物，并用机理解释。

6-21 丙二酸可以脱去一个羧基形成取代乙酸，这也是合成取代乙酸的重要方法。写出利用丙二酸脱羧反应合成下述化合物的方程式。

6-22 3-氯-2-(2,4-二氟苯基）丙烯是合成抗真菌药泊沙康唑的起始原料。试列出三种以上以 1,3-二氟苯为原料合成该化合物的反应路线。

6-23 伯酰胺在次氯酸盐三相体系中经由 Hofmann 重排可生成腈，产率为 $48\% \sim 68\%$。

$$R \overset{\overset{\displaystyle NH_2}{|}}{\underset{\overset{\displaystyle \parallel}{O}}{C}} \xrightarrow[\text{C}_6\text{H}_6/\text{H}_2\text{O}/\text{Na}_3\text{PO}_4 \cdot 12\text{H}_2\text{O}]{\text{NaOCl/NaBr/TBAHSO}} RCN$$

该反应无副产物醛生成，其原因部分是因为体系维持了高的 pH 值，有利于水解消除的进行。试写出该重排反应的机理。

综合题

6-24 设计两条工艺路线一步合成下述产品，并说明有关的原理及工艺条件，并进行分析比较。

6-25 设计工艺路线完成下列转换，并说明每一步的原料、原理及工艺条件。

$$\text{PhCH=CH-COOC}_2\text{H}_5 \longrightarrow \text{PhC≡C-COOC}_2\text{H}_5$$

6-26 设计两条工艺路线完成下列制备过程，并说明每一步的原料、原理及工艺条件，并进行分析比较，说明优劣。

$$\text{(3-OC}_3\text{H}_7\text{-C}_6\text{H}_4)\text{CHO} \longrightarrow (3\text{-OC}_3\text{H}_7\text{-C}_6\text{H}_4)\text{CN}$$

第 7 章　烷基化反应

本章重点

（1）掌握 C-烷基化反应的机理及其影响因素，了解常用的 C-烷基化剂、催化剂、副反应的发生和控制；

（2）掌握 N-烷基化反应的机理及其影响因素，了解常用的 N-烷基化剂、副反应的发生和控制。

烷基化是指在有机化合物分子中的碳、氮、氧等原子上引入烃基的反应，包括引入烷基、烯基、炔基、芳基等，也称烃化反应。其中以引入烷基为最重要，尤其是甲基化、乙基化、异丙基化最为普遍。广泛的烷基化还包括在有机化合物分子中的碳、氮、氧原子上引入羧甲基、羟甲基、氯甲基、氰甲基、氰乙基等基团的反应。

N、O-烷基化在第 2 章饱和碳原子上的亲核反应中已介绍，因此，本章主要介绍 C-烷基化，特别是通过对芳环进行亲电反应进行的 C-烷基化反应。同时，介绍非饱和碳原子对 N 的烷基化。

7.1　C-烷基化反应

7.1.1　底物与进攻试剂

一般是芳环化合物在催化剂存在作用下，用卤烷、烯烃等烷基化剂直接将烷基接到芳环上的反应，如 Friedel-Crafts 反应：在苯和氯甲烷中加入无水三氯化铝可生成甲苯：

$$\text{（苯）} + CH_3Cl \xrightarrow{AlCl_3} \text{（甲苯）}—CH_3$$

还有脂肪族化合物上含有活泼氢的化合物也可被烷基化，如第 2 章介绍。下面主要介绍芳环化合物上的 C-烷基化。

进攻试剂称作 C-烷基化剂，常用的有卤烷、烯烃和醇类。

（1）卤烷　其结构对活性影响很大。当卤烷中的烷基相同而卤素原子不同时，其反应活性的顺序是：RCl＞RBr＞RI。

当卤素原子相同而烷基不同时反应活性的顺序为：

$PhCH_2X＞R_3CX＞R_2CHX＞RCH_2X＞CH_3X$。

卤素连在芳烃上则反应活性更低，不能进行烷基化反应。

（2）烯烃　乙烯、丙烯等在三氯化铝、三氟化硼等催化下可进行较好的烷基化。

（3）醇类和醚类　醇类作烷基化剂时催化剂一般用硫酸、氯化锌较多。醚类也可作为烷基化剂使用，但应用较少。

（4）醛和酮　醛和酮烷基化后形成的是醇，它可以进一步作烷基化剂进行烷基化，与醇一样，活性较低。

7.1.2 反应机理与影响因素

7.1.2.1 反应机理

烷基化剂在催化剂作用下形成亲电试剂，进攻芳环上的富电荷 C，完成反应。其中催化剂在烷基化中起着非常重要的作用。C-烷基化催化剂应用最早的是三氯化铝，现在常用的有如下几种。

Lewis 酸：$AlCl_3 > FeCl_3 > SbCl_5 > SnCl_4 > BF_3 > TiCl_4 > ZnCl_2$；

质子酸：$HF > H_2SO_4 > P_2O_5 > H_3PO_4$，阳离子交换树脂；

酸性氧化物：$SiO_2\text{-}Al_2O_3$、分子筛、$M(Al_2O_3 \cdot SiO_2)$；

烷基铝。

（1）Lewis 酸　最重要的是 $AlCl_3$、$ZnCl_2$、BF_3。

Lewis 酸催化剂分子的共同特点是都有一个缺电子的中心原子，能够接受带电荷的碱性试剂，同时形成活泼的亲电质点，如 $AlCl_3$ 使卤烷转变为烷基正离子：

$$R{-}Cl + AlCl_3 \longrightarrow \overset{\delta^+}{R}{-}\overset{\delta^-}{Cl}{:}AlCl_3 \longrightarrow R^+{\cdots}[AlCl_4]^-$$

对烯烃，$AlCl_3$ 先与 HCl 生成络合物，该络合物再与烯烃反应生成活泼的亲电质点——烷基正离子：

$$H{-}Cl + AlCl_3 \longrightarrow \overset{\delta^+}{R}{-}\overset{\delta^-}{Cl}{:}AlCl_3$$

$$R{-}\overset{H}{C}{=}CH_2 + \overset{\delta^+}{H}{-}\overset{\delta^-}{Cl}{:}AlCl_3 \longrightarrow [R{-}\underset{+}{\overset{H}{C}}{-}CH_3]\,[AlCl_4]^-$$

下面介绍几种常用催化剂的使用注意事项。

① 无水三氯化铝。使用最广泛。新制备的升华三氯化铝是没有活性的，必须有少量水或氯化氢存在时才有活性。而无水三氯化铝有很强的吸水性，遇水会放出大量的热甚至引起爆炸。与空气接触也会吸潮水解结块。因此保存的时候要防潮、隔绝空气。一些硫化合物也会影响三氯化铝的活性。

催化剂的粒度也会有一定影响。若太细会使反应过于激烈，粒度太大，则会使活性下降，所以粒度要合适。

当用氯烷作烷化剂时也可直接用金属铝作催化剂，这是因为反应过程中生成的 HCl 可与铝反应形成三氯化铝催化剂。

② 三氟化硼 BF_3。其沸点低，易从反应物中分离。它可同醇、醚、酚等形成具有催化活性的络合物，副反应少。也可作其他催化剂的促进剂。但价格较贵。

③ 其他路易酸催化剂。如 $ZnCl_2$ 的活性相对较温和，应用于活泼的反应物的 C-烷基化。

（2）质子酸　一般是强质子酸如硫酸、氢氟酸、磷酸或多磷酸等，可使烯烃、醛或酮质子化，成为活泼的亲电质点：

$$R{-}\underset{H}{\overset{}{C}}{=}CH_2 + H^+ \rightleftharpoons R\overset{+}{C}HCH_3$$

$$R{-}\overset{O}{\underset{H}{C}} + H^+ \rightleftharpoons R{-}\underset{CH_3}{\overset{OH}{C}}$$

$$R{-}\overset{O}{C}{-}R' + H^+ \rightleftharpoons R{-}\underset{+}{\overset{OH}{C}}{-}R'$$

① 硫酸。在以烯烃、醇、醛和酮为烷基化剂的烷基化反应中常用。但由于用浓硫酸时会引起很多副反应，如芳烃的磺化、烷基化剂的聚合、酯化、脱水、氧化等，因此选用较合适的硫酸浓度是很重要的，既使烷基化能正常进行，又使副反应不严重。

② 氢氟酸。可应用于各种 Friedel-Crafts 反应。其主要优点是对含氧、氮、硫的有机物溶解度比较大，对烃类也有一定溶解度。因此，第一它既是催化剂也是溶剂；第二是还不易引起副反应；第三是沸点低，易分离；第四是凝固点低，允许在很低的温度下进行烷基化反应；但它价格贵，且腐蚀性强。

③ 磷酸或多磷酸。既是烯烃良好的烷基化剂，又是烯烃聚合和闭环的催化剂；它与硫酸相比在烷基化时没有氧化副反应，也不会发生类似磺化的取代反应。因此在含有敏感基团的芳环烷基化时用磷酸较好，但其价格较贵。有时将磷酸担载到硅藻土、二氧化硅或氧化铝等酸性氧化物上形成固体催化剂，可用于气相烷基化的催化作用。这时的活性组分主要是焦磷酸：$H_4P_2O_7$。磷酸或焦磷酸在高温时易脱水生成偏磷酸 HPO_3 失去活性，因此在气相反应的原料中常添加一些微量水分以保持催化剂的活性。但水过多也会造成很多问题，如催化剂破碎、结块、软化成泥等，因此要合适：

$$2H_3PO_4 \underset{+H_2O}{\overset{-H_2O}{\rightleftharpoons}} H_4P_2O_7 \underset{+H_2O}{\overset{-H_2O}{\rightleftharpoons}} 2HPO_3$$

④ 阳离子交换树脂。其中最重要的是苯乙烯-二烯乙苯共聚物的磺化物。这些阳离子交换树脂是用烯烃、卤烷或醇进行苯酚烷基化反应的有效催化剂。其优点是副反应少，与产物易分离，循环使用；缺点是使用温度不能过高，失活后不易再生。

（3）酸性氧化物　这类催化剂往往用于气相催化烷基化反应。二氧化硅、三氧化二铝本身的催化活性都不是很好，但当它们以适当比例制成混合物后就具有良好的催化活性。这类催化剂既有天然的，如沸石、硅藻土等，也有合成沸石，又称分子筛、泡沸石，如分子筛 A、X、Y、ZSM 等。一般认为起催化作用的是活性的 $HAlSiO_4$ 中的表面上的 H^+。

（4）烷基铝　这是用烯烃作烷化剂时的一种催化剂，其特点是能使烷基有选择性地进入芳环上氨基或羟基的邻位。其烷基必须与要引入的烷基相同。其催化机理还不十分清楚。

在催化剂的作用下烷基化剂被强烈极化成为活泼的亲电质点，这种亲电质点进攻芳环生成 σ 络合物，再脱去质子而变为最终产物。

在用烯烃作烷基化剂，用三氯化铝作催化剂时必须有能提供质子的共催化剂如氯化氢的存在才能进行烷基化反应，因为必须能生成亲电质点后才能进攻芳环再起反应：

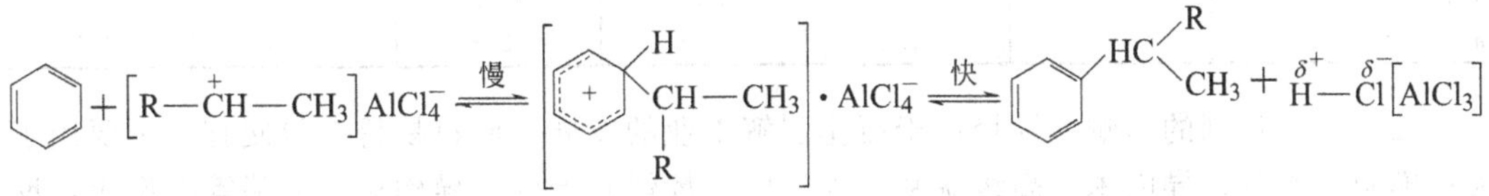

此时质子与烯烃的加成符合马尔尼科夫规则，因此只有乙烯和苯才生成乙苯，而用碳原子数为 3 个以上的烯烃时主要生成支链芳烃。

用卤烷的烷基化历程如下：

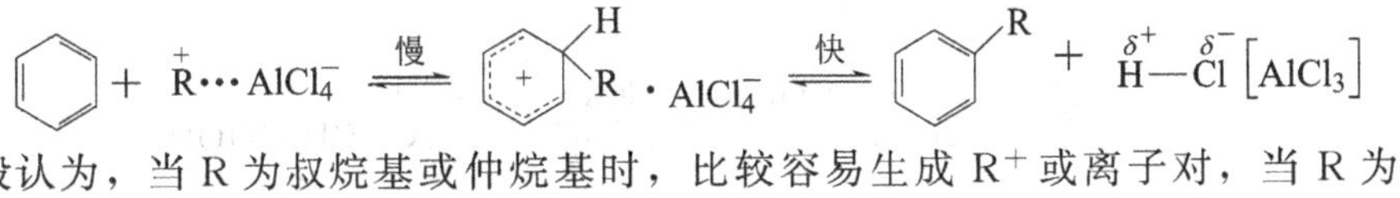

一般认为，当 R 为叔烷基或仲烷基时，比较容易生成 R^+ 或离子对，当 R 为伯烷基时，往往不易生成 R^+，而是以分子络合物参加反应。

上两个过程理论上催化剂三氯化铝的用量是很少的。

而用醇作烷基化剂时，若用三氯化铝作催化剂，则因过程中有水形成，三氯化铝会被水分解，需要与醇等物质的量的三氯化铝才能使反应完全：

$$ArH + ROH + AlCl_3 \longrightarrow ArR + Al(OH)Cl_2 + HCl$$

醇一般是用质子酸作催化剂，形成烷基正离子后进攻芳烃：

$$ROH + H^+ \Longleftrightarrow ROH_2^+ \Longleftrightarrow R^+ + H_2O$$

7.1.2.2 反应影响因素

（1）芳烃烷基化反应具有的特点

① C-烷基化是连串反应。由于烷基是给电子基团，所以芳环上引入烷基后，芳环的电子密度反而比原先的芳烃为高，使芳环更加活化，因此芳烃易形成多烷基化物。但烷基增加后空间位阻增加，使多烷基化困难，因此四烷基化的很难。为控制多烷基化要控制好反应条件，如催化剂、温度等，最重要的是控制反应原料的比例。

② C-烷基化是可逆反应。烷基苯在强酸催化剂存在下能发生烷基的转移和歧化，即苯环上的烷基可从一个位置转移到另一个位置，或者烷基可从一个分子转移到另一个分子上。在生产上可利用此性质使多烷基苯和苯反应转化为单烷基苯以提高单烷基苯的总收率。

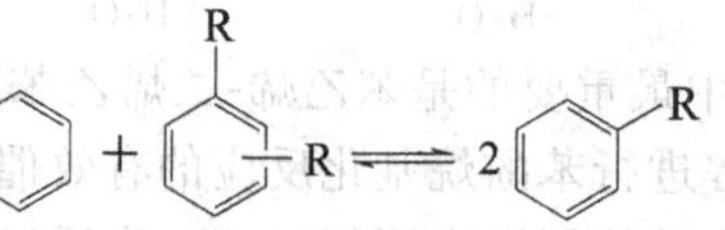

③ 烷基可能发生重排。因为 C-烷基化有一个正离子中间体过程，因此反应中的烷基正离子可能重排成较为稳定形式的烷基正离子，使得产物中有重排产物，如1-氯丙烷与苯反应时得到的异丙苯更多：

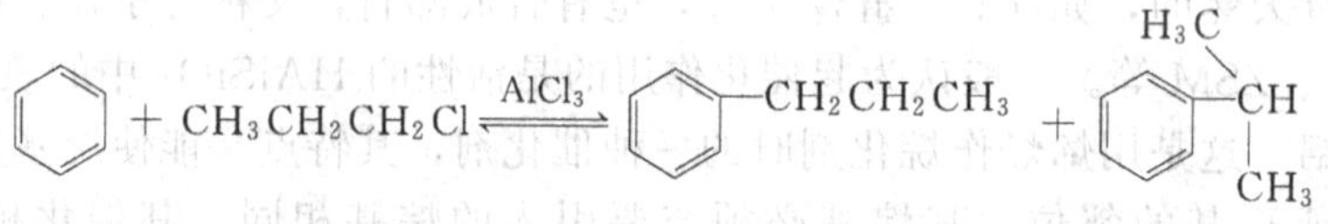

当用碳链更长的卤烷或烯烃与苯进行烷基化时，重排现象更严重，产物分布更复杂。如苯与1-氯十二烷或 α-十二烯进行烷基化反应所得产物的组成如表7-1所示。

表 7-1 烷基化时重排产物分布

烷基化剂	1-位	2-位	3-位	4-位	5-位	6-位
1-氯十二烷	0.8	26.5	20.5	14.9	16.2	14.1
α-十二烯		41.2	19.8	12.8	14.5	11.7

（2）烷基化剂的影响 烯烃由于石化裂解工业的发展，原料易得，很便宜。主要用于大规模制备乙苯、异丙苯、高级烷基苯等。由于烯烃有聚合、异构化、成酯等副反应，反应条件要严格控制。

常用的芳香化合物有芳烃、芳胺、酚类等；常用的烯烃有乙烯、丙烯及长链 α-烯烃。

如冠状动脉扩张药普尼拉明中间体二苯丙酸的合成：

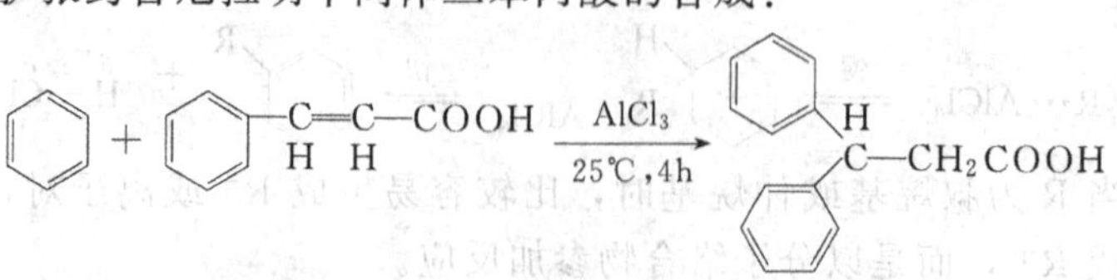

反应得率95%。

镇痛药四氢帕马丁中间体的合成：

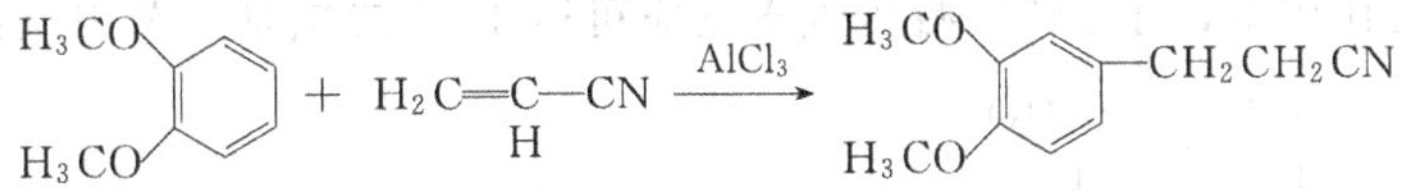

卤烷是较活泼的烷化剂，工业上常用的氯烷。这种反应与前述烯烃烷基化相似，主要的区别在于生成烷基芳烃的同时会释放出氯化氢。因此工业上可用铝锭或铝球作催化剂，在反应过程中不断生成氯化铝催化剂，而不需直接加无水氯化铝。在反应过程中要严格控制水分以防催化剂失效和设备腐蚀。

如镇咳药地步酸钠中间体的合成：

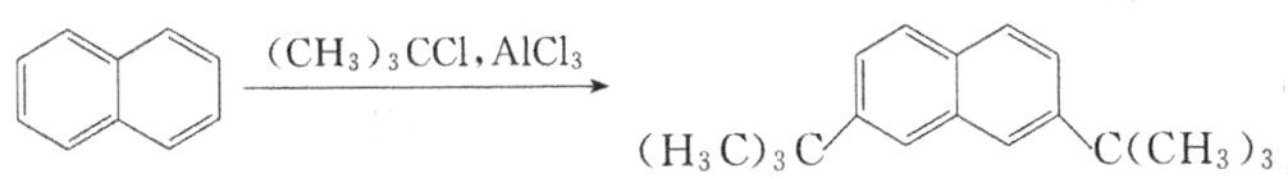

止泻药地芬诺酯中间体的制备：

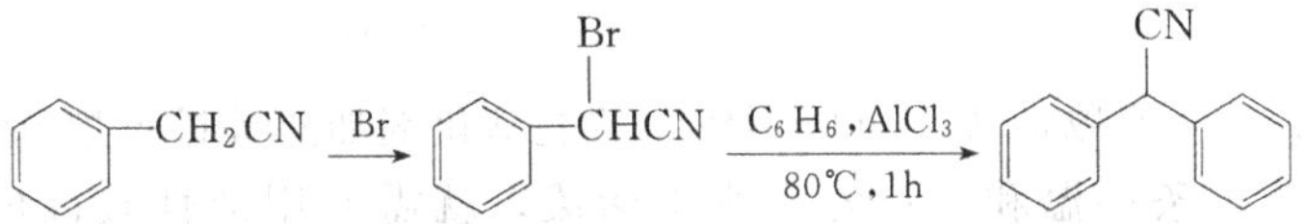

醇、醛和酮这些是反应能力较弱的烷基化剂，只适用于活泼芳族衍生物的烷基化，如苯、萘、酚和芳胺类化合物。常用的催化剂有路易斯酸和质子酸。与上述烷基化剂不同，这些烷基化剂在反应过程中有水生成，因此对催化剂的要求不一样。

在酸性催化剂下，用醇对芳胺进行烷基化时，若温度不太高（200～250℃），则烷基首先取代氮原子上的氢，生成 N-烷基化产品：

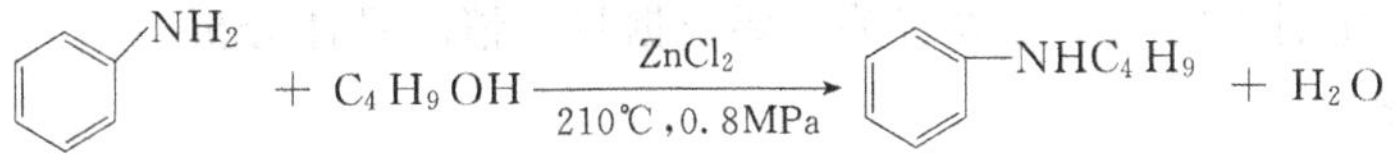

若将温度升高，则氮原子上的烷基将转移到芳环上，并主要生成对位烷基芳胺：

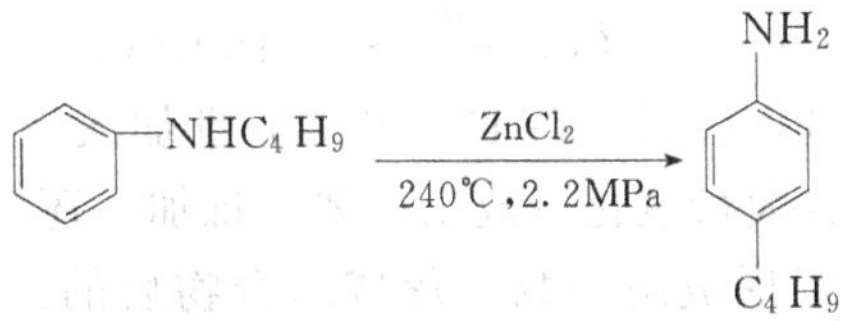

若用硫酸作催化剂，则可能还发生磺化反应，如萘与正丁醇以发烟硫酸为催化剂时：

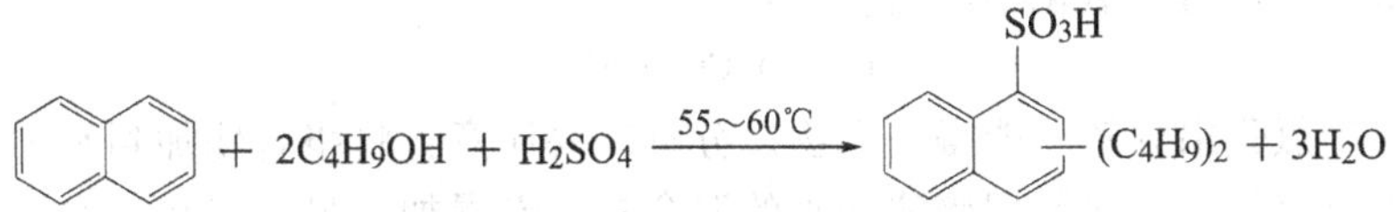

用脂肪醛和芳族衍生物可以进行烷基化反应制得二芳基甲烷衍生物，如过量苯胺与甲醛在浓盐酸中反应可得 4,4′-二氨基二苯甲烷，萘磺酸与甲醛在硫酸中反应也可制得二萘基甲烷衍生物：

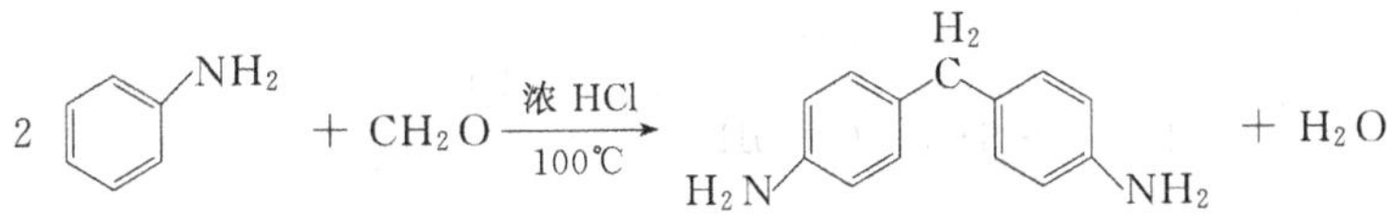

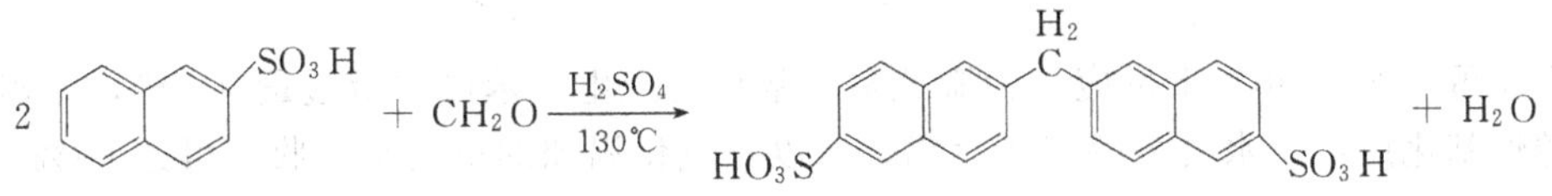

用芳醛与活泼的芳香族衍生物进行烷基化反应可制备三芳甲烷衍生物。如将苯胺、苯甲醛在 30%盐酸作用下，于 145℃减压脱水反应可得 4,4′二氨基三苯甲烷：

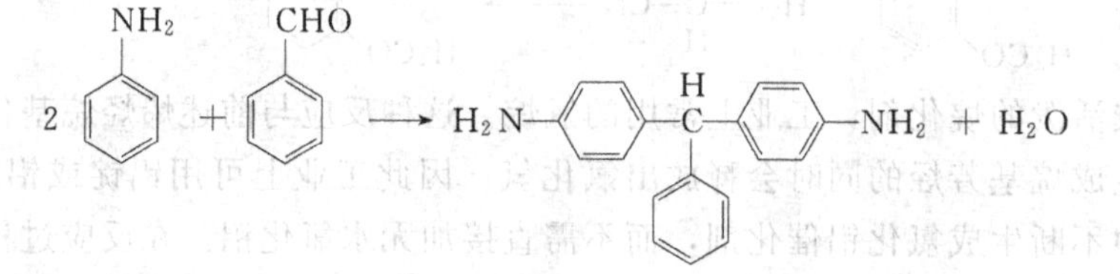

用酮的烷基化如丙酮与苯酚在硫酸、盐酸或阳离子交换树脂催化下生成 2,2-二（对羟基苯基）丙烷即双酚 A：

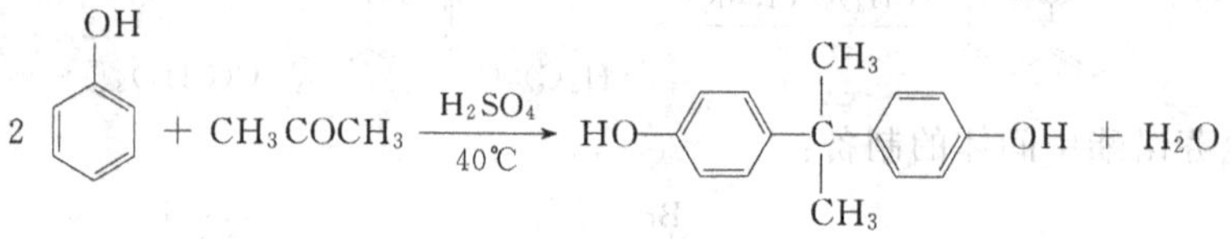

（3）底物的影响　底物活泼，可以用较弱的烷基化剂如醇等进行烷基化，也可用活性较低的催化剂，反应条件温和些；若底物不活泼，就需要用活性较高的烷基化剂如卤烷等。

（4）催化剂的影响　催化剂在很大程度上影响了烷基化反应，它的使用要与底物、进攻试剂结合应用。

C-烷基化反应中主要副反应有：①烷基化剂的重排、聚合、异构等副反应；②连串副反应发生多烷基化反应；③不同位置定位的异构体产生。

这些都与催化剂、反应条件等有关，要根据具体情况具体分析。

7.1.3　实例分析

（1）三苯基氯甲烷的合成

$$C_6H_6 + CCl_4 \xrightarrow{AlCl_3} (C_6H_5)_3CCl$$

在反应锅里加入苯和四氯化碳后，在 15～25℃分批加入三氯化铝使反应完成。注意，加入三氯化铝时反应很快，有大量氯化氢放出，要分批加，还要吸收回收氯化氢。反应后的三苯基氯甲烷会与三氯化铝形成络合物，形成络合物后的三氯化铝不起催化作用，因此，三氯化铝要过量；体系不能有水，否则三氯化铝会分解，导致催化剂失效。反应后的产物是三苯基氯甲烷与三氯化铝的络合物：

$$(C_6H_5)_3CCl \cdot AlCl_3$$

要加水将三氯化铝分解才能得到产物。分解时要注意：将络合物加到水中是大量放热的，且会放出氯化氢，因此要用碎冰和水的混合物，慢慢加；另外产物易水解，酸性低和温度高都易水解，因此水中可加些盐酸保证酸性。总收率 51%。

（2）叔丁苯的合成

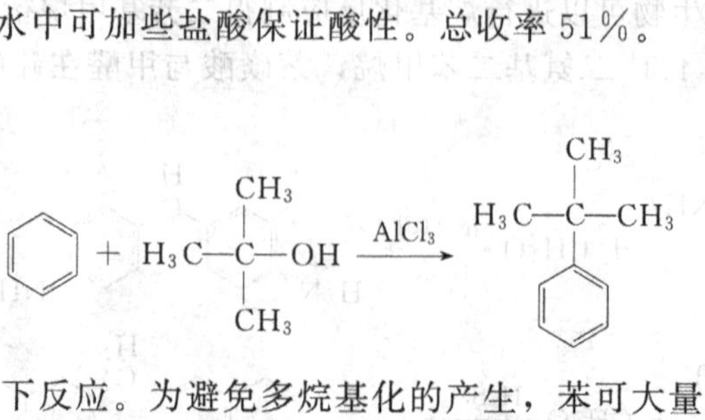

反应可在 20～30℃下反应。为避免多烷基化的产生，苯可大量过量（5 倍，摩尔比）。由于醇烷基化后产生水会分解三氯化铝，所以三氯化铝加的量要足。收率可达 66%。

（3）叔丁基对苯二酚

$$\text{（对苯二酚）} + H_3C-\underset{\underset{H}{|}}{\overset{\overset{CH_3}{|}}{C}}=CH_2 \xrightarrow{H_3PO_4} \text{（叔丁基对苯二酚 } C(CH_3)_3\text{）}$$

以二甲苯为溶剂，磷酸为催化剂，在 $100\sim110℃$ 下通入异丁烯进行烷基化，收率可达 80%。由于空间效应，上第二个叔丁基比较难。注意，反应后分两层，即有机层和磷酸层，分层后磷酸可重复使用。

7.2　N-烷基化反应

氨、脂肪族或芳香族胺类氨基中的氢原子被烷基取代，或者通过直接加成而在氮原子上引入烷基的反应都称为 N-烷基化反应。这是制取各种脂肪族和芳香族伯、仲、叔胺的主要方法。

$$NH_3 + R-Z \longrightarrow RNH_2 + HZ$$
$$R'NH_2 + R-Z \longrightarrow RNHR' + HZ$$
$$RNHR' + R-Z \longrightarrow R'NR_2 + HZ$$

式中，R—Z 代表烷基化剂，包括醇、卤烷、酯、环氧化合物等化合物；R 代表烷基，这些已在第 2 章饱和碳原子上的亲核取代反应中 2.2 氨解反应一节介绍。这里介绍用烯烃、醛、酮等作烷基化剂的 N-烷基化反应。

7.2.1　底物与进攻试剂

如前所述，底物是指氨、脂肪族胺类、芳香族胺等化合物。

进攻试剂也称 N-烷基化剂常用的有如下几种。

① 前面已经提到过的：醇和醚——反应活性较弱；卤烷；酯：硫酸二甲酯、硫酸二乙酯、磷酸三甲酯、对甲苯磺酸甲酯——反应活性最强；环氧化合物：环氧乙烷、环氧氯丙烷等。

② 烯烃衍生物：丙烯腈、丙烯酸、丙烯酸甲酯等。

③ 醛、酮：各种脂肪族和芳香族的醛、酮。

7.2.2　反应机理与影响因素

烯烃衍生物及醛、酮作为 N-烷基化剂与第一类烷基化剂的机理是有差别的。第一类烷基化剂是与氮上的氢原子发生取代反应；烯烃烷基化剂则是氮原子加成到双键上；醛、酮烷基化剂则先与氨基发生脱水缩合，生成缩醛胺，需再经还原才能转变为胺，因此又称为还原烷基化。

（1）烯烃的 N-烷基化　脂肪族或芳香族胺类都能与烯烃发生 N-烷基化反应，这是通过烯烃的双键与氨基中的氢加成而完成的。常用的烯烃为丙烯腈和丙烯酸酯，如：

$$RNH_2 + H_2C=\underset{\underset{H}{|}}{C}-CN \longrightarrow RNH(CH_2CH_2CN)$$
$$RNH(CH_2CH_2CN) + H_2C=\underset{\underset{H}{|}}{C}-CN \longrightarrow RN(CH_2CH_2CN)_2$$
$$RNH_2 + H_2C=\underset{\underset{H}{|}}{C}-COOR' \longrightarrow RNH(CH_2CH_2COOR')$$
$$RNH(CH_2CH_2COOR') + H_2C=\underset{\underset{H}{|}}{C}-COOR' \longrightarrow RN(CH_2CH_2COOR')_2$$

丙烯腈和丙烯酸分子中由于含有吸电子基团：—CN、—COOH、—COOR，而使分

子中 β-碳原子上带有部分正电荷而有利于与胺类发生亲电加成,生成 N-烷基取代物:

$$H_2\overset{\delta^+}{C}=\underset{H}{\overset{|}{C}}-\overset{\delta^-}{C}\equiv N$$

与卤烷及硫酸酯等烷基化剂相比其活泼性较低,要加入一定的催化剂才能进行。酸性催化剂有乙酸、硫酸、盐酸、对甲苯磺酸等,碱性催化剂有三甲胺、三乙胺等。

这个反应是一个连串反应,也是一个可逆反应。

由于烯烃特别是丙烯腈易聚合,因此在反应中还应加入少量阻聚剂(如对苯二酚)。在介质中有水易生成单加成产物,烯烃量多时则易生成双加成产物,即叔胺。

由于丙烯酸酯的烷基化能力较弱,如要上两个丙烯酸酯基,则条件要求比较苛刻。

(2)醛或酮的 N-烷基化　氨或胺类可和许多醛、酮发生还原性烷基化,其反应通式为:

$$R-\overset{H}{\underset{O}{C}} + NH_3 \xrightarrow{-H_2O} \left[R-\overset{H}{\underset{NH}{C}} \right] \xrightarrow{[H]} RCH_2NH_2$$

$$\overset{R}{\underset{R'}{C}}=O + NH_3 \xrightarrow{-H_2O} \left[\overset{R}{\underset{R'}{C}}=NH \right] \xrightarrow{[H]} \overset{R}{\underset{R'}{C}}HNH_2$$

可见第一步都生成伯胺。伯胺还可与醛或酮继续反应得到仲胺、叔胺。

这个过程中用得最多的醛是甲醛,用于在氮原子上引入甲基。常用的还原剂是甲酸(称为 Leuckart 反应)或氢气,如:

$$CH_3(CH_2)_{17}NH_2 + 2CH_2O + 2HCOOH \longrightarrow CH_3(CH_2)_{17}N(CH_3)_2 + 2CO_2 + 2H_2O$$

反应常在常压进行,温度也不高,一般不超过 $100℃$,以乙醇为溶剂。

若以氢为还原剂,则可省下甲酸,但要用到高压设备。

从以上可看到,N-烷基化后得到的往往是伯、仲、叔胺混合物,需要经过分离。常用分离方法如下所述。

① 物理法。利用产物的沸点进行分离,当各组分沸点相差较大时,可采用精馏方法分离;这一般需要沸点相差 $2℃$ 以上。

② 化学法。利用伯、仲、叔胺的反应性不同进行分离,但要消耗一定的化学原料。如伯、仲胺可在低温与光气反应生成不溶性的酰化物而与叔胺分离;酰化物在稀酸、适中温度下只有仲胺的酰化物能水解,从而得到仲胺;伯胺酰化物可在碱性介质中通入过热蒸汽进行水解得到。

N-烷基化副反应归纳起来主要来源于以下两方面:

① 烷基化剂烯烃的聚合,可加阻聚剂控制,也要控制介质与温度;

② 连串副反应,产生多烷基化,很难得到单烷基化产物,要得到单烷基化产物,烷基化剂的量一定要少。

7.2.3　实例分析

(1)氨基比林(aminopyrinum)的合成

一锅法反应,得率可达 98%。

（2）*N*-甲基吡咯烷的合成

反应瓶中先加入甲酸和水，然后于冰水浴下在低于室温下滴加四氢吡咯，然后加热升温至 $80 \sim 90 ℃$，再缓慢滴加甲醛，滴加完毕后保温至反应完成，然后进行分离、纯化。收率可达 77% 以上。

扫一扫阅读：3-氨基-4-甲基乙酰苯胺用丙烯酸甲酯进行 *N*-烷基化的案例详解

习　题

基础概念题

7-1　说出几种常见 *C*-烷基化催化剂的催化机理。

7-2　举例写出常用的烷基化剂如卤烷、烯烃、醇类进行 *C*-烷基化的反应方程式；并说出有关常用的催化剂。

7-3　从机理说明为什么当卤素相同时用下列物质作烷基化剂时会有下列活性顺序：$PhCH_2X > R_3CX > R_2CHX > RCH_2X > CH_3X$。

7-4　说明三氯化铝作催化剂时为什么分别用卤烷、烯烃、醇类作烷基化剂时其用量要求不一样？

7-5　*C*-烷基化反应的主要副反应是什么？

7-6　说明芳烃烷基化反应的特点，并根据这些特点说明如何提高反应的选择性。

7-7　说出 *N*-烷基化剂的各种类别并说明这些 *N*-烷基化剂的烷基化反应特性；举例写出这些烷基化剂的烷基化反应式。

7-8　说出 *O*-烷基化剂的各种类别并说明这些 *O*-烷基化剂的烷基化反应特性；举例写出这些烷基化剂的烷基化反应式。

7-9　甲醇和异丁烯的 *O*-烷基化的反应历程是：①单分子亲电取代反应；还是②双分子亲电取代反应？

分析提高题

7-10　写出下列反应的机理。

（a）

（b）

（c）

7-11　试设计由 1,3-丙二醇合成 1,6-庚二烯的反应路线。

7-12　完成下列转变。

（a）丙烯——→异丙胺；　　　　　　　　（b）正丁醇——→正戊胺和正丙胺；

（c）苯，乙醇——→α-乙氨基乙苯；　　　（d）乙烯——→1,4-丁二胺

7-13　试设计一条用甲苯合成下列化合物的路线。其他试剂任选。

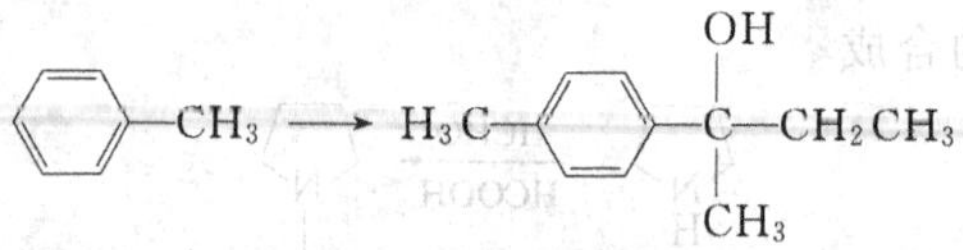

7-14 有机金属化合物在 C-烷基化反应中也有较为广泛的应用，如格氏试剂、烷基锂等。这些化合物参与的反应需要在严格无水条件下进行。试完成下列反应。

(a)  $\xrightarrow{ClCH_2CH_2N(CH_3)_2/Mg/Et_2O}$ $\xrightarrow{HCl}$

(b) 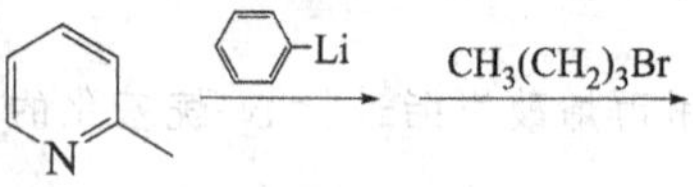 $\xrightarrow{\text{Ph-Li}}$ $\xrightarrow{CH_3(CH_2)_3Br}$

(c) 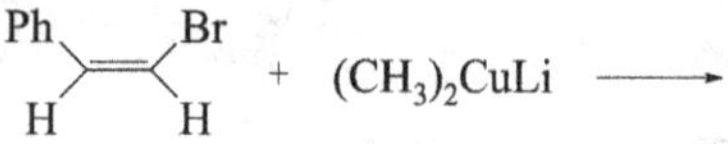 $+$ $(CH_3)_2CuLi$ $\longrightarrow$

(d) $n\text{-}C_8H_{17}I + (CH_3)_2CuLi \xrightarrow[12h]{Et_2O}$

7-15 用苯或甲苯合成下列化合物，其他非环试剂任选。
    (a) 1-苯基-1-溴丁烷；   (b) 3-苯基-1-丙醇；
    (c) 4-二甲氨基异丙苯；   (d) 4-二乙氨基苯甲酸

7-16 写出由甲苯制对叔丁基苯甲醛的合成路线和各步反应的主要反应条件。

7-17 写出由苯制 N-异丙基-N′-苯基对苯二胺的合成路线和各步反应的主要反应条件。

7-18 写出由苯和甲苯制 1-(4′-苄氧基苯氧基)-2,3-环氧丙烷的合成路线和各步反应的主要反应条件。

7-19 由 2-氯-5-硝基苯磺酸与对氨基乙酰苯胺反应制 4-乙酰氨基-4-硝基二苯胺-2′-磺酸时，为何用 MgO 作缚酸剂，而不用 NaOH 或 Na$_2$CO$_3$ 作缚酸剂？

7-20 写出由苯胺制 N-羟乙基-N-氰乙基苯胺的合成路线，以及各步反应的主要反应条件并进行讨论。

综合题

7-21 分析下述产品（胃动力药多潘立酮）用 N-烷基化方法一步合成时，可以有几种方法？进行分析比较并说明哪一种比较合理，同时简要说明工艺条件。

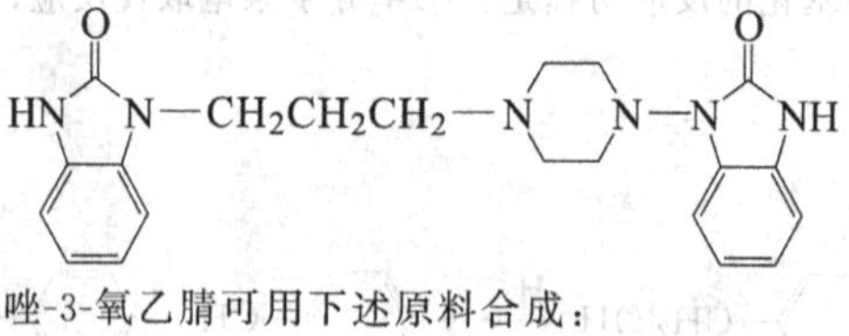

7-22 苄吲酸的中间体 1-苄基-吲唑-3-氧乙腈可用下述原料合成：

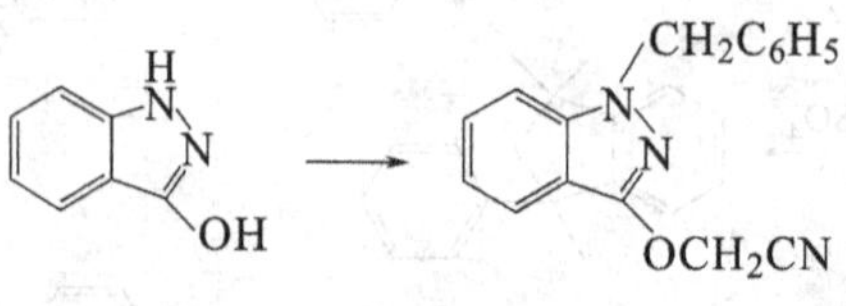

    其中分别有 N、O 的烷基化过程，问先进行哪一个烷基化比较好？并简要说明两步的工艺条件。

7-23 请分析下述过程的原理，并简要说明所用原料及工艺条件。

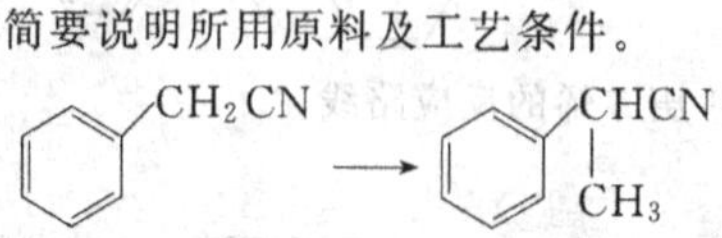

7-24 查阅文献了解 C-烷基化催化剂的进展。

7-25 查阅文献了解 O-烷基化催化剂的进展。

第 8 章　酰化反应

本章重点

（1）掌握 N-酰化反应的机理及其影响因素，了解常用的酰化剂、副反应的发生和控制；

（2）掌握 C-酰化反应的机理及其影响因素，了解常用的酰化剂、副反应的发生和控制；

（3）了解酯制备反应的分类；

（4）掌握羧酸法制备酯反应的机理及其影响因素，包括醇、酸结构的影响，了解副反应的发生和控制；

（5）了解羧酸酐法制备酯的应用及发展方向；

（6）了解酰氯法制备酯的应用和发展方向；

（7）了解酯交换法制备酯的应用和发展方向；

（8）了解烯酮法、酰胺法、腈醇解制备酯的应用和发展方向；

（9）了解其他以醇为底物的新型酰化剂的发展方向。

在有机化合物分子中的碳、氮、氧等原子上引入脂肪族或芳香族酰基的反应称为酰化反应。酰基是指从含氧的无机酸、有机羧酸或磺酸等分子中除去羟基后所剩余的基团。

碳上引入酰基一般是在芳环上引入，生成芳酮或芳醛；氮上引入酰基得到酰胺类物质，是药物中间体合成常见的一类反应；氧原子上引入酰基主要用于合成酯类化合物，习惯上称为酯化反应。

酰化反应通式为：

$$\text{R—C(=O)—Z} + \text{G—H} \longrightarrow \text{R—C(=O)—G} + \text{HZ}$$

上式中的 RCOZ 为酰化剂，Z 代表 X、OCOR、OH、OR′、NHR′等。GH 为被酰化物，G 代表 ArNH、R′NH、R′O、Ar 等。

8.1　N-酰化反应

8.1.1　底物与进攻试剂

N-酰化是胺类化合物与酰化剂反应，在氨基的氮原子上引入酰基而成为酰胺衍生物。胺类可以是脂肪族或芳香族化合物。

常用的酰化剂有羧酸、羧酸酐、酰氯、酯以及烯酮类化合物。

8.1.2　反应机理与影响因素

（1）N-酰化反应历程　胺类化合物的酰化是发生在氨基氮原子上的亲电取代反应。酰化剂中酰基的碳原子上带有部分正电荷，能与氨基氮原子上的未共用电子对相互作用，形成过渡态络合物，最后转化成酰胺。如：

$$Ar-\underset{\underset{H}{|}}{N}: + \underset{\underset{Z}{|}}{C}=O \atop R \longrightarrow \left[Ar-\underset{\underset{H}{|}}{N}::::\underset{\underset{Z}{|}}{C}-R \atop O\right] \xrightarrow{-HZ} Ar-\underset{\underset{H}{|}}{N}-\underset{\underset{}{|}}{C}-R \atop O$$

式中，Z＝OH、OCOR、Cl 或 OC$_2$H$_5$ 等。

反应的活性与原料的活性及空间位阻都有很大的关系。氨基氮原子上的电子云密度愈大，空间阻碍越小，则反应活性越强。一般有：伯胺＞仲胺；脂肪胺＞芳香胺。

在芳香胺中芳环上有给电子基团活性增加，有吸电子基团时反应活性下降。

氨基的活性也与反应条件有关，如对氨基苯磺酰胺分子中有两个氨基：

$$H_2N-\text{〈苯环〉}-SO_2NH_2$$

在氢氧化钾存在下磺酰氨基氮原子上的氢由于具有酸性，生成磺酰胺钾盐，易被酰基化生成酰胺产物：

$$H_2N-\text{〈苯环〉}-SO_2NH_2 \longrightarrow H_2N-\text{〈苯环〉}-SO_2NHK$$

若用乙酐直接酰化，则由于苯环上的氨基碱性大于磺酰氨基上氨基，环上的氨基更易被酰化。

酰化剂的反应活性相比有：酰氯＞羧酸酐＞羧酸。

$$R-\underset{\underset{OH}{|}}{\overset{\delta+}{C}}=O \qquad R-\underset{\underset{O}{|}}{\overset{\delta+}{C}}-O-\underset{\underset{O}{|}}{C}-R \qquad R-\underset{\underset{Cl}{|}}{\overset{\delta+}{C}}=O$$

对脂肪族酰化剂有：反应活性随碳链的增长而减弱。

对芳香酰氯，由于苯环的共轭作用可分散羰基碳原子上的正电荷，使得活性降低。

对酯类，由强酸形成的酯由于烷基的正电荷较大，常用作烷化剂，如硫酸二甲酯；只有弱酸构成的酯如乙酰乙酸乙酯等才可用作酰化剂。

（2）用羧酸的 N-酰化　反应通式为：

$$R'NH_2 + RCOOH \rightleftharpoons R'NHCOR + H_2O$$

羧酸是一类弱酰化剂，只有对碱性较强的胺类才能进行酰化。且用羧酸酰化时反应中有水生成，是一个可逆反应。因此，为使反应完全，常采用添加一种过量的原料使另一种原料转化完全，同时不断移去反应生成的水。脱水可用甲苯共沸法等，也可用化学脱水法如加入五氧化二磷脱水等。若原料产品都不挥发，则可直接加热脱水。

此法中常加入少量强酸作催化剂，它可使羧酸与质子先形成中间加成物：

$$RCOOH + H^+ \rightleftharpoons R-\underset{\underset{OH}{|}}{\overset{\overset{OH}{|}}{C}}{}^+$$

它与氨基结合后脱水和脱质子形成酰胺。也有人认为强酸的催化作用是帮助酰化剂中的脱离基消除，形成碳酰正碳离子，从而增大酰化剂的反应活性：

$$R\overset{O}{\overset{\|}{C}}Z + H_3O^+ \rightleftharpoons R\overset{+}{-}C=O + HZ + H_2O$$

但质子也可能与氨基结合形成胺盐使氨基的活性降低，因此只有适当控制反应介质的酸碱度才能增大反应速度。

羧酸酰化剂主要是甲酸和乙酸，因为随着碳链的增长羧酸的活性越来越低而没有应用价值。

由于甲酸和乙酸易挥发，因此为完成反应而进行的脱水一般采用共沸法。

羧酸是一个弱酰化剂，对于弱碱性氨基化合物若直接用羧酸酰化则比较困难，此时可加入缩合剂以提高反应活性，如碳二亚胺类缩合剂，其作用是首先与羧酸生成活性中间体（Ⅰ），然后再进一步与胺作用得到酰胺。常用的缩合剂如 DCC（二环己基碳二亚胺）。但此类缩合剂有两个副反应，一是酰基迁移到 N 上形成酰基脲（Ⅱ），另一个是光学活性氨基酸易消旋化，因此其应用范围受到限制。现在发展的有异氰化物、活性磷酸酯类缩合剂等。后者具有活化能力强，反应条件温和，光学活性化合物不发生消旋化等特点，已广泛用于肽类以及 β-内酰胺类化合物的合成中。

（3）利用羧酸酐的 N-酰化　其反应通式为：

$$(RCO)_2O + R'NH_2 \longrightarrow R'NHCOR + RCOOH$$

利用酸酐进行酰化反应时没有水生成，因此反应是不可逆的。它的酰化能力较羧酸强。最常用的酸酐是乙酐。

由于酸酐活性较高，一般不用催化剂。但对多取代芳香胺或带有较多吸电子基团及空间位阻较大的芳香胺如 2,4-二硝基苯胺、二苯胺等，反应速度较慢，这时需加入少量强酸作催化剂。此时强酸的催化作用与对羧酸的类似，也是生成活性的酰基正离子：

$$R\overset{O}{\overset{\|}{C}}Z + H_3O^+ \rightleftharpoons R\overset{+}{-}C=O + HZ + H_2O$$

在一定条件下，伯胺如果酰化时酰化剂羧酸酐用量较多，可生成二酰化产物：

$$(RCO)_2O + R'NH_2 \longrightarrow R'NHCOR \longrightarrow R'N(COR)_2$$

但第二个酰基非常活泼，易水解消除。因此当将二酰化物在含水的溶剂（如稀酒精）中重结晶时只能得到一酰化产物。

对二元胺，若想只酰化其中一个，可先用等摩尔量的酸使其中一个胺基成盐加以保护后再酰化。酸一般用盐酸。如对苯二胺酰化，在水介质中加入适量盐酸后再在 40℃ 用乙酐酰化：

$$\text{(NH}_2 \text{ 环, NH}_2\cdot\text{HCl)} + (\text{CH}_3\text{CO})_2\text{O} \longrightarrow \text{(NHCOCH}_3 \text{ 环, NH}_2\cdot\text{HCl)} + \text{CH}_3\text{COOH}$$

为强化酰化剂的能力，使反应能够在温和的条件下进行，在 N-酰化反应中也常采用与磺酸、磷酸、碳酸等一起的混合酸酐，这对提高选择性、减少副反应也有好处。

（4）利用酰氯的 N-酰化　用酰氯对胺类进行酰化反应的通式是：

$$\text{RCOCl} + \text{R}'\text{NH}_2 \longrightarrow \text{R}'\text{NHCOR} + \text{HCl}$$

反应也是不可逆的。由于酰氯的活泼性较高，可使脂肪族和芳香族胺迅速酰化，收率也高，是合成酰胺的最简便和有效的方法。反应是放热的，因此有时需要冷却。因反应放出盐酸，会与胺成盐使酰化不能进行，因此常加入中和用的碱使氨基保持游离状态，这种碱也称为缚酸剂。常用的碱有氢氧化钠、碳酸钠、碳酸氢钠、乙酸钠、三甲胺、三乙胺、吡啶等水溶液。

光气 COCl_2 也是酰氯类的一种酰化剂，很活泼，常温常压下是气体，是剧毒物质。在操作过程中要特别注意防护和尾气吸收。它有两个酰氯，与 2mol 胺反应可生成脲，如：

$$\text{(HO}_3\text{S 萘 NH}_2, \text{OH)} + \text{COCl}_2 \xrightarrow{\text{H}_2\text{O,NaOH}} \text{(HO}_3\text{S 萘 HN—CO—NH 萘 SO}_3\text{H, OH, OH)}$$

光气在有机溶剂中与 1mol 芳胺反应可生成芳胺基甲酰氯。芳氨基甲酰氯与水、胺、醇等具有活泼氢的物质可再反应转化为其他化合物，也可升温脱氯化氢成为有用的芳基异氰酸酯：

$$\text{ArNH}_2 + \text{COCl}_2 \xrightarrow{\text{低温}} \text{ArNHCOCl} + \text{HCl}$$

$$\text{ArNHCOCl} \xrightarrow{\text{高温}} \text{Ar—N}{=}\text{C}{=}\text{O} + \text{HCl}$$

（5）用其他酰化剂的 N-酰化　比较重要的有乙烯酮类和三聚氯氰。

① 用二乙烯酮酰化。二乙烯酮与芳胺反应是合成乙酰乙酰芳胺最好的方法：

$$\text{ArNH}_2 + \text{H}_2\text{C}{=}\text{C—CH}_2 \text{（O—CO）} \longrightarrow \text{ArNHCOCH}_2\text{COCH}_3$$

乙烯酮与胺的作用比与羟基作用快得多，因此可在羟基存在下与氨基进行选择酰化。这类酰化可在低温下进行（0～20℃），也可在水介质或溶剂中进行。收率可达到 95%。

② 用三聚氯氰酰化。三聚氯氰也叫氰脲酰氯，结构式如下：

$$\text{（三嗪环: Cl, Cl, Cl 取代, N, N, N）}$$

其上的三个氯可在不同温度和 pH 条件下分别被氨基取代。一般第一个氯在 0～5℃被取代，第二个氯 30～40℃，第三个氯在 90～100℃以上。所用的 pH 逐渐从低到高，第一个氯可在 6～7，最后一个氯一般高于 10。碱可用碳酸钙、碳酸钠、碳酸氢钠、氢氧化钠等。接上的三个胺可相同或不同。

（6）酰基的水解　酰胺在一定的条件下可水解生成相应的羧酸和胺：

$$\text{RNHCOR}' + \text{H}_2\text{O} \longrightarrow \text{RNH}_2 + \text{R}'\text{COOH}$$

因此在实验室或工业上常利用这一特性将氨基酰化以保护氨基，伯胺单酰化后可防止氧化或烃化等反应，双酰化后保护更可靠。

常用简单酰基对水解的稳定性顺序如下：

$$PhCO— > CH_3CO— > HCO—$$

选择保护用的酰基，要从稳定性和经济性两方面考虑。

水解可在酸性、碱性条件下进行，但此时要注意氨基本身的稳定性及其他基团的稳定性。

N-酰化反应本身来说副反应比较少，可得到较好的收率。要注意的是酰氯、酸酐等催化剂易水解，特别是在碱性条件下更易水解。若底物结构不稳定，要注意反应条件。

8.1.3　实例分析

（1）头孢噻吩钠原料药　7-(2-噻吩乙酰氨基)头孢菌素钠的合成：

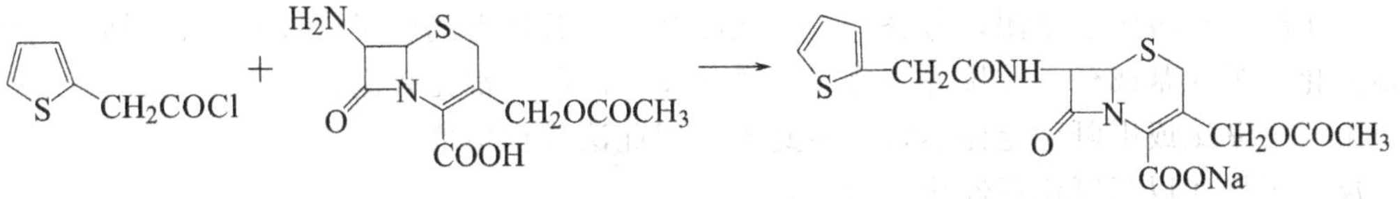

以碳酸氢钠为缚酸剂，以丙酮为助溶剂，滴加过量约 50% 的 2-噻吩乙酰氯，在冰水浴条件下反应完全，收率约 40%。由于底物 7-氨基头孢菌素酸较贵，结构与产物较相似，所以 2-噻吩乙酰氯可过量些，以使原料反应完全。

（2）地西泮中间体　2-氯乙酰氨基-5-氯二苯酮的合成：

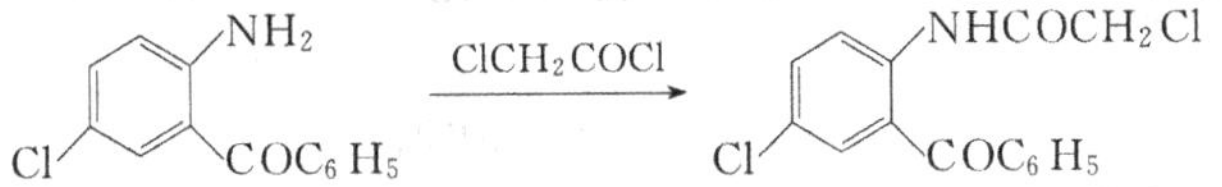

以环己烷为溶剂，在 25℃ 下滴加氯乙酰氯，然后升温回流至反应完成，收率 94%。注意，有大量氯化氢放出，要注意吸收。

（3）止咳药杜鹃素中间体　2,6-二甲基乙酰苯胺：

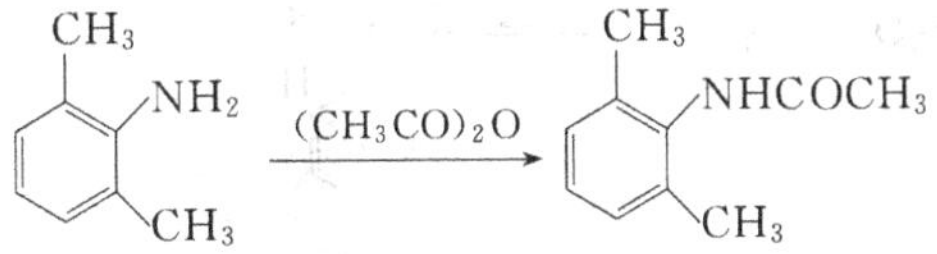

2,6-二甲苯胺中滴加乙酐，会自然升温，控制 110℃ 以下。加完后保温 120℃ 至全部溶解，反应完成。经处理后产品收率约 85%。需要乙酐过量 30%～40% 才能得到较好的收率。

（4）去甲唑啉头孢菌素中间体　7-(1H-1-四唑基)乙酰氨基头孢菌素酸的合成：

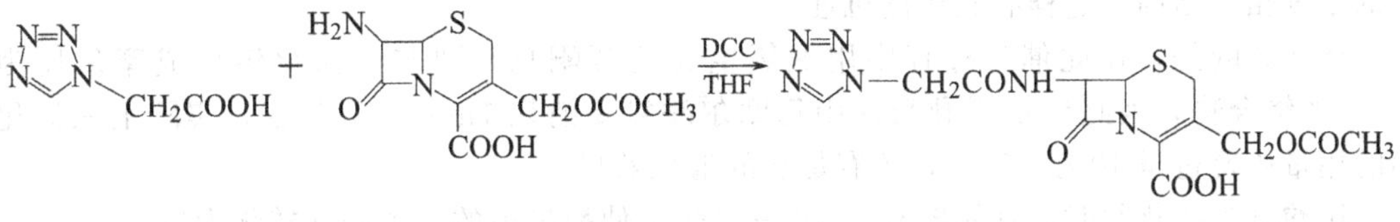

以四氢呋喃（THF）为溶剂，加入过量的 1H-四唑-1-乙酸（0.023mol）、DCC（0.014mol）、然后滴加 7-氨基头孢菌素酸（0.01mol）的三乙胺、氯仿溶液，在冰水浴中反应完成，收率可达 52.6%。反应过程中生成的沉淀是 DCCU（二环己基尿素），用三氯氧磷处理可生成 DCC 重复使用。

8.2 *C*-酰化反应

8.2.1 底物与进攻试剂

C-酰化一般是在芳香环上引入酰基，制备芳酮或芳醛的反应过程；底物是富电荷的芳环，进攻试剂有酰卤或酸酐，有时也用羧酸或烯酮。

这类 *C*-酰化反应的特点是产物分子中形成新的 C—C 键，所以也有称为缩合（非成环缩合）反应的。

8.2.2 反应机理和影响因素

（1）反应机理　*C*-酰化机理是亲电取代或加成反应。由于碳上电荷不如氮上丰富，一般比 *N*-酰化稍难，反应时必须加入路易斯酸或质子酸等催化剂以增强酰化剂的亲电能力。

由于酰基是吸电子基团，芳香环上引入酰基后，芳环上的电子密度降低，因此不易发生多酰化、脱酰基或分子重排等副反应，酰化反应的收率都比较高。

由于甲酰氯或甲酐稳定性不好，因此不能用此法进行甲酰化。

反应历程在以三氯化铝催化下如下：

$$R\overset{+}{\underset{Cl}{C}}{-}\overline{O}AlCl_3 \rightleftharpoons R{-}\overset{+}{C}{=}O \cdot AlCl_4^- \rightleftharpoons R{-}\overset{+}{C}{=}O + AlCl_4^-$$

即在三氯化铝催化剂作用下进攻试剂形成碳酰正离子中间体，然后再进攻底物。上述这些中间体在反应过程中同时存在。如与苯发生酰化反应的历程如下：

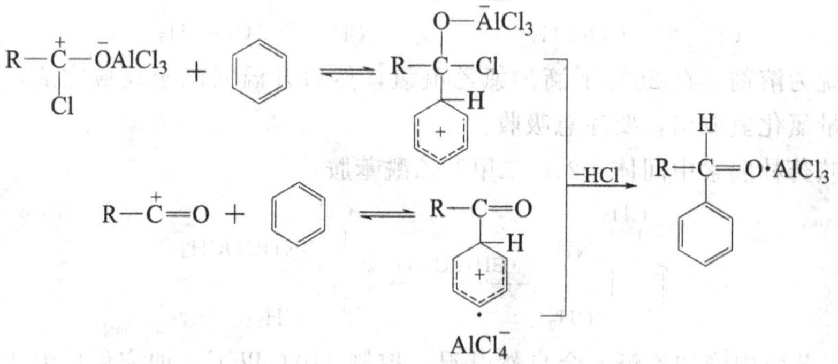

酰化反应进行的方式与反应物的结构和溶剂的极性有关。一般认为，当引入的酰基中 R 具有空间阻碍或者芳环上被取代的位置具有空间阻碍时，酰化反应按游离碳酰正离子机理即下面一个机理进行；若在介电常数较高的极性溶剂中进行时，离子形式的碳酰正碳离子的浓度相对增高，这样有利于此机理。

要注意的是，在此催化过程中用酰氯生成的芳酮总是要与三氯化铝形成摩尔比为 1:1 的络合物，因此在 *C*-酰化反应中每摩尔酰氯要消耗 1mol 三氯化铝，实际上三氯化铝的用量还要过量 10%～50%，才有足够的催化效果。

用酸酐为酰化剂时，首先要有 1mol 三氯化铝使酸酐中的一个酰基转化为酰氯：

$$(RCO)_2O + AlCl_3 \longrightarrow RCOCl + R{-}\overset{\overset{\displaystyle O}{\|}}{C}{-}OAlCl_2$$

然后再按上述历程完成酰化过程。因此酸酐酰化时理论上需消耗 2mol 三氯化铝，其总的反应式可表示为：

$$(RCO)_2O + 2AlCl_3 + ArH \longrightarrow RCOOAlCl_2 + HCl + Ar\!-\!\underset{\underset{O \cdot AlCl_3}{\|}}{C}\!-\!R$$

上述生成的 $RCOOAlCl_2$ 在三氯化铝作用下还能进一步转变为酰氯：

$$RCOOAlCl_2 \xrightarrow{AlCl_3} RCOCl + AlOCl$$

此处生成的酰氯可再进行酰化反应。因此若要使酸酐中的两个酰基都参加反应，每摩尔酸酐理论上要消耗 3mol 三氯化铝，其总的反应式为：

$$(RCO)_2O + 3AlCl_3 + 2ArH \longrightarrow AlOCl + HCl + 2Ar\!-\!\underset{\underset{O}{\|}}{C}\!-\!R \cdot AlCl_3$$

但第二个酰化进行得并不完全。通常是用酸酐中的一个酰基，故酸酐与三氯化铝的摩尔配比取 1：2，再过量 10%～50%。

(2) 影响因素

① 被酰化物的结构。由于酰化反应属亲电取代反应，因此当芳环上有给电子取代基时，酰化反应就易进行；反之，当芳环上有吸电子取代基时，反应就难。要注意氨基虽然是给电子基，但因其氮原子和三氯化铝能形成配位络合物，使催化剂的活性下降，因此芳胺类化合物进行 C-酰化反应时，必须先将氨基进行保护。

芳环上含有邻、对位定位基时，引入酰基的位置主要是该取代基的对位；如对位已被占据，则酰基引入邻位。这主要是空间位阻引起的。

当芳环上引入一个酰基后，由于酰基是吸电子基团，所以芳环的电子云密度有所降低，因此难再引入第二个酰基。但当引入酰基的两个邻位都具有给电子基团时，它具有足够的抵消酰基的吸电子作用，另一方面又能阻止第一个酰基的氧原子与苯环共平面，使 π 电子轨道不能重叠，因此显不出第一个酰基的钝化作用。这时就有可能引入第二个酰基：

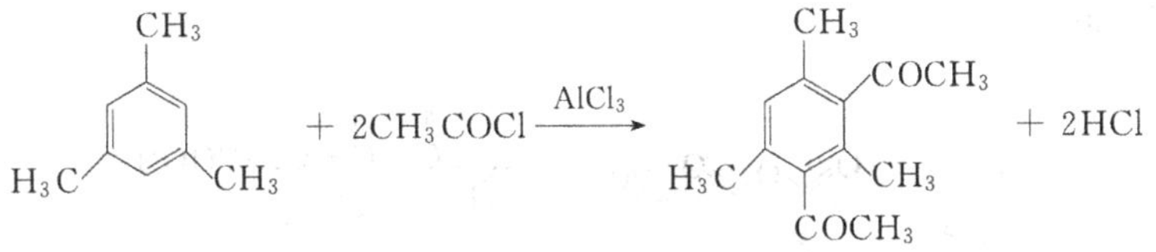

对稠环芳烃，如萘，则在两个芳环上可分别引入一个酰基：

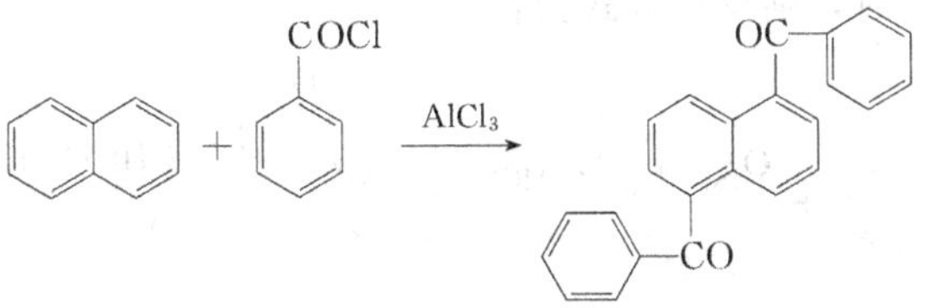

若芳环上有强吸电子基团如硝基、磺基时，就不能再进行酰化反应，因此硝基苯可作为酰化反应的溶剂。

含有羟基、甲氧基、二烷氨基、酰氨基的芳香族化合物都比较活泼，为避免副反应常采用温和的催化剂如无水氯化锌和多聚磷酸等：

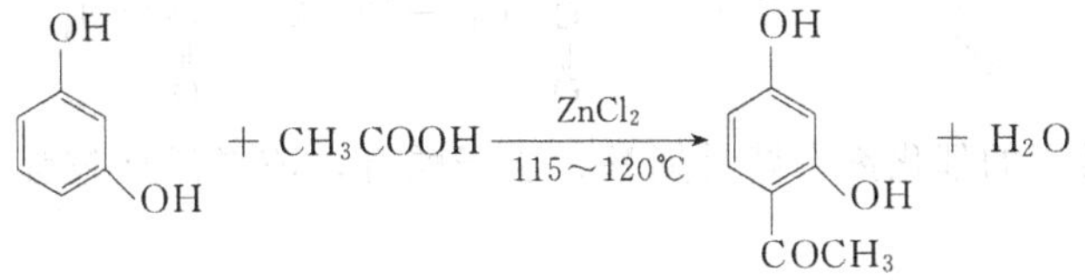

对杂环类化合物，对多 π 电子的呋喃、噻吩及吡咯等化合物酰化很易进行，而对缺 π 电子的吡啶、嘧啶等化合物，则难以进行。

对羰基化合物，其 α-位 C—H 键比较活泼，它可与烃化剂发生 C-烃化反应，也可与酰化剂发生 C-酰化反应形成 1,3-二酮或 β 酮酸酯类化合物，如：

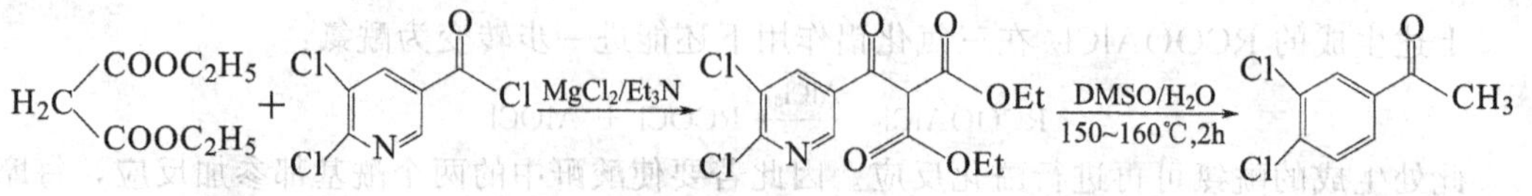

本反应是由于底物的 α-位被酰基进攻生成酰化产物，收率约 93%。其中最后一步是脱羧反应。又如：

收率约为 69%。

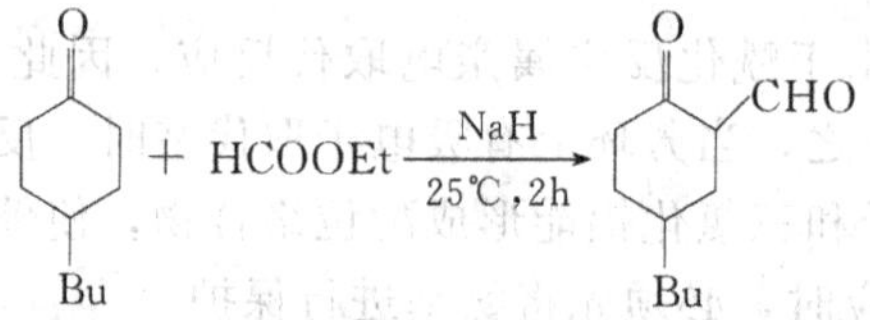

收率约有 95%。

② 酰化剂的结构。与 N-酰化反应基本一致，反应活性顺序有：酰卤＞酸酐＞羧酸。且同样的酰卤等酰化剂的活性顺序与催化剂有关。

酸酐中比较重要的是二元羧酸酐，如邻苯二甲酸酐、丁二酸酐、顺丁烯酸酐及有关取代酸酐。

当用脂肪族二元酸酐时，若其上有取代基，则情况有所差别，如若含有吸电子基团 A 时，则反应的方式为：

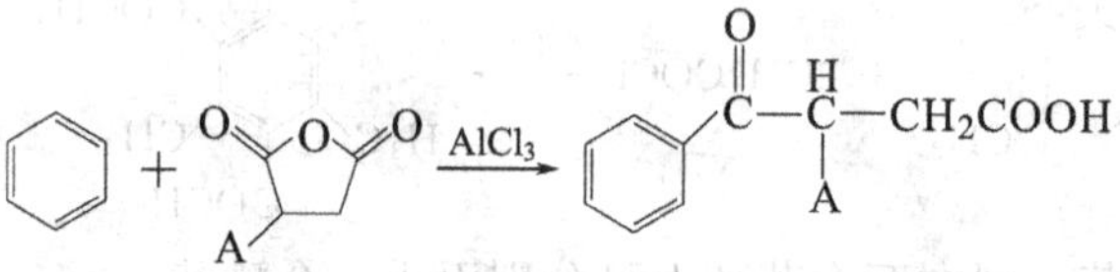

若有给电子基团 D 时，则反应方式为：

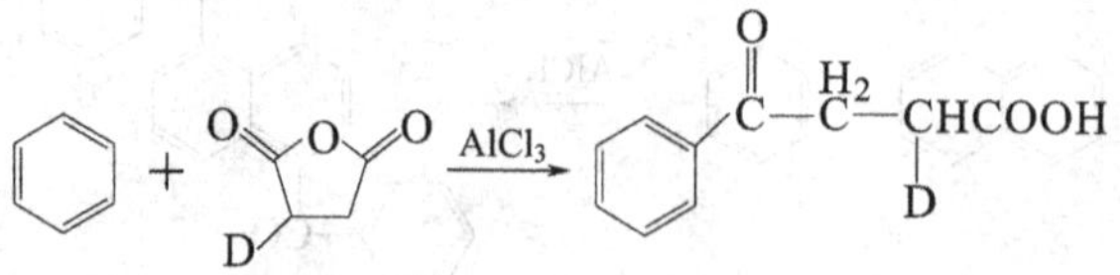

这主要是因为三氯化铝首要和电子云密度较高的酰基氧原子结合，使另一个电子云密度较低的酰基转化成为酰氯，然后再和另一个分子的三氯化铝生成亲电性酰基正离子：

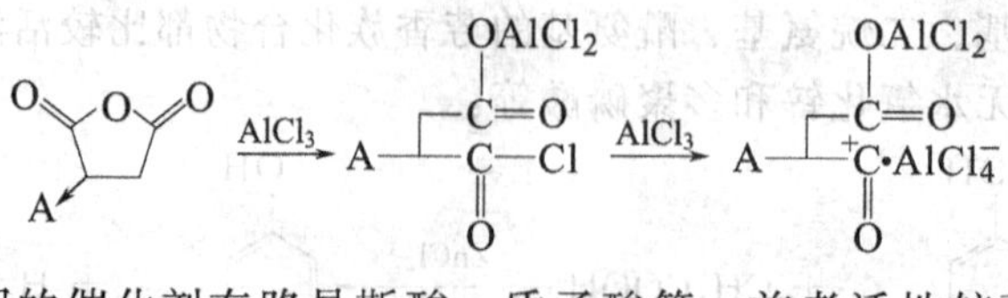

③ 催化剂。常用的催化剂有路易斯酸、质子酸等，前者活性较强，以三氯化铝最常用，活性很高。

Lewis 酸的催化活性大小次序为：$AlBr_3 > AlCl_3 > FeCl_3 > ZrCl_3 > BF_3 > VCl_3 > TiCl_3 > ZnCl_2 > SnCl_2 > TiCl_4 > SbCl_5 > HgCl_2 > CuCl_2 > BiCl_3$。

质子酸的催化活性顺序为：$HF > H_2SO_4 > (P_2O_5)_2 > H_3PO_4$。

选择催化剂一要注意反应活性，二要注意价格，三要注意是否会引起原料产物变化。如对多 π 电子的杂环如呋喃、噻吩等，即使在温和的条件下三氯化铝由于其活性较高也会引起杂环的分解，因此要选用其他活性较小的催化剂，如磷酸。又如对含羟基、烷基、烷氧基或二烷氨基的活泼芳香族化合物，为避免异构化或脱烷基等副反应，也不宜选用三氯化铝为催化剂。

催化剂用量也要根据反应条件变化而变化。

④ 溶剂。选择溶剂要注意以下几点。

a. 溶解性。溶解性好可以是均相反应，有利于反应进行。

b. 对催化剂活性的影响。如硝基苯能与三氯化铝形成络合物影响催化剂活性，适用范围有一定要求。

c. 副反应。如用卤代烃作溶剂时就可能引起芳环上的取代反应，此时就要控制反应条件以控制副反应。

d. 毒性、价格等。毒性要小，价格要低。

（3）用酰卤的 C-酰化　酰卤的酰化活性较高，应用较广。如：

分子内酰化，如：

反应收率约 72%。

（4）用酸酐的 C-酰化　反应中必须加入 Lewis 酸或质子酸作催化剂以增强酰化剂的酰化能力。

（5）用羧酸的 C-酰化　羧酸与磺酸的混合酸酐，特别是三氟甲磺酸的衍生物，是很活泼的酰化剂，它可以在没有催化剂存在下很温和地进行酰化。如：

反应收率可达 97%。

但单纯的羧酸活泼性较差。

（6）用其他酰化剂的 C-酰化　如以羧酸酯为酰化剂：

$$\text{（反应式）}\quad\xrightarrow[\text{20℃,15min}]{\text{BBr}_3}$$

反应收率可达 88%。

本反应本身副反应较少，但由于反应过程中要用到酸性催化剂，注意底物及酰化剂在酸性条件下的分解、重排等副反应。如对于呋喃、噻吩、吡咯等易分解的芳杂环，选择催化剂以活性较弱的磷酸、BF_3、BBr_3 或 $SnCl_4$ 等弱催化剂为宜。

8.2.3　实例分析

（1）依替福林中间体　苯乙酮的合成：

$$\text{（反应式）}\quad + (CH_3CO)_2O \xrightarrow{AlCl_3} \text{（产物）COCH}_3$$

以三氯化铝为催化剂时，用量要比乙酐的量（mol）多 2 倍多一些，苯自身作溶剂，过量的苯在反应后回收。反应操作为：在冰水浴条件下滴加乙酐，然后回流反应至完成。收率可达 83%。注意反应过程中要吸收氯化氢，同时在后处理分解三氯化铝芳酮络合物时要将产物慢慢加到冰水中，以防大量放热分解产生大量氯化氢气体。

（2）益康唑中间体　2,4-二氯苯基氯甲基甲酮的合成：

$$Cl\text{（苯环）}Cl + ClCH_2COCl \xrightarrow{AlCl_3} Cl\text{（苯环）COCH}_2Cl$$

无水三氯化铝用量要比原料过量一些，间二氯苯 0.8mol，氯乙酰氯 0.9mol，三氯化铝可用 1mol，反应可在 50℃保温完成，收率可达 87.5%。

（3）乙氧黄酮中间体　2,4-二羟基苯乙酮的合成：

$$HO\text{（苯环）}OH + CH_3COOH \xrightarrow{ZnCl_2} HO\text{（苯环）COCH}_3,\ OH$$

间二苯酚上有两个强给电子基团羟基，因此酰化活性较高，可以用活性较低的酰化剂羧酸和活性较低的催化剂氯化锌。冰醋酸可过量，既作反应原料，又作溶剂，用 1mol 间苯二酚时要用无水氯化锌 1.2mol 左右，反应在 140~150℃完成，收率为 72%。在酰化反应进行时也有酯化反应发生，但在高温下 C-酰化产物更加稳定，热力学有利，所以收率不低。

（4）萘普生中间体　6-甲氧基-2-丙酰基萘的合成：

$$H_3CO\text{（萘环）} + CH_3CH_2COCl \xrightarrow{AlCl_3} H_3CO\text{（萘环）COCH}_2CH_3$$

以硝基苯为溶剂，在 0℃左右滴加丙酰氯使反应完成。稠环上酰化比较容易。收率约 76%。

扫一扫阅读：头孢呋辛中间体乙酰呋喃合成案例详解

8.3 O-酰化反应（酯化反应）

O-酰化反应一般称酯化反应，通常是指醇或酚和含氧的酸类（包括有机酸和无机酸）作用生成酯和水的过程，其实就是在醇或酚羟基的氧原子上引入酰基的过程。其反应通式为：

$$R'OH + RCOZ \rightleftharpoons RCOOR' + HZ$$

RCOZ 为酰化剂，其中的 Z 可代表：OX、X、OR''、OCOR''、NHR''等。酰化反应可根据实际需要选用羧酸、羧酸酐、酰氯等作为酰化剂。除了最常用的醇或酚的酯化外，还可选用酯交换法，腈或酰胺和醇的酯化法，以及烯、炔类的加成酯化法等，如

酸：$\qquad R'OH + RCOOH \rightleftharpoons RCOOR' + H_2O$

酐：$\qquad R'OH + (RCO)_2O \longrightarrow RCOOR' + RCOOH$

酰氯：$\qquad R'OH + RCOCl \longrightarrow RCOOR' + HCl$

酯交换：

$$RCOOR' + R''OH \rightleftharpoons RCOOR'' + R'OH$$
$$RCOOR' + R''COOH \rightleftharpoons RCOOR' + R'OH$$
$$RCOOR' + R''COOR''' \rightleftharpoons RCOOR''' + R''COOR'$$

腈：$\qquad R'OH + RCN + H_2O \longrightarrow RCOOR' + NH_3$

酰胺：$\qquad R'OH + RCONH_2 \longrightarrow RCOOR' + NH_3$

烯酮：$\qquad R'OH + H_2C=CO \longrightarrow CH_3COOR'$

炔：$\qquad HC\equiv CH + RCOOH \longrightarrow H_2C=CHOOCR$

醚：$\qquad CH_3OCH_3 + CO \longrightarrow CH_3COOCH_3$

醛：$\qquad RCHO + HOOCCH_2COOR' \longrightarrow RCH=CHCOOR'$

酮：$\qquad RCOCCl_3 + R'OH \longrightarrow RCOOR' + CHCl_3$

8.3.1 羧酸法

8.3.1.1 底物与进攻试剂

羧酸法是最典型的酯化法，反应通式为：

$$R'OH + RCOOH \xrightarrow{H^+} RCOOR' + H_2O$$

此法又称为直接酯化法。底物是醇、酚或其盐，进攻试剂是羧酸。

8.3.1.2 反应机理与影响因素

羧酸酯化法是以酰基为进攻试剂的亲电取代反应，但更多的是称以醇为进攻试剂的亲核取代反应。这种方法一般需要有少量的酸性催化剂存在，常用的有硫酸、盐酸、磺酸等，也可用锡盐、有机钛酸酯、硅胶、阳离子交换树脂等。用硫酸、盐酸等强酸催化剂时有生成氯代烃、脱水、异构化或聚合等副反应形成；而用金属盐类作催化剂时副反应较少，但活性较低，需较高的反应温度。用树脂作催化剂时，可使催化剂较易从反应体系中分离回收，简化工艺。

本反应是一可逆反应，因此常在反应过程中使水或产物不断从反应体系中分离出来以促进反应完成。如常用共沸蒸馏脱水法（苯、甲苯等），加脱水剂如分子筛脱水等。对低沸点酯常直接蒸出酯以分离产物。

反应历程：

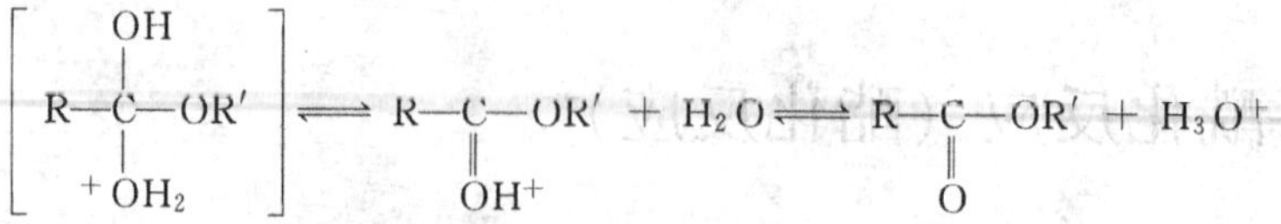

$$\left[\begin{array}{c} OH \\ R-\overset{|}{\underset{|}{C}}-OR' \\ {}^{+}OH_2 \end{array} \right] \rightleftharpoons R-\overset{OH^{+}}{\underset{|}{C}}-OR' + H_2O \rightleftharpoons R-\overset{O}{\underset{\|}{C}}-OR' + H_3O^{+}$$

它是一个双分子历程。首先是酸催化剂使羰基氧质子化，使得其易受亲核进攻。这里亲核试剂是醇，离去基团是水。若以水作亲核试剂，醇为离去基团，则为酯化反应的逆反应。

每个可逆反应都有一个平衡常数，本反应的平衡常数表达式是：

$$K = \frac{[RCOOR'][H_2O]}{[RCOOH][R'OH]}$$

平衡常数的大小与反应温度有关，与羧酸和醇或酚的结构也有很大关系。

（1）醇或酚的结构　乙酸与各种醇的酯化反应转化率、平衡常数如表 8-1 所示数据。

表 8-1　不同醇与乙酸进行酯化反应的平衡常数（等物质的量配比，155℃）

No.	ROH	转化率/%		平衡常数 K
		1h 后	极限	
1	CH_3OH	55.59	69.59	5.24
2	C_2H_5OH	46.95	66.57	3.96
3	C_3H_7OH	46.92	66.85	4.07
4	C_4H_9OH	46.85	67.30	4.24
5	$CH_2\!=\!CHCH_2OH$	35.72	59.41	2.18
6	$C_6H_5CH_2OH$	38.64	60.75	2.39
7	$(CH_3)_2CHOH$	26.53	60.52	2.35
8	$(C_2H_5)_2CHOH$	16.93	58.66	2.01
9	$(CH_3)_3COH$	1.43	6.59	0.0049
10	C_6H_5OH	1.45	8.64	0.0089
11	$(CH_3)(C_3H_7)C_6H_3OH$	0.55	9.46	0.0192

从上表可以得出以下几点结论：

① 伯醇的酯化速度最快，仲醇较慢，叔醇最慢；伯醇中以甲醇为最快；其他伯醇相差不多；这可从空间位阻效应得到解释：因为醇要以一定方向进攻碳正离子，以甲醇最无阻碍；仲醇的数据 No.7、8 同样说明此问题。

② 丙烯醇由于氧原子上的未共享电子与分子中的不饱和双键间存在共轭效应而使氧原子的亲核效应有所减弱，所以其酯化速率较慢；苯甲醇的数据也说明了此问题。

③ 酚的转化率较低，与叔醇接近；而有烷基取代的酚由于空间效应较大反应速率较慢，但由于烷基是给电子基团，有利于酯化，其平衡常数较大。

④ 实际上用叔醇来进行直接酯化是很少的，一是因为其转化率很低（小于 10%），另原因为反应过程中叔醇易与质子作用发生消除反应生成烯烃而得不到酯化产物：

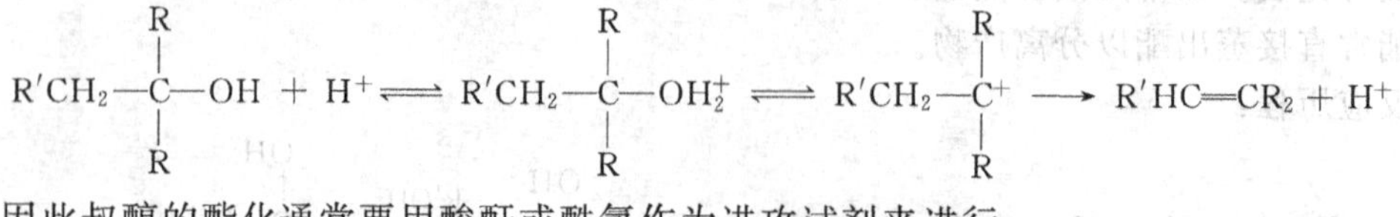

$$R'CH_2-\overset{R}{\underset{R}{C}}-OH + H^{+} \rightleftharpoons R'CH_2-\overset{R}{\underset{R}{C}}-OH_2^{+} \rightleftharpoons R'CH_2-\overset{R}{\underset{R}{C^{+}}} \longrightarrow R'HC\!=\!CR_2 + H^{+}$$

因此叔醇的酯化通常要用酸酐或酰氯作为进攻试剂来进行。

（2）羧酸的结构　表 8-2 是异丁醇与各种酸的酯化反应转化率、平衡常数的数据。

表 8-2 不同酸与异丁醇进行酯化反应转化率、平衡常数（等物质的量配比，155℃）

No.	RCOOH	转化率/%		平衡常数 K
		1h 后	极限	
1	HCOOH	61.69	64.23	3.22
2	CH_3COOH	44.36	67.38	4.27
3	C_2H_5COOH	41.18	68.70	4.82
4	$(CH_3)_3COOH$	8.28	72.65	7.06
5	$(C_6H_5)CH_2COOH$	48.82	73.87	7.99
6	$(C_6H_5)C_2H_4COOH$	40.26	72.02	7.60
7	$(C_6H_5)CH{=\!=}CHCOOH$	11.55	74.61	8.63
8	C_6H_5COOH	8.62	72.57	7.00
9	$p\text{-}(CH_3)C_6H_4COOH$	6.64	76.52	10.62

从上表可见：

① 直链羧酸的酯化反应速度相对较大，而有侧链的则较困难，这表明脂肪族羧酸中烃基的影响主要是空间位阻的影响。

② 当脂肪链取代基有苯基时，对酯化反应影响不是很大；但苯基与烯基共轭时，则会产生电子效应的影响，使酯化反应速率变慢。

③ 芳香酸一般比脂肪族羧酸酯化困难得多，但空间效应的影响同样比电子效应影响大得多，如 No.8、9 的数据。

④ 从表中还可得知，反应速度与平衡数据有相反的趋势，但不是绝对的。

（3）平衡转化率　由于羧酸酯化法是可逆反应，需要采用一定的方法提高转化率。根据热力学原理可采用下述方法提高转化率。

① 增加某种原料的配比，一般是价格便宜、易回收的原料，使另一种原料转化完全；但此种方法有一定局限性。

② 在反应过程中使产品或副产物水不断离开反应系统，使平衡不断被破坏而增加转化率。这要根据不同的反应体系做不同处理。若产品酯易挥发，可将酯蒸出；而若酯不易蒸出，可脱水，或用共沸体系脱水，或用脱水剂脱水。

从上分析可知，本反应的副反应主要有两类，一是反应本身是可逆反应，有水解副反应；二是酸催化剂作用下醇等产生的消除、缩合等副反应。第一种可采用上述热力学方法使反应完全，第二类副反应要选择好合适的催化剂和反应条件。

8.3.1.3 实例分析

（1）质子酸催化法

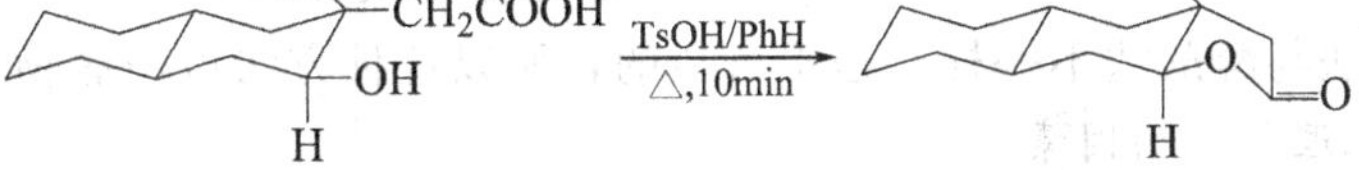

对甲苯磺酸是良好的酯化催化剂，苯既可作为溶剂，也可作为共沸点脱水剂使反应转化完全。由于原料羧基与羟基位置合适，可形成内酯形成六环，且收率可高达97%。

（2）Lewis 酸催化法

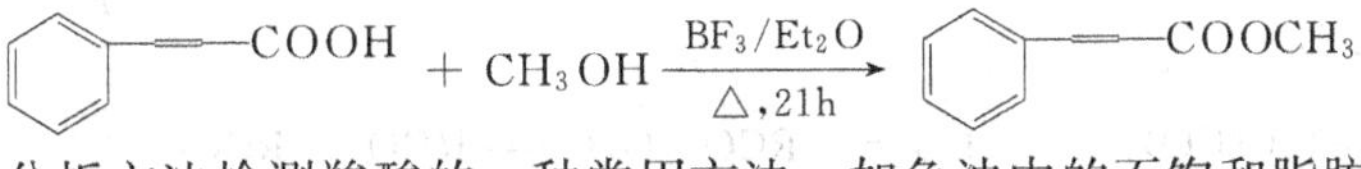

此法是定量分析方法检测羧酸的一种常用方法，如鱼油中的不饱和脂肪酸就可通过此法生成酯后再用气相色谱测定，这说明此类方法酯化反应完全，副反应少。一般过程是先制备成氢氧化钠的无水甲醇溶液和三氟化硼的甲醇溶液备用。将羧酸加到过量的氢氧化钠的无水甲醇溶液中，变成羧酸盐，然后再加三氟化硼的甲醇溶液进行催化保温反应。三氟化硼供应的一般是乙醚溶液，因此反应过程中还有乙醚存在。反应温度不能太高，否则甲醇易挥发。另外，挥发的乙醚应回收。反应结束后，三氟化硼也可蒸馏回收。产品收率可达 94%。

（3）Vesley 法——强酸型离子交换树脂加硫酸钙法

$$CH_3COOH + CH_3OH \xrightarrow[\text{10min}]{\text{Vesley 法}} CH_3COOCH_3$$

强酸型离子交换树脂催化法与质子酸、Lewis 酸催化法相比有催化剂易回收、三废少等好处，是酯化工艺绿色化研究很重要和活跃的一个方向。相关的催化剂研究很多，种类也很多。上述工艺收率可达 94%。

（4）二环己基碳二亚胺（DCC）及其类似物脱水法

一般是在乙腈或四氢呋喃等溶剂中，先加入原料酸、醇及催化剂量的 DMAP（4-二甲氨基吡啶），然后加入稍过量的 DCC，在一定温度下保温使反应完成。注意，DMAP 是起到碱性催化剂的作用，DCC 是作为脱水剂，生成 1mol 水就需要消耗 1mol DCC。一般溶剂等需要脱水以免影响 DCC 的脱水效果。反应生成的二环己基脲（DCU）要回收处理。此类反应温度一般不超过 30~40℃。产品的收率可达 96%。

（5）偶氮二羧酸二乙酯法（DEAD）——利用 DEAD 和三苯膦反应以活化醇

活性很高，可在室温很快完成反应。收率可达 83%。此类反应的另一个好处是由于三苯膦的位阻可对伯醇、仲醇进行选择性酰化。但要考虑到原料成本的问题。

8.3.2 羧酸酐法

8.3.2.1 底物与进攻试剂

羧酸酐是比羧酸强的酰化剂，适用于较难反应的酚类化合物及空间位阻较大的叔羟基衍生物的直接酯化。其反应通式为：

$$R'OH + (RCO)_2O \longrightarrow RCOOR' + RCOOH$$

这种酯化方法与醇酸法不一样，是不可逆的，所以这种方法可使底物完全酰化。

8.3.2.2 反应机理与影响因素

酸酐反应可用酸性或碱性催化剂催化，如硫酸、高氯酸、氯化锌、三氯化铁、吡啶、无水乙酸钠、对甲苯磺酸或叔胺等，以硫酸、吡啶和无水乙酸钠为最常见。

强酸的催化机理可能是氢质子首先与酸酐生成酰化能力强的酰基正离子，然后再进攻醇羟基生成产物：

$$(RCO)_2O + H^+ \Longrightarrow (RCO)_2\overset{+}{O}H \Longrightarrow \overset{+}{R}CO + RCOOH$$

$$\overset{+}{R}CO + R'OH \longrightarrow RCOOR' + H^+$$

吡啶的催化作用一般是能与酸酐形成活性络合物再进攻醇羟基形成产物：

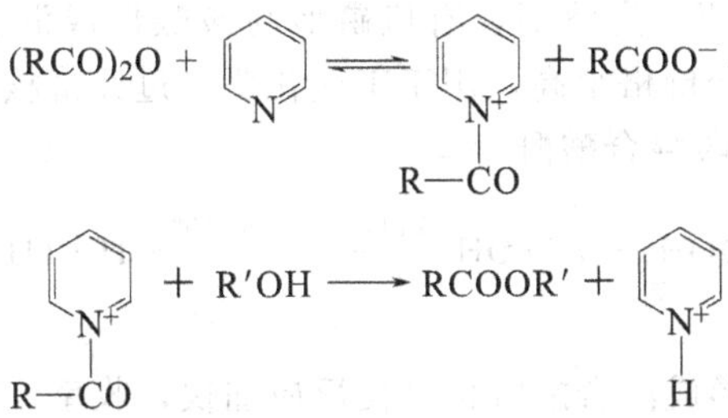

$$(RCO)_2O + \underset{N}{\bigcirc} \rightleftharpoons \underset{\underset{R-CO}{N^+}}{\bigcirc} + RCOO^-$$

$$\underset{\underset{R-CO}{N^+}}{\bigcirc} + R'OH \longrightarrow RCOOR' + \underset{\underset{H}{N^+}}{\bigcirc}$$

一般来说酸性催化剂的活性较强。选用催化剂要根据原料结构及反应的要求。

与酸酐反应的醇的结构的影响与羧酸法酯化反应的差不多,伯醇最活泼,仲醇次之,叔醇最不活泼。

常用的酸酐除乙酸酐、丙酸酐外还有二元酸酐等,如苯二甲酸酐、顺丁烯二酸酐等,这类酸酐与醇反应先生成单烷基酯,然后再进一步酯化生成二元酯:

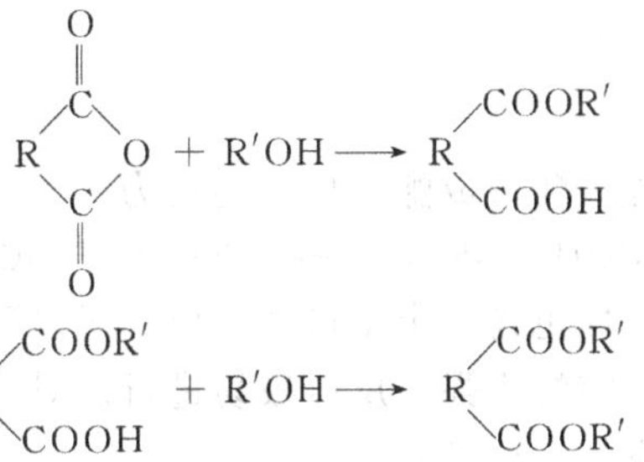

$$R\underset{\underset{O}{\overset{O}{\big\Vert}}}{\overset{\overset{O}{\big\Vert}}{\underset{}{\big\langle}}}O + R'OH \longrightarrow R\underset{COOH}{\overset{COOR'}{\big\langle}}$$

$$R\underset{COOH}{\overset{COOR'}{\big\langle}} + R'OH \longrightarrow R\underset{COOR'}{\overset{COOR'}{\big\langle}}$$

可以预见,生成二元酯的难度较大。由于大分子酸酐难制备,在应用上有局限性。

由于混合酸酐具有反应活性强和应用范围广的特点,所以更有实用价值。

本反应的本身副反应较少,一般收率较高,特别是用混酸酐方法。

8.3.2.3 实例分析

(1) 羧酸-三氟乙酸混合酸酐

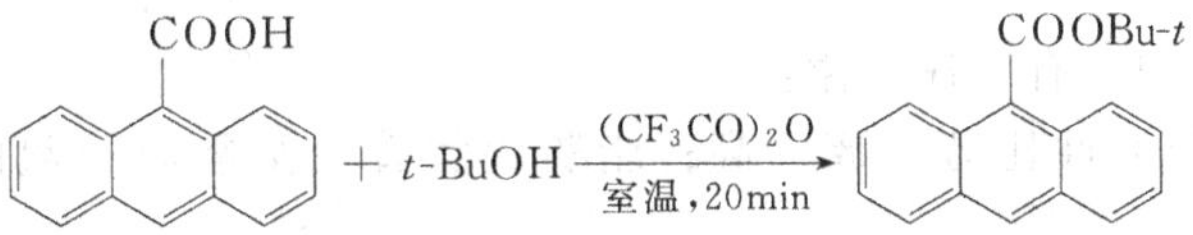

三氟乙酸酐先与羧酸形成混合酸酐,再进攻丁醇生成酯,在室温反应很快能完成。若不用混合酸酐,由于底物与进攻试剂的空间效应都较大,反应很难进行。收率约 95%。但要注意,三氟乙酸酐的价格较高。

(2) 羧酸-磺酸混合酸酐

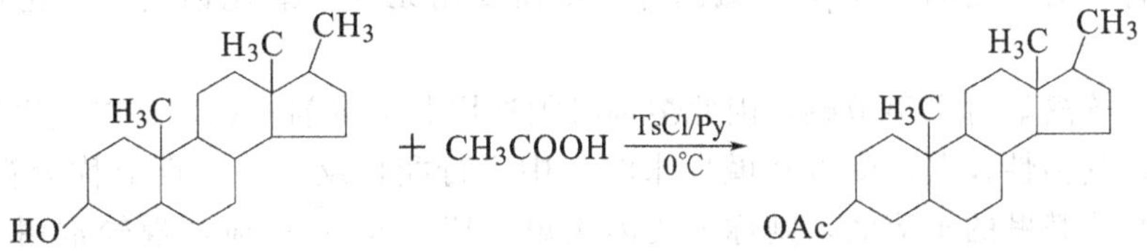

其中 TsCl 是磺酰氯,先与乙酸形成酸酐,再与醇反应,反应中以吡啶(Py)为溶剂,反应很快,收率约 88%。

(3) 羧酸-膦酸混合酸酐

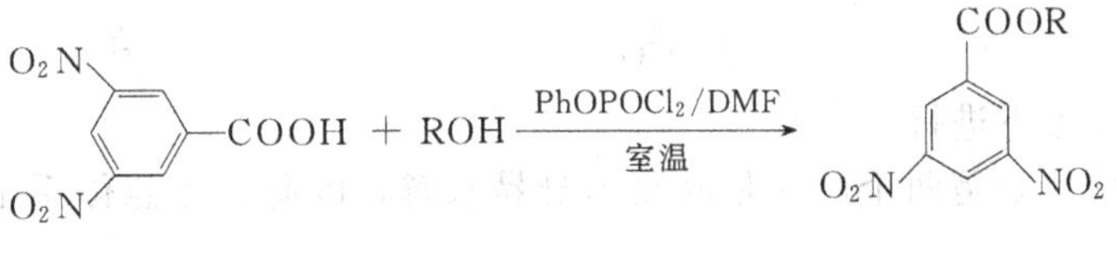

以二甲基亚酰胺（DMF）为溶剂，有机磷酸与羧酸形成混合酸酐，反应很快，收率80%以上。注意，有机磷酸价格很高，用于工业化要经过经济核算。

（4）羧酸-多取代苯甲酸混合酸酐

$$H_3C(CH_2)_2-\underset{\underset{CH_3}{|}}{\overset{\overset{H}{|}}{C}}-COOH + t\text{-BuOH} \xrightarrow{2,4,6\text{-三氯苯甲酸}} H_3C(H_2C)_2-\underset{\underset{CH_3}{|}}{\overset{\overset{H}{|}}{C}}-COOBu\text{-}t$$

以三氯苯甲酸与羧酸形成混合酸酐也可使反应加快，收率95%。

（5）其他混合酸酐如硫酸、氯代甲酸酯、光气、氧氯化磷等

$$\text{RCONH} \cdots \underset{O}{\overset{}{\big\|}}... \xrightarrow[7\sim10℃,45min]{(COCl)_2/PhH} \xrightarrow[25℃,30min]{t\text{-BuOH}} \text{RCONH}\cdots$$

8.3.3 酰氯法

8.3.3.1 底物与进攻试剂

以酰氯为进攻试剂进攻醇、酚形成酯。反应通式为：

$$R'OH + RCOCl \longrightarrow RCOOR' + HCl$$

这与酸酐作为进攻试剂一样也是一个不可逆反应，所以酯化比较完全。

酰氯的反应活性比相应的酸酐为强，反应极易进行。对一些空间阻碍较大的叔醇，选用酰氯也能顺利完成酯化反应。

8.3.3.2 反应机理及影响因素

因反应过程中会生成 HCl，因此若原料中有对此敏感的基团如叔醇的羟基可被氯取代时，要用碱中和酯化生成的氯化氢。常用的缚酸剂有碳酸钠、乙酸钠、吡啶、三乙胺等。若反应过程中碱性太强，则酰氯易分解，得不到酯化产品，因此选用碱和加碱方法是较重要的。

从酰氯的活性来说，有下述规律：

① 脂肪族酰氯的活性比芳香族的高；脂肪族随着烃基碳原子数的增多其活性有所下降。

② 芳香族活性的下降主要是因为羰基碳原子上的正电荷分散于芳环上而减弱；若间位或对位有吸电子基团时则反应活性增强，反之则活性减弱。

③ 脂肪族酰氯 α-碳原子上的氢被吸电子基团所取代，则反应活性得到增强。

对一些特别难酯化的醇如 β-三氯乙醇，则需要用无水三氯化铝或三溴化铝等催化剂催化。

由于脂肪族酰氯对水很敏感，因此溶剂必须选用非水溶剂，如苯、二氯甲烷等；而对芳香族酰氯，其活性较弱，则可在碱性水溶液中进行酯化反应。此反应称为肖藤-鲍曼反应。若用吡啶代替碱的水溶液，则称为艾因霍思（Einhorn）反应，现较常用。吡啶既可中和氯化氢，也可起到催化作用，和酰氯生成活性中间体：

$$\text{RCOCl} + \underset{N}{\bigcirc} \longrightarrow \underset{\underset{R-CO}{|}}{\overset{+}{N}}\bigcirc Cl^- \xrightarrow{R'OH} \text{RCOOR}' + \underset{\underset{H}{|}}{\overset{+}{N}}\bigcirc Cl^-$$

此反应可在室温下进行。

本反应副反应主要是两个，一是酰氯本身易水解，因此要注意体系中的水分和酸碱

性；二是反应过程中有盐酸生成，有可能发生氯取代反应等。

8.3.3.3 实例分析

（1）羧苄西林中间体苯基丙二酸单苯酯的合成

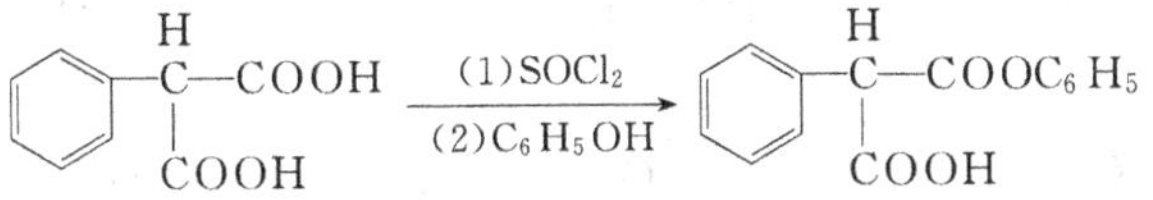

酰氯一般是现场制备的。第一步是在乙醚中用氯化亚砜将苯基丙二酸变成酰氯，这里注意体系中要无水，否则氯化亚砜要分解，导致收率下降；另外氯化亚砜不能过量，否则，两个羧基都要被酰化，双酯化产物就要多；还有，制备酰氯的过程中可加少量 DMF、吡啶等作为催化剂，使反应顺利进行。反应过程中有大量氯化氢、二氧化硫放出，要注意回收。反应时，氯化亚砜要采用滴加的方式加料，否则易产生冲料等安全问题。酰氯化反应后要尽量蒸除残余的二氯亚砜、氯化氢等，然后再加苯酚，否则易发生其他副反应。酰氯中加入苯酚在乙醚溶剂中回流反应结束，可得收率 78% 左右。

（2）地拉卓原料药 N,N'-双-[3-(3',4',5'-三甲氧基苯甲酸基）丙基] 高哌嗪的合成

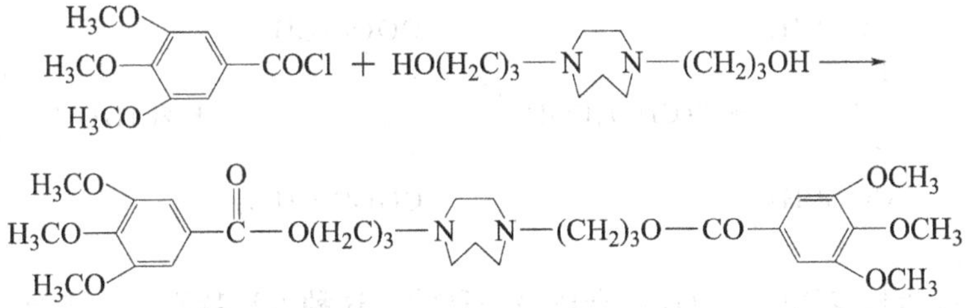

以氯仿为溶剂，回流反应完成，收率可达 66% 以上。

（3）阿司匹林原料药乙酰水杨酸的合成

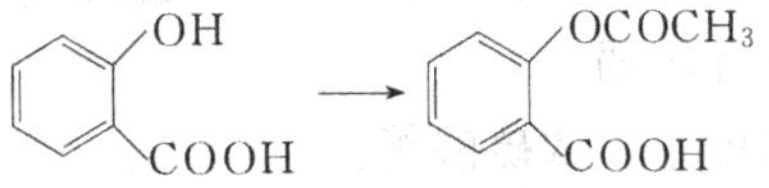

可用乙酸酐法、乙酰氯法等合成。乙酐法用浓硫酸催化，在 60℃ 反应，收率可达 98%；而乙酰氯法，以吡啶为缚酸剂，收率只有 67.5%，这是因为酰氯法在反应过程中副反应较多。

8.3.4 酯交换法

酯交换法是指酯与其他的醇、羧酸或酯分子中的烷氧基或酰基进行互换反应，实现由一种酯转化为另一种酯，它包括醇解、酸解和互换反应：

$$RCOOR' + R''OH \rightleftharpoons RCOOR'' + R'OH$$
$$RCOOR' + R''COOH \rightleftharpoons RCOOR'' + R'OH$$
$$RCOOR' + R''COOR''' \rightleftharpoons RCOOR''' + R''COOR'$$

这三类反应都是利用反应的可逆性而实现的。

8.3.4.1 醇解

醇解在酯交换法中用得最多。一般总是把酯分子中的伯醇基由另一沸点较高的伯醇基所取代，甚至还可以由仲醇基所取代。一般是在反应过程中将生成的醇不断蒸出以完成酯交换反应。

此过程中可用酸（硫酸、干燥氯化氢或对甲苯磺酸）或碱（通常是醇钠）催化，其历程分别如下所述。

酸催化：

$$R-\overset{\overset{\textstyle O}{\|}}{C}-OR' \rightleftharpoons R-\overset{\overset{\textstyle O}{\|}}{\underset{\underset{\textstyle H}{|}}{C}}-\overset{+}{O}R' \xrightarrow{R''OH} \left[R-\overset{\overset{\textstyle O}{\|}}{\underset{\underset{\textstyle R''}{\overset{|}{O}}{\underset{\textstyle H}{}}}{C}}\overset{+}{O}R' \right] \xrightarrow{-R'OH} R-\overset{\overset{\textstyle O}{\|}}{\underset{\underset{\textstyle H}{|}}{C}}-\overset{+}{O}R'' \xrightarrow{-H^+} R-\overset{\overset{\textstyle O}{\|}}{C}-OR''$$

碱催化：

$$R-\overset{\overset{\textstyle O}{\|}}{C}-OR' \xrightarrow{R''O^-} \left[R-\overset{\overset{\textstyle O}{\|}}{\underset{\underset{\textstyle O R''}{|}}{C}}OR' \right] \xrightarrow{-R'O^-} R-\overset{\overset{\textstyle O}{\|}}{C}-OR''$$

催化剂主要是根据原料的性质选择，要使副反应减少。催化剂的需要量很少。根据此原理，可知酯产品不宜用醇作重结晶溶剂，以免发生酯交换反应。

现在也有用强碱性离子交换树脂或分子筛为催化剂，可简化反应的后处理过程，而且反应条件温和，适合于许多对酸敏感的酯的合成。

由于分子筛可吸附低分子量醇如甲醇或乙醇，因此常用于使由甲醇或乙醇形成的酯与较高级的醇进行醇解反应：

$$\overset{\overset{\textstyle COOCH_3}{|}}{\underset{\underset{\textstyle COOCH_3}{|}}{\bigcirc}} + 2(CH_3)_3COH \xrightarrow{80℃} \overset{\overset{\textstyle COOC(CH_3)_3}{|}}{\underset{\underset{\textstyle COOC(CH_3)_3}{|}}{\bigcirc}} + 2CH_3OH$$

8.3.4.2 酸解

酸解是通过酯与羧酸的交换反应合成另一种酯。这种方法特别适合于合成二元酸单酯及羧酸乙烯酯等。

各种有机羧酸的反应活性相差不是很大，只是带支链的羧酸、某些芳香族羧酸以及空间位阻较大的羧酸其反应活性才较弱。

常用催化剂有浓盐酸、乙酸汞、浓硫酸等。

要使反应完全必须使原料酸过量且不断将产物移出才行。

如己二酸二乙酯与己二酸于二丁醚中在浓盐酸催化下加热回流可酸解成己二酸单乙酯：

$$H_5C_2OOC(CH_2)_4COOC_2H_5 + HOOC(CH_2)_4COOH \rightleftharpoons HOOC(CH_2)_4COOC_2H_5$$

又如在催化剂乙酸汞和浓硫酸存在下乙酸乙烯酯与十二酸加热回流可酸解成十二酸乙烯酯：

$$CH_3(CH_2)_{10}COOH + CH_3COOCH=CH_2 \rightleftharpoons CH_3(CH_2)_{10}COOCH=CH_2$$

8.3.4.3 互换

互换反应是指两种不同酯之间进行反应生成另外两种新的酯。当有些酯不能采用直接酯化法及其他方法进行制备时可考虑采用此方法合成：

$$RCOOR' + R''COOR''' \rightleftharpoons RCOOR''' + R''COOR'$$

完成这种互换反应的先决条件是在反应生成的酯中有一种酯的沸点要比另一种酯低得多，这样就可在反应过程中不断蒸出沸点低的生成的酯而使反应顺利进行，如：

$$HCOOCR_3 + R''COOCH_3 \xrightarrow{CH_3ONa} HCOOCH_3 + R''COOCR_3$$

因甲酸甲酯的沸点很低（31.8℃），很易从反应产物中蒸出，从而使互换反应顺利进行。

8.3.5 其他酰化剂

为合成复杂的化合物如肽、大环内酯类等天然化合物，人们开发了许多酰化能力较强的活性羧酸酯为酰化剂。

8.3.5.1 羧酸硫醇酯

如：

收率约为 75%。

8.3.5.2 羧酸吡啶酯

如：

收率约为 89%（$n=5$）。

8.3.5.3 羧酸三硝基苯酯

如：

反应收率可达 98%。其中 Cl-TNB 指的是 2,4,6-三硝基氯苯。

8.3.5.4 羧酸异丙烯酯

此法适于立体障碍大的羧酸，如：

反应收率约 92%。

8.3.5.5 1-羟基苯并三唑的羧酸酯

它可与醇、胺在温和的条件下进行反应，是非常有效的选择性酰化试剂。在伯醇、仲醇同时存在时选择性地酰化伯醇，在氨基及羟基同时存在时选择性地酰化氨基，如：

8.3.5.6　烯酮法

乙烯酮的活性极高，易与醇类反应生成乙酸酯：

$$R'OH + H_2C{=}CO \longrightarrow CH_3COOR'$$

此法产率很高。此反应可用酸（硫酸、对甲苯磺酸等）或碱（叔丁醇钾等）来催化。它与反应活性很差的叔醇或酚类也可制成乙酸酯。当与含 α-氢的醛或酮反应即可得乙酸烯醇酯。

它的历程首先是加成，然后异构成酯：

$$H_2C{=}CO + R'OH \longrightarrow \underset{\underset{OH}{|}}{H_2C{=}C{-}OR'} \rightleftharpoons CH_3COOR'$$

反应如：

$$H_2C{=}CO + (CH_3)_3COH \xrightarrow{H_2SO_4} CH_3COOC(CH_3)_3$$

$$H_2C{=}CO + CH_3COCH_3 \xrightarrow{H_2SO_4} CH_3COOC\overset{CH_3}{\underset{CH_2}{}}$$

后者是制备烯醇酯的重要方法。

双乙烯酮也有很高的活性，是制备 β-酮酸酯特别是 β-酮酸叔丁酯的重要原料。如：

$$\underset{H_2C-C=O}{H_2C{=}C{-}O} + (CH_3)_3COH \xrightarrow{CH_3COOK} CH_3COCH_2COOC(CH_3)_3$$

$$\underset{H_2C-C=O}{H_2C{=}C{-}O} + C_2H_5OH \xrightarrow{H_2SO_4} CH_3COCH_2COOC_2H_5$$

8.3.5.7　腈的醇解

在硫酸或氯化氢作用下，腈与醇共热得酯，反应通式如下：

$$R'OH + RCN + H_2O \longrightarrow RCOOR' + NH_3$$

本法也是制备酯类用得较多的方法之一。本法特别适用于制备多官能团的酯，如丙二酸酯、酮酸酯、氨基酸酯及 α-羟基酸酯等：

$$NCCH_2COOR + C_2H_5OH \xrightarrow{HCl} H_2C\overset{COOR}{\underset{COOC_2H_5}{}}$$

若用芳香族腈来制备时，要考虑到芳环上其他取代基的空间位阻。如邻苯甲腈因邻位甲基的影响不能与甲醇反应。

8.3.5.8　酰胺法

很多活性酰胺被用于制备酯，如：

收率可达 91%。

习　题

基础概念题

8-1　酯交换法反应有哪几种类型？各适用于什么场合？

8-2　何为酰化反应？写出酰化反应的通式。

8-3　举例写出用各种 N-酰化剂进行酰化反应的方程式，并说明这些反应有何特点。

8-4　如何进行二元胺的单酰化？

8-5　N-酰化的副反应主要是什么？如何控制？

8-6　C-酰化反应主要用于制备什么结构的有机化合物？

8-7　从 C-酰化反应的机理说明何种结构的芳香化合物有利于 C-酰化反应的进行；

8-8　用三氯化铝催化酰氯、酸酐进行 C-酰化时对三氯化铝的用量有何要求？为什么？

8-9　说出常用的 C-酰化的催化剂，并说明选择催化剂要注意的原则。

8-10　C-酰化反应主要的副反应是什么？如何控制？

8-11　常用的 C-酰化的酰化剂是什么？这些酰化剂进行酰化反应时反应有什么特点？

8-12　由对硝基苯胺和苯甲酰氯反应，可制得哪些产品？各需什么反应条件？

8-13　利用光气酰化可制备哪几类物质？使用光气有何缺点？

8-14　利用二乙烯酮进行酰化可制备哪几类物质？常用何种溶剂？

8-15　利用酸酐进行 C-酰化时催化剂三氯化铝用量一般为多少？为什么？

8-16　利用乙酐对噻吩、呋喃衍生物进行酰化，应该选用何种催化剂为好？为什么？

8-17　什么叫酯化反应？请写出酯化反应的通式。

8-18　常用的酯化剂有哪些？反应过程中各有什么特点？

8-19　请写出利用腈、酰胺、烯酮、炔、醚、醛、酮制备酯类化合物的反应通式或实例。

8-20　利用羧酸和醇合成酯的酯化反应要注意些什么问题？催化剂是什么？

8-21　利用羧酸酐、酰氯进行酯化的反应要注意些什么条件？

8-22　一氯苄和乙酸钠的酯化制乙酸苄酯时用的是什么催化剂？它如何起作用？

分析提高题

8-23　用不超过六个碳原子的原料合成下列化合物。

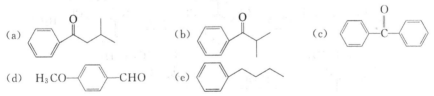

8-24　设计下述反应的合成路线。

8-25　光气是甲酸的酰氯，在第一次世界大战中曾经在战场上被当作毒气使用过。它也是合成许多有用化合物的原料。试写出 1mol 光气与下列化合物反应所得的产物。

　　（a）过量乙醇；　　　　（b）过量甲胺；　　　　（c）1mol 甲醇和 1mol 苯胺；

　　（d）乙二醇；　　　　　（e）1mol 叔丁醇

8-26　下述化合物是合成抗真菌药物泊沙康唑的中间体。试设计一条以 1,3-二氟苯为原料合成该化合物的路线。（其他非环原料任选）

综合题

8-27 写出从所给原料制备以下产品的两条合成工艺路线和各步反应的名称及大致条件，以及所用各种反应试剂，并进行分析比较。

8-28 写出从所给原料制备以下产品的合理的合成工艺路线和各步反应的名称和大致条件，所用各种反应试剂。

8-29 查阅文献，总结文献报道从所给原料间氯苯胺开始制备所给产品的合成工艺路线，包括相关的工艺条件，并进行分析比较，选择你认为较优的适合工业化的路线，并说明理由。

8-30 设计尽可能多的从所给原料苯酚开始制备所给产品的合成工艺路线，并说明哪一条是最合理的。

8-31 有人为以甲苯为原料制备所给产品设计了如下工艺路线，请分析这条工艺路线是否合理，其中可能产生何种副产物，第一步收率大约是多少？

并说出每一步反应的名称和机理。

8-32 查阅文献，总结文献报道从所给原料对苯二酚开始制备所给产品的合成工艺路线，包括相关的工艺条件，并进行分析比较，选择你认为较优的适合工业化的路线，并说明理由。

8-33 查阅文献，总结文献报道从所给原料甲苯开始制备所给产品的合成工艺路线，包括相关的工艺条件，并进行分析比较，选择你认为较优的适合工业化的路线，并说明理由。

8-34　设计从苯开始制备以下产品的工艺路线，并说明所用原料，写出反应式，并简要说明工艺条件（包括催化剂）。

（1）

$$\text{OH} \quad \text{NH}_2 \quad \text{NO}_2$$

（2）

$$\text{OH} \quad \text{NH}_2 \quad O_2N$$

（3）

$$\text{OH} \quad \text{NO}_2 \quad \text{NHCH}_3$$

（4）

$$\text{OCOCH}_3 \quad \text{NO}_2 \quad \text{NHCH}_3$$

8-35　写出制备以下产品的合成路线和各步反应的名称及大致条件，所用各种反应试剂。

$$H_2NCH_2COOH + \underset{\text{CH}_2OH}{\bigcirc} \longrightarrow H_5C_6H_2CO-\overset{O}{\underset{}{C}}-\overset{H}{\underset{}{N}}-\overset{H_2}{\underset{}{C}}-\overset{O}{\underset{}{C}}-O-C(CH_3)_3$$

8-36　查阅文献，总结文献报道从所给原料苯酚开始制备所给产品的合成工艺路线，包括相关的工艺条件，并进行分析比较，选择你认为较优的适合工业化的路线，并说明理由。

$$\underset{\text{OH}}{\bigcirc} \longrightarrow \overset{\displaystyle O-\overset{O}{\overset{\|}{C}}-CH_3}{\underset{\displaystyle C-OCH_3}{\bigcirc}}$$

8-37　设计下述过程的合成工艺路线，并说明各步反应的名称和大致工艺条件。

$$\overset{O}{\underset{O}{\bigcirc\!\!\!\!\bigcirc}} \longrightarrow \overset{\overset{O}{\|}}{\underset{\underset{O}{\|}}{\bigcirc\!\!\!\!\bigcirc}}\overset{C-OC_4H_9}{\underset{C-OC_4H_9}{}}$$

8-38　设计下述过程的合成工艺路线，并说明各步反应的名称和大致工艺条件。

$$C_6H_5CH_2Cl \longrightarrow H_3C-\overset{O}{\overset{\|}{C}}-OCH_2C_6H_5$$

第9章　还原反应

本章重点

(1) 掌握常用的化学还原反应的类型及还原剂；

(2) 了解金属还原剂的还原机理及其影响因素，了解铁、锌、锡及其二价盐、活泼金属钠等常用金属还原剂的应用；

(3) 了解含硫化合物还原剂的种类、硫化物及多硫化物还原反应的特点，以及其他含硫还原剂的应用，掌握亚硫酸盐还原重氮盐制备肼的反应特点和影响因素；

(4) 掌握金属氢化物还原剂的还原机理和反应特点，了解相关还原剂的应用；

(5) 了解硼烷、肼、烷氧基铝等化学还原剂的应用和相关特点；

(6) 掌握催化氢化的特点，了解非均相催化氢化的基本过程、常用催化剂、影响因素及常见应用，了解催化氢化的发展方向；

(7) 掌握均相催化氢化的特点，了解相关反应机理及其应用；

(8) 了解催化转移氢化的原理和应用，了解氢解反应的原理和应用。

在还原剂的作用下使有机物分子中增加氢原子或减少氧原子，或者两者兼而有之的反应称为还原反应。将硝基、亚硝基、羟氨基等含 C—N 键的化合物在还原剂作用下制得胺类的方法是还原反应中重要的一类。同时，不饱和烃的还原、芳烃的还原、羰基的还原、羧酸及其衍生物的还原在药物合成中也有很重要的作用。

还原反应根据所用还原剂及操作方法不同，基本上可分为三类。凡是使用化学物质包括元素、化合物等作还原剂所进行的还原反应称为化学还原反应。化学还原反应按机理分主要分为负氢离子转移还原反应和电子转移还原反应。另一种在催化剂存在下，借助于分子氢进行的还原反应称为催化氢化还原或催化加氢还原。还有一种利用微生物发酵或活性酶进行的还原反应称为生物还原反应，这里不作介绍。

9.1　化学还原反应

化学还原反应常用的还原剂有无机还原剂和有机还原剂，前者应用更广泛。

9.1.1　金属还原剂

9.1.1.1　底物与进攻试剂

金属还原剂包括活泼金属、它们的合金及其盐类。一般用于还原反应的活泼金属有碱金属、碱土金属以及铝、锡、铁等。合金包括钠汞齐、锌汞齐、铝汞齐、镁汞齐等。金属盐有硫酸亚铁、氯化亚锡等。

金属还原剂在不同的条件下可还原一系列物质，不同的金属还原的应用场合有所差别。

9.1.1.2　反应机理及影响因素

金属还原剂在进行还原时均有电子得失的过程，且同时产生质子的转移。金属是电子的供给者，而质子供给者是水、醇、酸等化合物。其还原机理是电子-质子的转移过程。

如羰基化合物用金属还原为羟基化合物的过程中，是羰基首先自金属原子得到一个电子，生成负离子自由基，后者再由金属得到一个电子，形成二价负离子，二价负离子由质子供给者提供质子生成羟基化合物：

$$\overset{\backslash}{\underset{/}{C}}{=}O + M \longrightarrow \overset{\backslash}{\underset{/}{C}}{-}O^- \ M^+ \xrightarrow{M-e} \overset{\backslash}{\underset{/}{C}}{-}O^- \ M^+ \xrightarrow{H^+} \overset{\backslash H}{\underset{/}{C}}{-}OH$$

（1）铁和低价铁盐为还原剂　铁屑在酸性条件下为强还原剂，可将芳香族硝基、脂肪族硝基以及其他含氮氧功能团（亚硝基、羟氨基等）还原成氨基，将偶氮化合物还原成两个胺，将磺酰氯还原成巯基。它是一种选择性还原剂，一般情况下对卤素、烯键、羰基无影响。

如还原硝基苯为苯胺的反应：

$$4ArNO_2 + 9Fe + 4H_2O \longrightarrow 4ArNH_2 + 3Fe_3O_4$$

机理为：

$$Ar{-}\overset{+}{N}\overset{O}{\underset{O^-}{\diagdown}} \xrightarrow{Fe-e} Ar{-}\overset{+}{N}\overset{\cdot O^-}{\underset{O^-}{\diagdown}} \xrightarrow{H^+} Ar{-}\overset{+}{N}\overset{\cdot O^-}{\underset{OH}{\diagdown}} \xrightarrow{Fe-e} Ar{-}\ddot{N}\overset{O^-}{\underset{OH}{\diagdown}}$$

$$\xrightarrow[-H_2O]{H^+} Ar{-}\ddot{N}{=}O \xrightarrow{Fe-e} Ar{-}\overset{\cdot}{N}{-}O^- \xrightarrow{H^+} Ar{-}\overset{\cdot}{N}{-}OH \xrightarrow{Fe-e}$$

$$Ar{-}\ddot{N}^-{-}OH \xrightarrow{H^+} Ar{-}\overset{H}{\underset{}{N}}{-}OH \xrightarrow[H^+]{Fe-e} Ar{-}\overset{\cdot}{N}H \xrightarrow{Fe-e} Ar{-}\ddot{N}H \xrightarrow{H^+} Ar{-}\ddot{N}H_2$$

若取代基有吸电子效应，使氮原子上正电荷增加，接受电子能力增加，则有利于还原反应进行，反应温度可低些；若取代基有给电子效应，则可使氮原子上负电荷增加，接受电子能力因之减弱，则不利于还原反应的进行。

反应一般以水为介质，水同时也可作为还原氢的来源。一般用较多量的水，以使物料混合较好（铁为固体，原料一般也是固体，混合不好），也可保证反应过程中温度均匀；但水量过多会导致生产能力降低，因此要控制合适的比例。一般水与硝基化合物的比例为50～100 倍左右。

若硝基化合物的活性较低，为使反应顺利进行，可加入有机溶剂如甲醇、乙醇、吡啶等使硝基化合物或原料能溶解以增加反应物的接触，减少包裹现象。

铁的杂质多些、微孔多、表面积大些有利于反应的进行；还原的理论铁用量是2.25mol，实际用量为 3～4mol。

电解质可提高溶液的导电能力，有利于铁的还原的进行。有人研究了各种电解质对硝基苯还原的作用，表明有利于反应的电解质顺序是：

$$NH_4Cl > FeCl_2 > (NH_4)_2SO_4 > BaCl_2 > CaCl_2 > NaCl > Na_2SO_4 > KBr > CH_3COONa > NaOH$$

但实际应用中还应考虑电解质溶液对原料等的溶解度以及官能团的影响等。增加电解质浓度可以加快还原速率，但有一极限，如电解质浓度达到 $0.4mol \cdot dm^{-3}$ 时由于吸附等一些作用使还原速率不再增加。一般每摩尔硝基用 0.1～0.2mol 电解质，浓度在 3% 左右。氯化亚铁由于在还原前可用盐酸加铁屑很方便的制备，且其活性较高而用得较多。

低价铁盐如硫酸亚铁、氯化亚铁等也常用来作为还原剂。

（2）钠和钠汞齐作为还原剂　金属钠在醇类、液氨或惰性溶剂（苯、甲苯、乙醚等）中都是强还原剂，可用于羟基、羰基、羧基、酯基、氰基以及苯环、杂环的还原。钠汞齐在水、醇中，无论在酸性还是碱性条件都是强还原剂，但由于毒性太大，现在用得较少。

芳香族化合物在液氨中用钠（锂或钾）还原，生成非共轭二烯的反应称为 Birch 反应。反应速度锂＞钠＞钾。当环上具有吸电子基时，能加速反应；具有给电子基时，则阻碍反应进行。如长效避孕药 18-甲基炔诺酮（norgestrel）的制备：

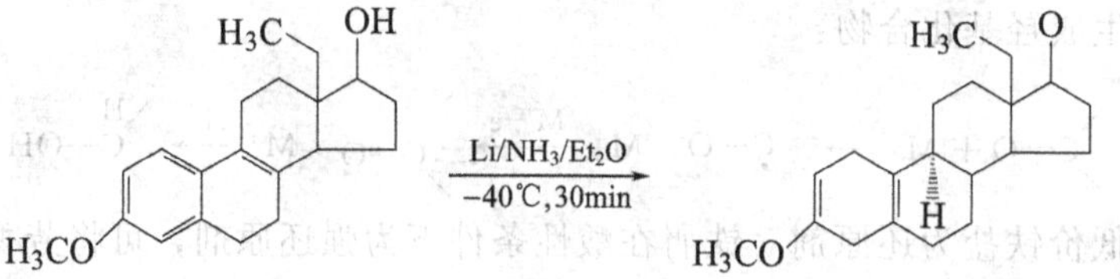

苯甲醚和芳胺经 Birch 还原后生成的二氢化合物很容易水解为环己酮衍生物，因此应用较多：

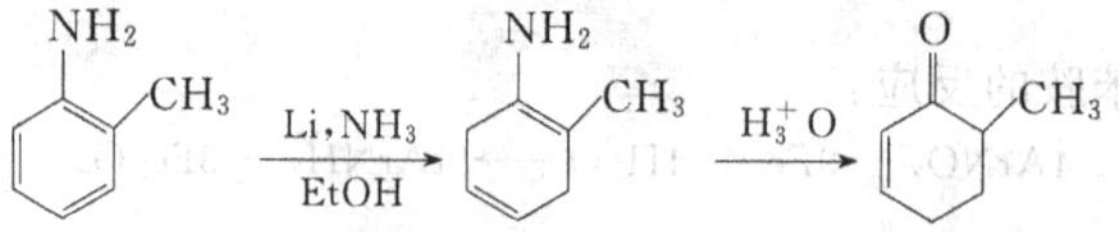

将羧酸酯用金属钠和无水乙醇直接还原生成相应的伯醇的反应称为 Bouveault-Blanc 反应，如心血管药物乳酸普尼拉明（prenylamine）中间体的制备：

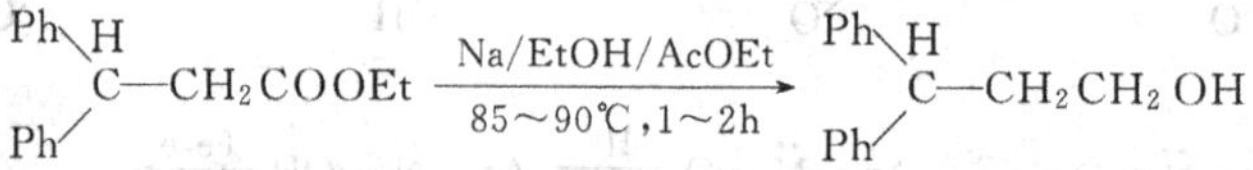

若此还原反应在苯、二甲苯等无质子供给的溶剂中进行时，生成的负离子自由基过渡态会相互偶合而发生酮醇缩合反应，生成 α-羟基酮，称为偶姻缩合反应，是合成脂肪族 α-羟基酮的重要方法，如：

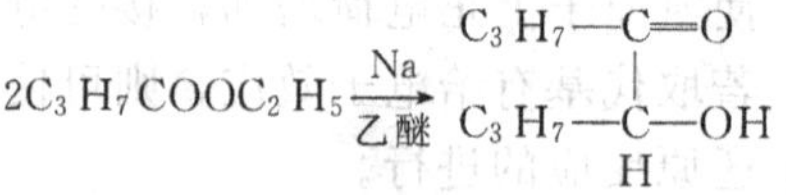

类似过程，二元羧酸酯可进行分子内的还原偶联反应，合成五元以上的环状化合物，如：

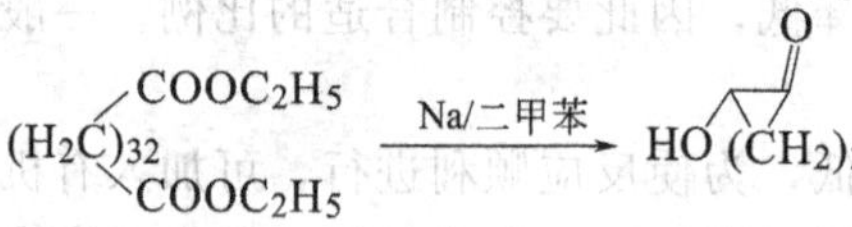

酮在醇中用钠可还原成仲醇，肟和腈可被还原为胺。

在非质子溶剂中，钠汞齐（或铝汞齐）可使酮还原为双分子还原产物 α-二醇（也称片呐醇，pincol）。其机理与偶姻缩合反应类似。

（3）锌和锌汞齐作为还原剂　在酸性、中性、碱性条件下锌粉都具有还原性。随着反应介质的不同，还原的官能团和相应的产物也不尽相同。

在中性或微碱性条件下，锌粉可将硝基化合物还原成胺。

硝基化合物在强碱性介质中用锌粉还原可制得氢化偶氮化合物，它们极易在酸中发生分子重排生成联苯胺系化合物。

还原过程可分为以下两步：

① 硝基化合物首先还原生成亚硝基、羟胺化合物，再在碱性介质中反应得氧化偶氮化合物。

$$ArNO + ArNHOH \longrightarrow ArN{=}NAr + H_2O$$
$$\underset{O}{|}$$

反应过程中若羟胺不能及时与亚硝基化合物反应时，会产生下列副反应：

$$3ArNHOH \longrightarrow \underset{\underset{O}{\downarrow}}{ArN{=}NAr} + ArNH_2$$

$$ArNHOH + H_2 \longrightarrow ArNH_2 + H_2O$$

提高介质的碱性和反应的温度有利于第一个反应的进行，减少芳胺的生成。

② 氧化偶氮化合物还原生成氢化偶氮化合物。

$$\underset{\underset{O}{\downarrow}}{ArN{=}NAr} + 2H_2 \longrightarrow ArNHNHAr + H_2O$$

而当温度过高、碱浓度太高时则会发生下列副反应：

$$\underset{\underset{O}{\downarrow}}{ArN{=}NAr} + 3H_2 \longrightarrow 2ArNH_2 + H_2O$$

因此反应两个阶段要求的反应条件是不一致的，若要制备氢化偶氮化合物，则前阶段要求有较高的温度和碱浓度，后一阶段正好相反。

氢化偶氮化合物在酸性介质中重排得联苯胺系化合物。该重排过程是将氢化偶氮化合物的以 N—N 键合的两个苯环转变为以 C—C 键合：

$$C_6H_5NH{-}NHC_6H_5 + H^+ \rightleftharpoons C_6H_5\overset{+}{N}H_2{-}NHC_6H_5$$

$$C_6H_5\overset{+}{N}H_2{-}NHC_6H_5 + H^+ \rightleftharpoons C_6H_5\overset{+}{N}H_2{-}\overset{+}{N}H_2C_6H_5$$

$$C_6H_5\overset{+}{N}H_2{-}\overset{+}{N}H_2C_6H_5 \overset{慢}{\longrightarrow} NH_2C_6H_4{-}C_6H_4NH_2$$

有人认为此反应的过渡态双质子氢化偶氮化合物的结构是：

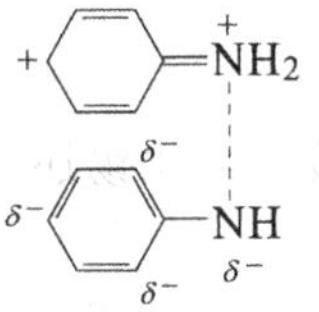

锌粉将硝基还原为氨基的机理与铁的还原机理类似。应用实例如抗组胺药奥沙米特（oxatomide）中间体的合成：

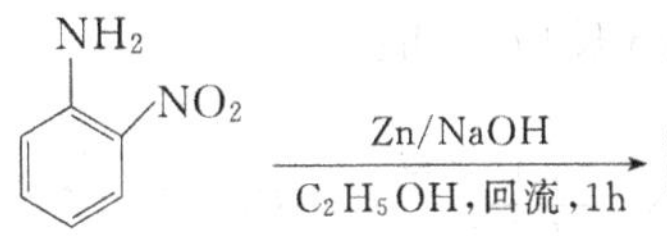

反应收率可达 93%。

锌还可将醛或酮还原成醇，如钙拮抗剂盐酸马尼地平（manidipine）中间体的制备：

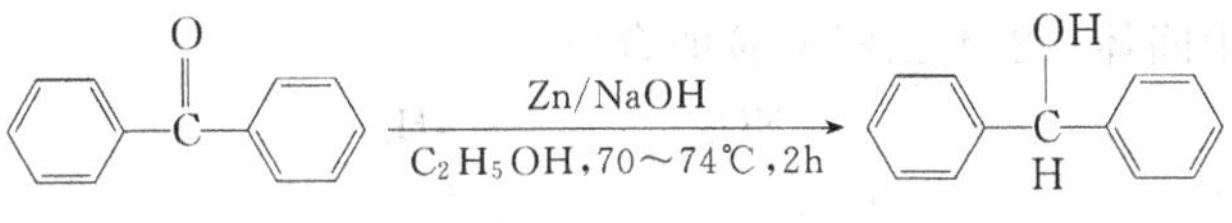

反应收率可达 90%～92%。

锌或锌汞齐还可在酸性条件下还原醛基、酮基为甲基或亚甲基，此反应称为 Clemmensen 反应，如抗凝血药吲哚布芬（indobufen）的合成：

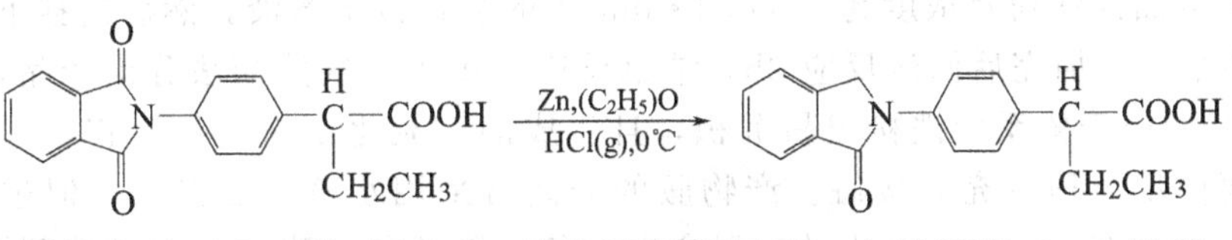

锌粉在酸性条件下也可将硝基、亚硝基还原成氨基，也能还原 C—S 键等，还可将氰基还原成—CH_2NH_2；还可使 C—X 键发生还原裂解反应，其活性次序为：C—I＞C—

Br＞C—Cl。一些酮类的 α-位上有卤素、羟基、酰氧基、氨基时，在酸性条件下，锌可使这些基团消去：

$$\underset{H}{\overset{OH}{\underset{|}{\overset{|}{C}}}}-\overset{O}{\overset{||}{C}}- \xrightarrow{Zn,HCl,HOAc} \overset{H_2}{\overset{|}{C}}-\overset{O}{\overset{||}{C}}-$$

锌还能在酸性条件下将酮还原成醇，将醌还原成氢醌。

（4）锡和二氯化锡作为还原剂　锡和二氯化锡都是较强的还原剂，但由于价格高，工业上用得不多。

用锡在酸性条件下可还原硝基成氨基，如驱虫药甲氨基苯脒中间体的合成：

$$O_2N-\langle\rangle-N{=}\overset{CH_3}{\underset{CH_3}{\overset{|}{C}}}-\overset{CH_3}{\underset{CH_3}{\overset{|}{N}}} \xrightarrow[85℃]{Sn/HCl} H_2N-\langle\rangle-N{=}\overset{CH_3}{\underset{CH_3}{\overset{|}{C}}}-\overset{CH_3}{\underset{CH_3}{\overset{|}{N}}}$$

收率约 65%。

锡也可将腈还原成胺。

二氯化锡常配成盐酸溶液。它能在醇溶液中将硝基还原成氨基。因它不还原羰基和羟基（除三苯甲醇外），可用于还原含醛基的硝基苯类化合物。若有多个硝基，控制好投料比，可选择性地还原一个硝基：

$$\underset{NO_2}{\overset{CH_3}{\underset{}{\langle\rangle}}}\overset{NO_2}{} \xrightarrow{SnCl_2/HCl} \underset{NO_2}{\overset{CH_3}{\underset{}{\langle\rangle}}}\overset{NH_2}{}$$

在低温条件下，芳香族重氮盐可被二氯化锡还原为芳肼，偶氮化合物被还原为两分子的胺类化合物。如：

$$HO-\langle\rangle-N{=}N-\langle\rangle-OH \xrightarrow{SnCl_2/HCl} H_2N-\langle\rangle-OH$$

二氯化锡在冰醋酸或用氯化氢饱和的乙醚溶液中具有很强的还原作用，可将脂肪族或芳香族的腈还原为醛，这称为 Stephen 反应，如：

$$H_3CO-\langle\rangle-O-\underset{I}{\overset{I}{\langle\rangle}}-CN \xrightarrow[无水\ HCl]{SnCl_2/乙醚} H_3CO-\langle\rangle-O-\underset{I}{\overset{I}{\langle\rangle}}-CHO$$

9.1.1.3　实例分析

（1）二氟尼柳中间体　2,4-二氟苯胺的合成

$$\underset{F}{\overset{NO_2}{\underset{}{\langle\rangle}}}\overset{}{F} \longrightarrow \underset{F}{\overset{NH_2}{\underset{}{\langle\rangle}}}\overset{}{F}$$

在体系中加入铁粉及浓度为 $0.7\,mol\cdot dm^{-3}$ 的氯化铵水溶液，然后搅拌下滴加原料 2,4-二氟硝基苯，加完后回流反应 2h，结束反应，用水蒸气蒸馏法分出产品，再纯化，收率达 84%。由于体系中铁粉很易沉积，且生成的三氧化二铁也易沉积，因此还原过程中搅拌要使反应物料充分接触。产物胺的分离常采用水蒸气提馏法，但过程中会产生大量废水。还有，还原后产生的铁泥含有硝基、氨基化合物，要经过处理回收才可，经常将此加工成铁颜料回收。虽然此法工艺简单，收率高，但"三废"量太大，应用

受到限制。

（2）己雷锁辛中间体　2-庚醇的合成

$$CH_3(CH_2)_4COCH_3 \xrightarrow{Na} CH_3(CH_2)_4\underset{\underset{OH}{|}}{C}HCH_3$$

在体系中加入乙醇、水和 2-庚酮，慢慢加入金属钠，加入速度控制反应温度不超过 30℃，当钠全部反应完后，水析分出油层，处理、纯化，得 75% 收率的产品。钠最好用钠丝，表面积大，反应快。钠加入太快，会与水等起作用，影响收率。钠用量是原料的 2.8 倍（摩尔比），要过量些。反应终点比较好控制，只要钠固体消失即可。水析法是分离不溶于水或难溶于水产品的一种常用方法，即加入大量水，使有机溶剂浓度很低，产品就与水分开。优点是比较方便，但致命的缺点是会产生大量的废水。

（3）阿司咪唑中间体　邻苯二胺的合成

在反应瓶中加入邻硝基苯胺、20% 的氢氧化钠、乙醇，加热搅拌至沸腾，然后分批加入锌粉，保证体系在微沸状态，加完后回流至体系无色。过滤，回收母液，加放少量保险粉，减压浓缩，冷却结晶，过滤得产品，收率约 79%。必要时重结晶。这里加入乙醇是为了保证原料和产物充分溶解，使反应能充分进行。加锌粉时要注意分批少量加，否则易导致锌粉与其他物质如水反应，使用量增加；原料硝基化合物是有颜色的，产物无色，因此反应终点从体系的颜色变化可观察得到。锌粉用量理论上为邻硝基苯胺的 3mol 倍，但实际上要用到 4 倍（摩尔比）左右。过滤分离残渣时注意固体残渣往往对原料和产品有大量的吸附，因此过滤时要用乙醇充分洗涤。由于氨基容易氧化变色，特别是二胺，因此在后处理时常加还原剂保护，常用的就是保险粉。为提高质量，有时在纯化过程中加活性炭脱色。

（4）氨甲苯酸中间体　对氨基苯甲酸的合成

$$O_2N-\!\!\!\!\bigcirc\!\!\!\!-COOH \xrightarrow{Sn/HCl} H_2N-\!\!\!\!\bigcirc\!\!\!\!-COOH$$

在体系中加入对硝基苯甲酸、锡粉、浓盐酸，慢慢加热使反应发生，直至体系中大部分锡粉反应完成，体系成透明液。然后后处理得产品，约 75% 收率。注意加入的锡量应为硝基物的 3 倍（摩尔比）多，才可使还原充分进行。同样，反应原料硝基物有颜色而产品没有，可从颜色变化控制终点。温度不能过高，否则锡易产生其他反应，消耗大。过量的锡可过滤回收。被氧化的锡用碱中和水解后可生成水合氧化锡，再过滤回收。同样要注意从滤饼中洗涤回收产品，否则产品损失太大。

9.1.2　含硫化合物还原剂

9.1.2.1　底物与进攻试剂

含硫化合物大多是温和的还原剂，包括硫化物如硫化钠、硫氢化钠和多硫化钠，还有铵类硫化物、硫化铁等，以及含氧硫化物如亚硫酸钠、二氧化硫、连二硫酸钠等，主要用于将含氮氧的官能团还原为氨基，常在碱性条件下应用。

9.1.2.2　反应机理与影响因素

硫化物常用以还原芳香硝基化合物，这类反应称为齐宁（Zinin）还原。由于反应比较温和，可使多硝基化合物中的硝基选择性地部分还原，或只还原硝基偶氮化合物中的硝基，而保留偶氮基。含有醚、硫醚等对酸敏感基团的硝基化合物，不宜用铁粉还原时，可选择用硫化物还原。

在硫化物还原中，硫化物是电子供给者，水或醇是质子供给者，还原反应后硫化物被氧化成硫代硫酸盐。

硝基物在水-乙醇介质中用硫化钠还原时是一个自动催化反应，反应中生成的活泼硫原子将与 S^{2-} 作用而快速生成更活泼的 S_2^{2-}，使反应大大加速：

$$ArNO_2 + 3S^{2-} + 4H_2O \longrightarrow ArNH_2 + 3S^0 + 6OH^-$$

$$S^0 + S^{2-} \longrightarrow S_2^{2-}$$

$$4S^0 + 6OH^- \longrightarrow S_2O_3^{2-} + 2S^{2-} + 3H_2O$$

其总反应为：

$$4ArNO_2 + 6S^{2-} + 7H_2O \longrightarrow 4ArNH_2 + 3S_2O_3^{2-} + 6OH^-$$

在还原中经过亚硝基、羟胺化合物等中间体生成过程。

在研究中发现硝基苯用二硫化钠还原时反应速度常数随碱度的增加而增加。这可能是由于起还原作用的质点是 S^{2-}、S_2^{2-}，当碱度低的时候它们会水解成为 HS^-、HS_2^- 而降低反应活性。

但碱性太强时会生成氧化偶氮化合物，另也对一些在碱中会水解的官能团（如氰基）不利，因此应考虑反应体系中的碱度。

下面是二硫化钠还原硝基的反应方程式：

$$ArNO_2 + Na_2S_2 + H_2O \longrightarrow ArNH_2 + Na_2S_2O_3$$

与前面硫化钠还原硝基的方程式比较可知，用硫化钠还原时会使碱性越来越强，而用多硫化钠还原时就不存在这个问题。为避免硫化钠还原时的碱性变化，可考虑使用一些缓冲体系如镁盐、碳酸氢盐等。用多硫化钠时存在另一个问题，即当用的硫多于 2 个时，还原后就会有硫析出，这样对产物的分离会带来很大的问题（硫很难过滤，析出时一般是胶状的），所以一般用的是二硫化钠。

芳环取代基对硝基还原的影响很大。当取代基是吸电子基时则加速反应，引入的是给电子基团时则降低反应速度。带有羟基、甲氧基、甲基的邻、对二硝基化合物部分还原时先还原的是邻位：

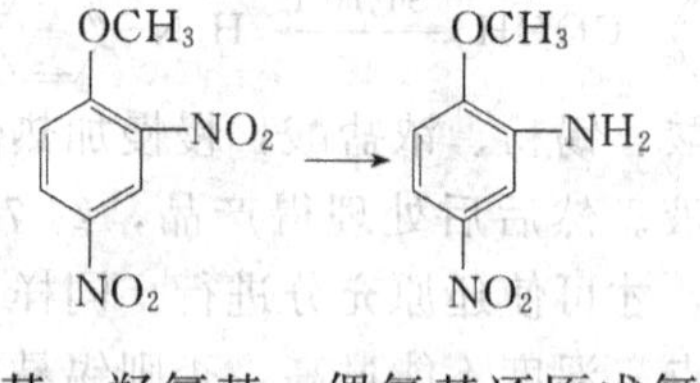

亚硫酸盐可将硝基、亚硝基、羟氨基、偶氮基还原成氨基，将重氮盐还原成肼（在第12章详细介绍）。还原历程是对上述不饱和键进行加成，生成加成还原产物 N-磺酸氨基后经酸水解得产物。如：

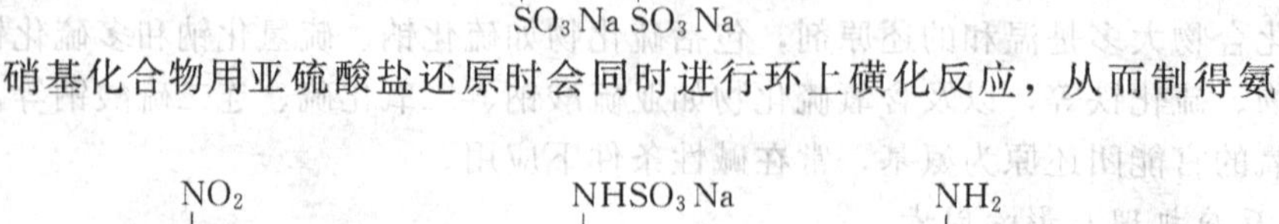

芳香硝基化合物用亚硫酸盐还原时会同时进行环上磺化反应，从而制得氨基磺酸化合物：

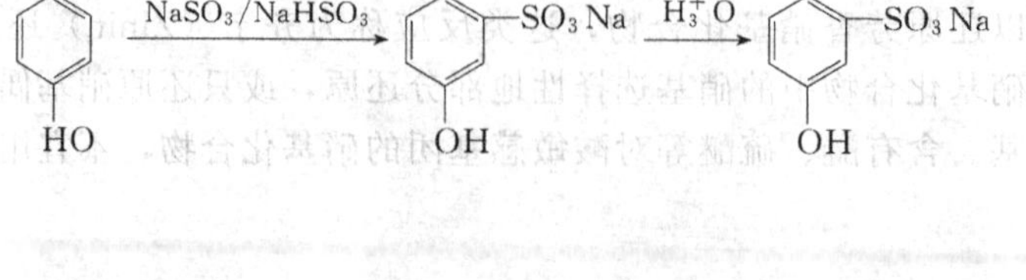

也可还原亚硝化合物：

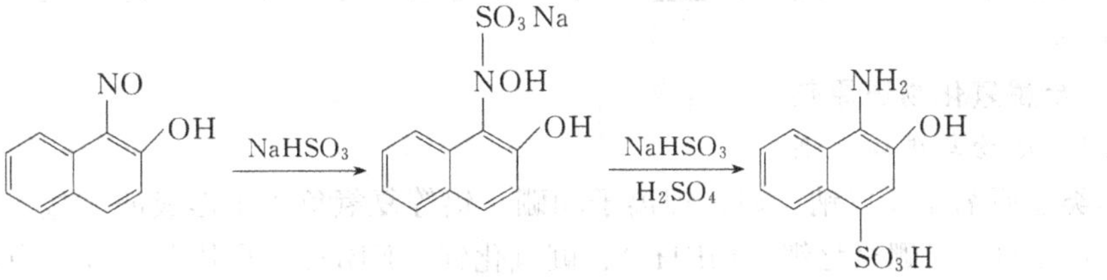

亚硫酸氢钠可将苯磺酰氯还原为苯亚磺酸钠，是比较有用的一个反应：

$$PhSO_2Cl \xrightarrow{NaHSO_3} PhSO_2Na$$

连二亚硫酸钠俗称保险粉，是一种强还原剂，一般在碱性介质中使用。它很易将偶氮基还原为胺类化合物，1mol 偶氮化合物约需 2.2mol 的连二亚硫酸钠。也可将硝基、亚硝基、肟等还原为氨基，将醌还原为酚。但此法因连二亚硫酸钠价格较贵，且不稳定，应用不广。如抗凝血药莫哌达醇（mopidamol）中间体的合成：

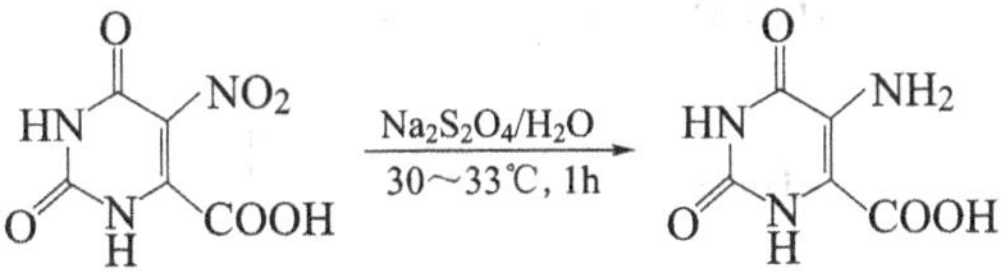

收率约 86%。

9.1.2.3 实例分析

（1）甲苯达唑中间体　对氨基二苯酮的合成

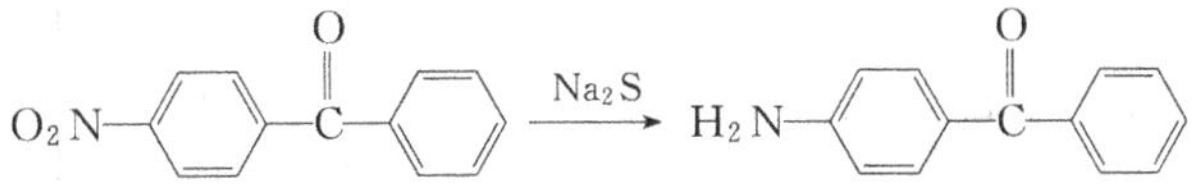

用乙醇作溶剂，加入对硝基二苯酮，在回流条件下滴加硫化钠水溶液，加完后继续回流至反应结束，然后分离产品，收率约 90%。硫化钠要过量些。羰基不会被还原。

（2）安替比林中间体　苯肼的合成

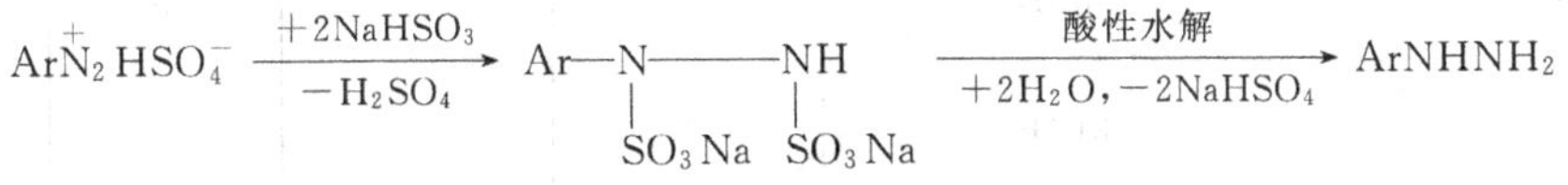

$$ArN_2HSO_4^- \xrightarrow[-H_2SO_4]{+2NaHSO_3} Ar-N-NH \xrightarrow[+2H_2O, -2NaHSO_3]{酸性水解} ArNHNH_2$$
$$\qquad\qquad\qquad SO_3Na\ \ SO_3Na$$

在水中加入亚硫酸氢钠和氢氧化钠，加热到 80℃，将制备好的重氮盐溶液慢慢加入，控制 pH 6.2～6.7，然后保温反应至完全，加入少量锌粉使重氮基还原完全，过滤得加成物溶液；然后在 70℃ 下在滤液中加入盐酸，保持酸性，升温到 85～90℃ 搅拌反应至终点后，冷却到 15℃ 过滤得苯肼盐酸盐产品。中和可得游离苯肼。收率可达 83% 以上。

（3）莫雷西嗪中间体　间硝基苯胺的合成

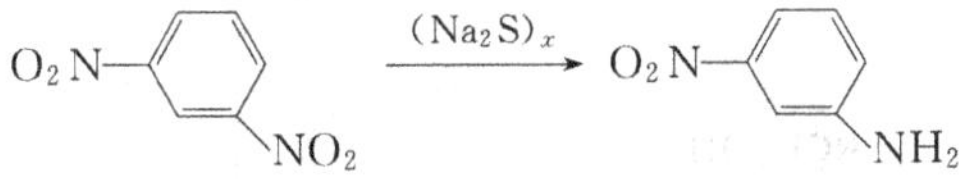

在水中加入间硝基苯，搅拌下加热到沸腾。另一反应锅中加入结晶硫化钠及 2mol 倍的粉状硫黄，加热生成透明多硫化钠溶液。将稍过量的多硫化钠溶液在沸腾条件下滴加到间硝基苯溶液中，然后保温反应至完成。分离得约 58% 的产品。

要注意，多硫化钠常是现场配制的。硫黄量太多，反应中有硫黄析出，对后处理会造成一定困难。多硫化钠稍过量即可，若过量太多，有可能还原另一硝基，降低收率。

9.1.3　金属氢化物还原剂

9.1.3.1　底物与进攻试剂

本类还原剂主要以钠、钾、锂离子和硼、铝等复氢负离子形成的复盐。常用者有四氢铝锂（LiAlH$_4$）、硼氢化锂（LiBH$_4$）、硼氢化钾（KBH$_4$）及其有关衍生物，如三仲丁基氢化硼锂 $\{[CH_3CH_2CH(CH_3)]_3BHLi\}$ 和硫代氢化硼钠（NaBH$_2$S$_3$）等。

它们主要用于还原含极性的不饱和键（羰基，氰基等）物质，如醛、酮、酰卤、环氧化合物、酯、酸、酰胺、腈、肟、硝基等，也可进行脱卤还原。表 9-1 是各种金属氢化物的还原特性总结。

表 9-1　金属氢化物的还原特性

底　物	产　物	LiAlH$_4$	LiBH$_4$	NaBH$_4$	KBH$_4$
C=O	CH—OH	+	+	+	+
C=O（H）	—CH$_2$OH	+	+	+	+
—C(=S)—NH$_2$	—CH$_2$NH$_2$	+		+	+
—NCS	—NHCH$_3$	+	+	+	+
Ph—NO$_2$	PhN=NPh	+	+	+①	+①
—N→O	—N	+	+	+	+
RSSR 或 RSO$_2$Cl	RSH	+	+	+	+
RCOCl	RCHO	+	+	+	+
C=N—OH	CH—NH$_2$	+	+	+	+
HC—C（环氧）—O	H$_2$C—C—OH	+	+	+	+
RO—C=O（或内酯）	—CH$_2$OH + ROH	+	+	+	+
(RCO)$_2$O	RCH$_2$OH	+	+	—	—
HO—C=O	—CH$_2$OH	+	—	—	+

底　物	产　物	LiAlH$_4$	LiBH$_4$	NaBH$_4$	KBH$_4$
$\overset{\diagdown}{\underset{RHN}{\diagup}}C\!=\!O$	—CH$_2$NHR	+	—	—	—
$\overset{\diagdown}{\underset{R_2N}{\diagup}}C\!=\!O$	—CH$_2$NR$_2$ 或 —CHO + HNR$_2$	+	—	—	—
—CN	—CH$_2$NH$_2$ 或 —$\overset{H}{\underset{}{C}}$=NH → —CHO	+	—	—	—
R—NO$_2$	R—NH$_2$	+①	—	—	—
—CH$_2$OSO$_2$Ph 或 —CH$_2$Br	—CH$_3$	+	—	—	—

① 还原为氧化偶氮化合物：$PhN\!=\!NPh$ 。
　　　　　　　　　　　　　↓
　　　　　　　　　　　　　O

9.1.3.2　反应机理和影响因素

　　金属氢化物均为亲核试剂，在反应时进攻极性的不饱和键（羰基，氰基等），氢负离子转移到带正电的碳原子上。如还原能力最强的四氢铝锂还原羰基的机理如下：

$$\overset{\diagdown}{\diagup}C\!=\!O + H\!-\!\bar{A}lH_3 \longrightarrow \overset{\diagdown}{\diagup}CH\!-\!\bar{O}AlH_3 \xrightarrow{\overset{\diagdown}{\diagup}C=O} \left(\overset{\diagdown}{\diagup}CH\!-\!O\right)_{\!2}^{\!-}\!AlH_2$$

$$\longrightarrow \quad\longrightarrow\quad \left(\overset{\diagdown}{\diagup}CH\!-\!O\right)_{\!4}^{\!-}\!Al \longrightarrow \overset{\diagdown}{\diagup}CH\!-\!OH$$

　　从上述机理可看出，若羰基的 α-位有不对称碳原子，则四氢铝离子应从羰基双键立体位阻较小的一边进攻羰基碳原子，结果产生占优势的非对映异构体。

　　这类试剂的还原能力相差还是较大的。

　　四氢铝锂还原能力强，选择性差且反应条件要求高，主要用于羧酸及其衍生物的还原。常用的溶剂是无水 THF 和无水乙醚。而氢硼化物由于其选择性好，且操作简便，可还原酮基成醇而不影响分子中存在的硝基、氰基、亚氨基、双键、卤素等，在药物合成中应用很广。

　　如二芳基酮或烷基芳基酮在三氯化铝存在下用氢化铝锂还原可获得良好产率的烃：

$$C_6H_5\!-\!\overset{\overset{\displaystyle O}{\|}}{C}\!-\!C_6H_5 \xrightarrow{\text{AlCl}_3/\text{LiAlH}_4/\text{Et}_2\text{O}} C_6H_5\!-\!\overset{\overset{\displaystyle H_2}{}}{C}\!-\!C_6H_5$$

收率约为 92%。

　　三丁基锡氢、三（叔丁氧基）四氢铝锂可还原酰氯成醛，在低温下对芳酰卤及杂环酰卤有较高收率，且不影响分子中的硝基、氰基、酯基、双键、醚键等，这是 Rosenmund 反应中的一类，如：

$$H_3C\!-\!\!\left\langle\!\!\!\bigcirc\!\!\!\right\rangle\!\!-\!\overset{H}{\underset{}{C}}\!=\!\overset{H}{\underset{}{C}}\!-\!\overset{\overset{\displaystyle O}{\|}}{C}\!-\!Cl \xrightarrow[\text{(CH}_3\text{OCH}_2\text{CH}_2)_2\text{O},\,-50℃～室温]{\text{LiAlH(OC}_4\text{H}_9\text{-}t)_3} H_3C\!-\!\!\left\langle\!\!\!\bigcirc\!\!\!\right\rangle\!\!-\!\overset{H}{\underset{}{C}}\!=\!\overset{H}{\underset{}{C}}\!-\!\overset{\overset{\displaystyle O}{\|}}{C}\!H$$

收率可达 84%。

　　而硼氢化钾、硼氢化钠还原能力较弱，可作为选择性还原剂，而且操作简便、安全，应用较为广泛。在羰基化合物的还原中，分子中的硝基、氰基、亚氨基、双键、卤素等可不受影响。硼氢化钾、硼氢化钠比较稳定，可在水、醇类溶剂中进行还原。但硼氢化钠易吸潮，因此硼氢化钾应用更广。

如避孕药炔诺酮中间体的合成：

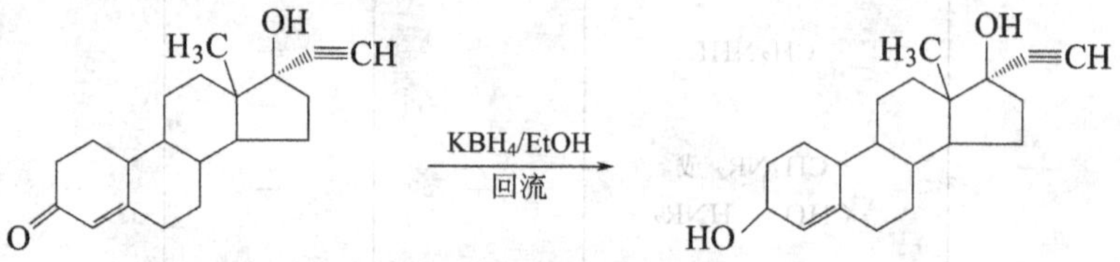

从上可见，只还原羰基，对双键、三键都没影响。

抗真菌药芬替康唑中间体的合成：

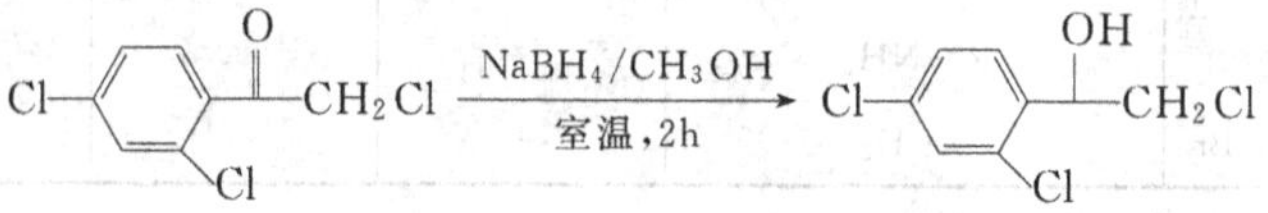

收率约 90%，还原对卤素没影响。

驱虫药左旋咪唑中间体的合成：

收率约 90%，对亚氨基没影响。

饱和醛、酮的反应活性往往大于 α, β-不饱和醛、酮，可进行选择性还原，如：

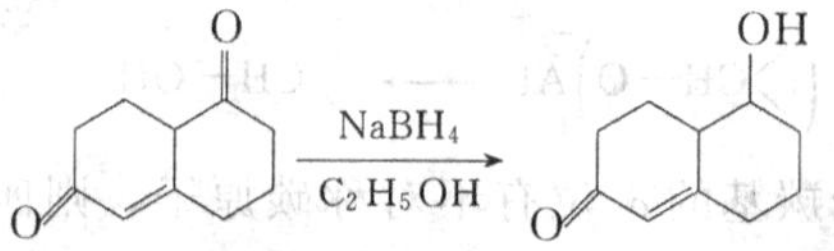

硼氢化锂比硼氢化钠和硼氢化钾活泼，其性质与四氢铝锂类似，操作应在无水条件下进行，一般不使用醇类溶剂。常用的溶剂有无水乙醚、异丙胺、四氢呋喃等，在这些溶剂中硼氢化锂的溶解度分别为 3%、3%～4%、28%。

9.1.3.3 实例分析

(1) 催醒宁中间体 1,3,3-三甲基-5-羟基吲哚满盐酸盐的合成：

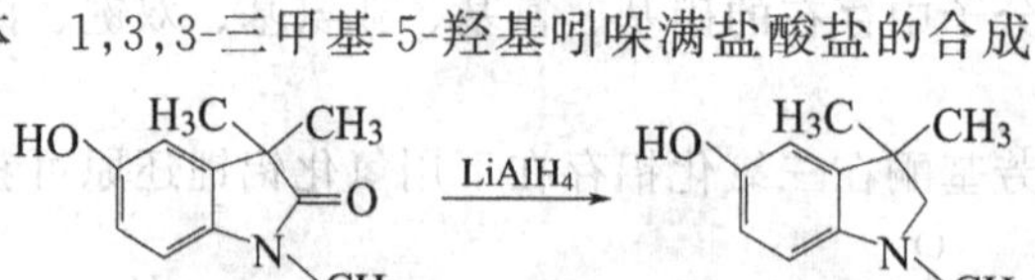

以无水 THF 为溶剂，然后加入一定量四氢铝锂，搅拌下滴加 1,3,3-三甲基-5-羟基吲哚满酮-2 溶于 THF 的溶液，然后回流反应 2h。反应结束后蒸馏回收 THF。然后在冰水浴中加入乙醚，慢慢滴加饱和硫酸钠水溶液使四氢铝锂完全分解，再进行产品的后处理，收率 61% 左右。这里四氢铝锂理论量是原料的 1 倍（摩尔比），投料要过量，可加 1.5 倍（摩尔比）。反应结束后一定要将四氢铝锂完全分解，不然在后处理过程中会带来不安全因素。在分解过程中会产生大量氢气，要注意操作安全，慢慢滴加。也可以用水、醇、氯化铵溶液等进行分解。

(2) 瑞舒伐他汀中间体 3-羟基戊二酸二乙酯的合成：

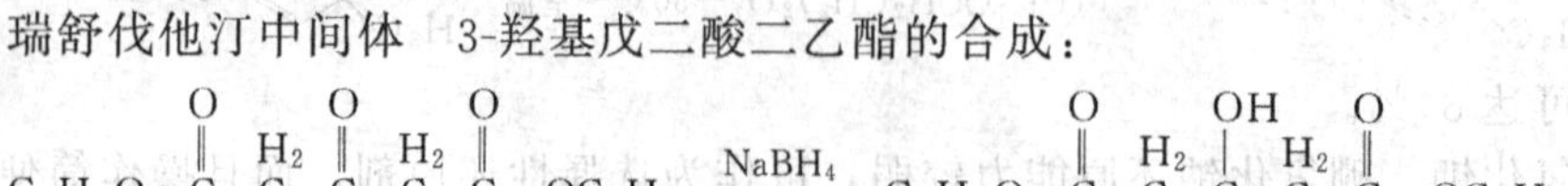

将原料丙酮二羧酸二乙酯加入到无水乙醇溶剂中，然后在 0～5℃分批加入硼氢化钠，保温使反应完成。再冷却后加稀盐酸使硼氢化钠分解完。经后处理，得产品约 85％的收率。硼氢化钠可选择性地还原酮基而不还原酯基。未反应完的硼氢化钠可用酸进行分解。硼氢化钠的用量视具体情况而定，对容易还原的本产品稍过量即可。理论量是 0.25 倍（摩尔比），过量 5％即可。加入活泼的硼氢化钠时分批加入，以保证反应温和进行。

9.1.4　硼烷还原剂

硼烷还原剂与金属氢化物不同，是亲电性氢负离子转移还原剂，它首先进攻富电子中心，故易还原羰基。并可与双键发生硼氢化反应，首先加成而得到取代硼烷，进而酸水解可得烃。如乙硼烷可还原酰胺成胺而不影响硝基：

收率可达 97％，很高，但原料成本也较高。

硼烷能还原的官能团见表 9-2。

表 9-2　硼烷还原的官能团

底　物	产　物	底　物	产　物
$\diagdown$C＝O	$\diagdown$CH—OH	$\diagdown$C＝O（RO）	—CH$_2$OH ＋ ROH
C＝O（H）	—CH$_2$OH	—C＝C—（H H）	—C—C—（H$_2$ H$_2$）
C＝O（HO）	—CH$_2$OH	—CN	—CH$_2$NH$_2$
HC—C（O）	—C—C—（H$_2$／OH）		

硼烷不还原羧酸根负离子、硝基、酰氯等基团。乙硼烷是常用的还原剂，是硼烷的二聚体，是有毒气体，一般溶于 THF 后使用。

9.1.5　肼还原剂

肼是还原剂，常用的是水合肼。其特点是在还原反应中自身被氧化成氮气，污染少。

以甲醇或乙醇为介质，硝基化合物在催化剂存在下用水合肼常压加热即可还原为胺，对硝基化合物中的羰基、氰基、非活化 C—C 双键都不影响，有较好的选择性，如在三氯化铁与活性炭催化下用肼还原间硝基苯腈：

还原二硝基化合物时可利用不同温度选择性地还原：

由于水合肼是碱性，还原反应一般在碱性条件下进行，因此可用于还原那些酸性条件下不稳定而碱性条件下稳定的物质。

催化剂常用有三氯化铁、硫酸钴、硫酸镍、硫酸铜等，一般是担载在活性炭或硅胶或硅藻土上。

还可用于还原重氮键：

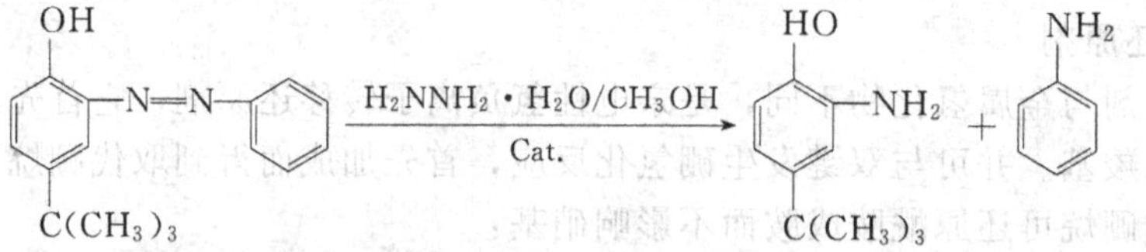

还用于醛或酮的羰基还原为甲基或亚甲基。此反应经我国化学家黄鸣龙改进而得，称为 Wolff-КИЖЕР-黄鸣龙还原反应，它是将醛或酮和 85% 水合肼、氢氧化钾混合后，在二聚乙二醇或三聚乙二醇等高沸点溶剂中加热蒸出生成的水，然后升温在常压下反应 2～4h，即还原得亚甲基产物。这是我国唯一的人名化学反应。如抗癌药物苯丁酸氮芥中间体的制备：

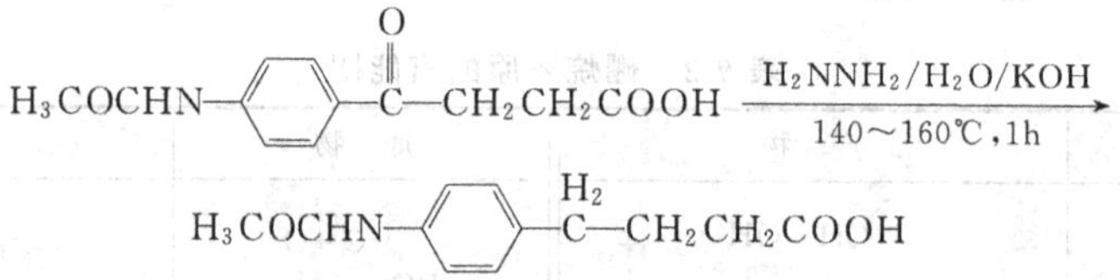

收率可达 85%。

现在因环保要求越来越严，水合肼因其无污染而用得越来越多，但价格较贵，成本上要核算。

9.1.6 烷氧基铝还原剂

常用的烷氧基铝有异丙醇铝（$Al[OCH(CH_3)_2]_3$）、乙醇铝 [$Al(OC_2H_5)_3$] 等，可在氯化汞存在下由金属铝和相应的醇反应而得。醇铝易潮解，还原反应要在无水条件下进行。

用醇铝选择性地还原脂肪族和芳香族醛或酮成相应的伯醇或仲醇的反应称为 Meewwein-Ponndrof-Verley 还原反应，其逆反应称为 Oppenauer 氧化反应，如：

$$(CH_3)_2CHOH + RCOR' \xrightarrow{Al[OCH(CH_3)_2]_3} R-\underset{\underset{R'}{|}}{C}HOH + CH_3COCH_3$$

由于反应是一可逆过程，因此，为使反应顺利进行，还原应在大量过量的异丙醇中进行，且要不断蒸出生成的丙酮。

它的机理是负氢离子亲核转移过程：

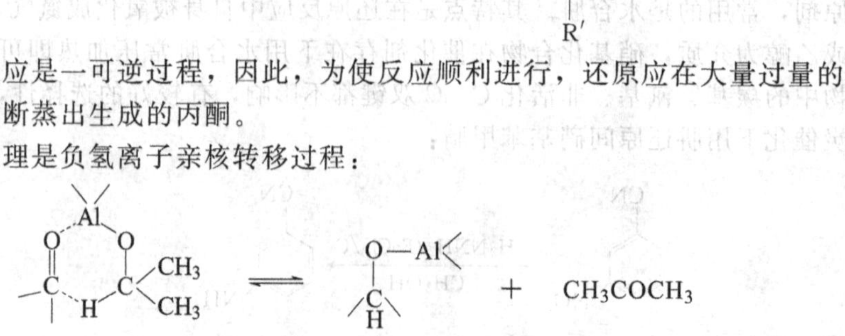

铝原子首先与羰基氧原子配位结合，形成六元环过渡态，然后异丙基上的氢原子带着一对电子以负离子的形式转移到羰基碳上。铝氧键断裂，生成新的烷氧基铝盐和丙酮，铝盐醇解后生成还原产物。从上可看到，反应中实际上只需催化量的异丙醇铝即可。

加入三氯化铝可生成氯化异丙醇铝，可促进反应：

$$[(CH_3)_2CHO]_2 \cdot Al \cdot Cl$$

用异丙醇铝还原时，分子中的烯键、炔键、硝基、缩醛、氰基及碳-卤键都不受影响。但含有酚羟基、羧基、氨基的化合物，因能与铝形成复盐而对还原反应有影响。

9.1.7　电解还原法

电解还原法与化学法相比有下列优点：产率较高，产物较纯，成本较低，便于大规模生产，是工业上具有广阔前途的合成方法，但高效电极制备等设备问题也有较大困难。它应用范围很广，羧酸及其衍生物、硝基、醛、酮、不饱和键等均可采用电解还原，但应用最多的是硝基化合物和羧酸衍生物的还原，如：

收率几乎是 100%。

9.2　催化氢化

利用氢气还原有几个优点：污染少，生成的副产物是水；选择性好，可用不同的催化剂和不同的反应条件得到不同程度的还原产品；易自动化控制。现在发展很快。但要用到催化剂，因此也称催化氢化。对催化剂、设备要求较高。

催化氢化按反应机理和作用方式可分为三种类型，即非均相催化氢化、均相催化氢化以及氢源为其他有机分子的催化转移氢化。按反应物分子在还原反应的变化情况，可分为氢化和氢解。氢化是指氢分子加成到烯键、炔键、羰基、氰基、硝基等不饱和基团上使之生成饱和键的反应；而氢解则是指分子中的某些化学键因加氢而断裂，分解成两部分的反应。

9.2.1　非均相催化氢化

现在催化氢化过程中非均相催化氢化是主要的，应用最多，因此首先介绍。

9.2.1.1　催化氢化的基本过程

催化氢化和一般催化反应一样，有以下三个基本过程：

① 反应物在催化剂表面的扩散以及物理和化学吸附；

② 吸附络合物之间发生化学反应；

③ 产物经解析和扩散，离开催化剂表面。一般反应速度由第一步决定。

氢的吸附过程可由下式表示（如在 Ni 上吸附）：

$$H_2(g) \Longleftrightarrow H_2(adsorb.) \Longleftrightarrow 2H(active\ H)$$

在加氢还原中氢的化学吸附是解离吸附形成氢原子，它的 s 电子与催化剂的空 d 轨道成键：

$$H_2 + 2* \Longleftrightarrow 2H*$$

式中，"*"指催化剂表面活性中心。

被还原物的吸附有时也是很重要的。不同的催化剂，其反应机理也会有所差别。如在镍催化剂上硝基化合物的还原速率取决于氢的活化速度，因此硝基化合物在镍上的吸附就不是很重要；但若吸附太强，会使产物从表面脱离有困难，反而不利于反应的进行，因此弱吸附的硝基物对反应是有利的。而对铂催化剂，还原反应速度的限制因素是硝基化合物的活化，因此，在铂催化剂上能发生强吸附的硝基化合物对加氢是有利的。

不同的反应条件下，活化氢和活化的底物如硝基化合物或腈类化合物在催化剂表面发生化学反应的历程是可能不同的。

如对芳香族硝基物，可能有以下三种途径。

① 主要是三分子氢还原硝基苯生成苯胺，可能的中间产物是亚硝基苯和苯基羟胺，但这些中间产物在反应过程中会很快还原为苯胺。

② 中间产物亚硝基苯与苯基羟胺相互作用生成氧化偶氮苯，再通过偶氮苯和氢化偶氮苯的途径生成苯胺。

③ 中间产物苯基羟胺直接生成氢化偶氮苯后再生成苯胺。

这三种不同的反应途径与催化剂的性质、溶剂以及介质等都有关。

9.2.1.2 催化剂

常用的催化氢化催化剂是过渡金属及其氧化物、硫化物或甲酸盐等，如表 9-3 所示。

表 9-3 常用催化氢化催化剂

种　类	常用金属	制　法　概　要	举　例
还原型	Pt,Pd,Ni	金属氧化物用氢还原	铂黑，钯黑
甲酸型	Ni,Co	金属甲酸盐热分解	镍粉
骨架型	Ni,Cu	金属与铝的合金用氢氧化钠溶出铝	骨架镍
沉淀型	Pt,Pd,Rh,Mo	金属盐水溶液用碱沉淀	胶体钯
硫化物型	Pt,Pd,Re	金属盐用硫化氢沉淀	硫化铂
氧化物型	Pt,Pd,Ni	金属氯化物用硝酸钾熔融分解	二氧化铂，钯/活性炭
载体型	Cu	用活性炭、二氧化硅等浸渍金属盐再还原	铜/二氧化硅

不同催化剂的催化效果是不一样的。金属吸附催化的作用机理是：当金属原子有未被电子所填满的空轨道时，可接受被吸附物的电子形成共价键化学吸附使被吸附分子活化。过渡金属因其电子层中有未填满的 d 轨道，因此可接受被吸附物的电子而形成化学吸附起催化作用。

按此机理，过渡金属外层 d 轨道的占有程度就很有讲究。若占有电子很少时（如铁 $(4s^2 3s^6)$，与被吸附物结合牢固，使其不易解析从而使催化剂失活；当 d 轨道已全被充满时（如铜 $4s^1 d^{10}$），则结合弱，活化程度小；因此一般当 d 轨道有 8～9 个电子时比较合适，如铂、铑、镍等。

骨架镍，又称阮内（Raney）镍，是最常用的催化氢化催化剂。它是以含镍 50% 的铝镍合金为原料，用氢氧化钠溶液处理而得：

$$2Al + 2NaOH + 2H_2O \Longrightarrow 2NaAlO_2 + 3H_2$$

新制备的灰黑色的骨架镍比较活泼，在干燥时暴露于空气中会自燃，因此保存时要用乙醇或蒸馏水保护。它是常用的液相加氢催化剂。它对硫化物很敏感，可造成永久中毒。

9.2.1.3 影响因素

催化氢化的反应速度、选择性主要决定于催化剂的类型，但与反应的条件亦有密切关系。

（1）原料　特别要控制中毒物质从原料中的带入。

被还原物的结构与还原活性有一定关系。

（2）温度和压力　还原速率一般随温度的提高而加快，但上升的幅度并不一致。而温度过高易引起炭化使催化剂积炭失活、副反应加重等问题。且加氢还原是一放热反应，因此反应过程中要注意移走热量。

压力增加可增加体系中（不管是气相或液相加氢）氢浓度，有利于反应的进行，但设备投资会增大，操作危险性加大。一般工业上不超过 4MPa（中压）。另压力过大也会加快副反应。

（3）物料的混合　由于是多相反应，氢及被还原物必须扩散到催化剂表面吸附后才能进行反应，因此加强传质对反应有很大的影响。特别是对高活性的催化剂，由于速度控制步骤主要在扩散这一步，因此影响就更大。这方面主要是化工设备的问题。

另外反应介质对传质影响也比较大，因此要根据原料性质选择合适的反应介质，使原料易于与催化剂接触。

9.2.1.4　应用实例

工业上常用的有气相加氢和液相加氢。气相加氢适合于沸点低、易气化的硝基化合物，一般在常压、200～400℃下进行反应，常采用固定床或流化床反应器连续进行加氢还原反应。

液相加氢一般在釜式或塔式设备中进行，有间歇或连续两种方式，应用较广。

加氢还原在现代化工中应用非常广。举例如下。

（1）硝基化合物加氢还原制胺　如抗菌药奥沙拉秦（olsalazine）中间体的合成：

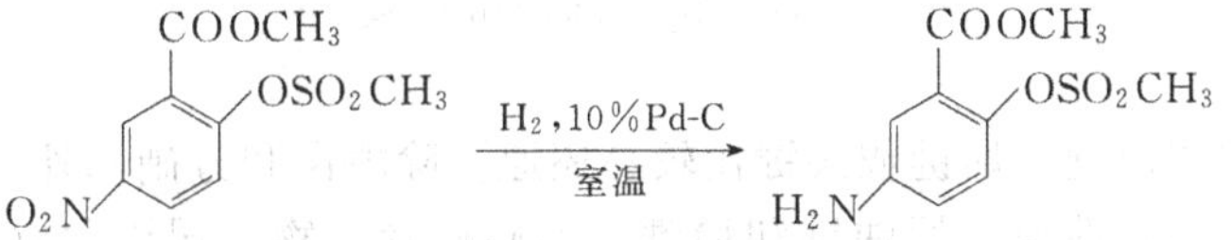

收率可达 79%。

（2）叠氮化合物加氢制胺　如降压药贝那普利（benazepril）中间体的制备：

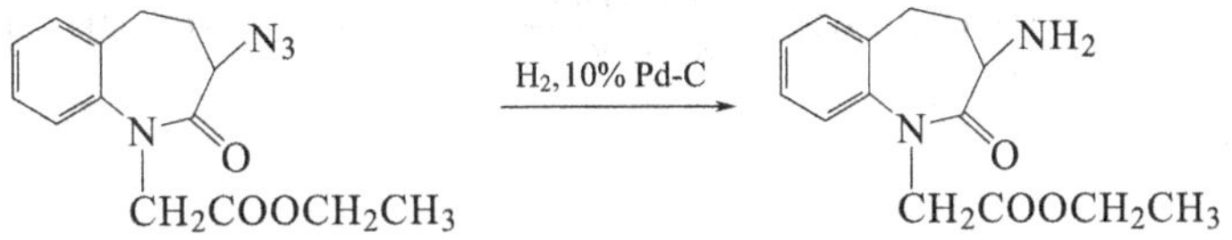

（3）还原腈为伯胺　氰基还原有时可认为是先水解为酰胺，然后再进行羰基还原。如维生素 B_6 中间体的制备：

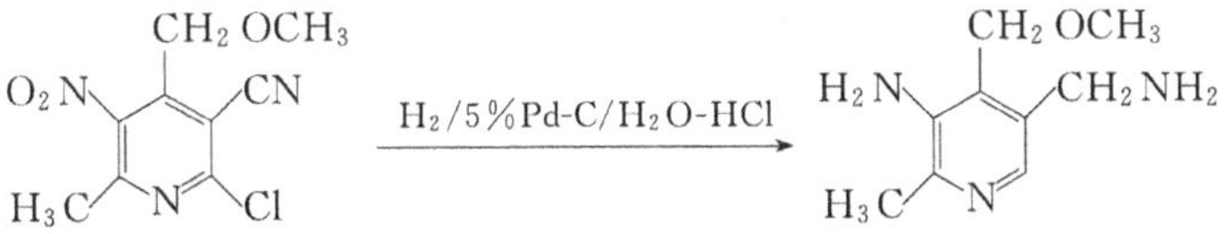

在还原过程中硝基、氰基、卤素都被还原。一般来说，加氢还原的选择性不是太好，但对有的物质的还原选择性比较好。

（4）还原酰卤成醛　此反应也是 Rosenmund 反应的一部分，它是酰卤在加有活性抑制剂（如硫脲、喹啉-硫）的钯催化剂或以硫酸钡为载体的钯催化剂存在下，在甲苯或二甲苯中进行还原，在还原过程中控制通入氢量可使还原停留在醛的阶段。此时，分子中的双键、硝基、卤素、酯基等可不受影响，选择性较好，如医药中间体三甲氧苯甲醛的合成：

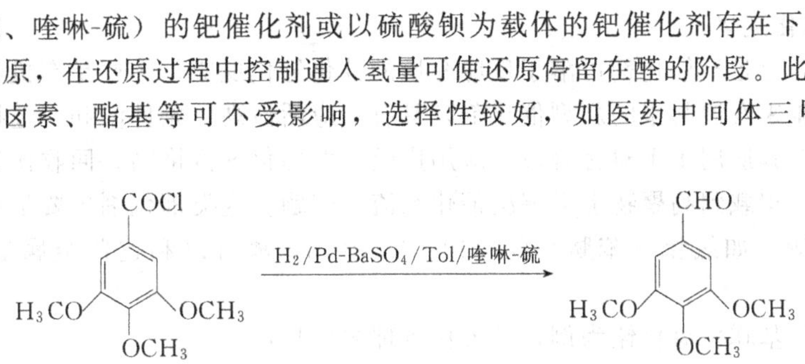

反应收率约 84%。其中 Tol 是甲苯的简写。

（5）还原醛酮为醇　如天麻素中间体的合成：

$$AcO\!-\!\bigcirc\!-\!OAc\ (环已糖环带OAc,CH_2OAc)\!-\!O\!-\!\bigcirc\!-\!CHO \xrightarrow[4.90\times10^5Pa,室温]{Raney\ Ni(W_6)/EtOH} AcO\!-\!\bigcirc\!-\!OAc\!-\!O\!-\!\bigcirc\!-\!CH_2OH$$

一般说醛比酮易还原。

（6）还原醛酮为烷烃　如茚满烷类化合物的合成：

$$\underset{O}{\bigcirc}\!\!\overset{CH_3}{\underset{}{C}}\!\!-CH_2COOH \xrightarrow{H_2/Pd\text{-}EtOH/H^+} \bigcirc\!\!\overset{CH_3}{\underset{}{C}}\!\!-CH_2COOH$$

（7）还原芳烃　芳烃为比较难还原的物质，若有取代基如羟基等则较易还原，如：

$$\bigcirc\!\!-COOH \xrightarrow[145\sim160℃,3.92MPa]{H_2/5\%Pd\text{-}C} \bigcirc\!\!-COOH$$

收率约为 95%。

（8）还原烯键或炔键　烯键或炔键比较易还原。除酰卤和芳硝基外，分子中存在其他可还原基团时也可选择性地还原炔键和烯键。如心血管药物艾司洛尔（esmolol）中间体的制备：

$$H_3CO\!-\!\bigcirc\!-\!\overset{}{\underset{H}{C}}\!\!=\!CHCOOH \xrightarrow[NaH_2PO_2]{H_2/5\%Pd\text{-}C} H_3CO\!-\!\bigcirc\!-\!\overset{H_2}{\underset{}{C}}\!\!-CH_2COOH$$

收率可达 96%。

扫一扫阅读：偶氮化合物加氢还原制备芳胺案例详解

扫一扫阅读：单原子负载催化剂催化加氢进展

9.2.2　均相催化氢化

均相催化氢化是指催化剂可溶于反应介质的催化氢化反应。主要是有机金属络合型催化剂，其是近年来发展起来的新型催化剂，具有反应活性高、条件温和、选择性好、不易中毒等优点，尤其适用于不对称合成，应用广泛。但催化剂价格高，回收比较困难。现在有人希望将此类担载到高聚物上以解决催化剂流失问题。这类催化剂主要是铑、钌、铱的三苯膦络合物等，如氯化三苯膦络铑 $(Ph_3P)_3RhCl$，磷可以和这些金属形成牢固的配位键。

以三（三苯基膦）氯化铑为例，其催化机理主要是：

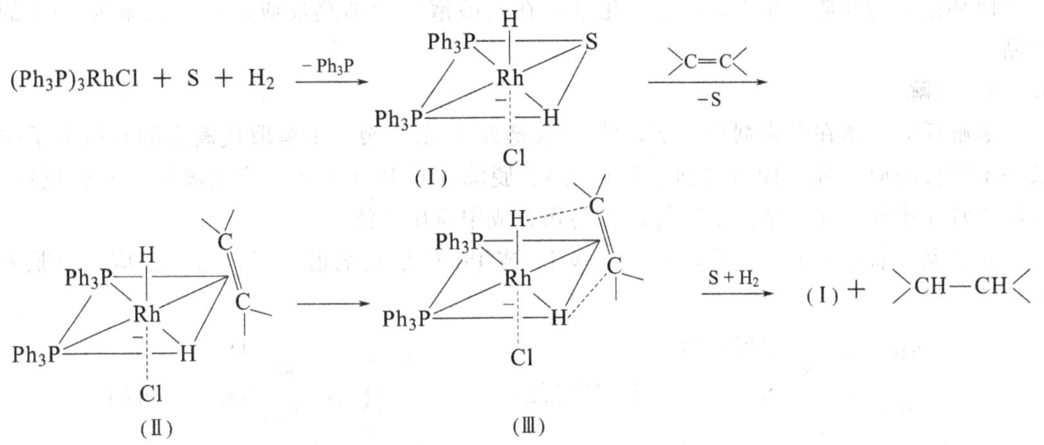

$$(Ph_3P)_3RhCl + S + H_2 \xrightarrow{-Ph_3P} (I) \xrightarrow[-s]{>C=C<}$$

（I）

（II）

（III）

其中 S 是指溶剂。三（三苯基膦）氯化铑在溶剂 S 和氢作用下得到络合物（I），然后反应物分子的烯键置换（I）中的溶剂分子生成中间络合物（II），（II）迅速进行顺式加成生成络合物（III），随后（III）解离，生成还原产物和溶剂化的（I），并继续参加反应。

均相催化氢化对羰基、氰基、硝基、卤素、重氮基、酯基等没有活性，也不氢解碳-硫键等，选择性好。由于是顺式加成，因此能催化不对称加成。

改变配合物有机磷的结构，可得到一些有高光学活性的催化剂。

如：

$$C_6H_5CH=\underset{H}{\overset{}{C}}-NO_2 \xrightarrow[H_2]{(Ph_3P)_3RhCl, C_6H_6} C_6H_5CH_2CH_2NO_2$$

反应可在室温常压下很快进行，收率接近 100%。

9.2.3 催化转移氢化

该类反应是指在催化剂存在下，氢源是有机物分子而非气态氢进行的还原反应。一般常用的氢源是氢化芳烃、不饱和萜类及醇类，如环己烯、环己二烯、四氢萘、α-蒎烯、乙醇、异丙醇、环己醇等。这类反应主要用于还原不饱和键、硝基、氰基，如表 9-4 所示。

表 9-4　催化转移氢化实例

反应类型	官能团	反应物	催化剂	氢源	产物	收率/%
氢化	烯键	1-辛烯	Pd	环己烯	正辛烷	70
		烯丙基苯	Pd	环己烯	正丙基苯	90
		2-丁烯酸	Pd/C	α-水芹烯	丁酸	100
	炔键	二苯乙炔	Raney Ni	乙醇	1,2-二苯乙烷	77
	硝基	对硝基甲苯	Pd/C	环己烯	对甲苯胺	95
氢解	C—X	对氯苯甲酸	Pd/C	萜二烯	苯甲酸	90
	C—N	苄胺	Pd/C	四氢萘	甲苯	85

这类反应由于不需要加氢设备，操作简便、使用安全，因而在应用上得到快速发展。如甲羟孕酮（也叫安宫黄体酮）的制备：

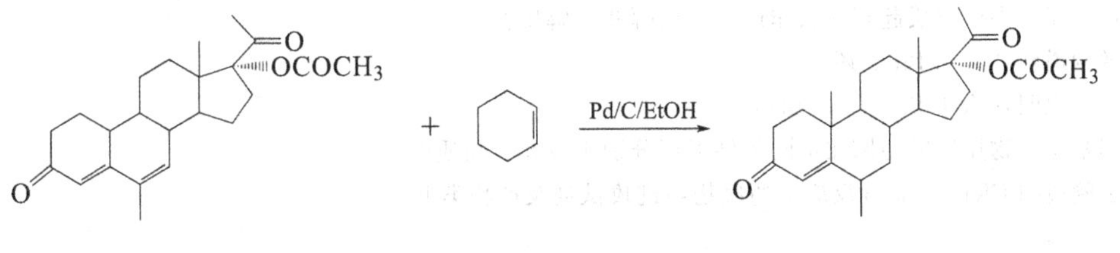

以环己烯为氢源，用 Pd/C 作催化剂，在乙醇溶液中加热反应，可得收率为 65% 的产品。

9.2.4 氢解

氢解反应是指在催化剂存在下，使碳-杂键或杂-杂断裂，由氢取代离去的有机分子中某些不需要的原子或基团（脱卤、脱硫等）、脱除保护基（苄基、苄氧羰基等）的反应。氢解通常在比较温和的条件下进行，在药物合成中应用广泛。

连在氮、氧原子上的苄基，在 Raney Ni 或 Pd/C 催化剂催化下，与氢反应，可脱去苄基。如：

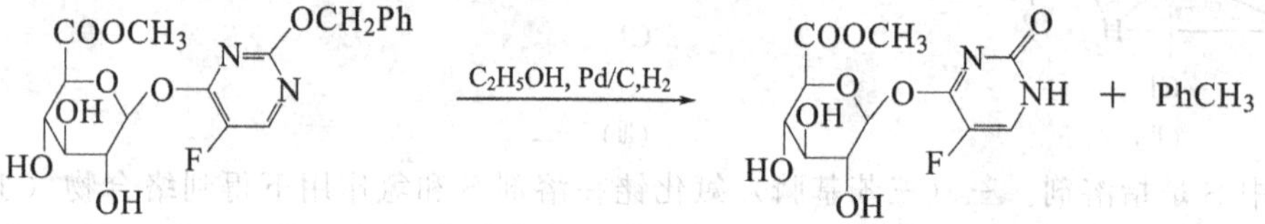

反应以 Pd/C 催化剂催化时，在室温、常压下就能顺利脱去苄基，收率可达 90%。

硫醇、硫醚、二硫化物、亚砜、砜、磺酸衍生物以及含硫杂环等含硫化合物，可发生氢解，使碳-硫键、硫-硫键断裂。Raney Ni 是最常用的催化剂，Pd/C 催化剂也有使用。如：

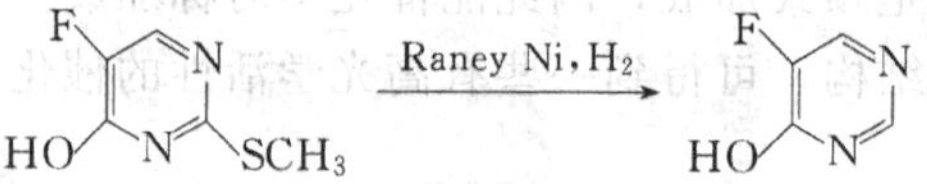

除了叔碳上的氯和溴外，其他脂肪族饱和化合物上的氯、溴对铂、钯催化剂是稳定的，碘最容易发生氢解。若卤素受到邻近不饱和键或基团的活化，或卤素与芳环、杂环相连，则容易发生氢解。烃基相同时，氢解活性 C—I > C—Br > C—Cl。如：

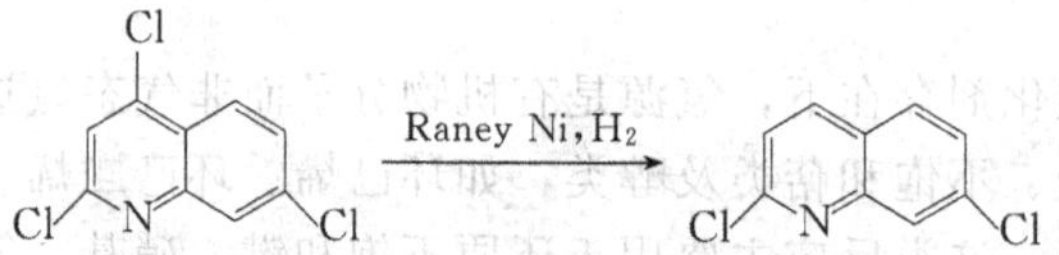

反应在常温、常压下以乙醇为溶剂，氢氧化钾为缚酸剂就可完成。又如：

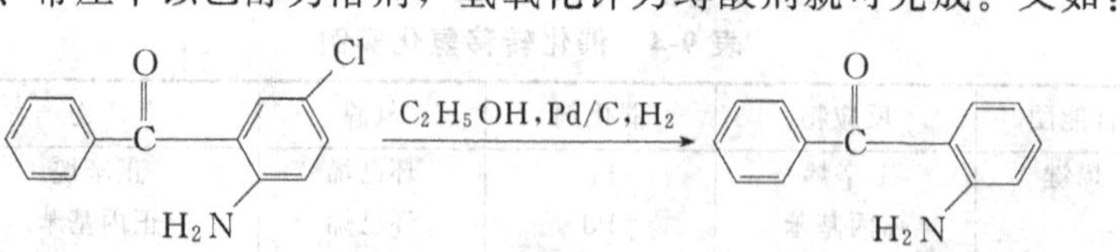

酮、腈、硝基、羧酸、酯、磺酸等的 α-位卤原子也较活泼，容易用还原剂脱除。这在前面还原剂的介绍中已提到过。

习　　题

基础概念题

9-1　金属还原剂的还原机理是什么？什么是电子给予体？什么是质子给予体？

9-2　铁粉还原中电解质起到什么作用？常用哪些电解质？

9-3　举例说明什么叫 Birch 还原。

9-4　举例说明什么叫 Bouveault-Blanc 反应。

9-5　硝基化合物用锌粉还原在不同条件下可分别生成什么物质？

9-6　举例说明 Clemmensen 反应中的底物和进攻试剂及产物类型。

9-7　举例说明 Stephen 反应中的底物和进攻试剂，及产物类型。

9-8　举例说明齐宁（Zinin）还原中的电子给予体和质子给予体。

9-9　比较说明多硫化钠还原和硫化钠还原的异同。

9-10　亚硫酸钠还原主要用于何种底物？可能存在什么样的副反应？

9-11　金属氢化物的还原机理是什么？它适用于何种底物的还原？

9-12　硼氢化钾、硼氢化钠比氢化铝锂常用，它们的优缺点分别是什么？使用过程中要注意什么问题？

9-13　硼烷还原剂的还原机理是什么？它与金属氢化物相比还原有什么特点？

9-14　水合肼还原剂有什么突出的优点？它经常要用到什么样的催化剂？使用时要注意什么问题？

9-15　Wolff-КИЖЕР-黄鸣龙还原反应是唯一的以中国人名命名的反应，举例说明此反应，并说明黄鸣龙在其中的贡献。

9-16　什么叫 Meewwein-Ponndrof-Verley 还原反应？举例说明其机理及其反应的特点。

9-17　简要说明催化氢化的基本过程及影响因素。

9-18　均相催化氢化有什么优缺点？主要用于何种底物的催化？

9-19　举例说明什么叫催化转移氢化。

9-20　催化氢化最常用的两种催化剂是什么？它们各有什么特点？

分析提高题

9-21　写出下列反应的产物，并解释其机理。

9-22　完成反应。

9-23　完成下列反应。

(f) 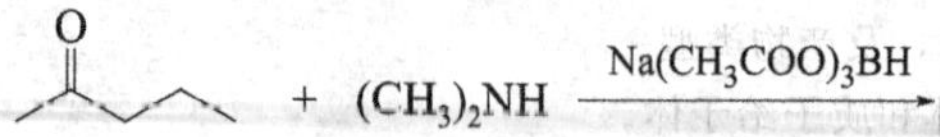 + (CH₃)₂NH $\xrightarrow{Na(CH_3COO)_3BH}$

9-24 写出以下化合物分别用不同条件还原所得的产物。

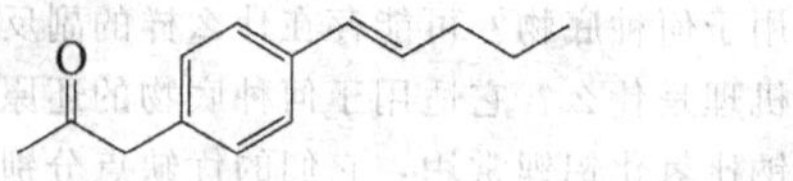

(a) NaBH₄　　　　(b) H₂（过量），Pd　　　(c) LiAlH₄

9-25 单咪唑是合成降压药替米沙坦的关键中间体。试设计以 3-甲基苯甲酸为原料的单咪唑合成路线。

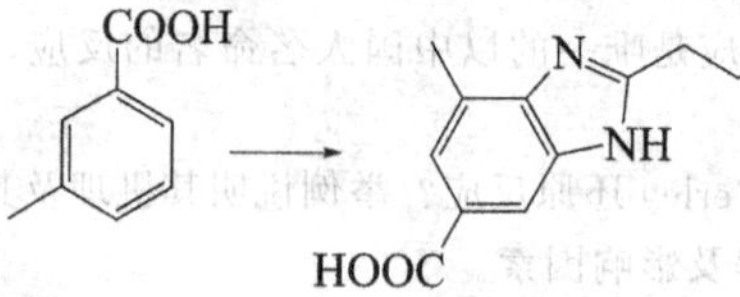

9-26 预测下列反应产物。

(a) 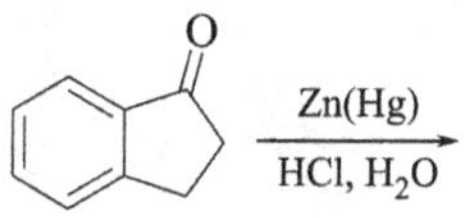 $\xrightarrow[\text{HCl, H}_2\text{O}]{\text{Zn(Hg)}}$

(b) 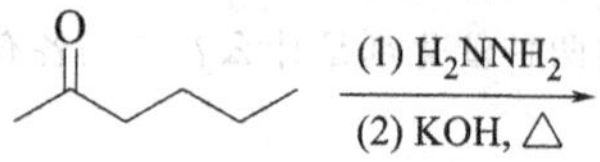 $\xrightarrow[\text{(2) KOH, }\triangle]{\text{(1) H}_2\text{NNH}_2}$

(c) 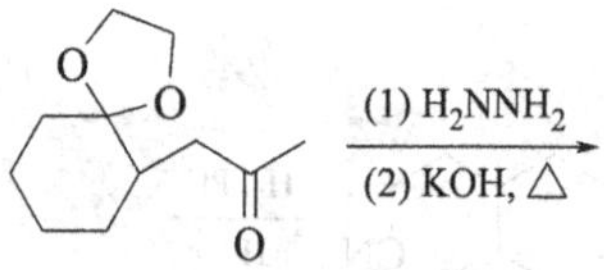 $\xrightarrow[\text{(2) KOH, }\triangle]{\text{(1) H}_2\text{NNH}_2}$

(d) 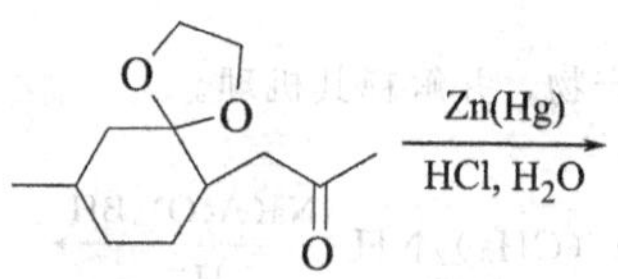 $\xrightarrow[\text{HCl, H}_2\text{O}]{\text{Zn(Hg)}}$

9-27 写出由对硝基甲苯制备以下化合物时的合成路线，各步反应的详细名称，大致反应条件，适用的还原方法或还原剂。

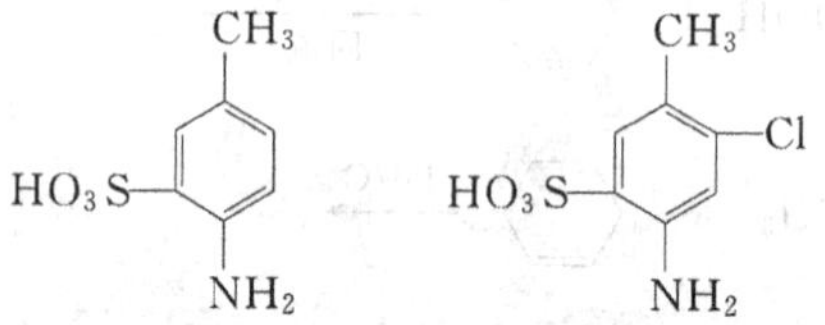

9-28 对以下两种生产四氢呋喃的方法进行评述。

（1）糠醛法

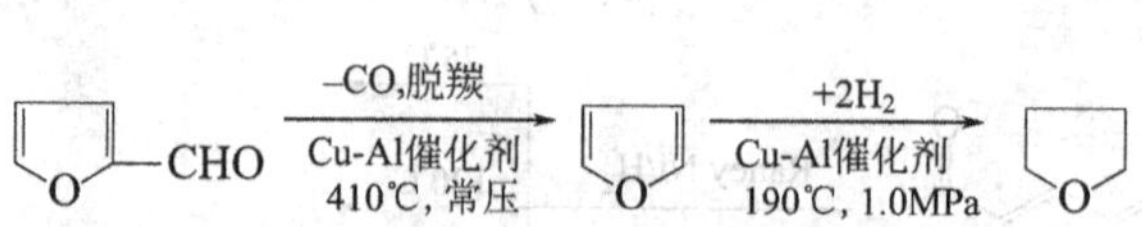

（2）1,4-丁二醇法

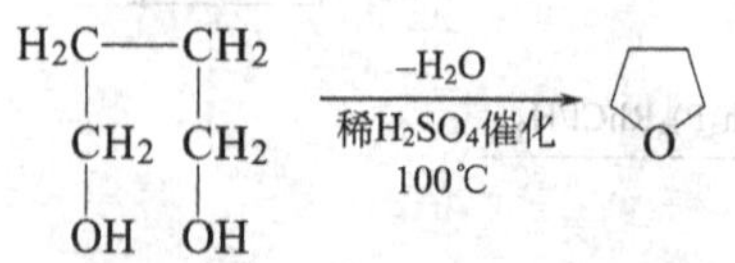

9-29 写出铁屑还原、硫化钠还原、二硫化钠还原、亚硫酸钠还原、保险粉还原、锌还原硝基苯的反应方程式。

综合题

9-30 在顺酐的氢化反应中，查资料来说明铜、镍、铼-钯催化剂的活性对比。

9-31 分析说明顺酐加氢生成 1,4-丁二酸酐和 1,4-丁二酸酐加氢成 γ-丁内酯这两步反应，哪个反应速率较快？

9-32 写出生产 1,4-丁二醇的主要方法的详细名称，从原料、成本、"三废"治理等方面进行评论。

9-33 查资料写出苯的催化氢化制环己烷时，所用有机酸镍的催化作用机理。

9-34　硝基苯的气-固相接触催化经氢化制苯胺时，写出：

(1) 所用催化剂的制备方法；

(2) 失活催化剂的活化方法；

(3) 反应热是如何移除的？

(4) 如何防止粉状催化剂被带出反应器？

9-35　硝基苯的催化氢化-转位制对氨基酚时，写出：

(1) 应采用哪种类型的反应器？

(2) 制备催化剂时应选哪种类型的载体：（a）内表面很少的表面型载体；（b）内表面有很多微孔的载体；（c）内表面有很多细孔的载体。为什么？

9-36　在硝基苯的催化氢化制氢化偶氮苯时，催化剂起什么作用，从催化剂考虑如何减少副反应，如何有利于提高反应速率？

9-37　写出由苯制备 4-乙酰氨基-2-苄基氨基苯甲醚的合成路线、各步反应的详细名称、大致反应条件，适用的还原方法或还原剂。

9-38　150kg 氯苯用 450kg 氯磺酸在 35℃进行磺化，然后将氯磺化液慢慢滴入放有 350kg 铁粉的沸水中进行还原，然后用水蒸气蒸馏得 100kg 对氯苯硫酚。试以氯苯为基准，计算反应物的摩尔比，产品的收率，各有关反应的完整的反应式，并进行评论。

9-39　在苯的氢化制环己烯时，试评述：

(1) 将 $RuCl_3$ 的 HCl 水溶液、$ZnCl_2$ 水溶液、$CuCl_2$ 水溶液、$CoSO_4$ 水溶液和 $AgNO_3$ 水溶液混合在一起，然后加入硅胶，用浸渍法制备催化剂。

(2) 苯沸点 80℃，环己烯沸点 83℃，氢化反应是在气相进行的。

9-40　2-丁烯-1,4-二醇是医药中间体，设计并写出它的两种可行的合成路线，并进行分析比较。

9-41　写出制备 4-氨基二苯胺的 4 种实用的合成路线，并作扼要的评述。

9-42　设计由甲苯制备下述中间体的合成工艺路线，写出每步反应的名称、机理及可能发生的副反应，并初步估计反应的总收率。

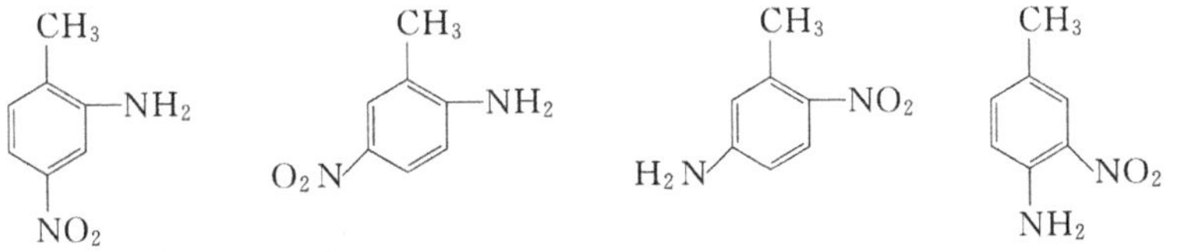

9-43　设计由甲苯制备下述中间体的合成工艺路线，写出每步反应的名称、机理及可能发生的副反应，并初步估计反应的总收率。

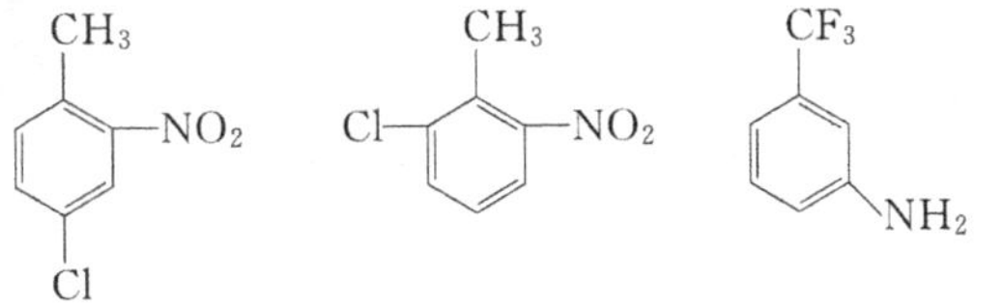

9-44　查阅资料，总结文献中由甲苯开始合成下述产品的工艺，进行分析比较，选择认为工业化最优的工艺路线。

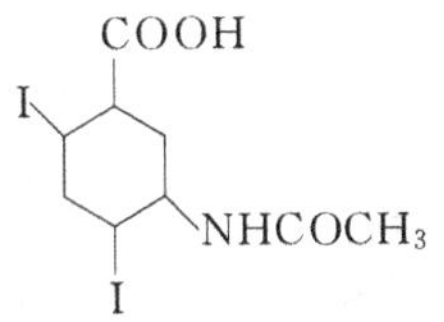

9-45　写出由苯制备以下产品的实用的合成工艺路线，并写出每一步反应名称及简单的工艺条件。

(1) 二苯胺；(2) 4,4′-二氨基二苯胺；(3) 4-氨基-4′-甲氧基二苯胺；(4) 4-羟基二苯胺。

9-46　写出制备高质量（医药用）对硝基邻氯苯胺和一般质量（染料用）的合成路线，并说明理由。

9-47 写出 2-氨基-5-羟基甲苯的两个制备方法并进行比较，说明每步反应的名称及主要工艺条件。

9-48 写出由萘制备下述两个产物的两个合成路线并进行比较。

第10章　氧化反应

本章重点

（1）了解氧气或空气氧化的机理、影响因素和发展方向；

（2）了解氨氧化原理、影响因素和发展方向；

（3）了解过氧化物（包括过氧化氢、有机过氧酸及酯、烃基过氧化物）氧化的应用，了解过氧化氢催化氧化的发展方向；

（4）了解锰化合物、铬化合物及其他金属氧化剂的氧化特点及其应用，了解相关领域的发展方向；

（5）了解硝酸、含卤酸、过二硫酸盐、亚硝酸酯、二甲基亚砜等氧化剂的应用。

广义上讲，有机化合物分子中凡是失去电子或电子发生偏移，从而使碳原子上电子云密度降低的反应，统称为氧化反应。狭义上讲，则是指有机物分子中增加氧、失去氢，或同时增加氧、失去氢的反应，如：

① 有机分子中引入氧：

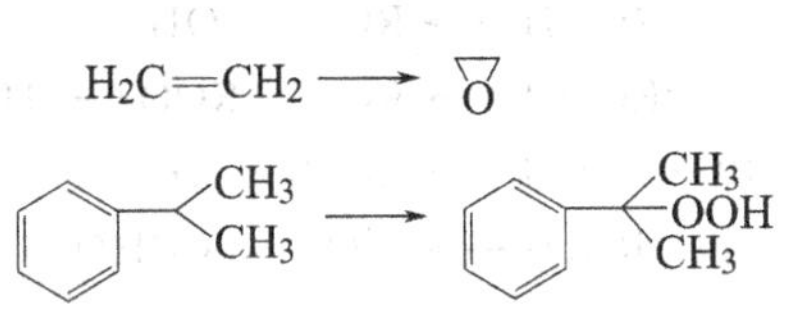

② 有机物分子脱去氢或同时增加氧：

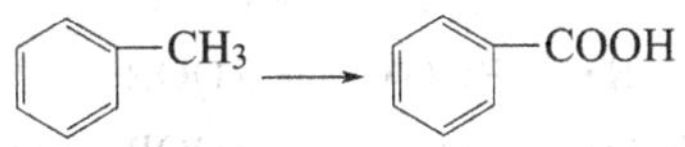

③ 有机物分子降解氧化：

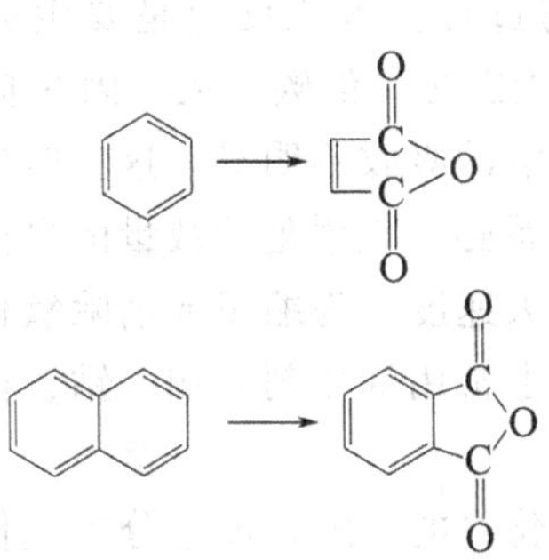

④ 有机物分子氨氧化：

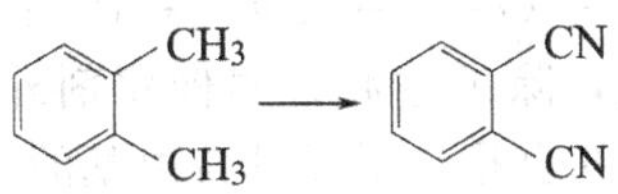

通过氧化反应可制取的产品有：醇、醛、酸、酸酐、有机过氧化物、环氧化物、芳香族酚、醌和腈类化合物。

氧化剂可用空气或纯氧，也经常选用无机化学氧化剂如高锰酸钾、双氧水、硝酸等，以及有机化学氧化剂有机过氧酸、异丙醇铝等。下面按氧化剂的不同进行分别介绍。

10.1 氧及臭氧氧化

10.1.1 氧气（空气）

有机物在室温下与空气接触，即使没有催化剂存在，有机物也会慢慢发生氧化，经过较长的诱导期后氧化反应速度还会得到加速。这类能自动加速的氧化反应称为自动氧化反应。

空气氧化分气相氧化和液相氧化两种，液相氧化温度较低（100~200℃），反应压力也不高。它的条件比气相氧化温和，选择性也较高，在药物中间体合成中应用较多；相比化学氧化法来说在成本上有明显的优势。

10.1.1.1 氧化机理与影响因素

在催化剂、引发剂、光照或辐射作用下，烃类和其他有机物的液相空气氧化是按自由基连锁反应历程进行的。可分为链引发、链增长、链终止三个步骤。

链引发：

$$RH + O_2 \longrightarrow R\cdot + H_2O\cdot$$

链增长：

$$R\cdot + O_2 \longrightarrow ROO\cdot$$
$$ROO\cdot + RH \longrightarrow ROOH + R\cdot$$

分支反应：

$$ROOH \longrightarrow RO\cdot + \cdot OH$$
$$2ROOH \longrightarrow RO\cdot + ROO\cdot + H_2O$$
$$RO\cdot + RH \longrightarrow ROH + R\cdot$$
$$ROO\cdot \longrightarrow R'O\cdot + R''CHO$$

链终止：

$$R\cdot + R\cdot \longrightarrow R-R$$
$$R\cdot + ROO\cdot \longrightarrow ROOR$$
$$ROO\cdot + ROO\cdot \longrightarrow ROOR + O_2$$

链引发是开始生成自由基的过程。氧化反应是要生成 C 自由基，需断裂 C—H 键。C—H 键的解离能叔碳最小，仲碳次之，伯碳最大。因此叔碳最易氧化。

在液相空气氧化开始阶段，氧的吸收不明显，这一时期称为诱导期，一般为数小时或更长的时间。在此阶段，反应体系必须积累足够数量的自由基才能引发连锁反应。过了诱导期后氧化反应会很快加速到最大速度。为缩短或消除氧化反应的诱导期，可以添加少量能分解为自由基的引发剂。生产上常用催化剂如铜、钴、锰、银等及其盐类以加速链引发过程。

另外金属盐也可促进氢过氧化物的分解，加速分支氧化反应的进行：

$$ROOH + Co^{2+} \longrightarrow RO\cdot + OH^- + Co^{3+}$$
$$ROOH + Co^{3+} \longrightarrow ROO\cdot + H^+ + Co^{2+}$$

对诱导期特别长的氧化反应，除了过渡金属催化剂外还要加少量促进剂，如三聚乙醛、乙醛、一些溴化物等。其目的也是为了促进自由基的生成。

10.1.1.2 应用实例

如工业上苯甲酸的生产：

$$\text{C}_6\text{H}_5\text{—CH}_3 + \text{O}_2 \xrightarrow{\text{Co(Ac)}_2} \text{C}_6\text{H}_5\text{—COOH}$$

用乙酸钴作为催化剂，其用量约为 $100 \sim 150 \text{mg/L}$，反应温度 $150 \sim 170 ℃$，压力 1MPa。收率可达 $97\% \sim 98\%$。

10.1.1.3　氨氧化

在氧气或空气氧化烃类时，在氨存在下，会发生氨氧化。氨氧化是腈类化合物的重要制备方法，是使有机物分子中的活化甲基与氨经催化氧化一步生成氰基的过程，如：

$$2\,\text{C}_6\text{H}_5\text{CH}_3 + 3\text{O}_2 + 2\text{NH}_3 \xrightarrow[350℃]{\text{V-Cr}} 2\,\text{C}_6\text{H}_5\text{CN} + 6\text{H}_2\text{O}$$

常用催化剂是五氧化二钒、三氧化钼、三氧化二铋、五氧化二磷等。

在氨氧化的同时往往有其他副反应发生，包括：①生成氰化物，如氢氰酸；②生成有机含氧化合物；③生成深度氧化产物如二氧化碳。

10.1.1.4　稳定自由基促进空气选择性氧化

2,2,6,6-四甲基-哌啶-1-醇系列衍生物等可在一定条件下生成较稳定的 2,2,6,6-四甲基哌啶氧基自由基等。它们与过渡金属离子如铜、铁、铂族元素等配合，可在温和条件下高选择性地进行了一些选择性反应。

其机理一般是：过渡金属催化剂催化空气将 2,2,6,6-四甲基-哌啶-1-醇氧化成 2,2,6,6-四甲基哌啶氧基（TEMPO）自由基，然后再将底物氧化。

此类反应可用于醇氧化成醛或酮、醇或醛氨氧化成腈等，还可氨氧化 C—H 键生成胺、腈等。

如：

$$\underset{\text{NH}_2}{\overset{\text{CH}_2\text{OH}}{\bigcirc}} \xrightarrow[\text{TEMPO(5\%，摩尔分数)}]{\substack{\text{(bpy)CuI(10\%，摩尔分数)} \\ \text{NMI(10\%，摩尔分数)}}} \underset{\text{NH}_2}{\overset{\text{CHO}}{\bigcirc}}$$

其中，bpy 是 2,2'-联吡啶，是 Cu 离子的配体；NMI 是 N-甲基咪唑，是一种有机碱，也可起配体作用，可促进反应。TEMPO 等的用量是相对于原料的量。在 0.1MPa、$27℃$下反应 5h，转化率可达 95%，收率可达 90%以上。

又如：

$$\underset{\text{R}}{\overset{\text{OH}}{\bigcirc}} + \text{NH}_3 + \text{O}_2 \xrightarrow[\text{TEMPO(5\%，摩尔分数)}]{\substack{\text{Cu(5\%，摩尔分数)} \\ \text{L(5\%，摩尔分数)}}} \underset{\text{R}}{\overset{\text{CN}}{\bigcirc}}$$

L 为配体，如 bpy 等。铜源可为 $\text{Cu(NO}_3)_2$ 等。此反应可以乙醇为溶剂，0.1MPa、$55℃$下反应 24h，转化率可达 $90\% \sim 100\%$，收率可达 92%。

10.1.2　臭氧

臭氧（O_3）的氧化能力比氧略强，主要用于烯烃的氧化。臭氧需要特定的设备——臭氧发生器来制备。目前公认的臭氧氧化机理是 Criegee 提出的裂解-再化合机理，先生成不稳定的臭氧化合物，然后不经分离，可直接将其氧化或还原生成羧酸、醛或酮。

有机物分子中含有羟基、氨基、醛基等基团时，在氧化前应当进行适当的保护。臭氧
化物水解时生成过氧化氢，仍具有氧化作用，应加入一些还原性物质将其分解，如锌、亚
硫酸钠、三苯基膦、亚磷酸三甲基、二甲硫醚等，也可在钯存在下催化氢化除去过氧
化氢。

若分子中有两个或两个以上双键，则双键上电子云的密度高、空间位阻小的双键优先
被氧化，如：

第一步：原料在 -60℃ 与臭氧反应生成臭氧络合物，第二步：用亚磷酸三甲酯分解络
合物可得二醛化合物，收率约 80%。若用其他物质分解臭氧络合物，就可能得到不同的
物质，如：

扫一扫阅读：空气氧化进展及存在的一些问题

10.2　过氧化物氧化剂

过氧化物中最常用的是过氧化氢，除此之外还包括有机过氧酸（简称过酸）如过氧乙
酸及其酯过氧酸叔丁酯、烃基过氧化物如叔丁基过氧化氢等。

10.2.1　过氧化氢

过氧化氢是较温和的氧化剂，可在中性、碱性或酸性介质中用各种浓度进行氧化。反
应过程中通常加入一些催化剂促进反应。氧化反应温度一般不高，且反应后不残留杂质，
产品纯度较高。

10.2.1.1　中性介质

过氧化氢可在中性介质中将硫醚氧化成亚砜，如：

$$PhCH_2SCH_3 \xrightarrow[CH_3COCH_3]{H_2O_2} PhCH_2SOCH_3$$

过氧化氢与亚铁离子作用，生成氢氧自由基，该试剂称为 Fenton 试剂，可将脂肪族多元醇氧化成羟基醛。

10.2.1.2 碱性介质

过氧化氢在碱性介质中生成共轭碱 HOO^-，作为亲核试剂进行氧化反应。α,β-不饱和羰基化合物可被过氧化氢氧化成环氧羰基化合物，如：

$$\xrightarrow[-15\sim0℃]{H_2O_2,NaOH}$$

生成的环氧环处在位阻较小的一边。上述反应收率可达 92%。

若是 α,β-不饱和醛，则醛基同时被氧化生成环氧化的酸。若是酯，控制好条件，同样可生成比较高收率的环氧酸酯。

还可将苄位烃基氧化为醇等，这主要是因为此位置的氢比较活泼，如 10-羟基-10-甲基蒽酮的制备：

$$\xrightarrow[\text{热 EtOH},3min]{30\%H_2O_2/10\%NaOH}$$

（67%）

芳环上邻位或对位有羟基的芳香醛、酮，则可被氧化为多元酚，此反应称为 Darkin 反应，如：

$$\xrightarrow{H_2O_2,NaOH}$$

含有其他取代基如羧基、硝基、卤素、氨基等取代基的羟基芳醛、芳酮都发生此反应。若反应物为对苯二酚衍生物时，则发生 Darkin 反应的同时被氧化成醌：

$$\xrightarrow{H_2O_2,NaOH}$$

扫一扫阅读：TS-1 催化丙酮氨氧化制备丙酮肟案例详解

10.2.1.3 酸性介质

在酸性介质中，常用有机酸作为反应介质，如乙酸、三氟乙酸，此时过氧化氢一般先与有机酸生成有机过氧酸，然后再进行反应。

10.2.1.4 钛硅分子筛催化过氧氢氧化

钛硅分子筛（TS-1）是近年发展起来的高效选择性氧化剂。它通过四配位骨架钛与 H_2O_2 作用形成 Ti—OOH 过氧活性中间体进行选择性氧化。近年来在酮氨氧化肟化、烯烃环氧化、芳烃氧化成酚、醇氧化成酮或羧酸等反应体系中都得到优良的结果。如：

环己酮肟化：

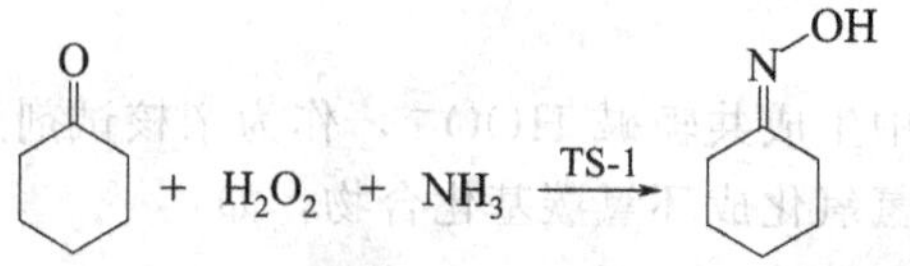

采用淤浆床连续反应器，催化剂 TS-1 用量为 2%～3%（质量分数，反应液），以 85%（质量分数）叔丁醇水溶液为溶剂，以 n（双氧水）：n（酮）＝0.95～1.2，n（氨）：n（酮）＝1.7～1.8 的比例在系统中连续泵入 28%～30%（质量分数）H_2O_2、氨气、溶剂及原料环己酮，在 65～75℃下，停留时间约 1h 时，环己酮转化率可达 96%，选择性大于 99%。

烯烃环氧化：

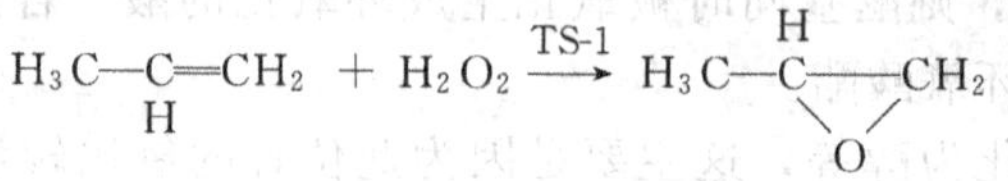

以甲醇为溶剂，用 30% H_2O_2（质量分数）为氧化剂，乙烯过量，TS-1 催化剂用量约为 1%（反应液），在 40℃、0.4 MPa 下反应 1.5h，双氧水转化率大于 96%，环氧乙烷选择性大于 90%。

10.2.2 有机过氧酸

有机过氧酸不稳定，一般应新鲜制备，在羧酸中加入双氧水即可制得。常用的有过氧甲酸、过氧乙酸、过氧三氟乙酸、过氧苯甲酸、间氯过氧苯甲酸等，其中只有间氯过氧苯甲酸可制得稳定的晶体。

过氧酸是重要的环氧化试剂，可与烯键发生反应生成环氧化合物。氧化机理是双键上的亲电加成，过氧酸从位阻较小的一边向双键进攻，环氧环位于位阻小的一边：

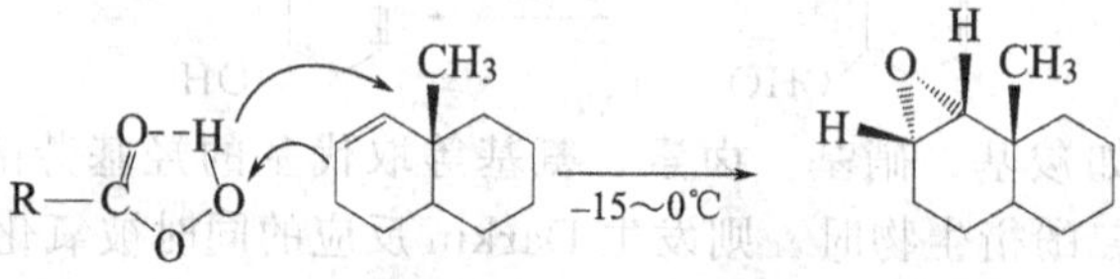

氧化的难易与过氧酸上的 R 和双键上的电子云密度有关。双键上的电子云密度高，容易发生环氧化，电子云密度低时，则应选用活性强的过氧酸。过氧酸的活性顺序如下：$CF_3COOOH > PhCOOOH > CH_3COOOH$。

过氧酸氧化得到的环氧化合物水解可生成反式邻二醇，这是制备反式邻二醇的重要方法：

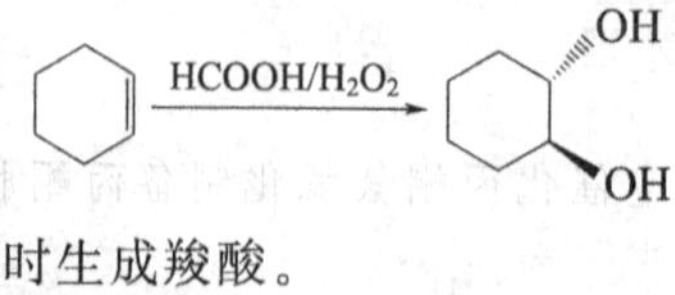

醛类化合物用过氧酸氧化时生成羧酸。

酮类化合物用过氧酸氧化则生成酯，称为 Baeyer-Villiger 反应，这已在第 5 章重排反应一章中介绍。

有机过氧酸还可将叔胺氧化为叔胺氧化物，硫醚氧化成亚砜：

$$R_3N + R'COOOH \longrightarrow R_3N \rightarrow O$$
$$R_2S + R'COOOH \longrightarrow R_2S \rightarrow O$$

芳香胺用过氧酸氧化，控制过氧酸的用量以及反应条件，可制得亚硝基化合物、氧化偶氮苯、硝基化合物等，有时就用此法制备难以制备的硝基化合物：

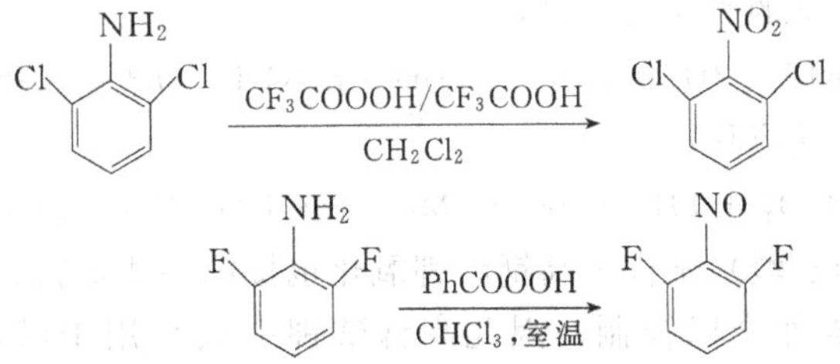

第一个反应可达 70％左右的收率，而第二个反应可达 85％的收率。

10.2.3 有机过氧酸酯

过氧酸酯在亚铜盐催化下可在烯丙位烃基上引入酰氧基，经水解可得烯丙醇类，这是烯丙位烃基氧化的间接方法，常用试剂有过醋酸叔丁酯和过苯甲酸叔丁酯，如：

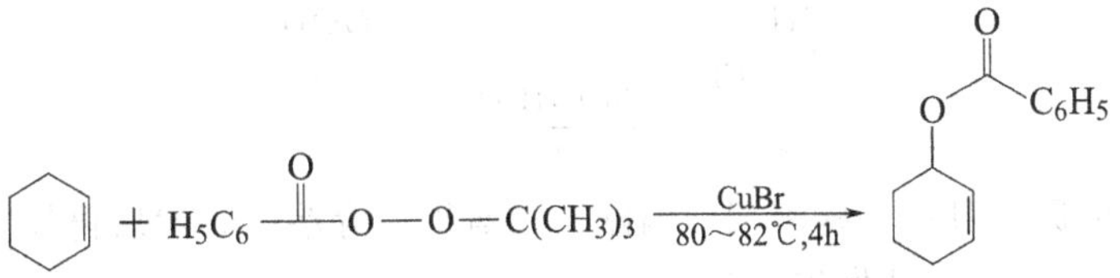

收率为 71％～80％。

现在公认是亚铜盐催化下的自由基反应。

10.2.4 烃基过氧化物

烃基过氧化物最常用的是叔丁基过氧化氢。

α,β-不饱和羰基化合物在碱性条件下用叔丁基过氧化氢可进行环氧化，如：

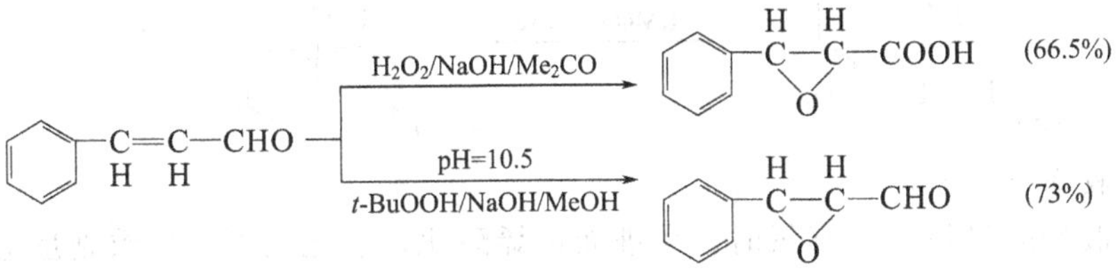

其他烯烃也可进行环氧化。其机理与过氧化氢类似，但选择性较过氧化氢好，对醛基没有影响，如上述例子。

若分子中有多个双键时，可用过渡金属配合物催化进行选择性环氧化，一般连有较多烃基的先氧化，烯丙醇结构的双键先氧化，如：

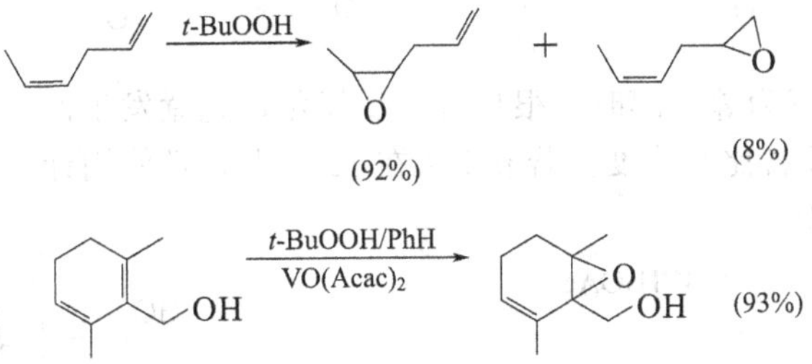

其中 Acac 是乙酰丙酮。

10.3 金属无机化合物氧化剂

10.3.1 锰化合物

10.3.1.1 高锰酸钾

高锰酸钾在碱性、中性或酸性条件下均能用作氧化剂，用途较广。

在中性或碱性条件下的氧化反应是：

$$MnO_4^- + 2H_2O + 3e \rightleftharpoons MnO_2 + 4OH^- \quad E^0 = 0.588V$$

强酸条件下的氧化反应是：

$$MnO_4^- + 8H^+ + 5e \rightleftharpoons Mn^{2+} + 4H_2O \quad E^0 = 1.51V$$

在稀酸或弱酸（如乙酸）条件下高锰酸钾氧化也按第一式进行。在强酸条件下易引起其他副反应且反应太激烈难以控制，因此高锰酸钾一般是用于碱性、中性或弱酸性的氧化。

高锰酸钾常用于将甲基氧化为羧基：

$$ArCH_3 + 2KMnO_4 \longrightarrow ArCOOK + 2MnO_2 + KOH + H_2O$$

反应常在水中进行，温度在室温至100℃左右。实际应用如：

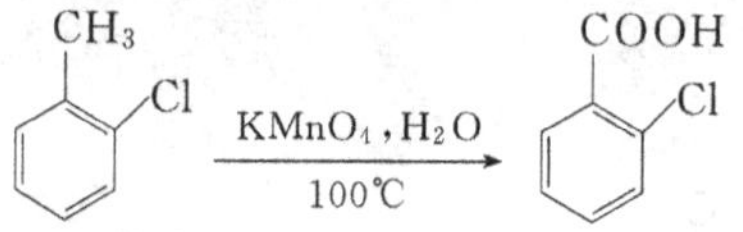

对难溶于水的原料可加一些溶剂如丙酮、二氯甲烷等溶解，然后再加一些相转移催化剂如 $C_6H_5CH_2N(C_2H_5)_3Cl$ 促进反应。

在非酸性条件下氧化可看到在氧化过程中有 KOH 产生，若原料中有对碱敏感的基团，则要产生副反应，影响收率，这时应在体系中加入一些束碱剂使体系 pH 保持一定值。常用的有硫酸镁和二氧化碳等。如：

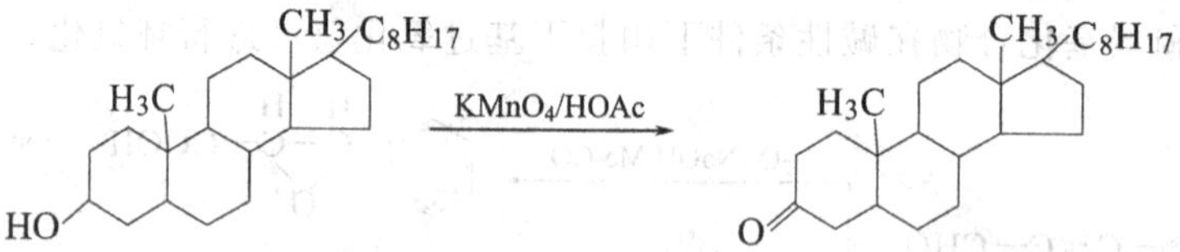

此反应收率可达100%。

注意一般酮的羰基 α-位有氢时，易进而被烯醇化，氧化断裂，导致副反应。此例较特殊。

在温和的条件下，高锰酸钾可以将烯烃氧化成邻二醇，其机理如下：

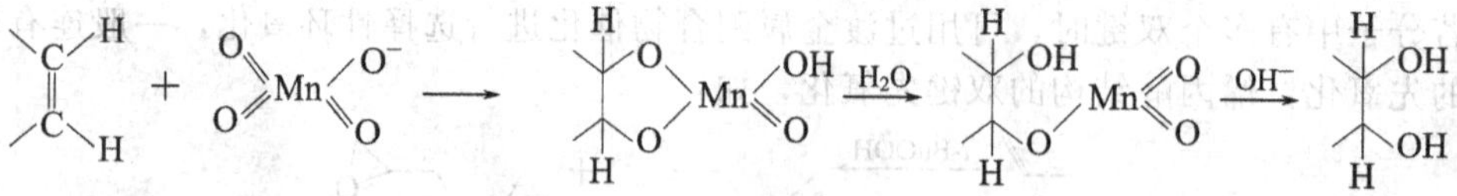

中间体锰酸酯水解为邻二醇时，很易进一步氧化，究竟发生何种反应，取决于体系的pH 值和高锰酸钾的投料比及浓度。若 pH 值在 12 以上，且使用计算量的低浓度的高锰酸钾，可生成邻二醇，如：

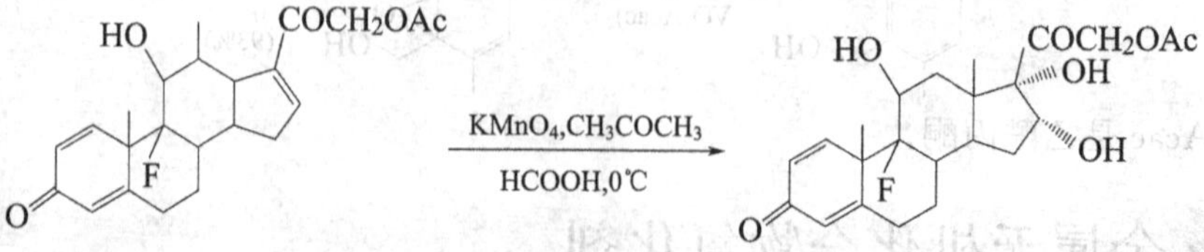

单独用高锰酸钾进行烯键断裂氧化选择性很低，若将它与过碘酸钠按一定比例配成溶液（1:6）作氧化剂（称为 Lemieux 试剂），则可得到两个羧酸，收率很高（称为 Lemieux-von Rudolff 方法）。其原理是高锰酸钾首先氧化双键生成邻二醇，然后过碘酸钠氧化邻二醇生成双键断裂产物，同时过量的过碘酸钠将锰化合物氧化成高锰酸钾，使之继续

参加反应。如：

$$CH_3(CH_2)_7CH=CH(CH_2)_7COOH \xrightarrow[H^+,20℃]{KMnO_4/NaIO_4/K_2CO_3} CH_3(CH_2)_7COOH + \begin{array}{c} COOH \\ (H_2C)_7 \\ COOH \end{array}$$

收率接近100%。

10.3.1.2　二氧化锰

二氧化锰作为氧化剂主要有两种存在形式，一种是活性二氧化锰，另一种是二氧化锰和硫酸的混合物。二氧化锰的氧化性能温和。

二氧化锰和硫酸的混合物适用于芳烃侧链、芳胺、苄醇的氧化，可使反应停留在中间阶段，常用来制备醛、酮或羟基化合物，如：

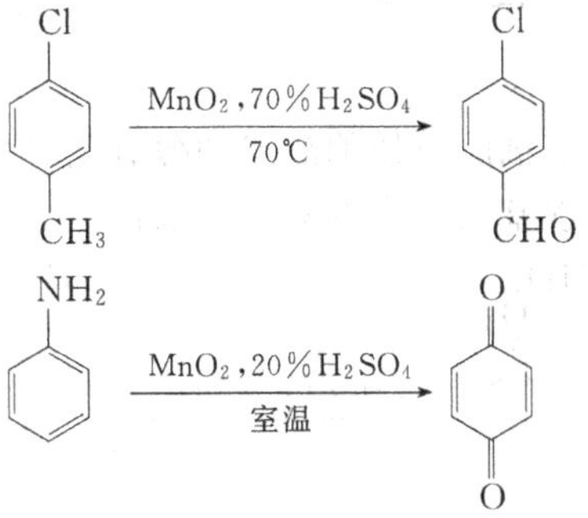

而活性二氧化锰选择性较强，可对α,β-不饱和醇进行选择性氧化制备相应的α,β-不饱和醛或酮，氧化反应不影响碳-碳双键，条件温和，收率高。如利尿药盐酸西氯他宁中间体的制备：

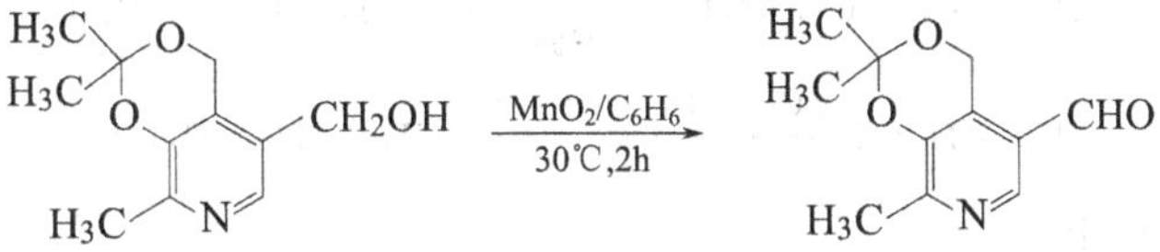

收率约66%。

对不同羟基也有一定的选择性。在同一分子中有烯丙位羟基和其他羟基共存时，可选择性地氧化烯丙位羟基，例如：

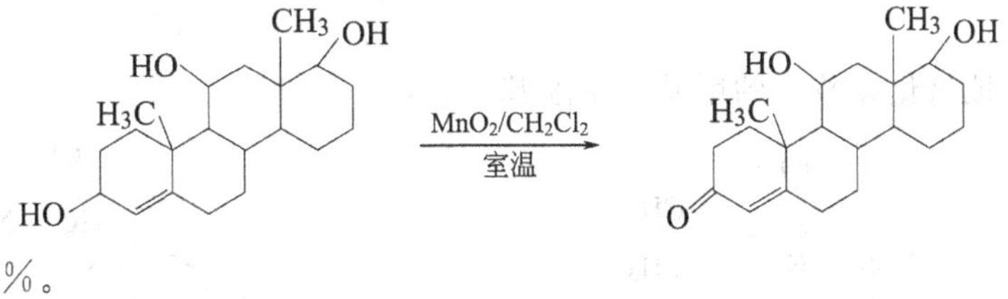

收率约62%。

活性二氧化锰要新鲜制备，其活性判断方法为：用一定量的二氧化锰氧化肉桂醇，生成的肉桂醛与2,4-二硝基苯肼反应，生成相应的苯腙，由苯腙的量判断二氧化锰的活性。

10.3.2　铬化合物

铬化合物常用的有铬酸、重铬酸盐和三氧化铬（铬酐）。在不同的条件下有不同的氧化性能。

10.3.2.1　三氧化铬

三氧化铬是一种多聚体，在水、醋酐、叔丁醇、吡啶等溶液中解聚时，可生成不同的铬化合物如铬酰醋酸酯、叔丁基铬酸酯、铬酰吡啶络合物（又称 Sarett 试剂）、铬酰氯（又称 Etard 试剂）等。

$$CrO_3 + (CH_3CO)_2O \longrightarrow (CH_3COO)_2CrO_2$$

$$CrO_3 + (CH_3)_3COH \longrightarrow [(CH_3)_3CO]_2CrO_2$$

$$CrO_3 + 2C_5H_5N \longrightarrow CrO_3 \cdot 2C_5H_5N$$

$$CrO_3 + HCl \longrightarrow CrO_2Cl_2$$

它们都有不同的氧化特性。注意这些物质制备过程中要非常小心，否则易产生燃烧、爆炸。

铬酰醋酸酯主要用于芳环上氧化甲基生成相应的醛。芳环上给电子基团有利于氧化反应，吸电子基团不利。其氧化过程可能是甲基先被氧化成醛后，与过量的酸酐起反应生成二醋酸酯以避免进一步氧化，再水解得到醛，如：

$$H_3C-\underset{}{\bigcirc}-CH_3 \xrightarrow{CrO_3,Ac_2O,H_2SO_4} (AcO)_2HC-\underset{}{\bigcirc}-CH(OAc)_2 \xrightarrow{H_2O} OHC-\underset{}{\bigcirc}-CHO$$

叔丁基铬酸酯以石油醚作溶剂时可使伯醇或仲醇氧化成相应的羰基化合物，也可使烯丙基位亚甲基选择性地氧化成羰基而不影响双键。如：

$$\xrightarrow{[(CH_3)_3CO]_2CrO_2}$$

Sarett 试剂可将烯丙基型或非烯丙基型的醇氧化成相应的醛或酮。室温反应时对分子中的双键、缩醛、缩酮、环氧、硫醚等均无影响。如：

$$C_6H_5CH=CHCH_2OH \xrightarrow[室温]{CrO_3(Py)_2} C_6H_5CH=CHCHO$$

$$CH_3(CH_2)_5CH_2OH \xrightarrow[25℃]{CrO_3(Py)_2/CH_2Cl_2} CH_3(CH_2)_5CHO$$

收率都在80%以上。

还可将烯丙位亚甲基氧化成酮，如：

$$H_3C-\underset{}{\bigcirc} \xrightarrow{CrO_3(Py)_2} H_3C-\underset{}{\bigcirc}=O + H_3C-\underset{}{\bigcirc}=O$$

还能选择性地氧化叔胺上的甲基成甲酰基，如：

$$\xrightarrow{CrO_3(Py)_2}$$

铬酰氯（Etard 试剂）常在惰性溶剂如二硫化碳、四氯化碳、氯仿中应用，可将芳环上具有亚甲基或甲基的化合物氧化成不溶性的络合物，再水解后生成相应的醛或酮。它的一个主要特征是，当芳环上有多个甲基时，仅氧化其中的一个。如：

$$Br-\underset{}{\bigcirc}-CH_3 \xrightarrow[室温]{CrO_2Cl_2} Br-\underset{}{\bigcirc}-CH(OCrCl_2OH)_2 \xrightarrow{H_2O} Br-\underset{}{\bigcirc}-CHO$$

$$H_3C-\underset{}{\bigcirc}-CH_3 \xrightarrow[室温]{CrO_2Cl_2 \ H_2O} H_3C-\underset{}{\bigcirc}-CHO$$

10.3.2.2　铬酸、重铬酸盐

这类氧化剂常用于将侧链烷基氧化为羧基，它的收率相对较高，且它对于较长侧链烷基的氧化往往能使端甲基氧化成羧基而不是首先氧化 α-碳原子，如：

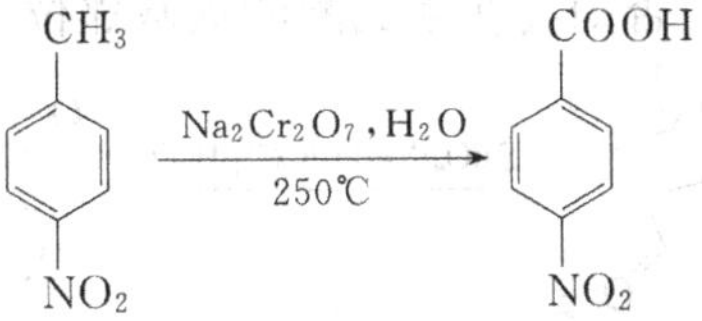

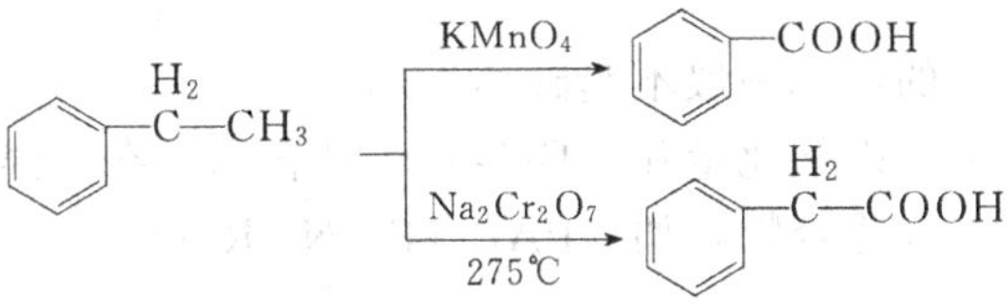

重铬酸钠用作氧化剂时，常在高温高压下进行，它的氧化深度较小，如上述例子。

铬酸或铬酸酯还可将 C—H 键氧化为醇，如抗病毒药金刚烷类中间体的合成：

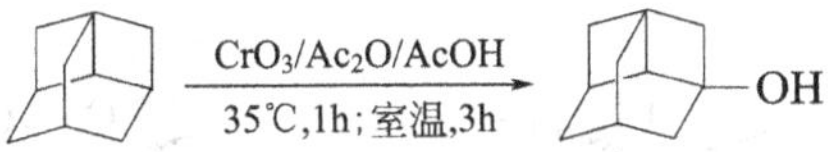

收率约 81%～84%。

控制合适的条件也可将苄甲基氧化为醛，如：

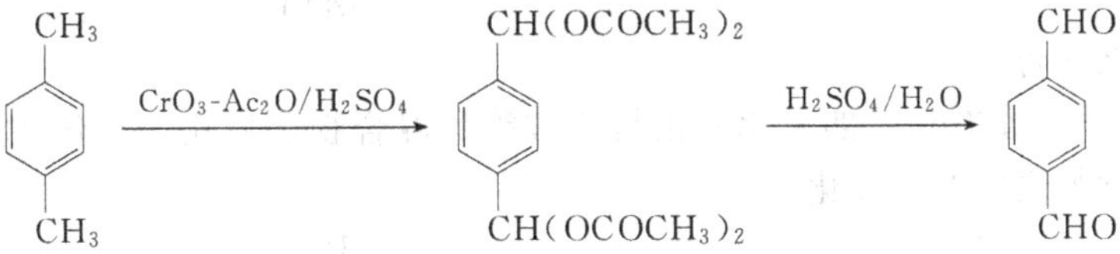

收率约 52%。

铬化合物在将醇氧化为醛或酮的过程中是很常用的，如：

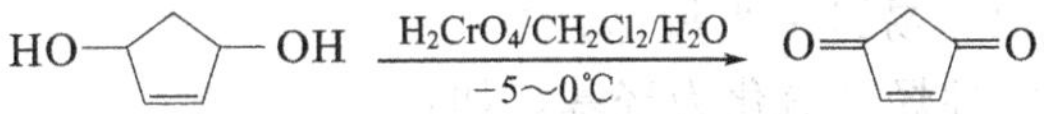

收率约 67%～79%。

10.3.3　其他金属氧化剂

主要介绍银化合物、钌化合物等几种。

10.3.3.1　银化合物

用碳酸银也可将醇氧化为酮，如可待因的氧化：

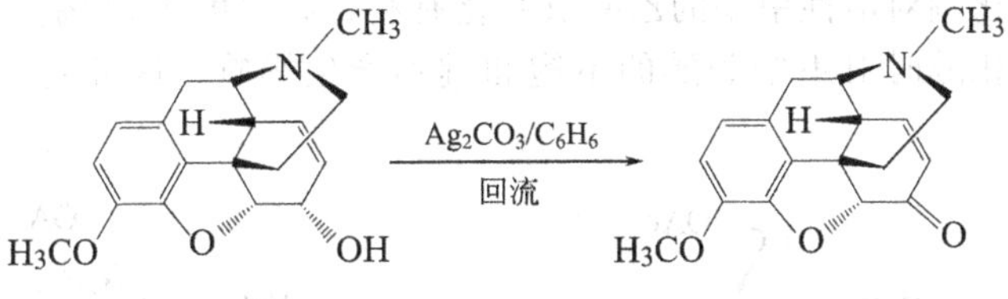

收率可达 75%。又如：

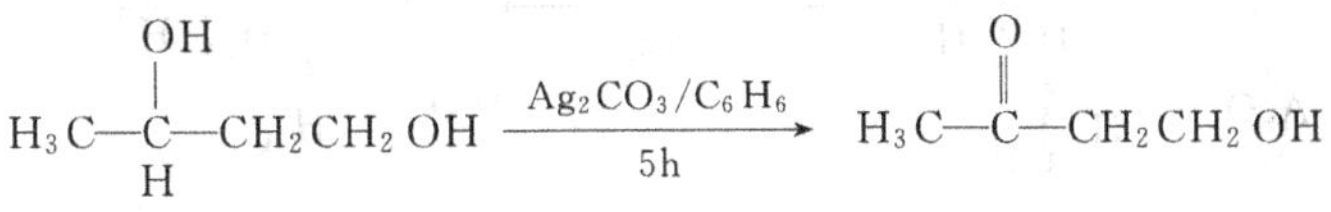

收率约 80%。

10.3.3.2　钉化合物

四氧化钌 RuO_4 是一个温和的氧化剂，可在温和的条件下以水作溶剂或在惰性溶剂中将仲醇氧化成酮，它一般以过碘酸钠或次氯酸钠作共氧化剂。在对仲醇进行氧化时，RuO_4 用量应和醇等物质的量，否则会在生成酮的羰基邻位插入一个氧原子，形成内酯：

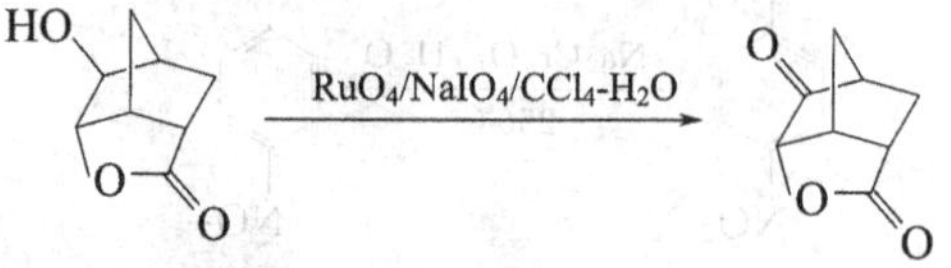

它对有其他基团保护的羟基一般不起破坏作用。

过钌酸四烷基铵盐可以以催化量和某些共氧化剂合用，在更温和的条件下在有机溶剂中对醇进行氧化制备酮、醛化合物，如 TPAP（$Pr_4N^+ RuO_4^-$）：

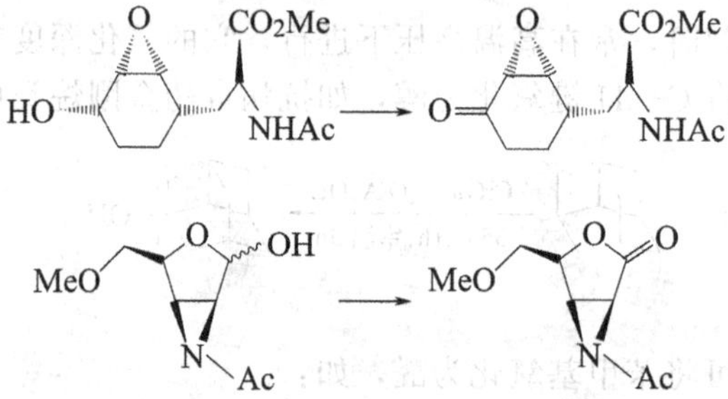

10.3.3.3　铅化合物

常用四醋酸铅（LTA）、四氧化三铅与乙酸等的混合物来氧化，氧化性能较温和，选择性较高，如对苄位碳上的氧化：

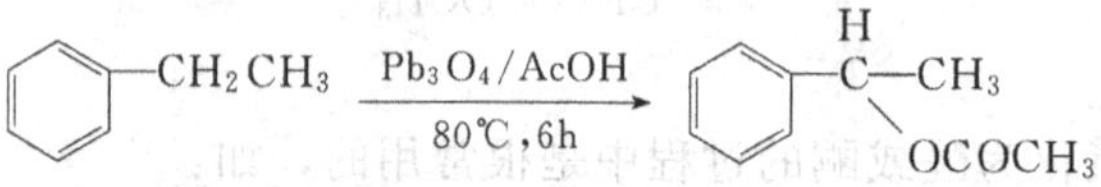

收率约 63%。有水时也易进一步氧化。

也可将羰基 α-位的活性烃基氧化为羟基，如：

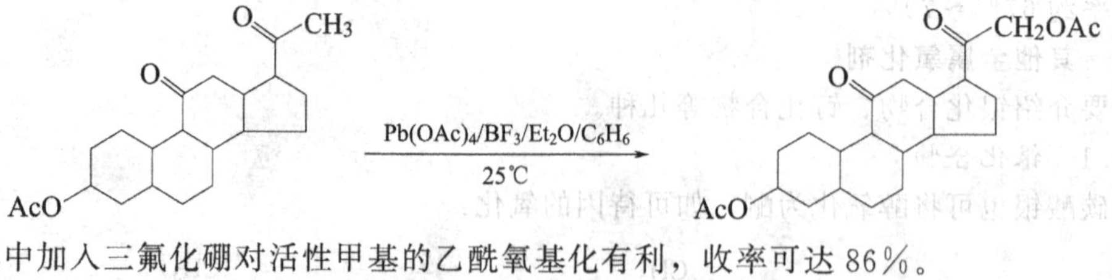

其中加入三氟化硼对活性甲基的乙酰氧基化有利，收率可达 86%。

用四乙酸铅氧化醇时对不饱和醇的不饱和键不产生影响，因此对此类氧化的收率较高，如：

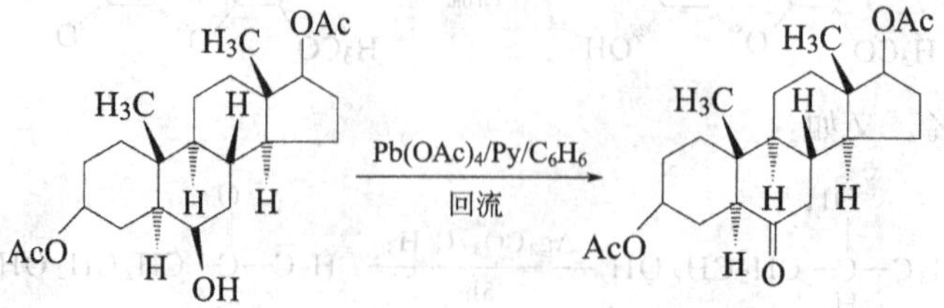

收率可达 95.5%。

10.3.3.4 铈化合物

硝酸铈铵（CAN）对芳烃的苄位 C—H 键有较好的选择性，如：

$$C_6H_5CH_3 \xrightarrow[\text{回流}]{(NH_4)_2Ce(NO_3)_6/100\%AcOH} C_6H_5CH_2OCOCH_3$$

收率约 90%。

有水时还可进一步氧化为醛等，如：

温度更高时则生成酸。

对苄位亚甲基则可氧化成酮：

收率约 77%。

10.3.3.5 二氧化硒（SeO₂）

可将羰基的 α-位活性烃基氧化成相应的羰基化合物，形成 1,2-二羰基化合物。用亚硒酸也可以。它对两个 α-位的甲基或亚甲基的氧化缺乏选择性。如：

收率约 69%～72%。

注意硒化合物的毒性比 As_2O_3 还大，因此应用受限制。

10.4 非金属氧化剂

10.4.1 硝酸

硝酸根据浓度的不同其氧化过程也不一样，浓硝酸还原为二氧化氮，稀硝酸还原为一氧化氮。

稀硝酸：

$$NO_3^- + 4H^+ + 3e \Longrightarrow NO + 2H_2O \quad E^0 = 0.96V$$

浓硝酸：

$$NO_3^- + 2H^+ + e \Longrightarrow NO_2 + H_2O \quad E^0 = 0.80V$$

硝酸可氧化侧链成羧酸，氧化醇类成相应的酮或酸，氧化活性次甲基成酮，氧化氢醌成醌，氧化亚硝基化合物成硝基化合物。它的优点是被还原后生成气体一氧化氮或二氧化氮，易分离；缺点是对设备腐蚀性高，反应剧烈，选择性不高，且易引起硝化和酯化等副反应。如：

其中五氧化二钒为催化剂。

当原料中有对碱敏感的基团（如卤素）时，常用硝酸代替高锰酸钾氧化：

$$ClCH_2CH_2CH_2OH \xrightarrow{\text{HNO}_3,\text{室温}} ClCH_2CH_2COOH$$

10.4.2　含卤氧化剂

含卤氧化剂主要有卤素（氟除外）、次氯酸钠、氯酸、高碘酸等。

10.4.2.1　卤素

氯气作为氧化剂实际上常是将氯气通入水或碱的水溶液中，生成次氯酸或次氯酸盐而进行氧化反应的。氯气也可通入其他溶剂进行氧化反应。但氯气在氧化过程中常伴有氯化反应。

氯气可将二硫化物、硫醇、硫化物氧化成磺酰氯：

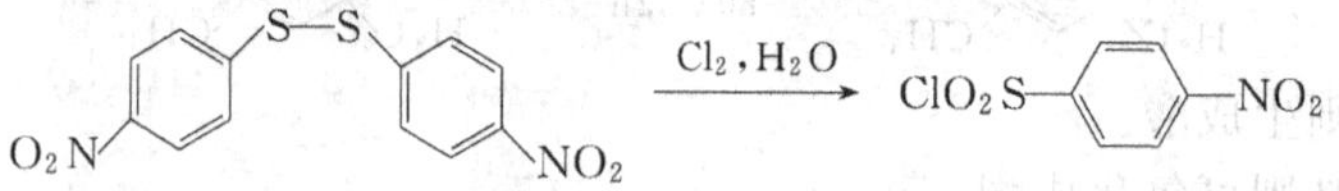

氯气的四氯化碳溶液，在吡啶存在下可作为脱氢氧化剂，使伯醇、仲醇生成羰基化合物，而且仲醇的氧化速率比伯醇快：

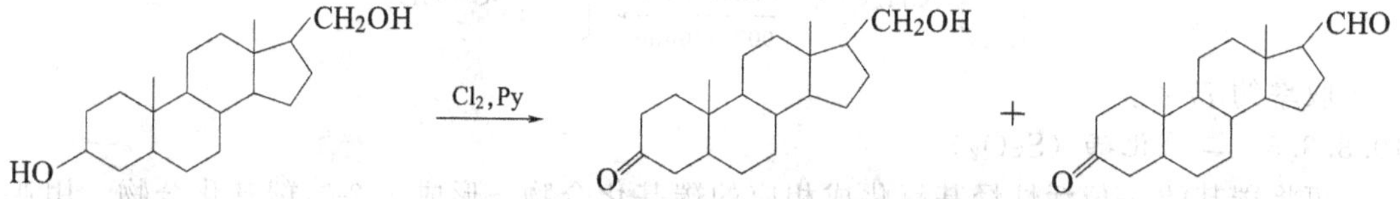

溴的氧化能力较弱，可配成四氯化碳等溶液使用，可将葡萄糖氧化成葡萄糖酸：

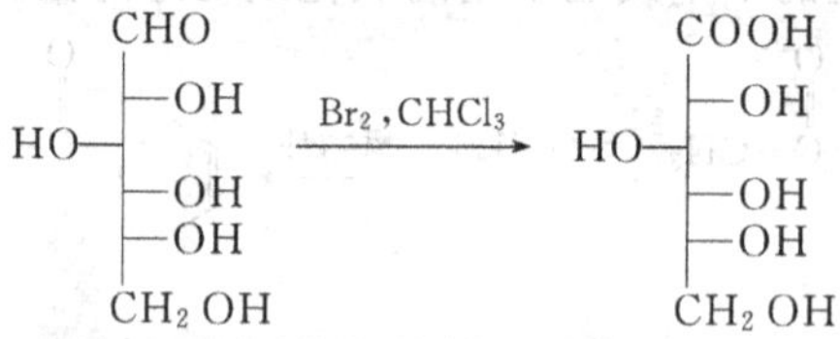

计算量碘在碱性溶液中可将硫醇氧化为二硫化物：

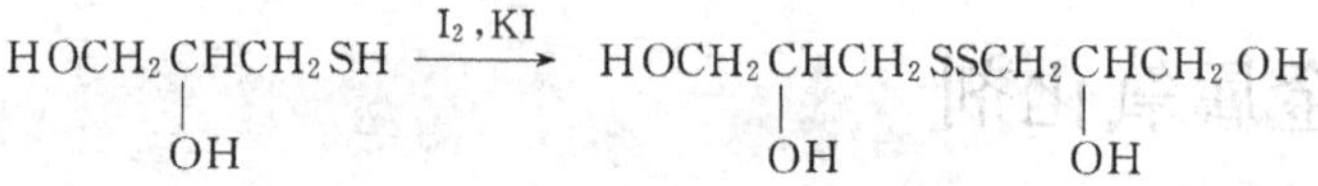

$$HOCH_2CHCH_2SH \xrightarrow{\text{I}_2,\text{KI}} HOCH_2CHCH_2SSCH_2CHCH_2OH$$
$$\qquad\;\; | \qquad\qquad\qquad\qquad | \qquad\qquad\quad |$$
$$\qquad\;\; OH \qquad\qquad\qquad\quad OH \qquad\qquad\; OH$$

10.4.2.2　次氯酸钠

次氯酸钠氧化能力强，可将酮氧化成羧酸：

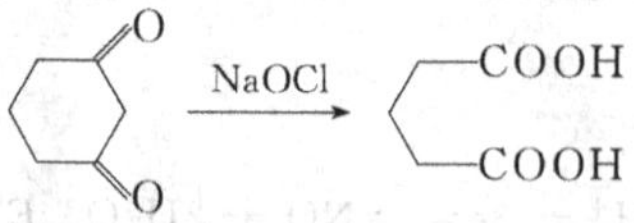

还可将甲苯氧化成苯甲酸，肟氧化成硝基化合物，硫醇氧化成磺酸，硫醚氧化成亚砜或砜等。一些氨基酸还可用次氯酸钠脱羧，如：

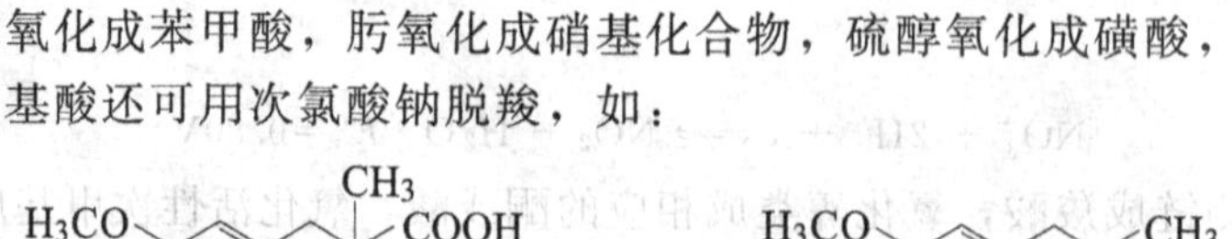

10.4.2.3　氯酸

氯酸及其盐都是强氧化剂，常在中性或微酸性介质中使用。它能将醇氧化成酸，烯烃氧化成环氧乙烷衍生物，稠环芳烃或芳香烃氧化成醌等。

10.4.2.4　高碘酸

高碘酸可氧化1,2-二醇、1,2-氨基醇、相邻二羰基化合物以及相邻的酮醇化合物，并发生碳-碳键断裂，生成羰基和羧基化合物。这类反应统称为 Malaprade 反应。以上基团若不在邻位，则不发生此类反应。对不溶于水的物质，可在甲醇、二氧六环或醋酸溶液中进行氧化。高碘酸氧化后生成碘酸，也有一定的氧化能力，为此要控制好温度以免进一步氧化，一般在室温进行。

高碘酸（钠）也可负载在二氧化硅上进行氧化，收率更高，如：

$$\text{环己-1,2-二醇} \xrightarrow[\text{室温, 15min}]{NaIO_4/SiO_2} \text{己二醛(CHO, CHO)}$$

收率可达 98%。

高碘酸氧化广泛用于多元醇及糖类化合物的氧化降解，并根据降解产物研究它们的结构。

10.4.3　过二硫酸盐和过一硫酸

作为氧化剂的过二硫酸盐主要是过二硫酸钾和过二硫酸铵，可在中性、碱性或酸性介质中进行氧化反应。

过二硫酸钾可在芳环上引入磺酸酯基，水解后生成羟基，这称为 Elbs 过二硫酸盐氧化反应。该反应对醛基没影响，且一般发生在羟基的对位，若对位有取代基，则在邻位反应，常用于制备二元酚。如：

$$\text{2-羟基吡啶} \xrightarrow[FeSO_4]{K_2S_2O_8, NaOH} KO_3SO-\text{吡啶-OH} \xrightarrow{H^+} HO-\text{吡啶-OH}$$

在 0℃ 下将过二硫酸钾 $K_2S_2O_8$ 溶于浓硫酸可制得过一硫酸 H_2SO_5，又称 Caro's 酸，它水解后生成硫酸和过氧化氢。可将芳香胺氧化成芳香族亚硝基化合物：

$$\text{苯胺}-NH_2 \xrightarrow{H_2SO_5} \text{苯}-NO$$

还可像过氧化物一样将酮氧化成酯。

10.5　其他有机氧化剂

新发展的氧化剂很多，各种新的应用领域也很多，下面主要介绍亚硝酸酯和醌的氧化作用。

10.5.1　亚硝酸酯

羰基邻位活性烃基可被亚硝酸酯（如亚硝酸甲酯、戊酯等）亚硝化，然后水解得 1,2-羰基化合物，如：

$$\text{(茚酮衍生物)} \xrightarrow{n\text{-BuONO}/CH_3ONa} \text{(=NOH 衍生物)}$$

$$\xrightarrow{CH_2O/HCl/AcOH} \text{(二酮衍生物)}$$

收率可达 90%。

10.5.2　醌类

醌类主要用于脱氢反应。常用的醌类氧化剂是四氯 1,4-苯醌（氯醌）（Ⅰ）、2,3-二氯-5,6-二氰基苯醌（DDQ）（Ⅱ），反应后自身生成1,4-二酚。

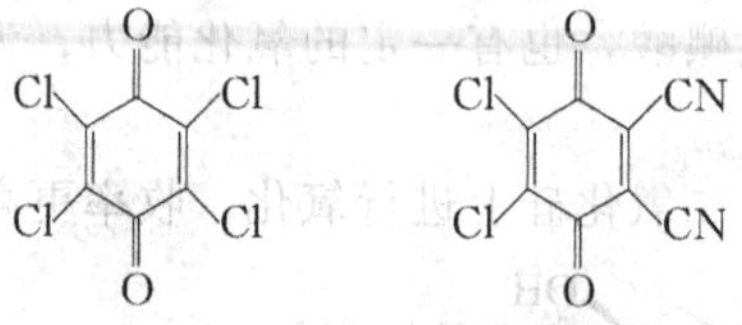

（Ⅰ） （Ⅱ）

DDQ 应用最广泛。DDQ 在苯中的溶液呈红色，随着反应的进行，生成不溶于苯的浅黄色固体氢醌而分离出来。

醌类脱氢机理是反应物中的负氢离子被醌中的氧夺取，进而是反应物中连续的氢原子转移。大多用于醇类、脂环类以及甾族化合物。如：

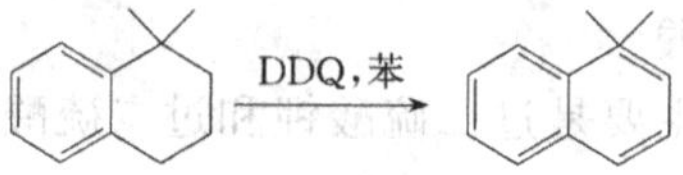

10.5.3 二甲基亚砜

二甲基亚砜（DMSO）常用作非质子有极性有机溶剂，但有时也用作氧化剂。

二甲基亚砜可将某些活性卤代物高产率地氧化成羰基化合物，例如 α-卤代酸及其酯、苄卤、伯碘代物等，该反应称为 Kornblum 反应，主要适用于碘代烃和溴代烃。其氧化机理为：

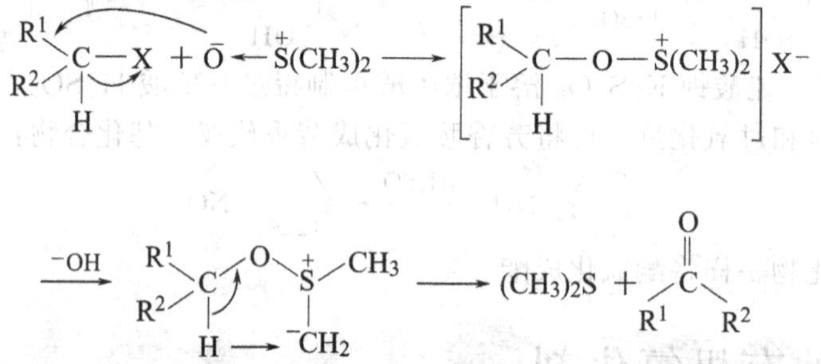

反应在碱性条件下进行，首先是二甲基亚砜中的氧原子对含卤化合物进行亲核取代，生成烷氧基锍盐中间体，而后在碱的作用下进行 β-消除，异裂生成羰基化合物和二甲硫醚。常用的碱是碳酸氢钠、三甲基吡啶等。碱一方面是用于中和生成的酸，另一方面是促进锍盐的分解。如：

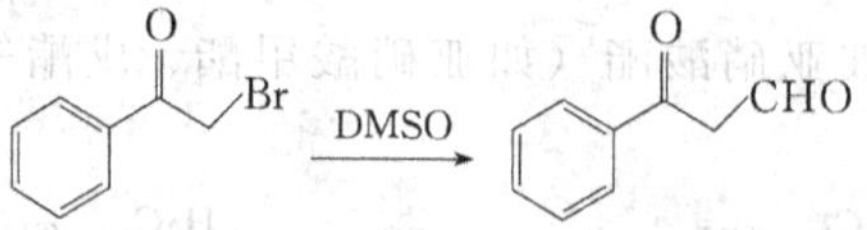

二甲基亚砜和氢卤酸可发生如下反应：

$$(CH_3)_2SO + 2HX \longrightarrow (CH_3)_2S + H_2O + X_2$$

伯醇和仲醇的磺酸酯在碱性条件下可被氧化成相应的醛、酮：

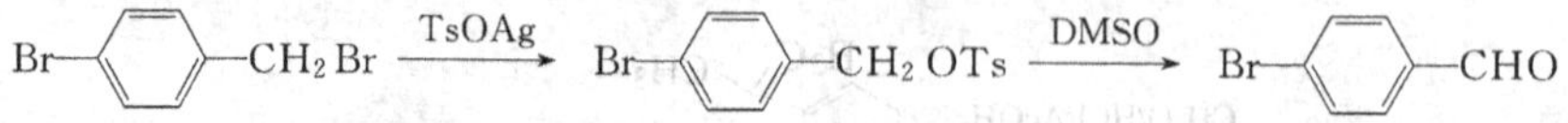

环氧化合物在 DMSO 存在下氧化开环，生成 α-羟基酮，三氟化硼对反应有催化作用，如环氧环己烷在三氟化硼催化下可被 DMSO 氧化成 α-羟基环己酮。

DMSO 与碳化二亚胺（如 DCC）或 DMSO 与醋酐混合使用均能将伯醇、仲醇氧化成相应的羰基化合物，条件温和，收率高，且有高度的选择性，分子中的烯键、氨基、酯基以及叔羟基等均不受影响。如：

习　题

基础概念题

10-1　氧化反应常可由什么原料制备什么样的物质？

10-2　空气氧化的机理是什么？为什么有的药物要避光保存？

10-3　什么叫氨氧化？简述它的反应条件。其常见的副产物是什么？

10-4　臭氧氧化的机理是什么？它主要用于何种物质的氧化？

10-5　何为 Fenton 试剂？可用于何种反应？

10-6　过氧化氢氧化不会产生污染物质，因此应用越来越广。它主要用于何种底物的氧化？

10-7　常见的过氧酸有哪几种？它们的使用有何应注意的事项？

10-8　试比较高锰酸钾氧化和活性二氧化锰氧化在有机化学氧化中的应用。

10-9　何为 Sarett 试剂？可用于何种反应？使用时要注意什么问题？

10-10　何为 Etard 试剂？可用于何种反应？使用时要注意什么问题？

10-11　重铬酸钾氧化与高锰酸钾氧化相比有较大的不同，举例说明其差别，并分析原因。

10-12　四醋酸铅是常用的氧化剂，它可用于哪些底物的氧化？

10-13　过氧烷与过氧酸相比，有何异同？

分析提高题

10-14　化合物 Z 用银氨络合物处理可得白色沉淀，与臭氧反应后再用二甲基硫醚处理，水洗后得甲酸、3-羰基丁酸和己醛。试写出化合物 Z 结构式。结构式中哪部分不能确定？

10-15　写出下列醇分别与（1）$Na_2Cr_2O_7/H_2SO_4$；（2）PCC；（3）$KMnO_4$，^-OH 反应后所得主要产物的结构式。

(a) 1-辛醇　　　　(b) 3-辛醇　　　　(c) 2-环己烯-1-醇　　　　(d) 1-甲基环己醇

10-16　写出用间氯过氧苯甲酸氧化下列烯烃所得产物的结构（如有立体结构，请表示出）。

(a) 顺-2-己烯　　　(b) 反-2-己烯　　　(c) 顺-环癸烯　　　(d) 反-环癸烯

10-17　叔胺被氧化后可以发生类似于 Hofmann 消除的反应，并且反应条件较 Hofmann 消除温和，尤其适用于合成较活泼的烯烃。试完成下述反应。

10-18　下述中间体由二羰基化合物 α-氧化而得。试设计至少三种能实现该反应的氧化方法。

10-19　一些卤代烃可以被 DMSO（Kornblum 反应）或氧化胺氧化成醛或酮。试写出下列反应的产物。

(a)　　$CH_2{=}CH(CH_2)_7I \xrightarrow[150℃]{DMSO,\ NaHCO_3}$

(b) $\underset{\underset{H}{\overset{Br}{|}}}{Ph-\underset{\overset{||}{O}}{C}-Ph}$ $\xrightarrow[\text{150℃}]{\text{DMSO, NaOH}}$

(c) $\bigcirc\!\!-\!CH_2Br$ + $\bigcirc\!\!\!-\!\!N\!\rightarrow\!O$ $\longrightarrow$

(d) $H_3C-\underset{H}{\overset{Br}{|}}C-\underset{\overset{||}{O}}{C}-OCH_3$ + $(H_3C)_2N-\bigcirc\!\!\!-\!\!N\!\rightarrow\!O$ $\longrightarrow$

10-20 给出下述氧化过程的产物结构，并简单说明操作过程：

$$\text{(F 取代的 isatin)} \xrightarrow[\text{H}_2\text{SO}_4]{\text{CH}_3\text{COOH–H}_2\text{O}_2}$$

综合题

10-21 查阅资料总结一下可以进行环氧化的氧化剂，并进行分析比较。

10-22 学习过本章，请分析一下有机化学中氧化反应中哪些可成为现在主要的研究方向？

10-23 查阅资料总结反丁烯二酸的合成工艺，并进行分析比较，指出哪一条是最有可能工业化的工艺。

10-24 从基本原料出发，合成以下中间体，写出各步反应名称和大致的反应条件。

$$H_2C\underset{O}{\overset{}{\diagdown\!\diagup}}C\!-\!CH_2Cl$$

10-25 从苯出发，设计两条以上的工艺路线合成以下中间体，写出各步反应名称和大致的反应条件，并选取认为最好的工艺。

（邻氯苯甲醛，带 CHO 和 Cl）

10-26 从苯出发，设计两条以上的工艺路线合成以下中间体，写出各步反应名称和大致的反应条件，并选取认为最好的工艺。

（带 COOH、H_2N、Cl 取代的苯）

10-27 从苯出发，设计两条以上的工艺路线合成以下中间体，写出各步反应名称和大致的反应条件，并选取认为最好的工艺。

（带 $COOC_2H_5$、$NHCH_3$、HO_3S 取代的苯）

10-28 查阅资料，总结文献合成下述产品的工艺，并进行分析比较，形成文献总结报告：

（带 CN、SH、OCH_3 取代的苯）

10-29 查阅资料，总结文献合成下述产品的工艺，并进行分析比较，形成文献总结报告：

$$HO\!-\!\bigcirc\!\!-\!\underset{\underset{NH_2}{|}}{\overset{\overset{H}{|}}{C}}\!-\!COOH$$

10-30　查阅资料，总结文献合成下述产品的工艺，并进行分析比较，形成文献总结报告：

$$H_3CNH-\underset{\underset{O}{\|}}{C}-\underset{H_2}{C}-\underset{\underset{NH_2}{|}}{\overset{H}{C}}-COOH$$

10-31　查阅资料，总结文献合成下述产品的工艺，并进行分析比较，形成文献总结报告：

10-32　查阅资料，总结文献合成下述产品的工艺，并进行分析比较，形成文献总结报告：

10-33　查阅资料，总结文献合成下述产品的工艺，并进行分析比较，形成文献总结报告：

$$(H_3C)_3C-\underset{\underset{O}{\|}}{C}-OCH_2Cl$$

第 11 章　缩合反应

本章重点

(1) 了解缩合反应的分类和常用缩合剂的种类；

(2) 掌握羟醛缩合反应的机理、催化剂、影响因素及其应用；

(3) 掌握醛酮与羧酸缩合反应的机理、催化剂及其影响因素，了解珀金（Perkin）缩合、达村斯（Darzens）缩合的原理和应用；

(4) 了解醛、酮与醇缩合反应的原理和应用；

(5) 掌握酯参与的缩合反应的原理和应用；

(6) 了解烯键参加的缩合反应的原理和应用；

(7) 了解成环缩合反应的特点，了解五元、六元杂环缩合的主要途径，了解常用杂环通过缩合反应制备的方法。

缩合一般是指两个或两个以上分子间通过生成新的碳-碳、碳-杂原子或杂原子-杂原子键，从而形成较大的单一分子的反应。缩合反应一般往往伴随有脱去某一种简单分子，如 H_2O、HX、ROH 等。它在有机合成中有着广泛的应用。

缩合反应的类型繁多，有多种分类方法，如：

① 依参与缩合反应的分子异同进行分类；

② 依缩合反应发生于分子内或分子间；

③ 依缩合反应的历程；

④ 依缩合反应产物是否成环；

⑤ 依缩合反应中脱去的小分子。

本章按参与反应的分子类别进行介绍。

许多缩合的反应需在缩合剂或催化剂如酸、碱、盐、金属、醇钠等存在下才能顺利进行，缩合剂的选择与缩合反应中脱去的小分子有密切关系。常用的缩合剂及其应用如表 11-1 所示。

表 11-1　缩合剂及其应用

缩 合 剂	脱 去 分 子						
	X_2	H_2O	H_2	HX	EtOH	NH_3	N_2
$AlCl_3$		+	+	+			
$ZnCl_2$		+		+	+	+	
H_2SO_4		+		+	+	+	
HCl		+				+	
NaOH		+		+			
Na	+				+		
Mg	+						
Cu	+						+
EtONa	+	+		+	+		
Pt/C			+				
$NaNH_2$				+	+		
HF		+		+			

注："+"表示可催化此类反应。

11.1 羟醛缩合

11.1.1 底物与进攻试剂

含有 α-氢的醛或酮,在碱或酸的催化下生成 β-羟基醛或酮类化合物的反应称为羟醛或醇醛(Aldol)缩合反应。β-羟基醛或酮经脱水消除便成 α,β-不饱和醛或酮。

11.1.2 反应机理与影响因素

典型的羟醛缩合反应机理可分碱催化下的缩合和酸催化下的缩合。

如乙醛在碱催化下的缩合,其机理是含 α-氢的醛、酮首先在碱催化下生成负碳离子,很快与另一分子醛、酮中的羰基发生亲核加成而得到产物:

$$H_3CC \overset{O}{\underset{H}{\diagup}} + OH^- \underset{慢}{\rightleftharpoons} \left[H_2\bar{C}C \overset{O}{\underset{H}{\diagup}} \longleftrightarrow H_2C=C \overset{O^-}{\underset{H}{\diagup}} \right] + H_2O$$

$$H_3CC \overset{O}{\underset{H}{\diagup}} + H_2\bar{C}C \overset{O}{\underset{H}{\diagup}} \underset{快}{\rightleftharpoons} H_3C-\underset{\underset{O^-}{|}}{C}-CH_2-C \overset{O}{\underset{H}{\diagup}} \underset{+H_2O}{\rightleftharpoons} H_3C-\underset{\underset{OH}{|}}{C}-CH_2-C \overset{O}{\underset{H}{\diagup}} + OH^-$$

在酸催化下的缩合反应首先是醛、酮分子中的羰基质子化成为正碳离子,然后与另一分子发生亲电加成。如丙酮以酸催化的缩合反应历程为:

$$H_3C-\underset{\underset{CH_3}{|}}{C}=O + H^+ \underset{快}{\rightleftharpoons} \left[H_3C-\underset{\underset{CH_3}{|}}{C}=OH^+ \longleftrightarrow H_3C-\overset{+}{\underset{\underset{CH_3}{|}}{C}}-OH \right]$$

$$H_3C-\overset{+}{\underset{\underset{HO}{|}}{C}} + H_2C=\underset{\underset{CH_3}{|}}{C}-OH \underset{慢}{\rightleftharpoons} H_3C-\underset{\underset{CH_3}{|}}{\overset{OH}{C}}-CH_2-\underset{}{\overset{OH^+}{C}}-CH_3 \rightleftharpoons$$

$$H_3C-\underset{\underset{CH_3}{|}}{\overset{OH}{C}}-CH_2-\overset{O}{C}-CH_3 + H^+ \rightleftharpoons$$

$$H_3C-\underset{\underset{CH_3}{|}}{\overset{OH_2^+}{C}}-CH_2-\overset{O}{C}-CH_3 \underset{}{\overset{-H_2O,-H^+}{\rightleftharpoons}}$$

$$H_3C-\underset{\underset{CH_3}{|}}{C}=CH-\overset{O}{C}-CH_3$$

羟醛缩合反应有同分子醛、酮的自身缩合和异分子醛、酮间的交叉缩合两大类。它的特点是可使碳链增加。工业上常用此方法制备高级醇等。

羟醛交叉缩合反应的一个典型例子是用一个芳香醛(没有 α-氢)和一个脂肪族醛或酮进行缩合,反应是在氢氧化钠的水或乙醇溶液内进行,可得到产率很高的 α,β-不饱和醛或酮,这种反应称为克莱森-斯密特(Claisen-Schmidt)缩合反应,如:

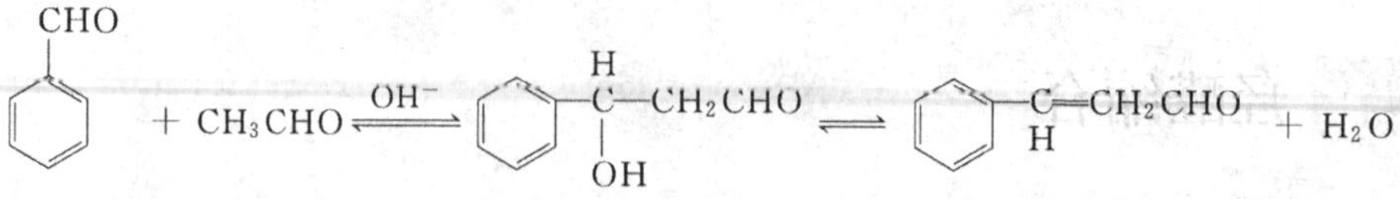

实际上在反应过程中乙醛自身也会缩合，但由于其热力学不如交叉缩合的产品（肉桂醛）稳定（因有共轭作用），且反应过程是一个可逆平衡过程，最后的产品都是交叉缩合的产品。

芳香族醛若与不对称酮缩合，且不对称酮中的一个 α-位没有活泼氢，则缩合反应都只得到一种产品：

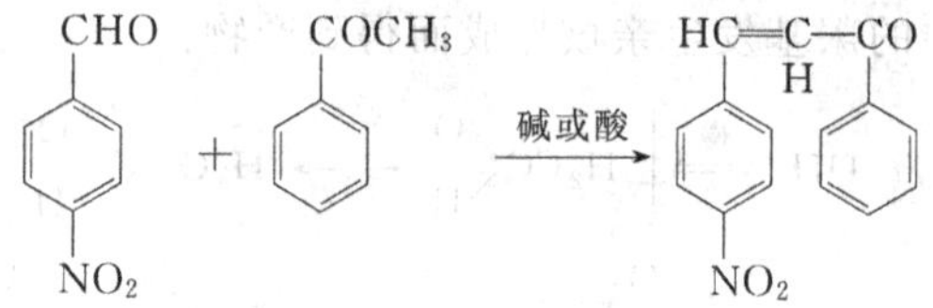

甲醛同样没有 α-氢，因此它可与其他含 α-氢的醛或酮缩合得到交叉缩合产物，且得率较高，如：

$$HCHO + CH_3CHO \rightleftharpoons CH_2(OH)CH_2CHO \xrightarrow{-H_2O} H_2C=CHCHO$$

要注意，缩合生成的不饱和醛、酮有顺式、反式结构的两种可能，但在克莱森-斯密特（Claisen-Schmidt）缩合反应中产品的构型一般都是反式的，即带羰基的大基团总是和另外的大基团成反式。这是由上述反应历程决定的，即反应过程中空间位阻应当尽量地小：

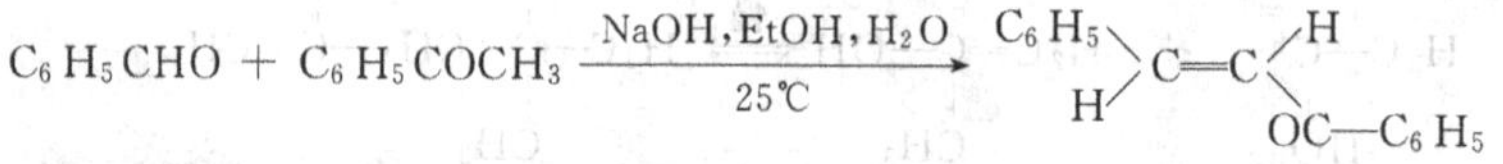

11.2 醛酮与羧酸的缩合反应

11.2.1 珀金缩合

11.2.1.1 底物与进攻试剂

芳香醛或脂肪醛与脂肪酸酐在碱性催化剂作用下缩合，生成 β-芳基丙烯酸类化合物的反应称为珀金（Perkin）缩合反应。

11.2.1.2 反应机理与影响因素

碱性催化剂一般是与所用的脂肪酸酐相适应的脂肪酸碱金属盐（钠或钾盐），有时使用三乙胺。本反应通常仅适用于芳醛或不含 α-氢的脂肪醛，反应式如下：

$$Ar-CHO + (RCH_2CO)_2O \xrightarrow{RCH_2COOK} ArCH=C(R)COOH + RCH_2COOH$$

由于反应中的脂肪酸酐是活性较弱的次甲基化合物，催化剂脂肪酸盐又是弱碱，所以要求的反应温度较高（150～200℃），反应时间较长。若芳醛的芳环上有吸电子基团时则反应易进行，收率也高；若有给电子基团时则相反。这说明珀金反应为亲核加成反应。其历程可用下例说明：

$$H_3CC(=O)\text{—}O\text{—}C(=O)CH_3 \xrightarrow{CH_3COO^-} [\ H_2\bar{C}C(=O)\text{—}O\text{—}CC(=O)H_3C \longleftrightarrow H_2C=C(\text{—}O^-)\text{—}O\text{—}CC(=O)H_3C\ ] \xrightarrow{C_6H_5CHO}$$

$$H_5C_6\text{—}CH\text{—}CH_2\text{—}C(=O)\text{—}O\text{—}C(\text{—}O^-)\text{—}CH_3 \Longrightarrow$$

$$H_5C_6HC(\text{—}CH_2\text{—}C=O, \text{—}O^-, \text{—}C(=O)CH_3)\ \mathbf{A} \xrightarrow{(CH_3CO)_2O} H_5C_6HC\text{—}CH\text{—}C=O\text{—}OCOCH_3 \xrightarrow{-H^+,-CH_3COO} H_5C_6\text{—}C=CH\text{—}C=O\text{—}OCOCH_3$$

$$\xrightarrow[-CH_3COOH]{+H_2O} H_5C_6\text{—}C=C(H)\text{—}COOH$$

反应历程是：首先乙酸酐在乙酸钠作用下生成负碳离子，和芳醛亲核加成为烷氧负离子，再向分子中的羰基进攻得中间体 A，此中间体 A 和乙酸酐交换酰基便成混合酸酐，再在乙酸钠作用下失去质子和乙酸根离子成为不饱和酸酐，最后水解得到产品肉桂酸。由于反应温度较高，中间体 A 可能发生脱羧作用产生烯烃：

$$C_6H_5HC(\text{—}CH_2\text{—}C=O, \text{—}O^-, \text{—}C(=O)CH_3)\ \mathbf{A} \xrightarrow[-CO_2]{\triangle} H_5C_6\text{—}C(H)=CH_2 + CH_3COO^-$$

由于上述反应时间较长，温度较高，因此副反应较严重，产品得率不高。

为此，可改用诺文葛耳-多布纳（Knoevenagel-Doebner）缩合反应。此反应是指采用吡啶或吡啶加少量哌啶为催化剂，以醛、酮与含有活泼甲基的化合物如丙二酸（酯）反应生成 α,β-不饱和化合物，此法的反应条件温和，反应快，收率高，纯度也高。此法实际包含亲核加成、脱水和脱羧三步反应，如：

$$RCHO + H_2C(\text{—}COOH)_2 \longrightarrow RHC(\text{—}OH)\text{—}C(H)(\text{—}COOH)_2 \xrightarrow[-BH^+]{+B}$$

$$RHC(\text{—}OH)\text{—}C(\text{—}COOH)=C(\text{—}O^-)(=O) \xrightarrow{+BH^+} RCH=CHCOOH + CO_2 + H_2O + B$$

此法反应温度只需 $95\sim100℃$，反应时间在 $1\sim2h$，收率可达 $80\%\sim95\%$。

珀金法在医药合成上的应用如血吸虫病治疗药呋喃丙胺原料呋喃丙烯酸的合成：

$$\text{（呋喃）—CHO} + (CH_3CO)_2O \xrightarrow[170℃,7h]{CH_3COONa} \text{（呋喃）—C(H)=CHCOOH} + CH_3COOH$$

11.2.2 达村斯缩合

11.2.2.1 底物与进攻试剂

醛或酮在强碱作用下和 α-卤代羧酸酯反应，缩合生成 α,β-环氧羧酸酯的反应称为达村斯（Darzens）缩水甘油酸酯缩合反应，其反应通式为：

$$\begin{array}{c} R \\ R' \end{array}\!\!CO + R''CHXCOOEt \longrightarrow \begin{array}{c} R \\ R' \end{array}\!\!C\underset{O}{-}C\begin{array}{c} R'' \\ COOEt \end{array} + HX$$

反应通常用氯代酸酯，有时亦用 α-卤代酮为原料。本缩合反应对大多数脂肪族和芳香族的醛或酮均可获得较好的收率。

11.2.2.2 反应机理与影响因素

其反应机理如下：

$$ClCH_2COOEt + B \xrightarrow{-BH^+} Cl\bar{C}HCOOEt \underset{R'}{\overset{\overset{+}{R}\,C=O}{\rightleftharpoons}} \begin{array}{c} R \\ R' \end{array}\!\!C\underset{O^-}{-}C\begin{array}{c} Cl \\ H \\ COOEt \end{array}$$

$$\xrightarrow{-Cl^-} \begin{array}{c} R \\ R' \end{array}\!\!C\underset{O}{-}C\begin{array}{c} H \\ COOEt \end{array}$$

首先是在碱催化下 α-卤代羧酸酯形成负碳离子，继而与醛或酮的羰基发生亲核加成，得到烷氧负离子，氧上的负电荷把负的氯原子挤走，即成 α,β-环氧羧酸酯。

常用的强碱催化剂有：RONa、$NaNH_2$、$t\text{-}C_4H_9OK$，后者效果最好。

形成的产物因有环氧键，所以有顺式和反式两种，一般以酯基与邻位碳原子的体积较大的基团处于反式的产物为主要组分。这主要是因空间效应决定的。

α,β-环氧羧酸酯在很温和的条件下通过皂解和酸化可生成相应的游离酸，但很不稳定，受热后即失去二氧化碳转变成醛或酮的烯醇式，如：

$$H_3C(H_2C)_8\text{-}C=O + ClCH_2COOC_2H_5 \xrightarrow{C_2H_5ONa} H_3C(H_2C)_8\overset{CH_3}{\underset{O}{\text{-}C\text{-}}}CHCOOC_2H_5 \xrightarrow{NaOH}$$

$$H_3C(H_2C)_8\overset{CH_3}{\underset{O}{\text{-}C\text{-}}}CHCOONa \xrightarrow{H^+} H_3C(H_2C)_8\overset{CH_3}{\underset{O}{\text{-}C\text{-}}}CHCOOH \xrightarrow{-CO_2}$$

$$H_3C(H_2C)_8\overset{CH_3}{\text{-}C=}CH(OH) \longrightarrow H_3C(H_2C)_8\overset{CH_3}{\text{-}CH\text{-}}CHO$$

如：

$$\text{(环己基)}=O + ClCH_2COOC_2H_5 \xrightarrow{(CH_3)_3COK} \begin{array}{c}\text{环氧}\end{array}\overset{O}{\underset{H}{-}}COOC_2H_5$$

$$PhCOCH_3 + ClCH_2CN \xrightarrow{BTEAC} \underset{Ph}{\overset{Ph}{}}\overset{O}{\triangle}\underset{CN}{\overset{H}{}}$$

上述两个反应的收率分别可达 85%、80%左右。其中 BTEAC 为苄基三乙基氯化铵。

反应中溶剂会影响产物顺反异构体比例。在乙醇以及非极性溶剂如苯、己烷中反应，反式异构体占优势，在极性非质子溶剂中如 HMPA（六甲基磷酰胺）中，顺式异构体的比例会增大。

11.3 醛、酮与醇的缩合反应

11.3.1 底物与进攻试剂

醛或酮在酸性催化剂作用下很容易和两分子醇缩合，并失去水变为缩醛类或缩酮类化合物，其反应通式为：

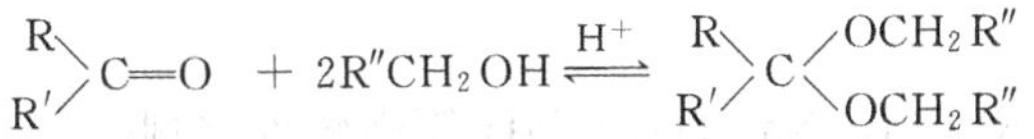

$$R\!\!\diagdown\!\!\underset{R'}{\diagup}C\!\!=\!\!O \ + \ 2R''CH_2OH \ \underset{}{\overset{H^+}{\rightleftharpoons}} \ R\!\!\diagdown\!\!\underset{R'}{\diagup}C\!\!\diagup\!\!\overset{OCH_2R''}{\underset{OCH_2R''}{\diagdown}}$$

当醇用乙二醇或丙二醇时，两个 R'' 一起构成一个 —$CH_2CH_2CH_2CH_2$— 即中间有四个亚甲基的环时称为茂烷类；若构成 —CH_2CH_2— 时称为噁烷类。

11.3.2 反应机理与影响因素

酸性催化剂常用的有干燥的氯化氢气体或对甲苯磺酸，也有采用草酸、柠檬酸、磷酸或阳离子交换树脂等。反应要无水进行，溶剂可用无水醇类，原料醇也可作溶剂。在反应中常用共沸原理除去水以使反应完全。

缩醛反应的反应历程如下：

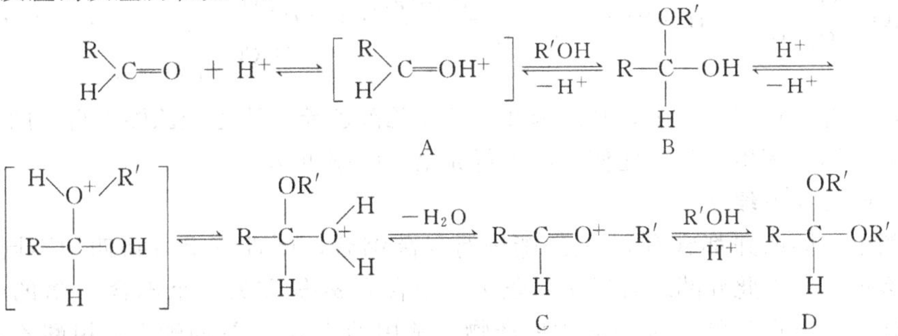

羰基首先与催化剂的氢质子结合形成 A，羰基碳原子的亲电性增加，然后和亲核试剂醇类发生加成，再失去氢质子生成不稳定的半缩醛 B。B 再与氢质子结合生成新的中间体，失水生成 C，C 再和一分子醇加成并失去氢质子得到缩醛。

上述所有过程均为可逆过程，因此缩醛也可被分解为醛和醇。若要使反应完全，必须及时除去生成的水。

因制备缩酮时上述过程偏向反应物方面，因此必须更加及时地除去水分才有可能使反应进行。但另有一种制备缩酮的方法是不用醇，而是用原甲酸酯，反应过程中不生成水，可以得到较高产率。如酮和原甲酸乙酯的反应：

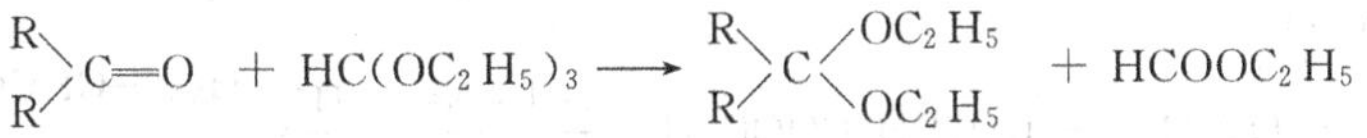

$$R\!\!\diagdown\!\!\underset{R}{\diagup}C\!\!=\!\!O \ + \ HC(OC_2H_5)_3 \ \longrightarrow \ R\!\!\diagdown\!\!\underset{R}{\diagup}C\!\!\diagup\!\!\overset{OC_2H_5}{\underset{OC_2H_5}{\diagdown}} \ + \ HCOOC_2H_5$$

应用实例：如 β-丁酮酸乙酯（即乙酰乙酸乙酯）和乙二醇在柠檬酸催化下，用苯作溶剂和脱水剂，可缩合成苹果酯（2-甲基-2-乙酸乙酯-1,3-二氧茂烷）：

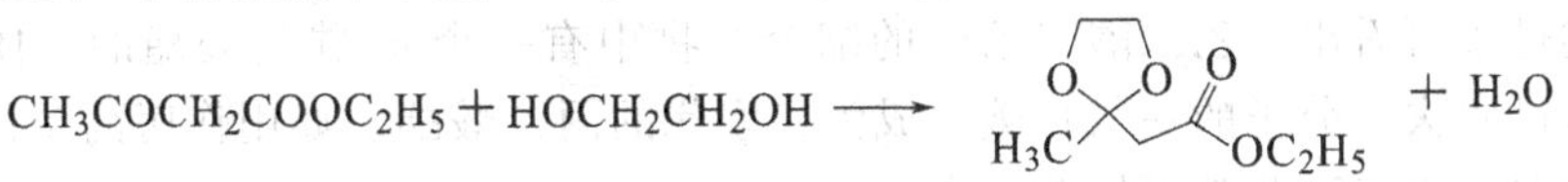

$$CH_3COCH_2COOC_2H_5 + HOCH_2CH_2OH \longrightarrow \quad + \ H_2O$$

收率约为 60%。

11.4 酯缩合反应

酯缩合反应是指以羧酸酯为亲电试剂，在碱性催化剂作用下，与含活泼甲基或亚甲基羰基化合物的负碳离子缩合而生成 β-羰基类化合物的反应，总称为克莱森（Claisen）缩合反应。其反应通式为：

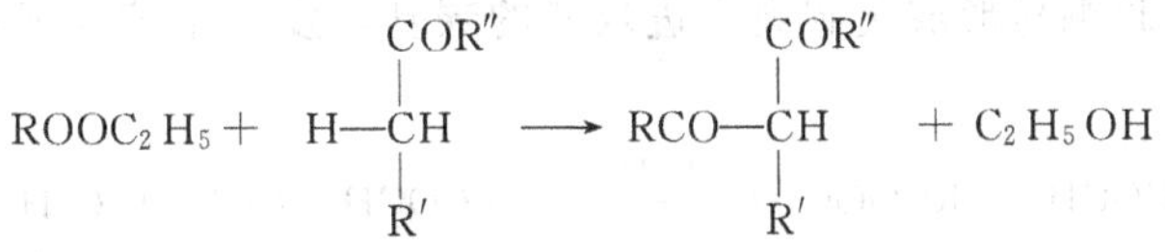

$$ROOC_2H_5 + H\!-\!\underset{R'}{\overset{COR''}{\underset{|}{C}H}} \longrightarrow RCO\!-\!\underset{R'}{\overset{COR''}{\underset{|}{C}H}} \ + \ C_2H_5OH$$

式中，R、R′可以是 H、脂肪族基、芳香族基或杂环基团；R″可以是任何一种有机基团。

该缩合反应需要用 RONa、$NaNH_2$、NaH 等强碱催化剂。

克莱森反应是制备 β-酮酸酯和 β-二酮的重要方法。

11.4.1　酯-酯缩合

参加这类缩合反应的酯可以是相同的酯，也可以是不同的酯。相同的酯之间的缩合称为自身缩合；不同酯之间的缩合称为异酯缩合。

11.4.1.1　酯的自身缩合

最典型的例子是乙酸乙酯在乙醇钠的作用下缩合成乙酰乙酸乙酯：

$$H_3CC\begin{matrix}O\\\\OC_2H_5\end{matrix} + H—CH_2C\begin{matrix}O\\\\OC_2H_5\end{matrix} \rightleftharpoons H_3CC\begin{matrix}O\\\\H_2CC\begin{matrix}O\\\\OC_2H_5\end{matrix}\end{matrix} + C_2H_5OH$$

此反应能进行得相当完全，其原因在于乙酰乙酸乙酯是比乙酸乙酯强得多的酸，又可在反应过程中不断蒸出乙醇，促使反应进行完全。收率可达92％。

11.4.1.2　酯的异酯缩合

若用两个不同的并都含有 α-氢的酯进行异酯缩合，则理论上可得四种不同的产物，因此没什么价值。因此异酯缩合通常只限于一个含有 α-氢和另一个不含 α-氢的酯之间的缩合，这样一般能得到单一的 β-酮酸酯产物。常用的不含 α-氢的酯有：甲酸乙酯、乙二酸二乙酯、苯甲酸乙酯等。

芳香酸酯中的羰基不够活泼，缩合时要用到较强的碱如 NaH 才有足够浓度的负碳离子以保证缩合反应的进行。如：

$$\text{⬡—COOCH}_3 + CH_3CH_2COOC_2H_5 \xrightarrow{NaH} \xrightarrow{H^+} \text{⬡—C}\begin{matrix}O\\\\\end{matrix}\overset{CH_3}{\underset{}{CH}}COOC_2H_5$$

乙二酸酯由于一个酯基的诱导作用，增加了另一羰基的亲电性能，所以比较容易和别的酯发生缩合反应：

$$H_5C_2OC→COC_2H_5 + CH_3CH_2COOC_2H_5 \xrightarrow{C_2H_5ONa} \xrightarrow{H^+} H_3C—\underset{COCOOC_2H_5}{CHCOOC_2H_5}$$

在反应过程中不断蒸出乙醇可促使反应完全，提高收率。

从上述过程可看出，乙二酸二乙酯的缩合产物中有一个 α-羰基酸酯的基团，这个基团经加热就可脱去一分子的一氧化碳，成为二取代的丙二酸酯。如用作医药苯巴比妥的中间体的苯基取代丙二酸酯就可用此法来合成：

$$\text{⬡—CH}_2COOC_2H_5 + (COOC_2H_5)_2 \xrightarrow[-C_2H_5OH]{C_2H_5ONa} \xrightarrow{H^+}$$

$$\text{⬡—}\underset{OC—COOC_2H_5}{CHCOOC_2H_5} \xrightarrow[-CO]{170℃} \text{⬡—}\underset{COOC_2H_5}{CHCOOC_2H_5}$$

11.4.2　酯-酮缩合

如果反应物酯和酮都含有 α-氢，则酮的活性相对较大（如丙酮的 $pK_a=20$，乙酸乙酯的 $pK_a=24$），因此酮易形成负碳离子进攻酯的羰基，发生亲核加成而得 β-二酮类化合物，如：

$$CH_3COCH_3 + RCOOC_2H_5 \xrightarrow{C_2H_5ONa} RCOCH_2COCH_3 + C_2H_5OH$$

反应中酮的负碳离子的活性顺序为：

$$\overset{O}{\overset{\|}{\bar{C}H_2-C-R}} > \overset{O}{\overset{\|}{R'\bar{C}H-C-R}} > \overset{O}{\overset{\|}{R'_2\bar{C}-C-R}}$$

受到酮负碳离子进攻的酯的羰基碳原子上带的正电荷越大，则其活性也愈大，因此酯的活性顺序为：

$$HCOOR, ROOC-COOR > CH_3COOC_2H_5 > RCH_2COOC_2H_5 > R_2CHCOOC_2H_5 > R_3CCOOC_2H_5$$

酯中醇部分的影响一般是：

$$CH_3COOC_6H_5 > CH_3COOCH_3 > CH_3COOC_2H_5$$

在酮-酯缩合中，若在碱性催化剂作用下酮比酯更易形成负碳离子，则产物中会混有酮自身缩合的产物；相反若酯更易形成负碳离子则产物中会混有酯自身缩合的副产物。因此只有不含 α-氢的酯与酮间的缩合反应才能形成纯度较高的产物。如：

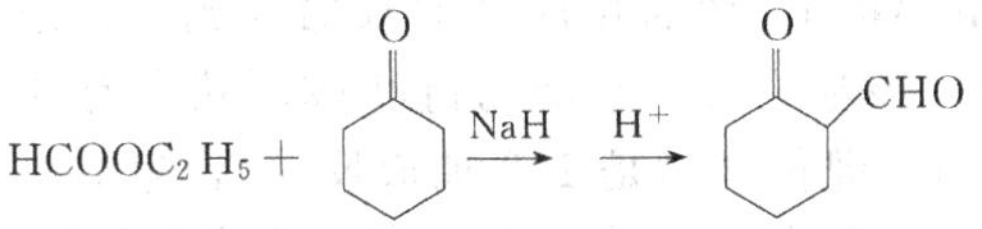

$$HCOOC_2H_5 + \text{（环己酮）} \xrightarrow{NaH} \xrightarrow{H^+} \text{（2-甲酰基环己酮）}$$

11.4.3　分子内酯-酯缩合（Dickmann 缩合）

二元酸酯可发生分子内和分子间的酯-酯缩合反应。如分子内的两个酯基被三个以上的碳原子隔开时，就会发生分子内的缩合反应形成五元环的酯。这种环化缩合反应又称迪克曼（Dickmann）反应，实际上可视为分子内的克莱森缩合反应。

这类反应常用来合成某些环酯酮以及某些天然产物和甾体激素的中间体。

缩合反应常用 C_2H_5ONa、C_2H_5OK、NaH、t-C_4H_9OK 等强碱为催化剂。

若使反应在高度稀释的溶液中进行，则可抑制二元酯分子间的缩合，增加分子内缩合的概率。按此方法还可合成更大环的环酯酮类化合物。

如己二酸二乙酯在催化剂作用下缩合可得 α-环戊酮甲酸乙酯：

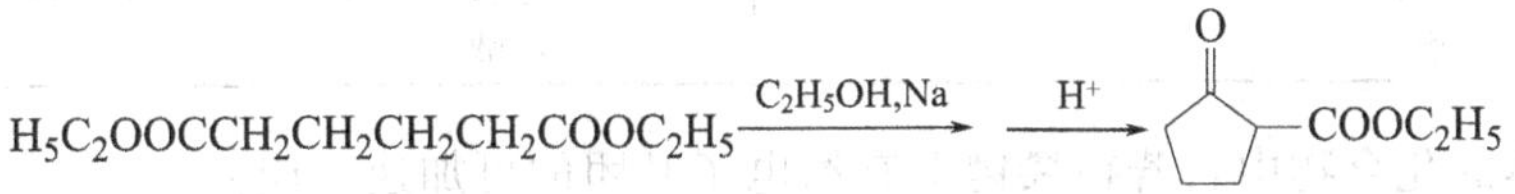

$$H_5C_2OOCCH_2CH_2CH_2CH_2COOC_2H_5 \xrightarrow{C_2H_5OH,Na} \xrightarrow{H^+} \text{（2-氧代环戊烷甲酸乙酯）} COOC_2H_5$$

若分子内两个酯基间只被三个或三个以下的碳原子隔开时，因要形成四元环或小于四元环的张力太大而不能发生环化酯缩合反应。但我们可用这种二元酸酯和不含 α-氢的二元酸酯进行分子间缩合得环状羰基酯，如：

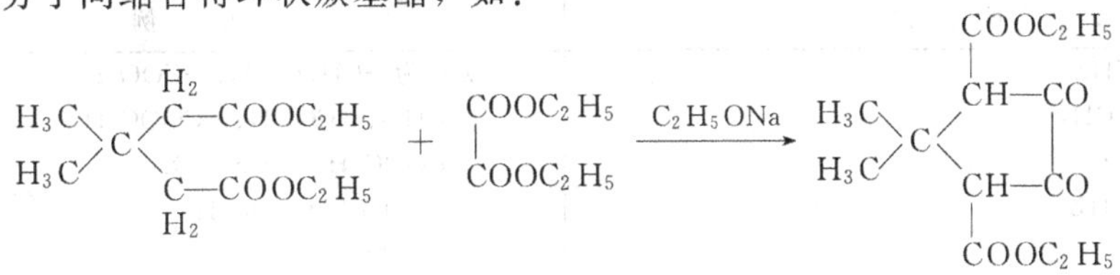

11.5　烯键参加的缩合反应

11.5.1　普林斯缩合

甲醛（或其他醛）与烯烃在酸催化下缩合成 1,3-二醇或其环状缩醛（1,3-二氧六环）的反应称为普林斯（Prins）反应：

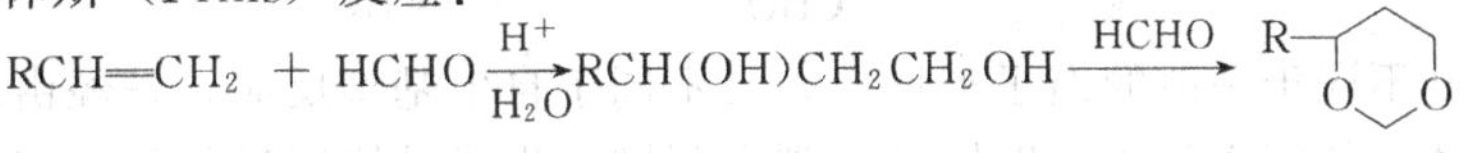

$$RCH=CH_2 + HCHO \xrightarrow[H_2O]{H^+} RCH(OH)CH_2CH_2OH \xrightarrow{HCHO} \text{（1,3-二氧六环）}$$

普林斯反应可以生成较原来烯烃增多一个碳原子的二元醇。其机理是首先在酸催化下甲醛质子化形成正碳离子，然后与烯烃发生亲电加成得 1,3-二醇，再与另一分子甲醛缩醛化成 1,3-二氧六环型产物：

$$HCHO + H^+ \longrightarrow [H_2C\overset{+}{=}OH \leftrightarrow \overset{+}{C}H_2OH] \xrightarrow{RCH=CH_2} RCHCH_2CH_2OH \xrightarrow{H_2O}$$

$$\left[\begin{array}{c} RHC-CH_2 \\ OH\overset{+}{\underset{}{}}CH_2OH \end{array} \right] \xrightarrow{-H^+} \begin{array}{c} RHC-CH_2 \\ HO\quad CH_2OH \end{array} \xrightarrow[-H_2O]{HCHO} \quad R \text{—} \underset{O\quad O}{\bigcirc}$$

该反应常用硫酸、盐酸、磷酸、路易斯酸及强酸性离子交换树脂作催化剂。

反应生成的 1,3-二醇和环状缩醛的比例取决于反应的条件。反应温度高易得环状缩醛产品。在不同的介质中得到的产物也有差别。如在反应中以乙酸为介质则可得酯化产品。

11.5.2　狄尔斯-阿德耳缩合

狄尔斯-阿德耳（Diels-Alder）缩合反应又称双烯合成。它是指含有烯键或炔键的不饱和化合物（其侧链还可有羰基或羧基）能与链状或环状含有共轭双键系的化合物发生 1,4 加成反应（对于烯键和炔键化合物是 1,2 加成反应），生成六元环状型的氢化芳香族化合物的反应。该反应中两种原料分别称为双烯体 A 和亲双烯体 B：

$$\bigg\langle\!\!\bigg| \quad + \quad \bigg|\!\!\bigg|_Z \longrightarrow \bigcirc\!\!-Z$$
$$\text{A} \qquad\qquad \text{B}$$

作为双烯体的化合物如表 11-2 所示。

表 11-2　作为双烯体的化合物

种　类	实　例
脂肪族链状共轭双键化合物	丁二烯、烷基丁二烯、芳基丁二烯
脂肪族环状共轭双键化合物	环戊二烯、1-乙烯基环己烯
芳香族化合物	蒽、1-乙烯基萘、1-α-萘基-1-环戊烯
杂环化合物	呋喃

在双烯体的化合物中，若在烯键上有给电子基团的可加速反应。

亲双烯体如表 11-3 所示。

表 11-3　亲双烯体

种　类	实　例
$CH_2=CHZ$	Z 可为—CHO、—H、—COOH
$ArCH=CHZ$	—CHO、—COOH、—COOC$_2$H$_5$
$CH_2=CZ_2$	—COOC$_2$H$_5$、—CN、—X
$ZCH=CHZ$	—COOH、—COOC$_2$H$_5$
醌类	苯醌、萘醌
$ZC\equiv CZ$	—COOH、—COOCH$_3$

在亲双烯体中，凡含有吸电子基团的都有利于反应顺利进行。

上述反应过程中没有小分子物质释放出。这类反应只需光或热的作用，不受催化剂或溶剂的影响，收率较高，有的可得到定量产物，如：

$$\bigg\langle\!\!\bigg| \quad + \quad \bigg|\!\!\bigg|_{CHO} \longrightarrow \bigcirc\!\!-CHO$$

这类反应既不同于一般的离子型反应，又不同于自由基型反应，是经由环状过渡态进行的反应，不产生任何中间体，旧键的断裂和新键的生成是协同进行的，属于协同反应：

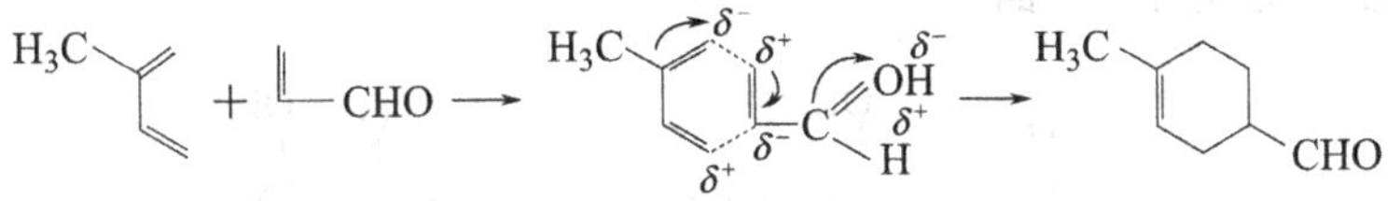

这类反应在实际中应用非常广。如:

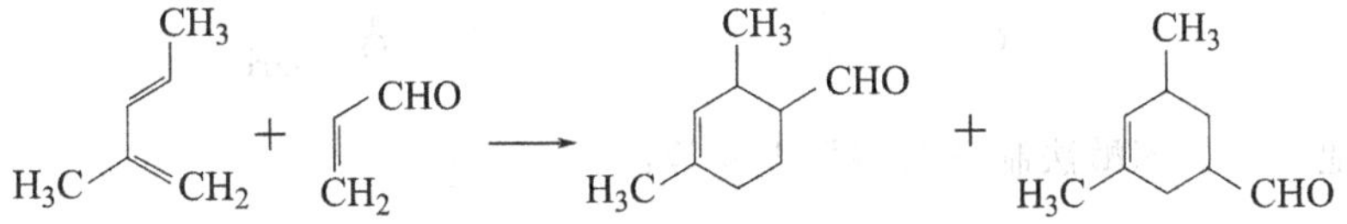

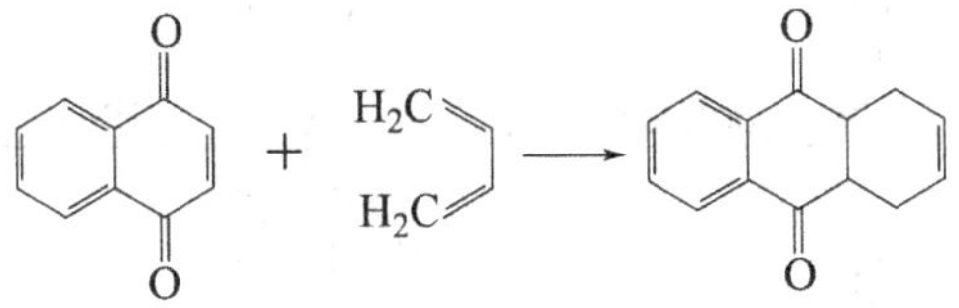

四氢蒽醌脱氢即得蒽醌,是重要的中间体。

11.6 成环缩合反应

成环缩合反应又称闭环反应或环合反应。它是通过生成新的碳-碳、碳-杂或杂-杂原子键完成的。绝大多数成环缩合反应都是先由两个反应物的分子在适当的位置发生反应,连接成一个分子,但尚未形成新环;然后在这个分子内部适当位置上的反应性基团间发生缩合反应而同时形成新环。

这类反应种类很多,很难得出共同的反应历程和比较系统的一般规律。但有一些共同特点:

① 成环缩合形成的新环大多是具有芳香性的六元碳环,以及五元、六元的杂环,主要是因为这些环较稳定,所以易生成。

② 反应物分子中适当位置上必须有反应性基团,使易于发生分子内闭环反应,因此反应物之一常是羧酸、酸酐、酰氯、羧酸酯、羧酸盐或羧酰胺;β-酮酸、β-酮酸酯、β-酮酰胺;醛、酮、醌;氨、胺类、肼类(用于形成含氮杂环);硫酚、硫脲、二硫化碳、硫氰酸盐(用于形成含硫杂环);含有双键或三键的化合物等。

③ 大多数成环缩合反应都要脱去一个小分子,反应时常要添加缩合剂。

11.6.1 六元碳环缩合

常见的如蒽醌及其衍生物。

在前面介绍过,蒽醌可用萘醌和丁二烯加成缩合,还可用蒽氧化而得,还有就是下面介绍的通过邻苯二甲酸酐与苯的傅列德尔-克拉夫茨反应生成邻苯甲酰苯甲酸后,再在缩合剂浓硫酸作用下发生脱水成环缩合得到蒽醌:

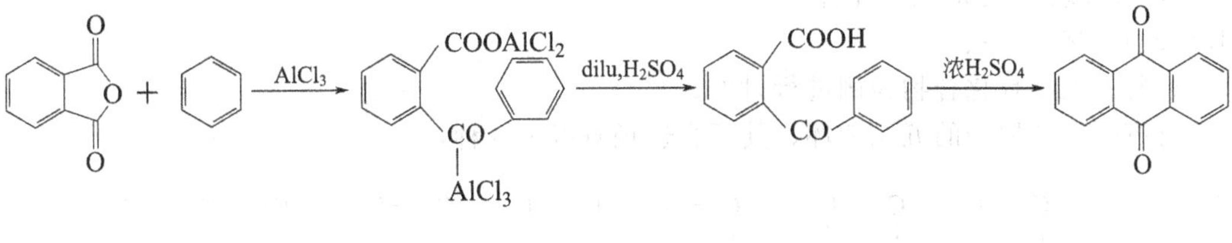

用甲苯、氯苯等代替苯即可得取代蒽醌。

苯酐和对苯二酚反应可制备 1,4-二羟基蒽醌。由于对苯二酚比较活泼,在硼酸和浓硫酸存在下一步反应就可得产品：

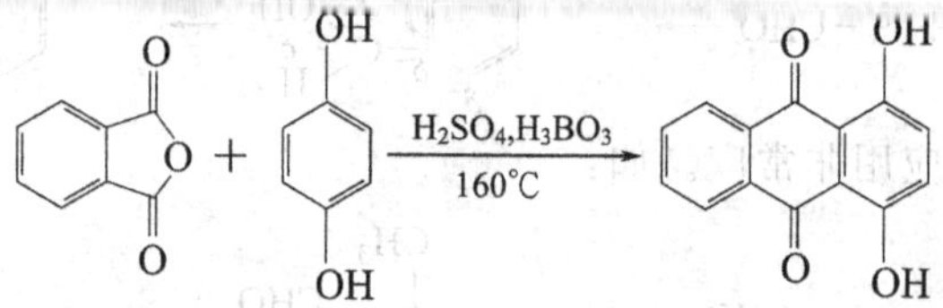

还有其他方法如苯酐法制备蒽醌衍生物等：

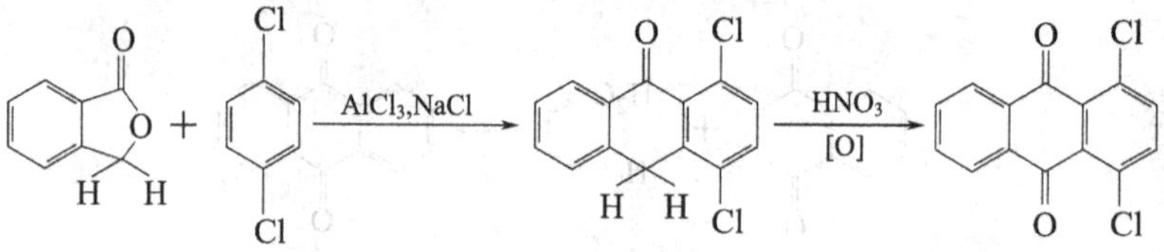

还有典型的如苯绕蒽酮的合成。

苯绕蒽酮是以蒽醌和甘油为主要原料制备的。它的机理有以下三步。

① 甘油在浓硫酸作用下脱水成丙烯醛：

$$HOCH_2-CHOH-CH_2OH \xrightarrow[-H_2O]{H_2SO_4} CH_2\!=\!\!\underset{H}{C}\!-CHO$$

② 在浓硫酸中用锌粉（或铁粉）还原蒽醌成蒽酮酚：

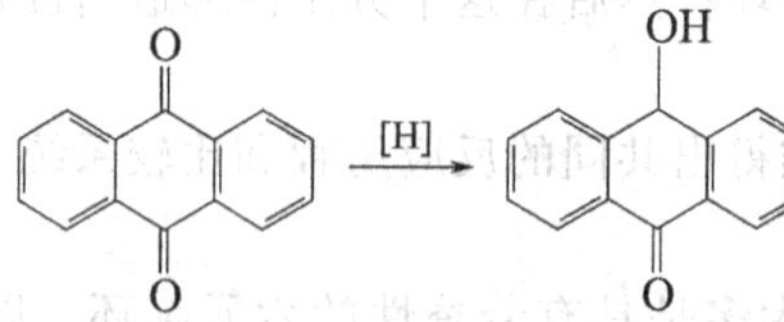

③ 蒽酮酚和丙烯醛在浓硫酸中脱水，同时成环缩合得苯绕蒽酮：

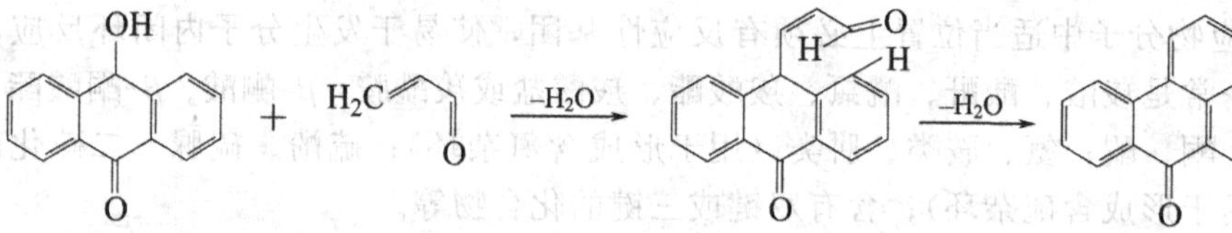

实际上三个过程可在同一反应锅内完成。

11.6.2 杂环缩合

药物及中间体合成中杂环化合物主要以五元环和六元环为主，可有多种合成途径。若以环合时形成的新键来区分，可分为三种环合方式：

① 通过碳-杂键形成的环合；

② 通过碳-碳键和碳-杂键形成的环合；

③ 通过碳-碳键形成的环合。

11.6.2.1 环合方式

以常见的杂环化合物为例进行讨论。

含有一个杂原子的五元杂环，其环合途径有以下 6 种：

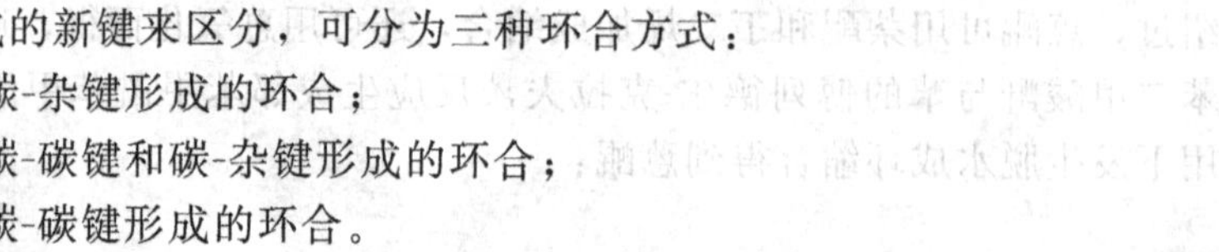

其中 A 代表杂原子，虚线代表新键的位置。从上可看出，（1）属于第一种环合方式，（2）、（3）、（5）属于第二种环合方式，（4）、（6）属于第三种环合方式。

单杂环的合成如呋喃、吡咯、噻吩等以（1）为最主要方式；

苯并单杂环如吲哚、苯并噻吩或苯并呋喃等以（2）为最主要方式；后四种应用较少。

含一个杂原子的六元杂环其环合途径也有六种，如下：

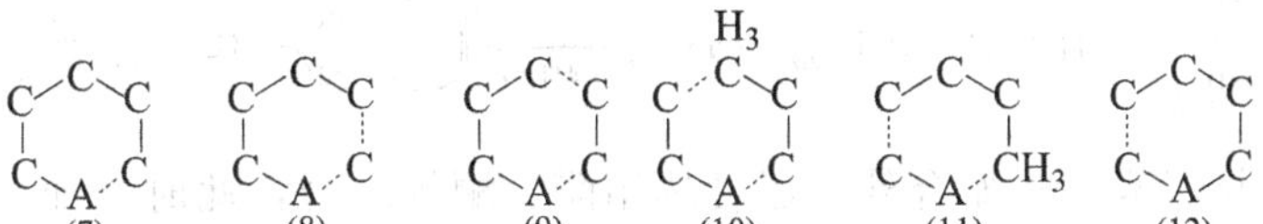

$$
\begin{array}{cccccc}
\overset{C-C}{\underset{C-A-C}{|\quad\quad|}} & \overset{C-C}{\underset{C-A-C}{|\quad\quad|}} & \overset{C-C}{\underset{C-A-C}{|\quad\quad|}} & \overset{H_3}{\overset{C}{\underset{C-A-C}{|\quad\quad|}}} & \overset{C-C}{\underset{C-A-CH_3}{|\quad\quad|}} & \overset{C-C}{\underset{C-A-C}{|\quad\quad|}} \\
(7) & (8) & (9) & (10) & (11) & (12)
\end{array}
$$

其中，（7）是第一种环合方式；（8）～（11）是第二种环合方式；（12）是第三种环合方式。六元单杂环的吡啶类衍生物以（7）为最常用；苯并六元杂环如喹啉、异喹啉类衍生物以第二种环合方式为主。（12）应用极少。

含两个杂原子的五元环和六元环以及它们的苯并衍生物的环合，绝大多数也以第一种环合为主，如咪唑、噻唑等的环合都属第一种环合。含两个杂原子的六元杂环及其苯并稠杂环的环合途径同样以第一种环合方式为主。

因此环合往往是通过碳-杂键的形成而实现的。这是因为 C—N、C—S、C—O 等键的形成比 C—C 键的形成容易。

制备杂环很重要的一点是要正确选取起始原料，应当是分子结构比较接近、供应方便、价格便宜的原料为起始原料。

11.6.2.2　五元环缩合反应

因这种反应很多，因此这里只能举几个例子说明。

（1）吲哚衍生物　合成吲哚衍生物的环合方法较多，多以苯衍生物为起始原料。这里介绍一种常用的以苯腙为原料的费歇尔法。它是用苯腙在酸催化下加热重排消除一分子 NH_3 后便生成 2-或 3-取代吲哚衍生物。苯腙可用等物质的量的苯肼在乙酸中和醛或酮加热制备。其重排历程如下：

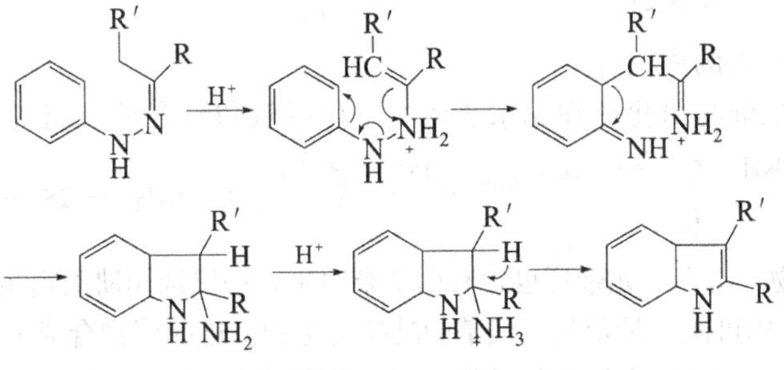

此反应中通过重排形成 C—C 键是关键的一步。反应中常用的催化剂是氯化锌、三氟化硼、多聚磷酸等。

另外醛或酮必须具有 $RCOCH_2R'$（R 可为烷基、芳基或氢）的结构，即至少要有一个 α-氢。

如：

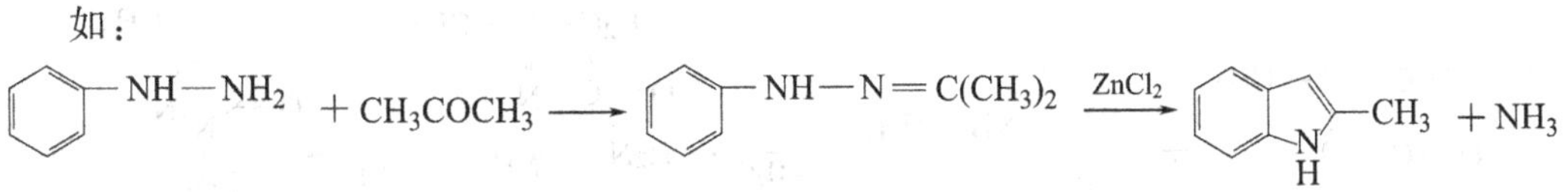

（2）苯并咪唑衍生物　这类五元杂环苯并衍生物含有两个杂原子。由于衍生物分子中苯环的相邻位置上有两个氮原子，因此最方便的途径是以邻苯二胺为原料，通过环合而得。如医药中间体苯并咪唑就可通过邻苯二胺与甲酸缩合而得：

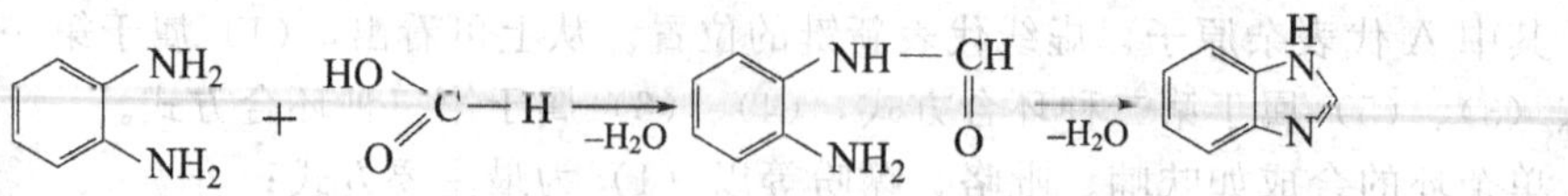

用其他羧酸衍生物按类似方法能制取其他的苯并咪唑衍生物，如：

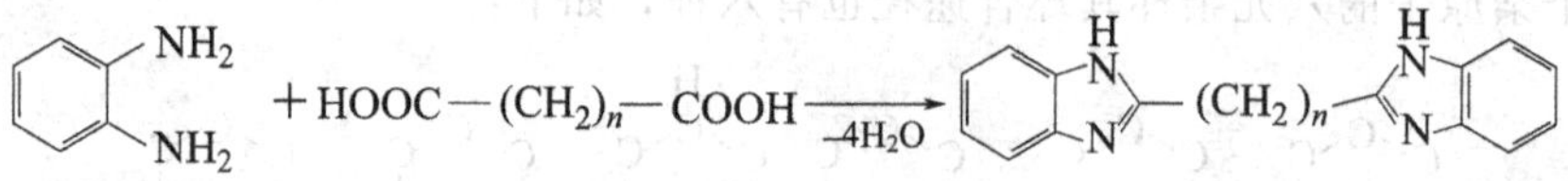

除了用羧酸与邻苯二胺缩合外，还可选用醛、酮等缩合，此时要加一些温和的氧化剂。也可用腈类衍生物与邻苯二胺缩合，如：

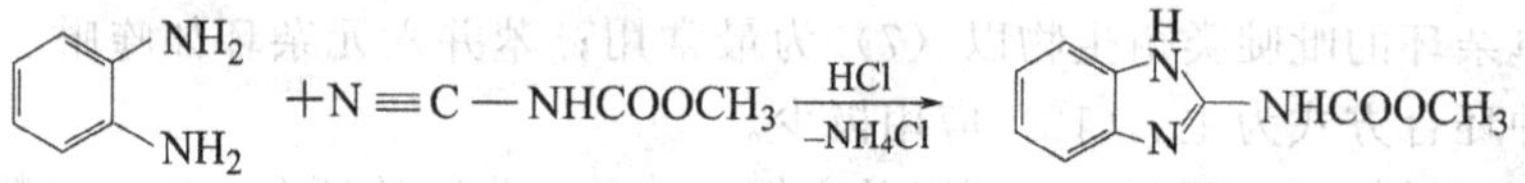

若将邻苯二胺和碳酸或尿素作用可得苯并吡唑酮：

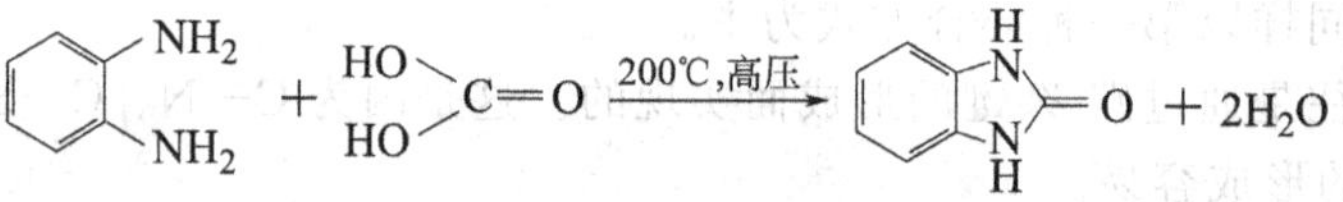

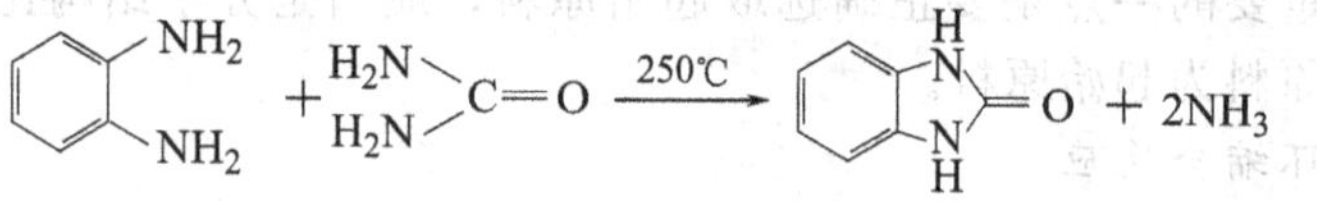

若用邻氨基对甲酚代替邻苯二胺，并与二元酸反应，则可得苯并噁唑类衍生物。

（3）噻唑衍生物　这类五元杂环化合物含有两个杂原子，合成的环合途径主要以第一种为主，如 2-氨基噻唑的合成就是以硫脲与氯乙醛在室温下脱水和氯化氢环合而成：

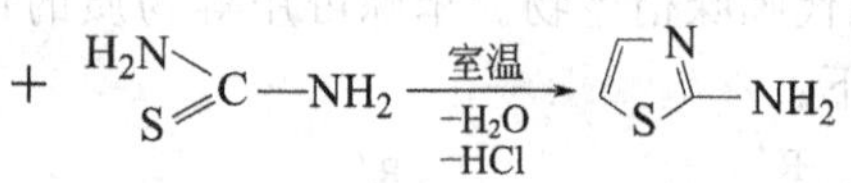

这是药物磺胺噻唑的中间体。

另还可用苯基硫脲与氯化硫在无水氯仿中发生脱氢和环合反应制备 2-氨基苯并噻唑：

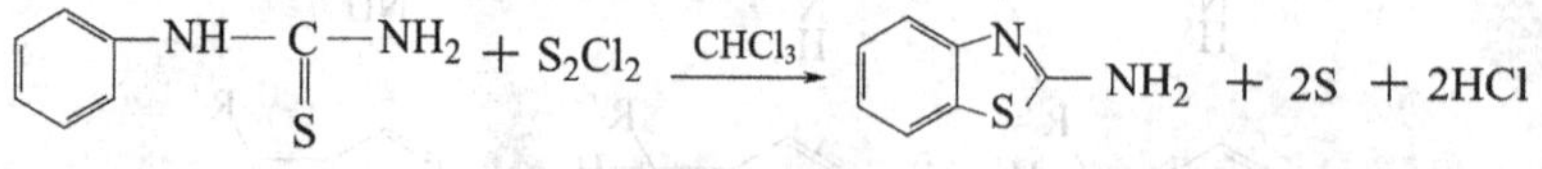

（4）吡唑衍生物　这类五元杂环也含有两个杂原子，一般选用肼类衍生物为起始原料。若以苯肼为起始原料，则可制备带苯基取代基的吡唑衍生物。这在药物合成上有很大作用。

当芳肼与在 1,3 两个位置上含有羰基的醛或酮发生反应而生成腙后，就易进一步发生分子内环合反应成为重要的 1-芳基-5-吡唑酮衍生物。这里的 β-二酮可以是乙酰乙酸乙酯、双乙酰胺、单取代或双取代的衍生物等。如 1-苯基-3-甲基-5-吡唑酮的合成：

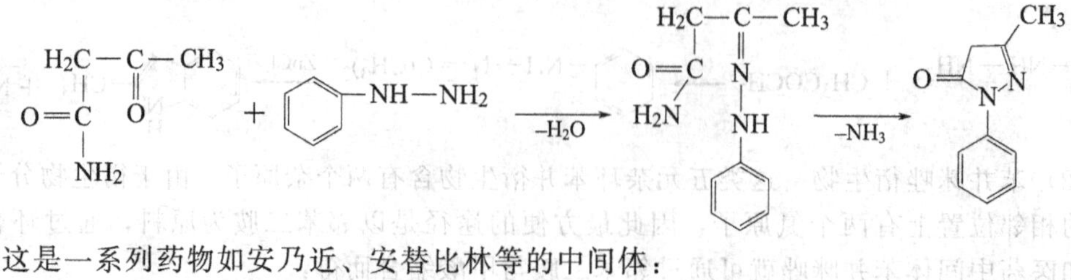

这是一系列药物如安乃近、安替比林等的中间体：

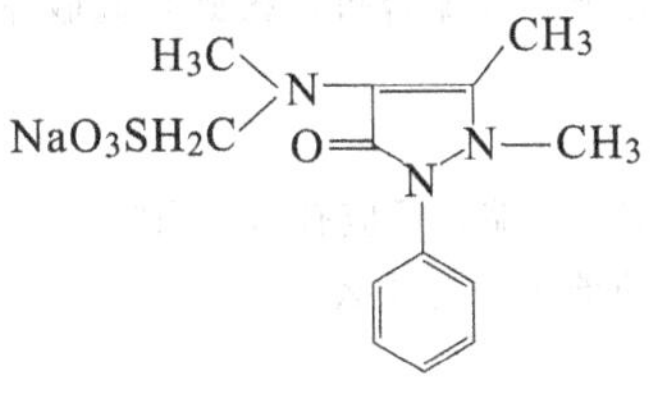

安乃近 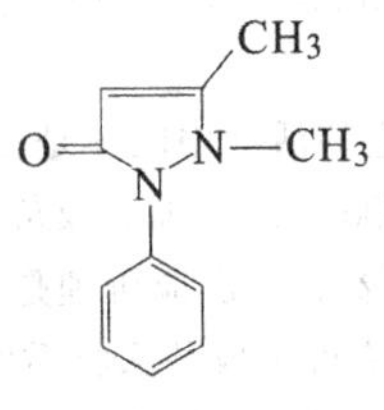　　　　　　　　　　安替比林 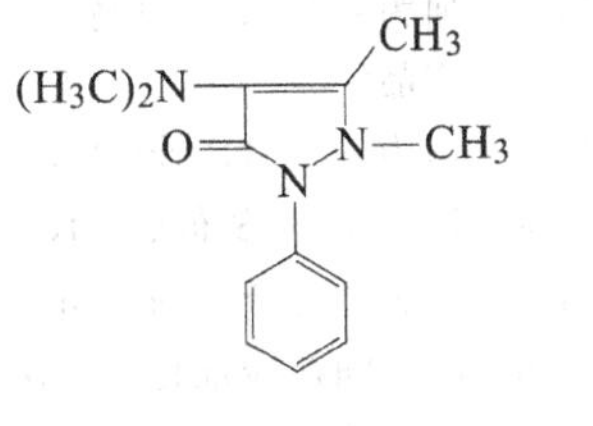　　　　　　　　　　匹拉米蕙

11.6.2.3　六元杂环缩合反应

（1）吡啶衍生物　这类六元杂环化合物含有一个杂原子。如其中的吡啶酮衍生物的合成可用取代的 2-戊烯二酸二乙酯与氨作用而得：

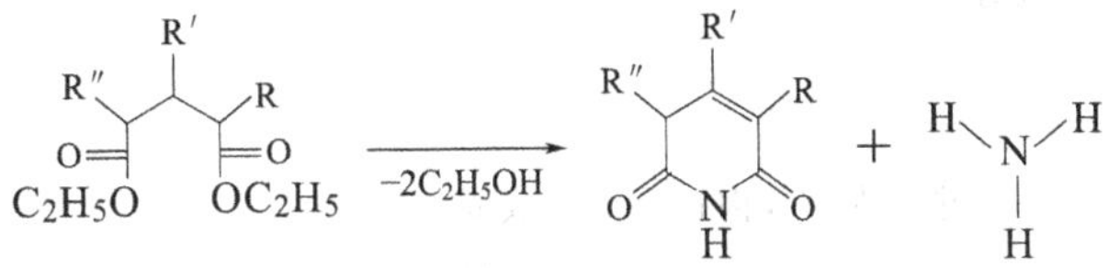

还可用氰乙酰胺和 β-酮酸酯的成环缩合法。如将氰乙酰胺和乙酰乙酸乙酯在乙醇介质中在碱性催化剂存在下加热即得吡唑酮衍生物：

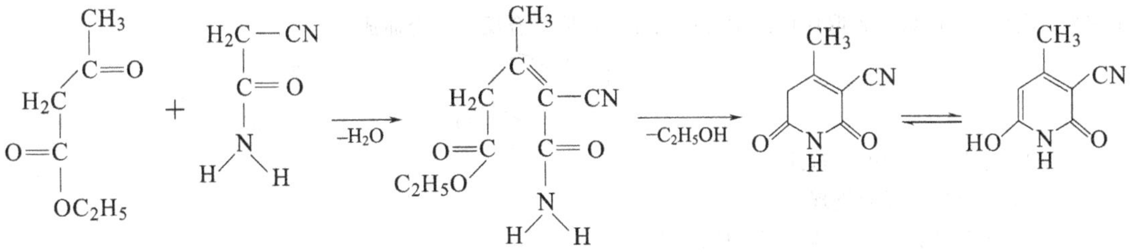

其中的氰基是用于活化亚甲基的两个氢原子。

（2）嘧啶衍生物　这类六元杂环化合物含有两个杂原子。通常采用 1,3-二羰基化合物和同一碳原子上有两个氨基的化合物作为起始原料：

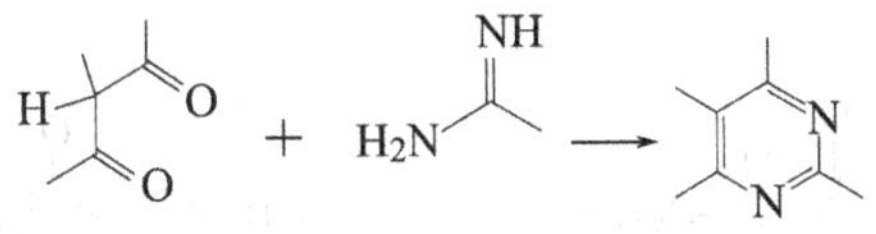

其中可用作 1,3-羰基化合物的有：1,3-二醛、1,3-二酮、1,3-醛酮、1,3-酮酯、1,3-酮腈、1,3-二腈等。同一个碳原子上有两个氨基的化合物有：脲、硫脲、脒和胍等。

氨基的亲核程度与形成新碳-氮键是否顺利有密切关系，因此可用碱性强度来推测二氨基物的相对反应活泼性，其中以胍最强，脒次之，硫脲再次之，脲的活性最弱。

如心血管新药潘生丁的中间体甲基硫氧嘧啶的合成：

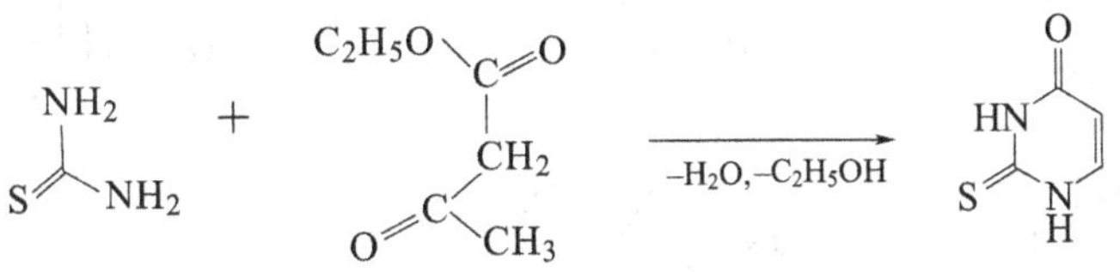

习　　题

基础概念题

11-1　何为羟醛或醇醛（Aldol）缩合反应？它的机理是什么？

11-2 何为克莱森-斯密特（Claisen-Schmidt）缩合反应？为什么此异分子醛酮缩合可以得到较高收率的产品？

11-3 何为珀金（Perkin）缩合反应？它的活性中间体是什么？

11-4 诺文葛耳-多布纳（Knoevenagel-Doebner）缩合反应与珀金（Perkin）缩合反应有何异同？

11-5 何为达村斯（Darzens）缩合反应？它的反应机理是什么？常用的催化剂是什么？

11-6 醛或酮在酸催化下与两分子醇反应可生成什么物质？举例说明。

11-7 克莱森（Claisen）缩合反应使用的是什么催化剂？是制备哪一类化合物的重要方法？

11-8 分子内酯-酯缩合又称为什么缩合反应？它常用于制备哪一类化合物？

11-9 什么叫普林斯（Prins）缩合反应？它的机理是什么？

11-10 狄尔斯-阿德耳（Diels-Alder）缩合反应中双烯体上有吸电子基团对反应有何影响？亲双烯体上有给电子基团对反应有何影响？

分析提高题

11-11 写出通过交叉羟醛缩合并脱水形成肉桂醛的醛或酮。

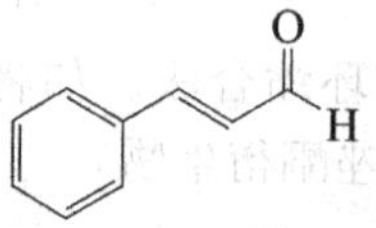

11-12 下述化合物是由 2-取代环己酮通过碱催化羟醛缩合反应环合而成的。

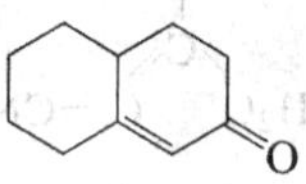

(1) 写出该二酮的结构式；
(2) 写出环合反应机理。

11-13 写出分别生成下列 β-酮酸酯的酯结构。

(a) 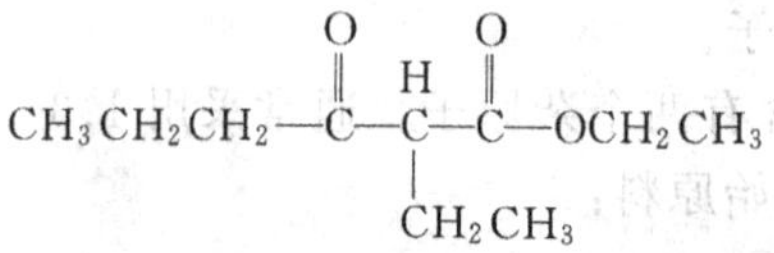 $CH_3CH_2CH_2-\overset{O}{\underset{}{C}}-\overset{H}{\underset{CH_2CH_3}{C}}-\overset{O}{\underset{}{C}}-OCH_2CH_3$

(b)

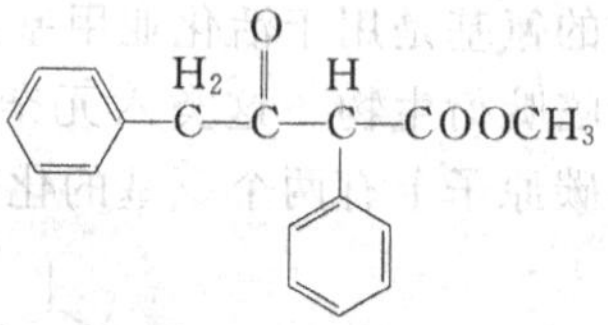

(c)

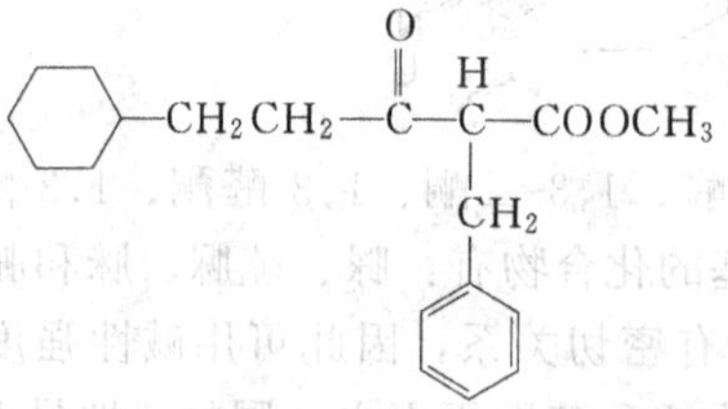

(d)

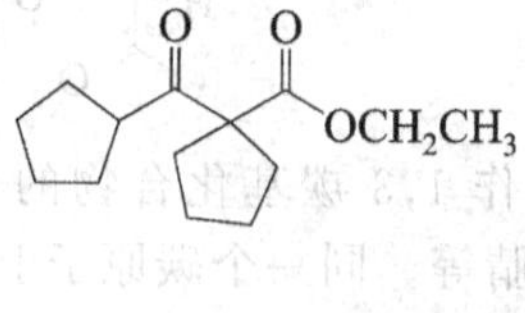

11-14 写出通过狄尔斯-阿尔德反应合成下列化合物的二烯体和亲二烯体。

(a) 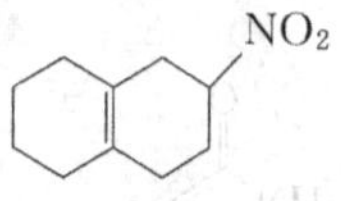 (b) 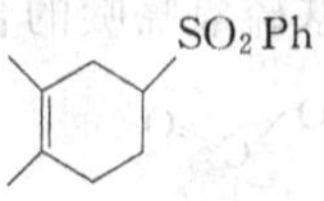 (c) 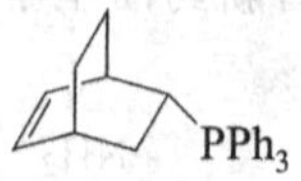 (d) 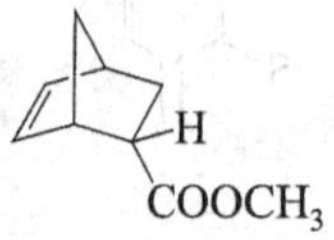 (e)

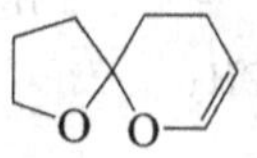

11-15 写出下列 Michael 反应的产物。

(a) 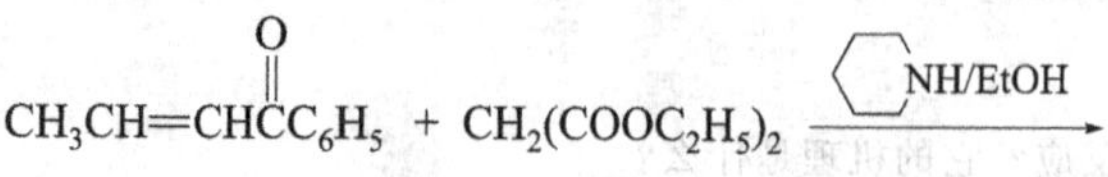 $CH_3CH=CHC\overset{O}{\underset{}{C}}C_6H_5 + CH_2(COOC_2H_5)_2 \xrightarrow{\text{NH/EtOH}}$

(b) $C_6H_5-\overset{H}{\underset{H}{C}}=C-\overset{O}{\overset{\|}{C}}-C_6H_5$ + $CH_2(COOC_2H_5)_2$ $\xrightarrow{\text{环己烷}/Mg-Al}$

(c) $C_6H_5-\overset{C_2H_5}{\underset{}{CH}}CN$ + $CH_2=CHCN$ $\xrightarrow{KOH/MeOH}$

(d) 环戊酮-$COOC_2H_5$ + $HC\equiv C-\overset{O}{\overset{\|}{C}}-CH_3$ $\xrightarrow{K_2CO_3/CH_3CCH_3}$

综合题

11-16　以对硝基甲苯和有关脂肪族原料，中间通过缩合反应合成产品对氯苯丙烯酸，试写出合成路线以及各步反应的条件。

11-17　以苯和有关脂肪族化合物制备 2-(对异丁基苯基) 丙醛，试写出合成路线和各步反应的条件。

11-18　现在有人进行了下述实验：在制丁基丙二酸时，将丙二酸二乙酯、氯丁烷和乙醇钠的乙醇溶液在室温下混合，然后加热回流 2h；问能得到什么物质？工艺及工艺条件合理不合理？

11-19　现在有人进行了下述实验：在制备二丁基丙二酸二乙酯时，先将 1mol 丙二酸二乙酯和 2.5mol 乙醇钠的乙醇溶液回流 1h，然后滴加 2.5mol 氯丁烷，再回流 2h；问能得到什么物质？工艺及工艺条件合理不合理？

11-20　甲醛与异丁醛缩合制新戊二醇时两者的摩尔比为 (1) 1∶0.45；(2) 1∶0.95；(3) 1∶1.5；哪一种较合理？

11-21　在用甲醛和乙醛按 5∶1 的摩尔比制季戊四醇时，试计算甲醛的过量百分数。

11-22　查阅资料总结工业上制备蒽醌有哪些方法？试比较优缺点。

11-23　设计以蒽醌为主要原料合成 3,9-二溴苯并蒽酮的合理的工艺路线。

11-24　从基本原料出发设计合成 2-乙基蒽醌的工艺路线。

11-25　试用 Perkin 法合成 3-甲基香豆素。

11-26　从基本原料出发设计制备 4-甲基香豆素、6-羟基-4-甲基香豆素的合成工艺。

11-27　查阅资料，总结从基本原料出发制备 2-苯基吲哚和 2,3-二甲基吲哚的合成工艺，并进行分析比较。

11-28 查阅由丁酮制取 2,3-二甲基吡啶的合成工艺，并进行总结、分析比较。

11-29 设计采用氰乙酰胺和酮酸衍生物为起始原料，制备 N-乙基-3-氰基-4-甲基-6-羟基（1H）吡啶-2-酮的合成工艺。

11-30 查阅资料总结采用 Skraup 方法制备如下喹啉衍生物的合成工艺：

11-31 查阅资料总结以乙烯为原料出发制备哌嗪的合成工艺，并进行分析讨论。

11-32 查阅从基本原料出发制备 2,5-二甲基吡嗪、2-乙基吡嗪的合成工艺的资料，并进行总结分析。

11-33 查阅从基本原料出发制备如下吡唑衍生物的合成工艺的资料，并进行总结分析。

11-34 查阅从基本原料出发制备 1-甲基咪唑、2-乙基-1,4-二甲基咪唑的资料并进行总结。然后设计用两种合成工艺路线制备 2-甲基咪唑，并进行分析比较。

11-35 查阅资料总结采用邻苯二胺为原料制备如下苯并咪唑衍生物的合成工艺。

11-36 查阅资料总结制备巴比妥酸的合成工艺路线，并进行分析比较，确定何种路线比较适合工业化生产，并说明理由。

11-37 查阅资料总结从基本原料出发制备 2-氨基噻唑的合成工艺路线，并进行分析比较，确定何种路线比较适合工业化生产，并说明理由。

11-38 查阅资料总结从基本原料出发制备以下嘧啶衍生物的合成工艺路线，并进行分析比较，确定何种路线比较适合工业化生产，并说明理由。

$$\underset{\text{H}_3\text{C}}{\overset{\text{CH}_3}{\bigwedge}}\quad N\quad NH_2 \qquad \underset{\text{H}_3\text{C}}{\overset{\text{OH}}{\bigwedge}}\quad N\quad OH$$

11-39 查阅资料总结以 4,5-二氨基嘧啶为原料合成嘌呤的合成工艺路线，并进行分析比较，确定何种路线比较适合工业化生产，并说明理由。

11-40 查阅资料总结从基本原料出发制备 2-氨基-6-甲氧基苯并噻唑和 2-氨基-6-甲基苯并噻唑的合成工艺路线，并进行分析比较，确定何种路线比较适合工业化生产，并说明理由。

11-41 查阅资料总结分析在工业上如何制备三聚氰酰氯？

11-42 以对硝基甲苯和有关脂肪族原料，中间通过缩合反应合成产品对羟基苯丙烯酸，试写出合成路线以及各步反应的条件。

第 12 章　重氮化和重氮盐反应

本章重点

（1）掌握重氮化反应的机理和影响因素，了解常用重氮化试剂及其特点、副反应的发生和控制；

（2）了解重氮盐参与的重要反应，包括重氮盐还原成肼、被氢置换、水解、被卤素置换、被氰基置换等反应的特点及其应用，了解重氮盐偶合反应的原理及其应用。

12.1 重氮化反应

12.1.1　底物与进攻试剂

含有伯氨基的有机化合物在无机酸的存在下与亚硝酸钠作用生成重氮盐的反应称作重氮化，例如：

$$R-NH_2 + NaNO_2 + HCl \longrightarrow R-N_2^+Cl^- + NaCl + H_2O$$

脂链伯胺生成的重氮盐极不稳定，很易分解放出氮气转而变成正碳离子 R^+，脂链正碳离子的稳定性也很差，它容易发生取代、重排、异构化和消除等反应，得到成分复杂的产物，因此没有实用价值。

脂链上的苄基伯胺经重氮化-分解生成的正碳离子不能发生重排、消除等副反应，可以进行正常的取代反应而制得某些有用的产品，但应用实例很少。

脂环伯胺经重氮化-分解生成的正碳离子可以发生重排反应得到一些有用的扩环产品、缩环产品和环合产品，但应用实例也不多。

芳环伯胺和芳杂环伯胺的重氮盐的重氮正离子和强酸负离子生成的盐一般可溶于水，呈中性，因全部离解成离子，不溶于有机溶剂。但含有一个磺酸基的重氮化合物则生成在水中溶解度很低的内盐。

干燥的重氮盐不稳定，受热或摩擦、撞击时易快速分解放氮而发生爆炸，因此，可能残留有芳重氮盐的设备在停止使用时必须清洗干净，以免干燥后发生爆炸事故。

某些芳重氮盐可以做成稳定的形式，例如氯化芳重氮盐与氯化锌的复盐、芳重氮-1，5-萘二磺酸盐。重氮化合物对光不稳定，在光照下易分解。某些稳定重氮盐可以用于印染行业或用作感光材料，特别是感光复印纸。

芳环伯胺和芳杂伯胺的重氮盐在水溶液中，在低温下一般比较稳定，但是具有很高的反应活性。这类重氮盐的反应可以分为两大类。一类是重氮基转化为偶氮基或肼基，并不脱落氮原子的反应。另一类是重氮基被其他取代基所置换，同时脱落两个氮原子放出氮气的反应。通过这些重氮盐的反应可制得一系列有机中间体。本章只介绍这类重氮化反应和这类重氮盐的某些重要反应。

12.1.2　反应机理与影响因素

反应动力学证明，芳伯胺在无机酸中用亚硝酸钠进行重氮化时，重氮化的主要活泼质点与无机酸种类和浓度有密切关系。

在稀盐酸中进行重氮化时，主要活泼质点是亚硝酰氯（ON—Cl），它是按以下反应生成：

$$NaNO_2 + HCl \longrightarrow ON{-}OH + NaCl$$

$$ON{-}OH + HCl \Longleftrightarrow ON{-}Cl + H_2O$$

在稀盐酸中进行重氮化时，如果加入少量溴化钠或溴化钾，则主要的活泼质点是亚硝酰溴（ON—Br）。

在稀硫酸中进行重氮化时，主要活泼质点是亚硝酸酐（即三氧化二氮 ON—NO₂），它是按以下反应生成：

$$2ON{-}OH \Longleftrightarrow ON{-}NO_2 + H_2O$$

在浓硫酸中进行重氮化时，主要的活泼质点是亚硝基正离子（ON⁺），它是按以下反应生成：

$$ON{-}OH + 2H_2SO_4 \Longleftrightarrow ON^+ + 2HSO_4^- + H_3^+O$$

上述各种重氮化活泼质点的活泼性顺序是：

$$ON^+ > ON{-}Br > ON{-}Cl > ON{-}NO_2 > ON{-}OH$$

因为重氮化质点是亲电性的，所以被重氮化的芳伯胺是以游离分子态，而不是以芳伯胺盐或芳伯胺合氢正离子态参加反应的。

$$Ar{-}NH_2 + HCl \Longleftrightarrow Ar{-}NH_2 \cdot HCl \Longleftrightarrow Ar{-}NH_3^+ \cdot Cl^-$$

重氮化的反应历程是 N-亚硝化脱水反应，可简单示例如下：

$$Ar{-}\overset{\overset{\displaystyle H}{|}}{\underset{\underset{\displaystyle H}{|}}{N}}\!: \; + \; ON{-}Cl \xrightarrow[\text{N-亚硝化}]{\text{慢}} \left[Ar{-}\overset{\overset{\displaystyle H}{|}}{\underset{\underset{\displaystyle H}{|}}{N^+}}{-}NO \right] \xrightarrow[-H_2O]{\text{快}} Ar{-}N^+{\equiv}N$$

由上述反应历程可以看出，在稀硫酸中重氮化时，亚硝酸酐的亲电性弱，重氮化反应速率较慢，所以重氮化反应一般是在稀盐酸中进行的。有时为了加速反应，可在稀盐酸中加入少量的溴化钠或溴化钾。当芳伯胺在稀盐酸中难于重氮化时，则需要在浓硫酸介质中进行重氮化。对于不同化学结构的芳伯胺，需要采用不同的重氮化方法，这将在后面详细介绍。

反应的影响因素包括反应温度、酸的用量等。

（1）反应温度　重氮化反应一般在 0～10℃进行，温度高容易加速重氮盐的分解。当重氮盐比较稳定时，重氮化反应可以在稍高的温度下进行。例如，对氨基苯磺酸的重氮化可在 15～20℃进行，1-氨基萘-4-磺酸的重氮化可在 30～35℃进行。

重氮化是强放热反应，为了保持适宜的反应温度，在稀盐酸或稀硫酸介质中重氮化时，可采取直接加冰冷却法，在浓硫酸介质中重氮化时则需要用冷冻氯化钙水溶液或冷冻盐水间接冷却。

（2）无机酸的用量和浓度　按照重氮化反应式，在水介质中重氮化时，理论上 1mol 一元芳胺需要 2mol 盐酸或 1mol 硫酸，但实际上要用 2.5～4mol 盐酸或 1.5～3mol 硫酸，使反应液始终保持强酸性，pH 值始终小于 2 或始终对刚果红试纸呈酸性（变蓝）。如果酸量不足，会导致芳伯胺溶解度下降、重氮化反应速率下降，甚至导致生成的重氮盐与尚未重氮化的芳伯胺相作用而生成重氮氨基化合物或氨基偶氮化合物等副产物：

$$Ar{-}N_2^+Cl^- + H_2N{-}Ar \longrightarrow Ar{-}N{=}N{-}NH{-}Ar + HCl$$

$$Ar{-}N_2^+Cl^- + H_2N{-}Ar \longrightarrow Ar{-}N{=}N{-}Ar{-}NH_2 + HCl$$

在稀盐酸中重氮化时，为了使被重氮化的芳伯胺和生成的重氮盐完全溶解，介质中盐酸是需要一定浓度的。应该指出，亚硝酸钠与浓盐酸相作用会放出氯气，影响反应的顺利进行。

$$2NO_2^- + 2Cl^- + 4H^+ \longrightarrow 2NO\uparrow + Cl_2 + 2H_2O$$

在稀硫酸中的重氮化，一般只用于能生成可溶性芳伯胺或硫酸盐、可溶性重氮酸性硫酸盐或不希望有氯离子存在的情况。应该指出，稀硫酸质量浓度超过 25％时，三氧化二氮的逸出速度将超过重氮化反应速率。

在浓硫酸介质中重氮化时，硫酸的用量应该能使亚硝酸钠、芳伯胺和反应产物重氮盐完全溶解或反应物料不致太稠。所用的浓硫酸一般是质量分数为 98％和 92.5％的工业硫酸。

另外，某些芳伯胺的重氮化不能使用无机酸，而需要使用酸性较弱的有机酸或无机酸的重金属盐。

（3）亚硝酸钠的用量　亚硝酸钠的用量必须严格控制，应当只稍微超过理论量。当加完亚硝酸钠溶液并经过 5～30min 后，反应液仍可使碘化钾淀粉试纸变蓝，即可认为亚硝酸钠已经过量，芳伯胺已经完全重氮化，达到反应终点。

$$2HNO_2 + 2KI + 2HCl \longrightarrow I_2 + 2KCl + 2H_2O + 2NO$$

但重氮化完毕后，过量的亚硝酸会促进重氮盐的缓慢分解，并不利于重氮盐的进一步反应，制备目的产物。因此，在重氮化完毕后应在低温搅拌一定时间，使过量的亚硝酸完全分解为亚硝酸酐逸出，或向反应液中加入适量尿素或氨基磺酸使过量的亚硝酸完全分解。

$$H_2N-CO-NH_2 + 2HNO_2 \longrightarrow CO_2\uparrow + 2N_2\uparrow + 3H_2O$$

$$H_2N-SO_3H + HNO_2 \longrightarrow H_2SO_4 + N_2\uparrow + H_2O$$

但过多加入尿素或氨基磺酸，有时会产生破坏重氮盐的副作用。

$$Ar-N^+Cl^- + H_2N-SO_3H + H_2O \longrightarrow Ar-NH_2 + N_2\uparrow + H_2SO_4 + HCl$$

当然，当亚硝酸过量较多时，也可以补加少量芳伯胺原料，将过量的亚硝酸消耗掉。应该指出：在稀盐酸中或稀硫酸中重氮化时，如果亚硝酸钠用量不足，或亚硝酸钠溶液的加料速度太慢，已经生成的重氮盐会与尚未重氮化的芳伯胺相互作用，生成重氮氨基化合物或氨基偶氮化合物。

（4）重氮化试剂的配制　亚硝酸钠在水中的溶解度很大，在稀盐酸或稀硫酸中重氮化时，一般可用质量分数 30％～40％的亚硝酸钠水溶液，以利于向芳伯胺的稀无机酸水溶液中快速地加入亚硝酸钠水溶液。

在浓硫酸中重氮化时，通常要将干燥的粉状亚硝酸钠慢慢加入到浓硫酸中配成亚硝酰硫酸溶液。

应该指出：上述配制过程是强放热反应，加料温度不宜超过 60℃，在 70～80℃使亚硝酸钠完全溶解后，要冷却到室温以下才能使用。

12.1.3　重氮化实例分析

根据所用芳伯胺化学结构的不同和所生成的重氮盐性质的不同，需要采用不同的重氮化方法。下面只介绍几种常用的重氮化方法。

（1）碱性较强的芳伯胺的重氮化　碱性较强的芳伯胺包括不含有其他取代基的芳伯胺，芳环上含有甲基、甲氧基等供电基的芳伯胺，芳环上只含有一个卤基的芳伯胺以及 2-氨基噻唑、2-氨基吡啶-3-甲酸等芳杂环伯胺。这些芳伯胺的特点是在稀盐酸或稀硫酸中生成的胺盐易溶于水，胺盐主要以胺合氢正离子的形式存在，游离胺的浓度很低，因此重氮化反应速率很慢。另外，生成的重氮盐不易与尚未重氮化的游离胺相作用。其重氮化方法通常是先在室温将芳伯胺溶解于过量较少的稀盐酸或稀硫酸中，加冰冷却至一定温度，然后先快后慢地加入亚硝酸钠水溶液，直到亚硝酸钠微过量为止。此法通常称作正重氮化法。

（2）碱性较弱的芳伯胺的重氮化 碱性较弱的芳伯胺包括芳环上有强吸电子基团（例如硝基、氰基）的芳伯胺和芳环上含有两个以上卤基的芳伯胺等。这类芳伯胺的特点是在稀盐酸或稀硫酸中生成的胺盐溶解度小，已溶解的胺盐有相当一部分以游离胺的形式存在，因此重氮化反应速度快。但是生成的重氮盐容易与尚未重氮化的游离芳伯胺相作用。其重氮化方法通常是先将这类芳伯胺溶解于过量较多、浓度较高的热的盐酸中，然后加冰快速稀释并降温至一定温度，使大部分胺盐以很细的沉淀析出，然后迅速加入稍过量的亚硝酸钠水溶液，以避免生成重氮氨基化合物。当芳伯胺完全重氮化后，再加入适量尿素或氨基磺酸，将过量的亚硝酸钠破坏掉。必要时应将制得的重氮盐溶液过滤以除去副产的重氮氨基化合物。

为了避免加热溶解，也可以将粉状的用于重氮化的芳伯胺用适量冰水搅拌打浆或在砂磨机中打浆（必要时可加入少量表面活性剂），然后向其中加入适量浓盐酸，再加入亚硝酸钠水溶液进行重氮化。

（3）碱性很弱的芳伯胺的重氮化 属于碱性很弱的芳伯胺有 2,4-二硝基苯胺、2-氰基-4-硝基苯胺、1-氨基蒽醌、2-氨基苯并噻唑等。这类芳伯胺的特点是碱性很弱，不溶于稀无机酸，但能溶于浓硫酸，它们的浓硫酸溶液不能用水稀释，因为它们的酸性硫酸盐在稀硫酸中会转变成游离胺析出。这类芳伯胺在浓硫酸中并未完全转变为酸性硫酸盐，仍有一部分是游离胺，所以在浓硫酸中很容易重氮化，而且生成的重氮盐也不会与尚未重氮化的芳伯胺相作用而生成重氮氨基化合物。其重氮化方法通常是先将芳伯胺溶解于 4～5 倍质量的浓硫酸中，然后在一定温度下加入微过量的亚硝酰硫酸溶液。为了节省硫酸用量，简化工艺，也可以向芳伯胺的浓硫酸溶液中直接加入干燥的粉状亚硝酸钠。

（4）氨基芳磺酸和氨基芳羧酸的重氮化 属于氨基芳磺酸和氨基芳羧酸的芳伯胺有苯系和萘系的单氨基单磺酸、联苯胺-2,2'-二磺酸、4,4'-二氨基二苯乙烯-2,2'-二磺酸和 1-氨基萘-8-甲酸等。这类芳伯胺的特点是它们在稀无机酸中形成内盐，在水中溶解度很小，但它们的钠盐或铵盐则易溶于水。其重氮化方法通常是先将胺类悬浮于水中，加入微过量的氢氧化钠或氨水，使氨基芳磺酸转变成钠盐或铵盐而溶解，然后加入稀盐酸或稀硫酸使氨基芳磺酸以很细的颗粒沉淀析出，接着立即加入微过量的亚硝酸钠水溶液，必要时可加入少量胶体保护剂，例如拉开粉（二丁基萘磺酸）。另一种重氮化方法是先将氨基芳磺酸的钠盐在微碱性条件下与微过量的亚硝酸钠配成混合水溶液，然后放到冷的稀无机酸中。这种重氮化方法称作反重氮化法。得到的芳重氮盐单磺酸通常都形成内盐，不溶于水，可过滤出来，将湿滤饼进行下一步处理。

苯系和萘系的单氨基多磺酸和苯系单氨基单羧酸一般易溶于重氮盐的稀盐酸和稀硫酸，可采用正重氮化法。

（5）氨基酚类的重氮化 苯系和萘系的邻位或对位氨基酚在稀盐酸和稀硫酸中容易被亚硝酸氧化成醌亚胺型化合物。这类芳伯胺的重氮化要在中性到弱酸性介质中进行。在 1-氨基-2-羟基萘-4-磺酸的重氮化时（中性介质）还要加入少量硫酸铜。这类芳伯胺生成的重氮化合物并不含有无机酸负离子，而具有二氮醌或重氮氧化物的结构。

但是苯环上含有吸电子基团（例如硝基、磺基、羧基或氯基）的邻位或对位氨基酚不容易被氧化，可以用通常的正重氮化法或钠盐-酸析-重氮化法。

（6）二胺类的重氮化　二胺类的重氮化指的是在一个苯环上有两个氨基的化合物的重氮化。

邻苯二胺类和萘系邻位二胺类的特点是在重氮化时先是一个氨基被重氮化，接着这个重氮基与尚未重氮化的邻位氨基相互作用，而生成不具有偶合能力的偶氮亚氨基杂环化合物。例如：

但是邻苯二胺在乙酸中用亚硝酰硫酸处理时，可以成功地双重氮化。

间苯二胺的特点是它特别容易与生成的重氮盐偶合而生成偶氮染料。为了避免偶合副反应，要先将混合液快速地放入到过量较多的稀盐酸中进行重氮化。

对位二胺类的特点是用一般方法进行重氮化时容易被亚硝酸氧化生成对苯醌亚胺或对苯醌，使反应复杂化。因此，当需要用对位二胺类作重氮组分制双偶氮染料时，常改用对乙酰氨基芳伯胺或对硝基芳伯胺为起始原料。

12.2　重氮盐的反应

重氮化合物兼有酸和碱的特性，它既可以与酸生成盐，又可以与碱生成盐。在水介质中，重氮盐的结构转变如下所示。

其中亚硝胺和亚硝胺盐比较稳定，而重氮盐、重氮酸盐则比较活泼，所以重氮盐的反应一般是在强酸性到弱碱性介质中进行的，其 pH 值与目的反应无关。

它可以在不同条件下生成不同的产物。

12.2.1　重氮基还原成肼基

重氮盐在盐酸介质中用强还原剂（氯化亚锡或锌粉）进行还原时可以得到芳肼。

$$Ar\!-\!N^+\!\!\equiv\!NCl^- \xrightarrow{+2H_2} Ar\!-\!NH\!-\!NH_2 \cdot HCl$$

但是工业上最实用的还原剂是亚硫酸钠和亚硫酸氢钠。这时整个反应实际上是先发生 N-加成磺化反应（Ⅰ）和（Ⅱ），然后再发生水解-脱磺基反应（Ⅲ）和（Ⅳ），而得到芳肼盐酸盐，当芳环上有磺基时，则生成芳肼磺酸内盐。

$$Ar\!-\!\overset{+}{N}\!\!\equiv\!NCl^- \xrightarrow[\text{N-加成磺化（Ⅰ）}]{+Na_2SO_3/-NaCl} \underset{\text{重氮-N-磺酸钠}}{Ar\!-\!N\!=\!N\!-\!SO_3Na} \xrightarrow[\text{N-加成磺化（Ⅱ）}]{+NaHSO_3} Ar\!-\!N\!-\!NHSO_3Na$$

$$\underset{\text{芳肼-}N,N'\text{-二磺酸钠}}{\overset{|}{SO_3Na}}$$

$$\xrightarrow[-\text{NaHSO}_4]{+\text{H}_2\text{O}} \text{Ar}-\text{NH}-\text{NHSO}_3\text{Na} \xrightarrow[-\text{NaHSO}_4]{+\text{H}_2\text{O},+\text{HCl}} \text{Ar}-\text{NHNH}_2 \cdot \text{HCl}$$

水解-脱磺基（Ⅲ）　芳肼-N-磺酸钠　　水解-脱磺基（Ⅳ）　芳肼盐酸盐

　　N-加成磺化反应（Ⅰ）和（Ⅱ）要在弱酸性或弱碱性水介质（pH 6～8）中进行。如果酸性太强，会失去氮原子，并发生硫原子与芳环相连生成亚磺酸等一系列副反应，使芳肼的收率下降。如果在强碱性水介质中还原，则重氮盐将发生被氢置换而失去两个氮原子的副反应。N-加成磺化的反应条件一般是 NaHSO₃/ArNH₂（摩尔比）为（2.08～2.80）：1，pH 值 6～8，温度 0～80℃，时间 2～24h。当芳环上有吸电子基团时，NaHSO₃ 用量比较大，反应时间较长。必要时可在重氮盐完全消失后，加入少量锌粉使重氮-N-磺酸钠完全还原。

　　芳肼-N,N′-二磺酸的水解-脱磺基反应（Ⅲ）和（Ⅳ）是在 pH＜2 的强酸性水介质中在 60～90℃，加热数小时完成的。芳环上有吸电子基时水解脱磺基较难。

　　重氮盐还原成芳肼的具体操作大致如下：在反应器中先加入水、亚硫酸氢钠和碳酸钠配成的混合溶液，保持 pH 6.5～8，在一定温度下向其中加入重氮盐的酸性水溶液、酸性水悬浮液或湿滤饼，并保持一定 pH 值；然后逐渐升温至一定温度，保持一定时间进行 N-加成磺化；然后加入浓盐酸或硫酸，再升温至一定温度，保持一定时间，进行水解-脱磺基反应，即得到芳肼。芳肼可以盐酸盐或硫酸盐的形式盐析出来，也可以芳肼磺酸内盐的形式析出。另外，也可将芳肼盐酸盐、硫酸盐的水溶液直接用于下一步反应。

　　用上述方法制备芳肼时，芳环上的硝基可以不受影响。

　　苯肼的生产已有连续操作的报道，收率接近理论量。

12.2.2　重氮基被氢置换——脱氨基反应

　　将重氮盐用适当的温和的还原剂进行还原时，可使重氮基被氢置换（脱氢基反应），并放出氮气。最常用的还原剂是乙醇和丙醇，其反应历程是自由基反应。总的反应式为：

$$\text{Ar}-\text{N}_2^+\text{X}^- + \text{CH}_3\text{CH}_2\text{OH} \longrightarrow \text{Ar}-\text{H} + \text{CH}_3\text{CHO} + \text{HX} + \text{N}_2\uparrow$$

　　还发现，Cu^{2+} 和 Cu^+ 对脱氨基反应有催化活性。在乙醇中还原时，还会发生重氮基被乙氧基置换生成芳醚的离子型副反应：

$$\text{Ar}-\text{N}_2^+\text{X}^- + \text{CH}_3\text{CH}_2\text{OH} \longrightarrow \text{Ar}-\text{OCH}_2\text{CH}_3 + \text{HX} + \text{N}_2\uparrow$$

　　上述两个反应与芳环上的取代基和醇的种类有关，当芳环上有吸电子基（例如硝基、卤基、羧基等）时，脱氨基反应收率良好。而未取代的重氮苯及其同系物，则主要生成芳醚。用甲醇代替乙醇反应有利于生成芳醚，而用丙醇则主要生成脱氨基产物。

　　用次磷酸还原时，不论芳环上有吸电子基或供电子基，脱氨基反应都可得到良好的收率。其反应历程也是自由基型。反应式可表示如下：

$$\text{Ar}-\text{N}_2^+\text{X}^- + \text{H}_3\text{PO}_2 + \text{H}_2\text{O} \longrightarrow \text{Ar}-\text{H} + \text{H}_3\text{PO}_4 + \text{HX} + \text{N}_2\uparrow$$

　　用次磷酸进行还原是在室温或较低温度下将反应液长时间放置而完成的，加入少量的 KMnO₄、CuSO₄、FeSO₄ 或 Cu 可大大加速反应。按上述反应式，1mol 重氮盐只需用 1mol 次磷酸，但实际上要用 5mol，甚至 10～15mol 次磷酸才能得到良好的收率。

　　重氮基置换为氢，如果在酸性介质中进行，也可以用氧化亚铜或甲酸作还原剂，如果在碱性介质中进行，可以用甲醛、亚锡酸钠作还原剂，但不宜用于制备含硝基的化合物。在个别情况下也可以用氢氧化亚铁、亚硫酸钠、亚砷酸钠、甲酸钠或葡萄糖作还原剂。

　　重氮化时所用的酸最好是硫酸，而不宜使用盐酸，因为易发生氯置换产生副产物。

　　脱氨基反应的用途为：先利用氨基的定位作用将某些取代基引入到芳环上指定的位置，然后再脱去氨基，以制备某些不能用简单的取代反应制备的化合物。例如，将 2,6-二氯-4-硝基苯胺在浓硫酸中 50℃下重氮化，然后将重氮盐放入乙醇中，在一价铜催化剂存在下，于 70℃加热 2h，得 3,5-二氯硝基苯，收率 92%～93%。

12.2.3 重氮基被羟基置换——重氮盐的水解

重氮盐的水解属于 S_N1 反应，当将重氮盐在酸性水溶液中加热煮沸时，重氮盐首先分解成芳正离子，后者受到水的亲核进攻，而在芳环上引入羟基。

由于芳正离子非常活泼，可以与反应液中的亲核试剂相反应。为了避免正离子与氯负离子相反应生成氯化副产物，芳伯胺的重氮化要在稀硫酸介质中进行。为了避免芳正离子与生成的酚负离子相反应生成二芳基醚等副产物，最好是将生成的可挥发性酚立即用水蒸气蒸出，或者向反应液中加入氯苯等惰性有机溶剂，使生成的芳香化合物立即转入到有机相中。

为了避免重氮盐与水解生成的酚发生偶合反应生成羟基偶氮染料，水解反应要在适当浓度的硫酸中进行。通常是将冷的重氮盐水溶液滴加到沸腾的稀硫酸中。

水解的难易与重氮盐的结构有关。水解温度一般是在 102～145℃，可根据水解的难易确定水解温度，并根据水解温度确定所用硫酸的浓度，或加入硫酸钠来提高沸腾温度。加入硫酸铜对于重氮盐的水解有良好的催化作用，可降低水解温度，提高收率。

当用其他方法不易在芳环上的指定位置形成羟基时，可采用重氮盐的水解法。如用重氮盐水解法制备的酚类有：

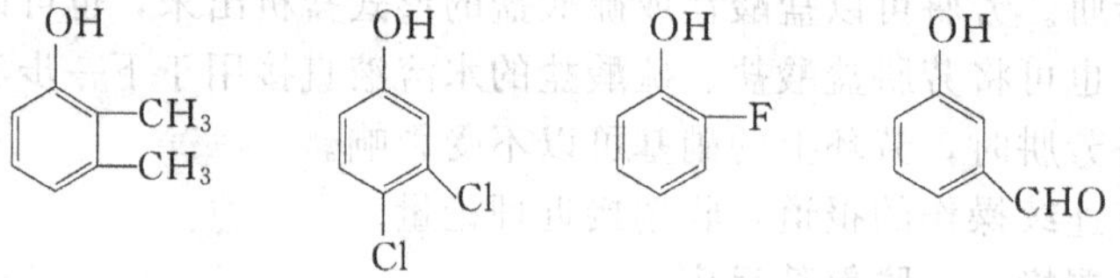

12.2.4 重氮基被卤基置换

当不能用直接卤化法将卤基引入到芳环上的指定位置时，或者直接卤化时卤化产物很难分离精制时，可采用重氮基被卤基置换的方法。重氮基置换成不同的卤原子时，所采用的方法各不相同。

12.2.4.1 重氮基被氯或溴置换

在氯化亚铜或溴化亚铜存在下，重氮基被氯或溴置换的反应称作 Sandmeyer 反应。这个反应要求芳伯胺重氮化时所用的卤氢酸和卤化亚铜分子中的卤原子都与要引入芳环中的卤原子相同。例如：

$$Ar—NH_2 \xrightarrow{NaNO_2/HCl} Ar—N_2^+ Cl^- \xrightarrow{CuCl/HCl} Ar—Cl + N_2\uparrow$$

Sandmeyer 反应的历程比较复杂，一般认为首先是重氮盐正离子与亚铜盐负离子生成了配合物：

$$Ar—\overset{+}{N}{=}N\cdot CuCl_2^-$$

然后配合物经电子转移生成芳基自由基 Ar·：

$$Ar—\overset{+}{N}{=}N\cdot CuCl_2^- \xrightarrow{\text{慢}} Ar—N{=}N\cdot + CuCl_2$$

$$Ar—N{=}N\cdot \longrightarrow Ar\cdot + N_2$$

最后自由基 Ar·与 $CuCl_2$ 生成氯代产物并重新生成催化剂 CuCl：

$$Ar\cdot + CuCl_2 \longrightarrow ArCl + CuCl$$

氯化亚铜不溶于水，但易溶于盐酸中，亚铜离子的最高配位数是 4，氯化亚铜在盐酸中主要以 $[CuCl_2]^-$ 一价复合负离子存在，它具有很高的反应活性。如果溶液中 Cl^- 浓度高，酸度低，则生成 $[CuCl_4]^{3-}$ 三价配位负离子，它的配位数已经饱和，而不能再与重氮盐正离子形成配合物。氯化亚铜的用量一般是重氮盐量（mol）的 1/10～1/5。

形成配合物的反应速率与重氮盐的结构有关。芳环上有吸电子基团时，有利于重氮盐端基正氮离子与 $[CuCl_2]^-$ 的结合，而加快反应速率。芳环上已有取代基对反应速率的影响按以下顺序递减：

$$p\text{-}NO_2 > p\text{-}Cl > H > p\text{-}CH_3 > p\text{-}OCH_3$$

配合物 $Ar{-}\overset{+}{N}{\equiv}N \cdot CuCl_2^-$ 除了按上述历程生成氯化产物以外，还可能经由以下反应生成偶氮化合物或重氮基被氢置换等副产物：

$$Ar{-}\overset{+}{N}{\equiv}N \cdot CuCl_2^- + CuCl_2^- \xrightarrow{\text{还原}} Ar^- + N_2\uparrow + 2Cu^{2+} + 4Cl^-$$

$$Ar{-}\overset{+}{N}{\equiv}N + Ar^- \longrightarrow Ar{-}N{=}N{-}Ar$$

$$Ar^- + H^+ \longrightarrow Ar{-}H$$

Sandmeyer 反应一般有两种操作方法：一种方法是将冷的重氮盐水溶液慢慢滴入卤化亚铜-卤化氢水溶液中，滴加速度以立即分解放出氮气为宜，这种方法使 $[CuCl_2]^-$ 对重氮盐处于过量状态，适用于反应速率较快的重氮盐。另一种方法是将重氮盐水溶液一次加入到冷的卤化亚铜-卤氢酸水溶液中，低温反应一定时间后，再慢慢加热使反应完全。这种方法使重氮盐对 $[CuCl_2]^-$ 处于过量状态，适用于配位速度和电子转移速度较慢的重氮盐。

除了采用氯化亚铜或溴化亚铜以外，也可以将铜粉加入到冷的重氮盐的卤氢酸水溶液中进行重氮基被氯（或溴）置换的反应，这个反应称作 Gattermann 反应。

重氮基被氯基或溴基置换的反应可用于制备许多有机中间体，例如：

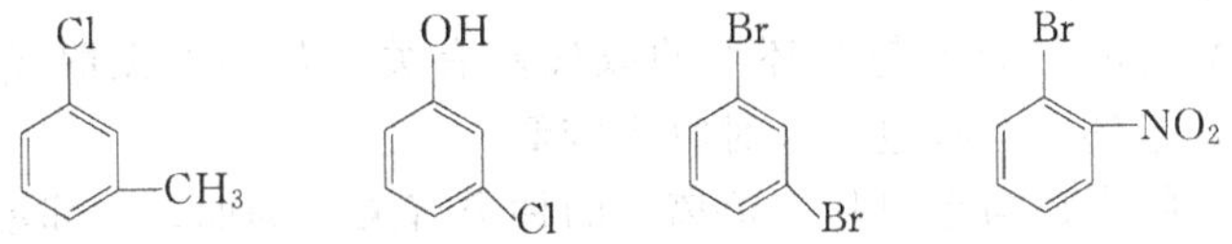

12.2.4.2　重氮基被碘置换

当目的在于使重氮基被碘置换时，也可以采用 Sandmeyer 反应。但碘氢酸容易被氧化成碘，所以重氮化时不能在碘氢酸中进行，而要在乙酸中进行，然后再加入碘化亚铜-碘氢酸水溶液，进行碘置换反应。更简便的方法是将芳伯胺在稀硫酸或稀盐酸中重氮化，然后向重氮液中加入碘化钾或碘化钠，或者将重氮液倒入碘化钠水溶液中，即可完成碘置换反应。这可能是一部分碘化钾被氧化成元素碘，后者与 I^- 形成了 I_3^-，I_3^- 亲核能力强，所以不需要亚铜盐催化。其反应历程可能是兼有自由基机理的亲核置换反应。

$$I^- + I_2 \longrightarrow I_3^-$$

$$Ar{-}\overset{+}{N}{\equiv}N\cdot + I_3^- \longrightarrow Ar{-}\overset{+}{N}{\equiv}N \cdot I_3^- \longrightarrow ArI + I_2 + N_2$$

上述反应中，元素碘起着催化剂的作用。但是对于速度很慢的碘置换反应，仍需加入铜粉催化。

重氮基被碘置换的反应可用于制备以下产品：

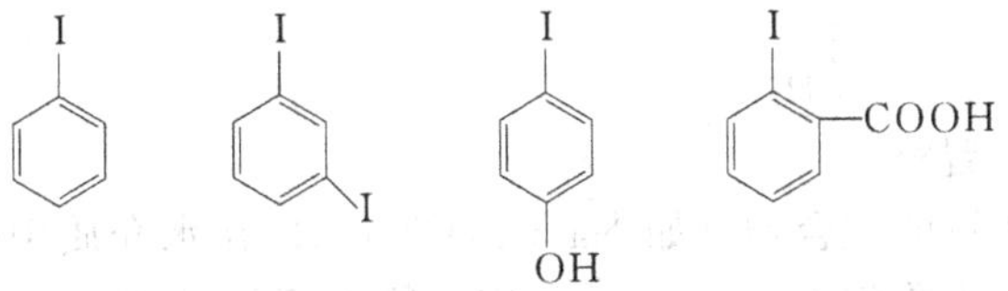

12.2.4.3　重氮基被氟置换的反应

重氮基被氟置换的反应主要有三种方法。

（1）希曼（Schiemann）反应　将芳伯胺在稀盐酸中重氮化，然后加入氟硼酸（或氢氟酸和硼酸）水溶液，滤出水溶性很小的重氮氟硼酸盐，水洗、乙醇洗、低温干燥，然后将干燥的重氮氟硼酸盐加热至适当温度，使之发生分解反应，逸出氮气和三氟化硼气体，即得到相应的氟置换产物。

$$Ar—\overset{+}{N}\equiv N \cdot Cl^- \xrightarrow{HBF_4} Ar—\overset{+}{N}\equiv N \cdot BF_4^- \downarrow + HCl$$

$$Ar—\overset{+}{N}\equiv N \cdot BF_4^- \xrightarrow{加热分解} ArF + BF_3 \uparrow + N_2 \uparrow$$

重氮氟硼酸盐的热分解必须在无水、无醇的条件下进行，有水则重氮盐水解成酚类和树脂状物质，有乙醇时则重氮基被氢置换。

应该指出，重氮氟硼酸盐的热分解是快速的强放热反应，一旦超过分解温度，则产生大量的热，使物料温度升高，分解加速，这种恶性循环可在短时间内产生大量气体，甚至发生爆炸事故。为了便于控制分解温度和气体的逸出速度，曾提出许多种方法。例如，局部加热引发法、加入惰性有机溶剂法、加入砂子法，以及将重氮氟硼酸盐慢慢加入到热的反应器中边分解边蒸出等。

重氮氟硼酸盐从水中析出的收率与苯环上的取代基有关。一般地，在重氮基的邻位有取代基时，重氮氟硼酸盐溶解度较大，收率较低。对位有取代基时，溶解度小，收率高。间位取代基对重氮氟硼酸盐的溶解度影响较小。苯环上有羟基和羧基等时，使重氮氟硼酸盐溶解度增加，收率下降，必要时可以用芳伯胺的相应的醚（或羧酸酯）为原料，在重氮化和分解氟化后，再将醚基（或酯羧基）水解成羟基（或羧基）。

为了降低重氮盐的溶解度，可以用六氟磷酸或氟硅酸代替氟硼酸，但六氟磷酸和氟硅酸价格高，热分解条件苛刻。

无水重氮氟硼酸盐的热分解与苯环上的取代基有关。苯环上无取代基或有供电子基时，一般收率较好，苯环上有吸电子基时收率较低。

另外，热分解的收率还与重氮盐中负离子的种类有关。例如，从邻溴苯胺制邻溴氟苯时，如果用重氮氟硼酸盐，热分解收率只有37%；改用重氮六氟磷酸盐，在165℃热分解，则收率可达73%～75%。

无水氟硼酸盐热分解法虽然操作麻烦，但适用范围广。

（2）无水氟化氢法　在无水氟化氢（沸点19.5℃）中，冷却下在搅拌下向其中加入苯胺或苯胺盐酸盐，然后加入干燥的亚硝酸钠重氮化，在一定温度下分解氟化（如40℃）可得氟苯。但氟化氢太危险。

（3）水介质铜粉催化分解氟化法　重氮盐的氟硼酸盐的水溶液中加入氯化亚铜或铜粉催化可在较低温度下分解得到氟化物，但只有当重氮基的邻、对位有吸电子基团时才能得到较好的收率。

用芳伯胺的重氮化、分解氟化法制得的重要产品如：

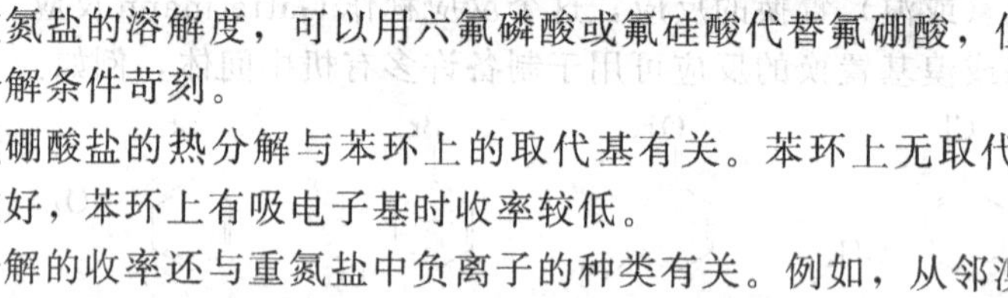

12.2.5　重氮基被氰基置换

将重氮基与氰化亚铜的配合物（如 $Na[Cu(CN)_2]$）在水介质中作用，可以使重氮基被氰基置换，这个反应也称作 Sandmeyer 反应。氰化亚铜的配位盐水溶液是由氯化亚铜或氰化亚铜溶于氰化钠水溶液而配得。上述氰化反应的历程还不太清楚，其反应式是：

$$Ar—\overset{+}{N}\equiv NCl^- + Na[Cu(CN)_2] \longrightarrow Ar—CN + CuCN + NaCl + N_2 \uparrow$$

由上可见，亚铜离子只是起到催化作用。在这个反应中 $NaCN/CuCl/ArNH_2$ 的摩尔比约为 $(1.8\sim2.6):(0.25\sim0.44):1$。

重氮基被氰基置换的反应必须在弱碱性介质中进行，因为在强酸性介质中不仅副反应多，而且还会逸出剧毒的氰化氢气体。在弱碱性介质中不存在 $[CuCl_2]^-$，不易发生重氮基被氯置换的副反应，因此芳伯胺的重氮化可以在稀盐酸或稀硫酸中进行。

为了使氰化介质保持弱碱性，可在氰化亚铜配位盐水溶液中预先加入适量的碳酸氢钠、碳酸钠、碳酸氢铵或氢氧化铵，然后在一定温度下向其中加入强酸性的重氮盐水溶液。反应温度一般是 $5\sim45$℃，加料完毕后，必要时可适当提高反应温度。

为了使氰化反应中生成的氮气和二氧化碳顺利逸出，需要较强的搅拌和适当的消泡措施。

除了氰化亚铜配位盐以外，也可以用四氰氨铜配位盐 $Na_2Cu(CN)_4NH_3$ 或氰化镍配位盐 $NaCNNiSO_4$。

含有铜氰配位盐的废液最好能循环使用，不能使用时应进行无毒化处理。早期用硫黄或多硫化钠溶液处理，使 CN^- 转变为无毒的 SCN^-，铜离子则转变成硫化铜沉淀，并加以回收。更好的方法是在强碱性条件下用次氯酸钠水溶液或氯气处理，将 CN^- 氧化成 CNO^-，使铜离子转变成氢氧化铜沉淀。

重氮基被氰基置换的重要实例如下：

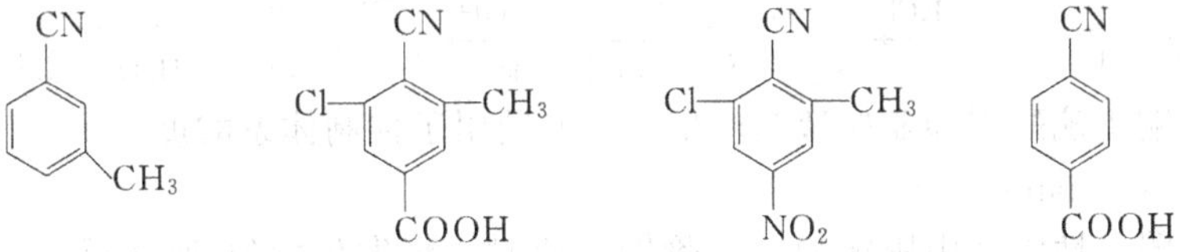

重氮基置换成氰基的方法合成路线长，有含氰废水需要处理，不是最好的方法。在芳环上引入—CN 基应尽可能采用其他更简便的方法，例如：—CH_3 的氨氧化法，—COOH → CONH₂ → —CN 法，—Cl →—CN 法，—CHO 或—CHCl₂ 与 NH_2OH 的反应法，—NHCHO 的转位脱水法等。

12.2.6　重氮基被含硫基置换

重氮基与一些低价含硫化合物相作用可以使重氮基被含硫基置换。

① 将冷的重氮盐酸盐水溶液倒入冷的 Na_2S_2-$NaOH$ 水溶液中，然后将生成的二硫化物 Ar—S—S—Ar 进行还原，可制得相应的硫酚，如：

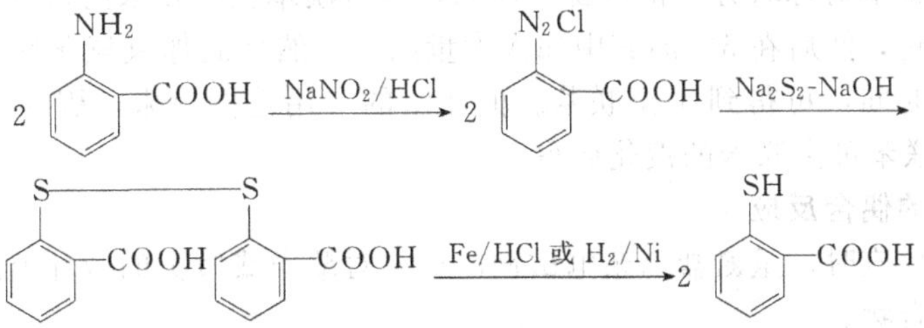

② 将冷的重氮盐酸盐水溶液倒入 $40\sim45$℃的乙基磺原酸钠水溶液中，分离出乙基磺原酸芳基酯，将后者在氢氧化钠水溶液中或稀硫酸中水解即得到相应的硫酚，如：

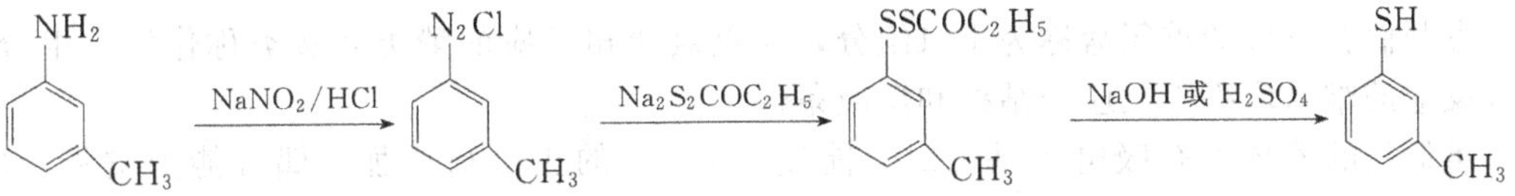

③ 还可用于制备芳硫醚，如将苯胺重氮盐酸盐水溶液慢慢倒入 30℃以下的甲硫醇钠

水溶液中，即可得到苯基甲硫醚：

$$\text{(苯胺 } NH_2) \xrightarrow{NaNO_2/HCl} \text{(} N_2Cl \text{)} \xrightarrow{NaSCH_3} \text{(} SCH_3 \text{)}$$

④ 还可用于制备磺酰氯，如将邻氯苯胺重氮盐酸盐水溶液放入5℃以下的含亚硫酸氢钠和氯化铜的浓盐酸中，即析出邻氯苯磺酰氯油状物，收率75%：

$$\text{(} NH_2, Cl \text{)} \xrightarrow{NaNO_2/HCl} \text{(} N_2Cl, Cl \text{)} \xrightarrow[\text{浓 HCl}]{SO_2/Cu^+} \text{(} SO_2Cl, Cl \text{)}$$

亚铜由亚硫酸氢钠和氯化铜反应产生。

12.2.7 重氮基被含碳基团置换

在适当的条件下，重氮基可以被许多种含碳基团置换，其中有重要实际意义的如下。

12.2.7.1 重氮基被醛基置换

将重氮液加入到含有硫酸铜、亚硫酸钠和乙酸钠的甲醛肟水溶液中，可制得芳甲醛肟，然后加入浓盐酸回流水解，即可得芳醛。但此法制备芳醛合成路线长，收率不高，应用实例很少。如：

$$\text{(} NH_2, Cl, Cl \text{)} \xrightarrow{NaNO_2/HCl} \text{(} N_2Cl, Cl, Cl \text{)} \xrightarrow[\text{Cu}^+\text{催化，低温}]{H_2C=N-OH} \text{(} HC=N-OH, Cl, Cl \text{)} \xrightarrow[H_2O]{HCl} \text{(} CHO, Cl, Cl \text{)}$$

其中，亚铜由硫酸铜和亚硫酸钠产生，乙酸钠用于控制体系酸度。

12.2.7.2 Gattermann 反应

重氮盐在弱碱性溶液中用铜粉或一价铜还原时，将发生脱氮-偶联反应，生成对称的联芳基衍生物。如：

$$\text{(} HOOC, N_2Cl \text{)} + Cu(NH_3)_4Cl \longrightarrow \text{(} H_4NOOC \cdots COONH_4 \text{)} + CuCl_2 + N_2 + NH_3$$

12.2.7.3 Gomberg 反应

此法用于制备不对称联芳基衍生物，例如，将对溴苯胺在较浓的盐酸中用较浓的亚硝酸钠水溶液重氮化，然后在5℃向其中加入大量的苯，然后滴加氢氧化钠水溶液中和，并在室温搅拌一定时间，可得到4-溴联苯。但此法的应用范围有限，因为联苯可由苯热解脱氢而得，4-溴联苯可由联苯的溴化而得。

12.2.8 重氮盐的偶合反应

在进行偶合反应时，重氮盐以亲电试剂的形式对酚类或胺类的芳环上的氢进行亲电取代而生成偶氮化合物。

$$Ar-N_2^+X^- + Ar'-OH \longrightarrow Ar-N=N-Ar'-OH + HX$$
$$Ar-N_2^+X^- + Ar'-NH_2 \longrightarrow Ar-N=N-Ar'-NH_2 + HX$$

参与偶合反应的重氮盐称为重氮组分，与重氮盐相反应的酚类和胺类称作偶合组分。偶合反应的难易取决于反应物结构和反应条件。

重氮盐的芳环上有吸电子基团时，能使—N_2^+上的正电荷增加，偶合能力增强。反之，芳环上有供电子基团时，则使偶合能力减弱。一般地，重氮盐的亲电能力较弱，它们只能与芳环上具有较大电子云密度的酚类或胺类进行偶合。

偶合时偶氮基通常进入偶合组分中—OH、—NH$_2$、—NHR、—NR$_2$ 等基团的对位，当对位被占据时，则进入邻位。

偶合时，通常是将重氮盐水溶液放入到冷的含偶合组分的水溶液中而完成。偶合介质的 pH 值取决于偶合组分的结构。偶合组分是胺类时，要求介质的 pH 是 4～7（弱酸性）；偶合组分是酚类时，要求介质的 pH 值是 7～10。偶合组分中同时含有氨基和羟基时，则在酸性偶合时，偶氮基进入氨基的邻、对位；在碱性偶合时，偶氮基进入羟基的邻、对位。

习　题

基础概念题

12-1　说出重氮盐水解法引入羟基的工艺特点，并与卤素置换重氮盐的工艺条件进行比较。

12-2　写出由间氨基苯酚制间氯苯酚时所用的重氮化方法，在反应液中加入氯化钠或硫酸钠有什么影响？

12-3　写出由重氮盐的水溶液制芳肼时的主要方法。

12-4　重氮盐水溶液在用亚铜盐催化分解时可制得哪些类型的产物？各用什么重氮化方法？分解的反应剂和大致反应条件是什么？

12-5　脂肪烃和芳香烃的重氮盐的性质有哪些不同？哪一类重氮盐应用较多？

12-6　重氮盐制备过程中的影响因素主要有哪些？

12-7　重氮基可被哪些基团置换？其机理是什么？可能产生的副反应主要是什么？

12-8　要从氨基出发重氮化后再水解制备羟基时，重氮化应当用什么介质？为什么？

12-9　何为 Sandmeyer 反应？在此反应过程中要注意些什么问题？对不同的卤素有什么异同？为什么？

12-10　何为 Gattermann 反应？

12-11　何为 Gomberg 反应？

12-12　重氮盐作为进攻试剂进行偶合反应时，反应的机理是什么？哪些类别的底物容易进行反应？

12-13　偶合反应中易产生哪些副反应？反应条件如何控制？

分析提高题

12-14　写出间甲基苯胺转变成下列化合物所需要的试剂和条件。

12-15　脂肪族伯胺与亚硝酸钠、盐酸作用，通常得到醇、烯和卤代烃的多种产物的混合物，合成上无实用价值，但 β-氨基醇与亚硝酸钠作用可主要得到酮。例如：

（1）这种扩环反应与何种重排反应相似？

（2）试由环己酮合成环庚酮。

12-16　设计制备下述产物的实用工艺路线，各步反应的名称和大致反应条件。

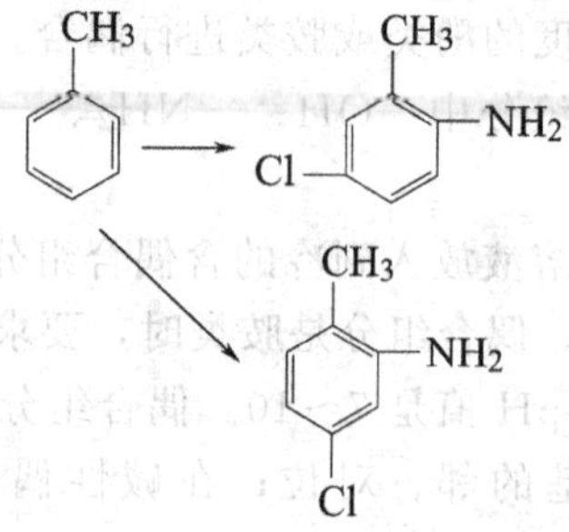

综合题

12-17　查阅资料并总结下述过程的合成工艺路线，并进行分析比较，选择易工业化的一条工艺路线，并说明理由。

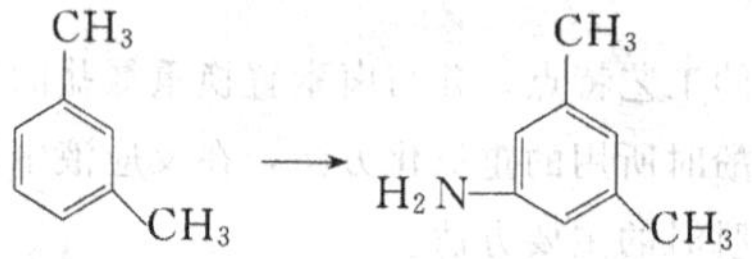

12-18　设计两条以上的能完成下述过程的合成工艺路线，并进行分析比较，选择易工业化的一条工艺路线，并说明理由。

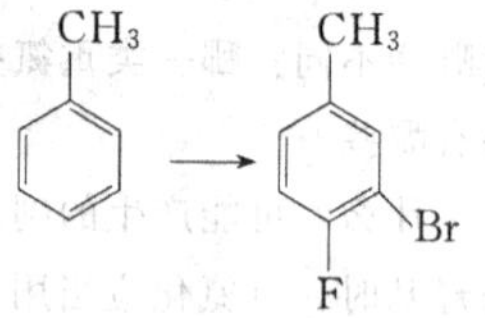

12-19　设计两条以上的能完成下述过程的合成工艺路线，并进行分析比较，说明每一步的反应名称或反应机理和简要工艺条件。

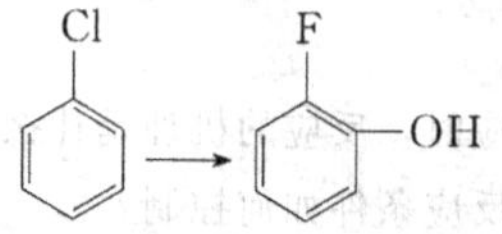

12-20　查阅资料总结下述过程的合成工艺路线，并进行分析比较，说明每一步的反应名称或反应机理和简要工艺条件。

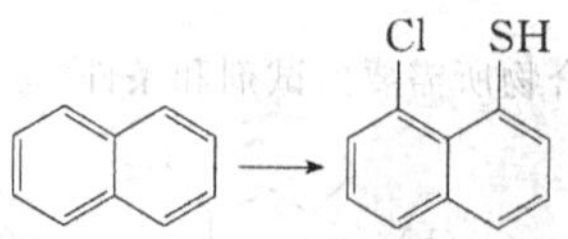

12-21　设计两条以上的能完成下述过程的合成工艺路线，并进行分析比较，说明每一步的反应名称或反应机理和简要工艺条件。

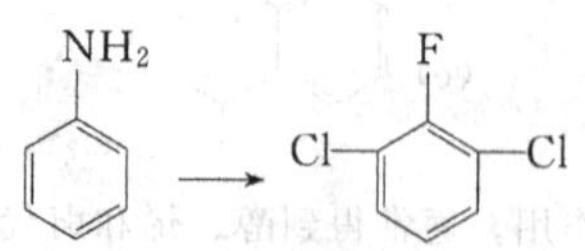

12-22　设计两条以上的能完成下述过程的合成工艺路线，并进行分析比较，说明每一步的反应名称或反应机理和简要工艺条件。

12-23　查阅资料总结下述过程的合成工艺路线，并进行分析比较，说明每一步的反应名称或反应机理和

简要工艺条件。

12-24　查阅资料总结下述过程的合成工艺路线，并进行分析比较，说明每一步的反应名称或反应机理和简要工艺条件。

12-25　设计两条以上的能完成下述过程的合成工艺路线，并进行分析比较，说明每一步的反应名称或反应机理和简要工艺条件。

12-26　设计两条以上的能完成下述过程的合成工艺路线，并进行分析比较，说明每一步的反应名称或反应机理和简要工艺条件。

第 13 章 合成设计原理简介

本章重点

(1) 了解合成设计发展的历史、基本思路；
(2) 了解逆向合成路线设计的基本概念及相关方法；
(3) 了解合成设计路线的评价标准；
(4) 了解计算机辅助合成路线设计的发展方向。

合成设计又称有机合成的方法论，即在有机合成的具体工作中对拟采用的种种方法进行评价和比较，从而确定一条最经济有效的合成路线；合成设计的思想方法和原理也属于有机合成原理的逻辑学范畴，它包括了对已知合成方法的归纳、演绎、分析和综合等逻辑思维形式，以及对研究中意外出现的结果所作的创造性思维方式。

有机化合物，特别是结构复杂的药物及一些天然产物的合成，首要的工作便是制定一个合理的合成计划，要采用恰当的策略，设计出切实可行的合成路线，这是合成工作的灵魂。有机合成像是从事分子建筑的精细工程，合成路线的设计是否非常巧妙、合理，不仅需要有丰富的化学知识，还要善于运用这些知识，即需要丰富的经验，才能建造好复杂分子这座"大厦"。作为科学的"艺术"，有机合成充分地体现在合成中装配分子骨架的简短性、正确性和巧妙性。为了达到这个目的，在合成设计时必须对合成策略、分子骨架的建立、官能团转化和选择性控制等做出正确的判断，最后找到理想的合成方案。

1967 年，Corey 在总结前人利用逻辑推理构建复杂分子经验的基础上，吸取了计算机程序设计的思维方式，对许多合成反应系统进行整理归纳，提出了逆向合成设计的概念以及一些相关原则，这便是合成设计的概念和原则的首次提出。随后，Turner、Warren 等相继从不同角度对合成设计方法作了进一步阐述，他们的努力为有机合成设计的发展奠定了重要基础。随着计算机技术的发展，有机合成设计又发展了电子计算机辅助合成分析，并逐步形成为有机合成的一种重要方法。

合成设计涉及的学科众多、内容丰富，限于篇幅，下面将选择逆向合成设计、计算机辅助合成设计、合成设计路线的评价标准等内容进行简单介绍。

13.1 逆向合成路线设计及其技巧

13.1.1 逆向合成法常用术语

13.1.1.1 逆向合成法

在设计合成路线时，常常是由准备合成的化合物——常称为目标分子或靶分子（target molecule，TM）开始，向前一步一步地推导需要使用的起始原料，这种过程是一个与合成过程方向相反的途径，因而称为逆向合成法（retro synthesis）。在逆推过程中，通过对结构进行分析，能够将复杂的分子结构逐渐简化，只要每步过程逆推合理，就可以得出合理的合成路线。

13.1.1.2　逆向切断、逆向连接和逆向重排

逆向切断是一种分析方法，通常简称为切断，是逆向合成法中用来简化目标分子必不可少的手段，即将目标分子中的化学键切断，将其剖析转变成各种不同性质的结构单元，用符号"⇒"和画一条 S 形曲线穿过被切断的键来加以表示，意思是通过一定的化学反应，可以从后者得到前者，它与有机化学反应中正向反应"→"所表示的意思恰好相反。

逆向连接是指将目标分子中两个适当的碳原子用新的化学键连接起来，它是实际合成中氧化断裂反应的逆向过程。

逆向重排是指把目标分子骨架拆开和重新组装，它是实际合成中重排反应的逆向过程。

13.1.1.3　合成子及其等效试剂

合成子（synthon）是指逆向合成法中切断目标分子或中间体骨架所得到的各组成结构单元的活性形式。根据成键的需要，合成子可以是离子形式、自由基形式或周环反应所需的中性分子，其中前两种合成子不稳定，其实际存在形式称为它们的等效试剂，而周环反应合成子与其等效试剂在形式上则是完全相同的。

13.1.1.4　逆向官能团变换

所谓逆向官能团变换是指在不改变目标分子基本骨架的前提下变换官能团的性质或位置的方法。一般包括下面三种情况。

① 仅仅变换官能团的种类，而不改变其位置，称为逆向官能团互换（FGI）；

② 向目标分子的结构中添加官能团，称为逆向官能团添加（FGA）；

③ 从目标分子的结构中去掉某种官能团，称为逆向官能团除去（FGR）。

官能团变换使切断成为可能的一种方法，也是化学反应的逆过程，一般用符号"⇒"上写有 FGI、FGA 或 FGR 来分别表示这三种情况。在合成设计中应用这些变换的主要目的是：①将目标分子变换成在合成上更容易制备的前体化合物，该前体化合物构成了新的目标分子，称为可替换目标分子；②为了作逆向切断、连接或重排等变换，必须将目标分子上原来不适用的官能团变换成所需的形式，或暂时添加一些必要的官能团；③添加一些活化基、保护基、阻断剂或诱导基等，以提高化学、区域或立体选择性。

13.1.2　逆向切断的基本原则

13.1.2.1　逆向合成设计的一般程序

（1）分析

① 对目标分子的结构特征及其已知的理化性质进行收集和考察，分辨出目标分子中所含的官能团；

② 采用已知的和可靠的化学反应对目标分子进行切断；

③ 必要时进行重复切断，直至达到易于获取的起始原料。

（2）合成

① 根据前面的分析写出合成计划，注明试剂和反应条件；

② 根据实验进行的情况，修改并完善合成计划。

13.1.2.2　逆向切断应遵循的基本原则

① 应用合适的反应机理，遵循"能合才能分"的道理，即切断必须有连接成键的有机化学反应为依据。

② 遵循最大可能的简化原则，如在分子中央切断、在支链处切断，利用分子的对称性切断等。

③ 切断有几种可能时，应选择合成步骤少、反应产率高、原料易得的方案切断。

④ 涉及官能团时，则在官能团附近切断，如果是由两种官能团形成的官能团，则应切断原官能团。

⑤ 分子中如含有碳-杂键时，一般选择对碳-杂键进行切断，特别是当杂质子为氧、氮、硫时。

13.1.3 逆向切断技巧

（1）优先考虑骨架的形成　有机化合物是由骨架和官能团两部分组成的，在合成过程中，总存在着骨架和官能团的变化，一般有以下四种可能：

① 骨架和官能团都没有变化，只是官能团的位置有所改变；

② 骨架不变而官能团变化；

③ 骨架变化而官能团不变；

④ 骨架和官能团都发生变化。

无疑，目标分子骨架的建立是设计合成路线的核心，一般是由较小的骨架转变为较大、较复杂的骨架。解决这类问题的方法首先是要正确地分析目标分子的骨架是由哪些合成子通过碳-碳键或碳-杂键一步一步连接起来的。如果不优先考虑骨架的形成，那么连接在它上面的官能团也就没有归宿。但官能团也存在着很大影响，如对活性、立体选择性等都有较大影响。

（2）碳-杂键优先切断　碳-杂键不如碳-碳键稳定，也易生成。因此，对于复杂分子的合成来说，比较有利的是将碳-杂键在最后几步形成，避免碳-杂键受早期的一些反应的干扰；同时可在较温和的条件下形成，避免对前期结构的损害。因此，在逆向分析时，应先切断碳-杂键。

（3）目标分子活性部位优先切断　活性部位若不能优先切断，在早期生成，就会对后期的反应带来干扰。

（4）添加辅助基团后再切断　有些化合物结构上没有明显的可切断的键。在这种情况下，可以在分子的适当位置添加某个官能团，以便于找到逆向变换的位置及相应的合成子。但在添加助剂时应考虑到使其在正向合成时易除去。

（5）回推到适当阶段再切断　有些分子可以直接切断，但有些分子却不能直接切断，或经切断后得到的合成子在正向合成时没有合适的方法连接起来。此时应通过逆向官能团互换、逆向连接或逆向重排等手段，将目标分子回推到某一可替换目标分子后再行切断。

（6）利用分子的对称性切断　有些目标分子具有对称面或对称中心，利用分子的对称性可以使分子结构中相同的部分同时接到分子骨架上，从而使合成问题得到简化。

13.1.4 官能团保护

在合成一个多官能团化合物的过程中，如果反应物中有几个官能团的活性类似，要使一个给定的试剂只进攻某一官能团是比较困难的。解决这个困难的办法，除可以选用高选择性的反应试剂外，还可以应用可逆去活化的策略。所谓可逆去活化是以保护为手段，将暂不需要反应的官能团用保护基保护起来，暂时钝化，然后到适当阶段再除去保护基团，一个合适的保护基团应具备下列条件：

① 引入时反应简单，产率高；

② 能经受必要的和尽可能多的试剂的作用；

③ 除去时亦反应简单、产率高，且其他官能团不受影响；

④ 能选择性保护不同的官能团。

能否找到必要的合适的保护基团，对合成的成败起着决定性的作用。目前已经创造了许多保护基团，但寻找新的、更好的保护基团，以满足不同的需要是有机合成研究中重要的工作。

13.1.5　导向基的应用

（1）导向的概念　有机分子在进行化学反应时，分子骨架上所连的官能团往往决定发生反应的难易及位置。利用这一现象，在设计合成路线时，可以在某一反应发生之前在反应物分子上引入一个通常被称为导向基的控制基团，此基团可以依靠自己的定位效应来引导该反应按需要进行，导向基所起的这种作用便被称为导向作用。一个好的导向基还应具有容易生成、容易去掉的功能。根据引入的导向基所起的作用不同，可分为活化、钝化和封闭特定位置三种导向形式。

（2）活化导向　导向手段中使用最多的便是利用活化作用来导向。所谓活化导向是指在分子中引入一个活化基作为控制基团，把反应导向指定的活化位置。如丙酮的两个甲基上的氢的活性一样，若要在一个甲基上引入基团，可以将一个乙酯基引入到丙酮的此甲基上，这样使所在碳上的氢较另一个甲基上的氢有大得多的活性。

（3）钝化导向　所谓钝化导向，就是在分子中引入一个钝化基作为控制基团，在把反应导向指定位置的同时，使所得产物的活性降低，因而能阻止反应进一步进行。如以苯胺为原料制备对溴苯胺时，为避免多溴代物的出现，必须使氨基的活性降低，这可通过乙酰化形成乙酰苯胺达到目的。

（4）封闭特定位置导向　一些有机分子中对于同一反应，可以存在多个活性部位。在合成中，除了可以利用上述的活化导向、钝化导向以外，还可以引入一些基团，将其中的部分活性部位封闭起来，以阻止不需要的反应发生。这些基团被称为阻断基，反应结束后再将其除去。在苯环上的亲电取代反应中，常引入—SO_3H、—$COOH$、—t-Bu 等作为阻断基。

13.2　合成设计路线的评价标准

一个有机化合物的合成，往往可以由相同或不同的原料经由多种合成路线得到。有机合成首先必须要解决的问题是：如何选择合成路线，根据什么原则来选择合成路线。一般来说，如何选择合成路线是个非常复杂的问题，它与原料的来源、产率的高低、成本的高低、中间体的稳定性及分离、设备条件、安全度及环境保护等都有关系，而且还受着生产条件、产品用途和纯度要求等的制约，往往必须根据具体情况、具体场合和具体条件作出合理的选择，需要综合地、科学地考察设计出的每一条路线的利弊，择优选用。通常在选择理想的合成路线时应考虑以下几方面的问题。

（1）原料和试剂的选择　每一条路线都要考虑原料和试剂的利用率、价格和来源。使用的原料种类应尽可能少一些，结构的利用率尽可能高一些。如要考虑原料的来源是否有保障，能否自己生产，是否便于运输和贮存。价格成本是否有优势等。

（2）反应步数和总收率　合成步骤的多少直接影响到合成路线的价值，所以对合成路线中反应步数和反应总收率的计算是评价合成路线的最直接、最主要的标准。这里，反应的总步数是指从所有原料或试剂到达目标分子所需反应步数之和；总收率是各步反应收率的连乘积。在设计一条新的合成路线时，不可避免地会遇到个别以前不熟悉的新反应，因此简单地预测和计算反应总收率常常比较困难。一般主要从以下几个方面来考虑：

①　在选择合成反应时，尽可能要求每个单元反应都具有较高的收率。

②　应尽可能减少反应步骤。

③　应用收敛型（汇聚型）的合成路线也可以提高反应总收率。所谓收敛型是先分别

合成较大的中间体，然后将所得的中间体进行反应。相反的还有一种线型合成是指将原料逐一进行反应，这比较适合于合成步骤少的简单分子。

④ 尽可能采用一锅法进行多步串联反应。在设计和实现一项高效、简捷的合成时，一个非常重要环节是注意各步反应前后之间的衔接，应尽量减少烦琐的反应后处理工作和避免上一步反应物中的杂质对下一步反应的影响。

⑤ 在合成反应的选择上，必须尽可能避免和控制副反应的发生，因为副反应不但降低反应收率，而且会造成分离和提纯上的困难。

（3）中间体的分离与稳定性　任何一条两步以上的有机合成路线在合成过程中都会有中间体生成，一个理想的中间体应稳定且易于纯化。一般而言，一条合成路线中若存在两个或两个以上相继的不稳定的中间体就很难成功。因此，在选择合成路线时，应尽量少用或不用存在对空气、水汽敏感或纯化过程复杂、纯化损失量大的中间体的合成路线。如有机金属化合物在实验室里应用很广泛，但在生产上用得很少，就是因为它们太活泼，很不稳定。

（4）反应纯化设备要求　在设计合成路线时，应尽量避免采用复杂、苛刻的反应条件，如需在高温、高压、高真空或严重腐蚀等条件下才能进行的反应。因为在上述条件下进行的反应，需要采用特殊材质、特殊设备，这就大大提高了投资和生产成本，也给设备的管理和维护带来一系列复杂问题。在分离、纯化工艺中设备也应当易实现。当然，对于那些能显著提高收率、缩短反应步骤和时间，或能实现机械化、自动化、连续化、显著提高劳动生产力以及有利于劳动防护和环境保护的反应，即使设备要求高些、技术复杂些，也应根据情况予以考虑。

（5）安全　在许多精细有机合成反应中，经常遇到易燃、易爆和有毒的溶剂、原料和中间体。为了确保安全生产和操作人员的人身健康和安全，在进行合成路线设计和选择时，应尽量少用或不用易燃、易爆和有毒的原料和试剂。同时还要考虑中间体的安全和毒性问题。

（6）环境保护　在设计和选择新的合成路线时，要优先考虑"三废（即废气、废水、废渣）"排放量少、容易治理的工艺路线，并对路线过程中存在的"三废"的综合利用和处理方法提出相应的方案，确保不再造成新的环境污染。

（7）经济分析　企业的生产最后要归结到成本，综合成本低的工艺会优先考虑。成本包括投资、能耗、人力成本、原料成本、"三废"处理成本等，要进行一定的经济分析。

13.3　计算机辅助合成路线设计

对于简单分子或某些已知结构的衍生物的合成设计来说，通常是通过查阅有关专著、综述或化学文摘，找到若干模拟方法。在实践比较后选用一条实用的路线，并进行一定的改进以提高收率或简化操作。但对复杂的新的分子如一些复杂的天然化合物，这就不仅要求熟记成千上万个化学反应，而且要求有丰富的实践经验、科学的预见能力乃至敏锐的直觉。这个要求很难达到。随着计算机的发展和计算机的普及，人工智能方法的日趋成熟，现在越来越多的化学家借助于计算机来帮助用更合理和更合逻辑的方法而不是单凭经验和直觉来寻找解决合成路线设计这一化学中最需要人类创造力的难题。

用计算机来辅助合成路线设计的原始思想，最早可追溯到1960年，Vladutz提出了将化学反应储存于计算机中并进行检索，随后，他又提出了基于反应数据库的计算机辅助有机合成（CAOS）的概念。1967年Harvard大学的Corey和Wipke等人将这些思想变为实际的研究工作，形成了第一个计算机辅助合成设计程序——LHASA。LHASA 的工作原理与 Corey 提出的合成设计的通用方法相一致。它从要合成的目标分子出发，先找到它的前体，然后每个前体又被看作目标，再找出新一轮的前体；重复这一过程，直至它们是可得到的化合物。这个把目标分子不断地降解为结构上更简单的前体分子，直至它们成为可得化合物的方法通常称为"逆合成"或"反合成"。逆合成分析的结果可以形象地组织成一棵树的形式，称为合成树。

在此以后，计算机辅助合成设计的研究在全世界得到了蓬勃发展。基于 Vladutz 思想的计算机辅助合成设计系统通常被称为检索型的。在 Corey 建立 LHASA 的同时，德国的 Ugi 和 Kaufhold 确定了先研究哪些化学问题可用数学来帮助解决，然后再发展新的计算机辅助化学系统的方针。1973 年 Ugi 的工作发展成了描述化学反应的代数模型——DU-模型。Ugi 把该模型视作计算机辅助推理求解化学问题的理论基础，他们希望由此可以把有机合成路线设计问题形式化和推理化，甚至有可能给出目前尚未被实验观测到的反应，启发有机合成化学家的思路。在此基础上，开发了一系列计算机辅助合成设计系统，如 RAIN、IGOR、EROS、AHMOS 等。最近的十几年间，Gasteiger 还在 DU-模型的基础上进一步发展出了 WODCA 系统。在 WODCA 系统中使用了一些较新的思想和算法，例如，实现了合成反应意义上的相似性搜索功能，使用了包含数家公司的原料目录和原料库等。WODCA 系统中还嵌入了 EROS 系统中的反应预测和反应活性评估模块以及化合物理化性质计算模块。

此外，1970 年从事几何定理机器证明的 Gelernter 采用了类似于几何定理证明的逻辑方法开发了一个化学数据库合成设计程序的 SYNCHEM。其他还有很多相似的系统。

另一个比较成功的计算机辅助反应模型化系统是 CAMEO。它能从给定的反应与条件预测有机化学反应的产物。CAMEO 是通过重组化学家熟悉的基元机理操作的。它既能作反应合成又能作前向合成检索。它的目的是对某个单独反应作比较深入的分析，而不是产生出一个完整的合成树。它的主要特点是能考虑到产物。

一般来说，检索型计算机辅助合成设计系统的分析结果是基于已知反应的，它所设计的合成路线切实可行。程序结构比较简单，易于实现，是近期最有可能达到实用化水平的方法。

扫一扫阅读：逆向合成路线设计案例详解

习　　题

基础概念题

13-1　什么叫逆向合成法？什么叫靶分子（或目标分子）？

13-2　什么叫逆向切断、逆向连接和逆向重排？逆向切断用什么符号表示？

13-3　什么叫合成子和合成子的等效试剂？

13-4　什么叫逆向官能团变换？用什么符号表示？

13-5　简要说明逆向合成设计的一般程序。

13-6　简要说明逆向合成设计的一般原则。

13-7　简要说明逆向合成设计的一些技巧。

13-8　什么叫官能团保护？有何作用？

13-9　什么叫导向基？可分为哪几种类别？

13-10　现在常用的计算机辅助合成设计程序有哪几种？它们的主要原理有什么不同？

附录　官能团化和官能团的转换

1. 芳烃的官能团化

苯环经以下反应：
- alkylation → 苯—R
- acylation → 苯—COR → reduction → 苯—CH₂R
- nitration → 苯—NO₂
- sulfonation → 苯—SO₃H
- halogenation → 苯—X
- chloromethylation → 苯—CH₂Cl
- ArN₂⊕Cl⊖，OH⊖ → 苯—Ar

2. 烯烃的官能团化

$RCH_2-CH=CH_2$

- reduction → $RCH_2CH_2CH_3$
- carbene addition → $RCH_2-\overset{H}{\underset{H_2C}{C}}-CH_2$
- radical addition → $RCH_2CH_2CH_2Br$
- α-H reaction
  - halogenation → $RCHBrCH=CH_2$
  - oxidization → $H_2C=CHCHO$　(R=H)
- oxidization → RCH_3CH-CH_2（O），$RCH_2-\overset{H}{\underset{OHOH}{C}}-CH_2$，$RCH_2CHO + HCHO$
- electrophilic addition
  - HX（X=Cl,Br,I,HSO₄,OH,OCOCH₃） → $RCH_2\overset{}{\underset{X}{C}HCH_3}$
  - $W^{\delta+}V^{\delta-}$（AcX₂,HOX） → $RCH_2\overset{}{\underset{V}{C}H\overset{}{\underset{W}{C}H_2}}$

3. 炔烃的官能团化

4. 呋喃的官能团化

5. 噻吩的官能团化

6. 吡啶的官能团化

electrophilic substitution

- bromination — Br$_2$ → (3-Br pyridine)
- nitration → (3-NO$_2$ pyridine)
- sulfonation → (3-SO$_3$H pyridine)

nucleophilic substitution

- amination — NaNH$_2$ → (2-NH$_2$ pyridine)
- hydroxylation → (2-OH pyridine)
- alkylation — PhLi → (2-Ph pyridine)

7. 羟基的转换

$\begin{array}{c}\diagup\\ CH-C-OH\\ \diagdown\end{array}$

- halogen substitution → $CH-C-X$
- reduction → $CH-C-H$
- O-alkylation → $CH-C-OR$
- elimination → $C=C$
- esterification → $CH-C-OCOR$

ArOH
- halogen substitution → ArX
- O-alkylation → ArOR
- esterification → ArOCOR

8. 氨基的转换

ArNH$_2$
(RNH$_2$)

- N-alkylation → ArNHR′ (R)
  - N-alkylation → ArNR$_2^\prime$, ArNR$_3^{\prime\oplus}$ (R) (R)
  - N-nitrosation → $\begin{array}{c}Ar\\(R)\\R'\end{array}NNO$ — reduction → $\begin{array}{c}Ar\\(R)\\R'\end{array}NNH_2$
- N-acylation → ArNHCOR′ (R)
- sulfamation → ArNHSO$_2$Ar′ (R)
- diazotization → ArN$_2^\oplus$
  - couplation → Ar—N=N—Ar′
  - hydrolyzation → ArOH
  - H-substitution → ArH
  - cyan-substitution → ArCN
  - halogen-substitution → ArX
  - NaBF$_4$ → ArN$_2^\oplus$BF$_4^\ominus$
    - $\triangle$ → ArF
    - NaNO$_2$ → ArNO$_2$
  - reduction → ArNHNH$_2$, ArNH$_2$
- CF$_3$COOOH → ArNO$_2$

9. 硝基的转换

$$ArNO_2 \begin{cases} \xrightarrow{Fe/HCl \text{ or } H_2/Ni} ArNH_2 \\ \xrightarrow{Zn/NH_4Cl} ArNHOH \xrightarrow{oxidization} ArNO \\ \xrightarrow{Zn/NaOH(H_2O)} ArNHNHAr \\ \xrightarrow{Zn/NaOH(CH_3OH)} Ar-N=N-Ar \\ \xrightarrow{As_2O_3/NaOH} Ar-\overset{\oplus}{N}=N-Ar \\ \qquad\qquad\qquad\quad \underset{O^{\ominus}}{\mid} \end{cases}$$

10. 氰基的转换

$$RCN \begin{cases} \xrightarrow{hydrolyzation} RCONH_2 , RCOOH \\ \xrightarrow{alcoholyzation} RCOOR' \\ \xrightarrow{reduction} RCH_2NH_2 \\ \xrightarrow{①R'MgX/ether;②H_3O^+} RCOR' \end{cases}$$

11. 醛和酮的转换

12. 羧基的官能团转化

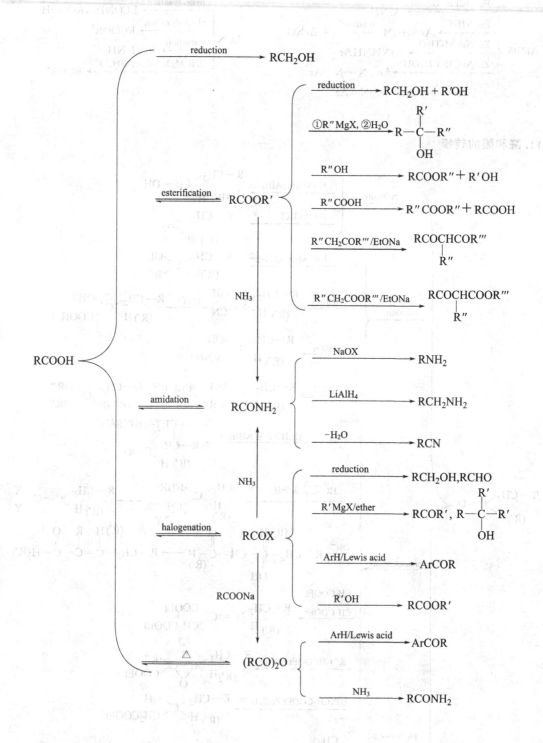

13. 卤素的官能团转化

$$\xrightarrow{\text{KOH}-\text{C}_2\text{H}_5\text{OH}} \text{R}-\text{CH}=\text{CH}-\text{R}'$$

$$\xrightarrow{\text{LiAlH}_4} \text{RCH}_2\text{CH}_2\text{R}'$$

$$\xrightarrow{\text{Mg/ether}} \text{R}-\text{CH}_2-\underset{\overset{|}{\text{MgX}}}{\text{CH}}-\text{R}'$$

$$\xrightarrow{\text{Li/N}_2} \text{R}-\text{CH}_2-\underset{\overset{|}{\text{Li}}}{\text{CH}}-\text{R}'$$

$$\xrightarrow{\text{Na}} \left(\text{R}-\text{CH}_2-\underset{\overset{|}{\text{R}'}}{\text{CH}}\right)_2$$

$$\xrightarrow{\text{OH}^\ominus} \text{R}-\text{CH}_2-\underset{\overset{|}{\text{OH}}}{\text{CH}}-\text{R}'$$

$$\xrightarrow{\text{CN}^\ominus} \text{R}-\text{CH}_2-\underset{\overset{|}{\text{CN}}}{\text{CH}}-\text{R}'$$

$$\text{R}-\text{CH}_2-\underset{\overset{|}{\text{X}}}{\text{CH}}-\text{R}' \Bigg\{ \quad \xrightarrow{\text{R}''\text{O}^\ominus} \text{R}-\text{CH}_2-\underset{\overset{|}{\text{OR}''}}{\text{CH}}-\text{R}'$$

$$\xrightarrow{\text{NHR}^1\text{R}^2} \text{R}-\text{CH}_2-\underset{\overset{|}{\text{NR}^1\text{R}^2}}{\text{CH}}-\text{R}'$$

$$\xrightarrow{\text{R}''\text{C}\equiv\text{CNa}} \text{R}-\text{CH}_2-\underset{\overset{|}{\text{C}\equiv\text{CR}''}}{\text{CH}}-\text{R}'$$

$$\xrightarrow{\text{R}''\text{MgX}} \text{R}-\text{CH}_2-\underset{\overset{|}{\text{R}''}}{\text{CH}}-\text{R}'$$

$$\xrightarrow{\text{NaSH}} \text{R}-\text{CH}_2-\underset{\overset{|}{\text{SH}}}{\text{CH}}-\text{R}'$$

$$\xrightarrow{\text{NaSR}''} \text{R}-\text{CH}_2-\underset{\overset{|}{\text{SR}''}}{\text{CH}}-\text{R}'$$

$$\xrightarrow{\text{Na}[\text{CH(COOEt)}_2]} \text{R}-\text{CH}_2-\underset{\overset{|}{\text{CH(COOEt)}_2}}{\text{CH}}-\text{R}'$$

参 考 文 献

［1］ 闻韧. 药物合成反应. 第 3 版. 北京：化学工业出版社，2010.
［2］ 周滨. 最新药物合成反应技术、方法与应用百科全书. 北京：化学工业出版社，2006.
［3］ Jie-Jack Li，Douglas S Johnson，Drago R Sliskovic，Bruce D Roth. 当代新药合成. 施小新，秦川译. 上海：华东理工大学出版社，2005.
［4］ 陈荣业. 有机合成工艺优化. 北京：化学工业出版社，2006.
［5］ 王玉炉. 有机合成化学. 北京：科学出版社，2005.
［6］ 段长强，王兰芬. 药物生产工艺及中间体手册. 北京：化学工业出版社，2002.
［7］ 黄培强，靳立人，陈安齐. 有机合成. 北京：高等教育出版社，2004.
［8］ 陈立功，王东华，宋传君，等. 药物中间体合成工艺. 北京：化学工业出版社，2001.
［9］ 吴毓林，姚祝军，胡泰山. 现代有机合成化学——选择性有机合成反应和复杂有机分子合成设计. 北京：科学出版社，2006.
［10］ 李丽娟，刘东. 药物合成反应技术. 北京：化学工业出版社，2007.
［11］ 段行信. 实用精细有机合成手册. 北京：化学工业出版社，2002.
［12］ 张铸勇. 精细有机合成单元反应. 第 2 版. 上海：华东理工大学出版社，2003.
［13］ L G Wade JR. Organic Chemistry. 第 5 版. 北京：高等教育出版社. 2004.
［14］ 黄宪，王彦广，陈振初. 新编有机合成化学. 北京：化学工业出版社. 2003.